智慧输变电技术
卫星技术在电网领域深化应用丛书

基于大数据分析的输电线路雷害风险评估方法及应用

马　仪　潘　浩　周仿荣　邓冶强◎编著

西南交通大学出版社
·成　都·

图书在版编目（CIP）数据

基于大数据分析的输电线路雷害风险评估方法及应用 / 马仪等编著. —成都：西南交通大学出版社，2022.8
ISBN 978-7-5643-8804-1

Ⅰ. ①基… Ⅱ. ①马… Ⅲ. ①输电线路–防雷 Ⅳ. ①TU895

中国版本图书馆 CIP 数据核字（2022）第 136696 号

Jiyu Dashuju Fenxi de Shudian Xianlu Leihai Fengxian Pinggu Fangfa ji Yingyong
基于大数据分析的输电线路雷害风险评估方法及应用

马 仪 潘 浩 周仿荣 邓冶强 / **编著**

责任编辑 / 李芳芳
封面设计 / 吴 兵

西南交通大学出版社出版发行
（四川省成都市金牛区二环路北一段 111 号西南交通大学创新大厦 21 楼 610031）
发行部电话：028-87600564 028-87600533
网址：http://www.xnjdcbs.com
印刷：四川煤田地质制图印务有限责任公司

成品尺寸 185 mm × 240 mm
印张 22.75 字数 512 千
版次 2022 年 8 月第 1 版 印次 2022 年 8 月第 1 次

书号 ISBN 978-7-5643-8804-1
定价 128.00 元

前　言
FOREWORD

经对云南省多年输电线路故障统计发现，雷击跳闸是影响输电线路安全运行的重大隐患之一。随着雷电定位系统在电网的推广应用，已积累大量的雷电地闪活动数据，具体包括：雷击位置、雷电流幅值、雷击发生的时刻、回击等。当前对输电线路雷电活动的分析仅停留在利用网格法统计沿线的地闪密度和雷电活动强度随季节变化的情况，然后利用统计参数对当地的雷电流幅值概率分布函数进行修正，并结合电气几何模型法对线路的绕击跳闸率进行计算，将计算结果用于线路的防雷改造。这种方法缺乏对地形地貌、气候条件等现场因素的考虑，雷电特征参数在不同季节、不同地区随季节等因素变化较大，传统输电线路雷电活动法不能全面反映线路架设地区的微地形对线路雷击故障的影响。而数字高程数据是专为分析地形地貌而生的数据，其能够很好地在高分辨率下表征特性地区的地形地貌情况。目前将其与雷电定位数据融合，开展大数据挖掘分析的工作还较少。正是由于缺乏对微地形等多源数据的综合考虑，未针对特定场景雷害特征进行防护设计，导致输电线路雷害防护措施无法兼顾有效性与经济性。

本书拟针对目前防雷工作中对雷电定位数据、地形地貌数据应用手段单一，输电线路杆塔雷击跳闸率高，仿真计算准确率低、防雷措施未体现差异化等问题，以云南省雷电系统监测数据和地形地貌数据为基础，统计分析云南省整体地形地貌分布情况；建立落雷孕灾环境敏感度综合评价体系，解释典型场景落雷频繁的原因，从地形地貌特征的角度评估典型区域的落雷风险；通过规程法和电气几何模型法建立雷击跳闸率计算模型，计算多基杆塔雷击跳闸率，并通过地形地貌数据进行修正，实现考虑典型地形地貌、雷电地闪活动、杆塔结构参数以及历史雷击数据的输电线路雷电大数据挖掘工作。开发适用于工程应用的、考虑典型地形场景下的输电线路雷击跳闸率仿真模型，并提出防雷技术经济性最优的防雷改造方案，为输电线路智能运维和新型电力系统安全稳定运行提供新的技术支撑。

作　者

2022 年 7 月

《基于大数据分析的输电线路雷害风险评估方法及应用》
编委会

主要编著者：	马　仪	潘　浩	周仿荣	邓冶强
其他编著者：	沈　龙	张　辉	徐　真	高振宇
	于　辉	马宏明	马御棠	耿　浩
	文　刚	王国芳	周兴梅	彭兆裕
	何　顺	洪志湖	马显龙	曹　俊
	黑颖顿	卜　威	曹家军	许保瑜
	赵　鹏	昴孙清	姚　伟	者梅林
	罗　艺	王乾龙	凌维周	张　毅
	朱钱鑫	王　羽	李木子	张昊琛
	何　潇			

目 录
CONTENTS

第 1 章 绪 论 …… 001
1.1 国内外研究现状 …… 002
1.2 目前研究中的不足 …… 010
第 2 章 输电线路走廊典型雷害场景特征归类研究 …… 012
2.1 雷电活动参数统计 …… 013
2.2 微地形特征参数提取和分析 …… 016
2.3 云南省雷电活动与微地形特征关系分区研究 …… 021
2.4 本章小结 …… 047
第 3 章 输电线路走廊典型雷害特征识别研究 …… 049
3.1 基于 Apriori 算法的典型雷害场景挖掘分析 …… 050
3.2 地闪活动与地形关联规则挖掘 …… 055
3.3 地闪活动与地貌关联规则挖掘 …… 060
3.4 地闪密度与地形地貌关联规则挖掘 …… 062
3.5 本章小结 …… 071
第 4 章 典型雷击输电走廊区段雷电活动数据与微地形特征数据库的建立 …… 072
4.1 云南省落雷信息与微地形信息数据库的建立 …… 073
4.2 数据库提取实例 …… 073
4.3 本章小结 …… 081

第 5 章 微地形输电走廊区段的雷电活动时空运动规律研究 …… 082
5.1 典型微地形输电走廊区段雷电活动研究 …… 083
5.2 聚类分析方法的选择 …… 092
5.3 基于密度的聚类算法的实现 …… 093
5.4 本章小结 …… 107
第 6 章 输电走廊区域雷电时空运动规律与微地形参数之间的深度挖掘 …… 108
6.1 典型地形特征提取及其对雷电活动影响的定量分析方法 …… 109
6.2 不同地形下单次雷电地闪运动聚类分析 …… 113
6.3 输电线路建成前后对雷电活动影响研究 …… 126
6.4 本章小结 …… 144
第 7 章 不同微地形特征对线路雷电活动参量的映射关系研究 …… 146
7.1 基于熵权法的落雷孕灾环境评估 …… 147
7.2 地形地貌指标参数重新赋值 …… 147
7.3 落雷孕灾环境敏感度综合指标构建 …… 155
7.4 典型多地闪地形特征落雷孕灾环境敏感度分析 …… 157
7.5 典型区域落雷孕灾环境敏感度分析验证 …… 160
7.6 本章小结 …… 163
第 8 章 输电线路雷害故障影响因子权重计算研究 …… 164
8.1 落雷信息 …… 165
8.2 线路杆塔参数数据库建立方法 …… 185
8.3 本章小结 …… 190
第 9 章 基于智能算法的典型雷害特征场景下线路雷击跳闸率修正系数计算 …… 192
9.1 考虑微地形影响的改进 BP 神经网络雷击跳闸率修正模型 …… 193
9.2 本章小结 …… 231

第 10 章 输电线路雷击跳闸智能评估模型建立研究 ······233
10.1 耐雷水平计算基本原理及借助的相关软件工具 ······234
10.2 耐雷水平计算 ATP 仿真模型 ······241
10.3 基于 model.atp 仿真模板 ATP 文本模型的参数导入 ······264
10.4 程序基本结构及其计算流程 ······267
10.5 整体计算流程 ······268
10.6 雷击跳闸率的计算原理及所需额外参数 ······270
10.7 雷击跳闸率计算示例 ······276
10.8 考虑微地形影响的改进 BP 神经网络雷击跳闸率修正模型 ······279
10.9 本章小结 ······287

第 11 章 典型微地形条件下输电走廊逐基杆塔雷击跳闸率分析计算 ······289
11.1 220 kV 普松 I 回线结果分析 ······290
11.2 220 kV 富松 I 回线结果分析 ······295
11.3 220 kV 草水线 ······301
11.4 500 kV 天西甲、乙线结果分析 ······305
11.5 本章小结 ······309

第 12 章 输电线路多端口雷害风险评估系统研究 ······311
12.1 系统总体设计思想 ······312
12.2 系统总体设计方案 ······312
12.3 系统支撑软件和硬件配置 ······316
12.4 接口设计方案 ······317
12.5 系统数据库设计 ······318
12.6 软件系统开发项目成果 ······337

第 13 章 输电线路雷害评估未来发展方向 ······348

参考文献 ······350

第1章 绪 论

输电线路是电网的基础组成部分，其安全性、可靠性以及稳定性对于保证电力系统的稳定运行具有至关重要的作用。随着我国电网日益朝着高电压等级和大输送容量的方向发展，输电线路杆塔的高度和走廊宽度也逐渐增加，输电线路较以往而言遭受雷害的风险更大。在南方电网地区，雷击是造成线路跳闸的最主要原因，占线路跳闸总数的 61%。

不同微地形对雷电活动有一定影响作用。微地形是相对于大地形而言，它是大地形中的一个局部的狭小范围，指极个别、极细小的地貌基本形态。架空输电线路雷击跳闸的原因之一，是设计时对微地形的认识不足，对沿线风口、峡谷、分水岭等高山局部特殊地段的地理数据资料掌握不够。在一条数十千米至数千千米的山区送电线路走廊中，山岭纵横、海拔高程悬殊，微地形特点十分突出，邻近气象站的观测记录及相关地理数据资料，不能满足微地形地段线路设计的要求，更难反映局部微地形点的实际气象情况。微地形对大风、雷云等气象因子的形成及运动趋势都会产生很大的影响。但目前的研究大多仅考虑山地、平原等地形对输电线路的影响，范围较大，不能全面反映线路架设地区的微地形对线路雷击故障的影响。

因此，针对上述需求，研究微地形下雷电活动的运动规律，可以全面反映线路走廊微地形对线路雷击故障的影响。开展线路耐雷性能分析技术研究，综合考虑线路雷电活动强度、地形地貌及线路结构的差异对仿真雷击跳闸率进行修正，得到杆塔修正后的雷击跳闸率，使输电线路的防雷改造建议更加合理、更具针对性。

1.1 国内外研究现状

1.1.1 地闪活动数据的获取及应用现状

雷电活动分为云间放电和地闪放电，云间放电指发生在雷云与雷云之间的放电现象，地闪则指雷云对地放电的现象。其中，地闪对电力系统的影响较大，也是我们的主要关注对象。最早人类通过感官感受对地闪活动的观测和记录，通过人工监测的方法对雷电光信号和声信号的观测进行简单的记录和统计分析，一般通过年雷暴日的大小来衡量地区雷电活动的强弱[1]，通常认为一天之中听到雷声即判断为一个雷暴日，这种观测方式统计范围较小，记录的雷电信息有限，且统计结果是否准确很大程度上受观测者的主观因素影响。

20 世纪 70 年代末，美国学者 Martin A Uman 和 E P Krider[2]等人率先提出现代雷电遥测定位技术，利用磁定向法进行雷电的遥测定位。磁定向法通过记录两个正交方向的地闪电磁强度值，再结合函数计算得到雷击点的位置和与观测点间的方位角，再利用多观测点的观测结果进行优化计算，最后得到落雷点位置及测量的误差[3]。20 世纪 80 年代，Orville R E[4]等人进一步利用时差定位技术进行雷电探测，探测率达到 90%。经过 20 多年的发展，雷电监测技术的监测能力和准确度有了很大提高。我国于 20 世纪 80 年代开始进行雷电定位相关技术的研究，80 年代末电力系统率先在国内开展利用雷电定位系统（LLS，Lightning Location System）对雷电活动进行监测的工作。LLS 是由美国首先研发制成的一套实时高精度雷电监测系统，能实时遥测并显示云对地放电（地闪）的时间、位置、雷电流峰值和极性、回击次数以及每次回击的参数等信息，并自动绘制雷击点的分时彩色图。90 年代初，我国自主研发的首套 LLS 投入使用，目前我国已在 28 个省（自治区）建立了雷电定位系统并实现了全国联网，形成了覆盖国内绝大部分区域的全国雷电监测网[5-7]。

雷电活动数据的应用方面：20 世纪初期，由于观测手段和观测设备的限制，国内张家诚[8]等学者利用气象记录的雷暴日资料，对我国雷暴活动的时空分布做了较全面的分析，结果表明云南南部以及华南地区的雷暴活动较频繁，年平均雷暴日超过 80 天，且雷暴日数随纬度增大呈现减少的趋势。随后人们引入地闪密度来描述雷电活动，地闪密度表示每年每平方公里地面上的平均落雷次数，Golde 通过分析雷电观测数据，认为地闪密度 N_g 与雷暴日 T_d 之间的关系如下：

$$N_g = aT_d^b$$

其中 a 和 b 为待定参数。

20 世纪 50 年代，Eriksson[9-10]对南非地区的雷电活动进行了 2 年的观测，将利用闪电计数器得到的数据与雷暴日气象统计数据进行拟合认为：a=0.023，b=1.3。雷电流幅值概率分布也是表征雷电活动的重要参数之一。1972 年，Popolansky[11]等对测得的 624 组雷电流数据进行统计分析，认为雷电流幅值呈现如下正态分布：

$$P(I) = \frac{1}{\sigma_{\lg I}\sqrt{2\pi}}\int_0^{\lg I}\exp\left[-\frac{1}{2}\left(\frac{\lg I - \lg\bar{I}}{\sigma_{\lg I}}\right)^2\right]\mathrm{d}(\lg I)$$

之后 R.B Anderson[12]等人获取的 338 组雷电观测结果进行分析，提出雷电流幅值分布可以近似用如下对数正态分布逼近：

$$P(I) = \frac{1}{1+\left(\frac{I}{a}\right)^b}$$

式中，a 为中值雷电流，I 为雷电流幅值，b 为拟合系数，P（I）为幅值大于 I 的雷电流概率。

随着雷电定位系统在全球范围内的推广应用，电力行业获得了更多、更详细的雷电定位数据基础资料，国内外学者广泛开展了雷电定位数据的处理分析工作，其中主要工作集中在地闪密度以及雷电流幅值概率分布的时空规律统计分析上。2001 年，Orville R E[13]分析了美国国家闪电探测网在第一个十年记录的云地闪电数据，以 0.2°的空间分辨率（相当于 20 km 的近似分辨率）统计得到了美国各州逐年的云地闪密度、正闪密度、正闪百分率等分布情况。文献[14]认为统计时选择的空间分辨率、统计的时间范围以及雷电定位系统的精度对最终得到的地闪密度结果准确性有很大影响，分析认为地闪次数与雷电活动观测时间长短服从泊松分布，并给出地闪活动统计时间应该不大于 1 年的判断。国内武汉高压所的学者们[15-16]通过比较雷击闪络故障点分布与地闪密度分布的相关性来检验地闪密度分布图描述雷区分布的有效性。结论表明地闪密度与输电线路雷击故障之间存在正相关性。基于雷电定位系统，以网格法、输电线路走廊网格法为基础绘制的地闪密度分布图是反映雷电活动强弱、描述雷区分布的有效特征量。

1.1.2 地形与地闪活动相关性研究现状

地形地貌环境是影响雷电活动的重要因素之一[17]，对于地形与雷电活动相关性的研究最早是根据实际经验得出的一些规律，例如山地地形下雷电活动较为频繁，沿海较内陆雷电活动强烈等。随着观测手段和观测设备的发展，人们发现在地形环境方面，山地丘陵地区起伏的山势、江河湖泊带来的水汽活动、人类高楼密集区、特殊地质条件如金属矿区等都会对区域雷电活动产生影响。Bourscheidt V[18]等利用两年雷电数据和地形数据，对巴西南部云地闪密度与海拔高度和坡度的关系进行了对比分析，结果认为巴西沿山地形的地闪密度与地形坡度有较大关系，而与海拔高度无明显相关性。文献[19]采用传统统计方法对青藏线格拉段输电线路近 50 年的雷电观测数据进行分析，并与同纬度平原地区的统计结果进行对比，认为不同地形和维度对雷电活动有一定影响。周远翔等人[20]通过现场勘测观察的手段，结合雷电观测数据和电气几何模型计算了山谷、跨沟、山顶等不同地形下的绕击跳闸率变化规律，认为爬坡、山谷等地形下没有跳闸严重的问题，而大坡度山顶等情况绕击率较高，分析认为地形对落雷情况和导线屏蔽都有不同程度的影响。赵伟[21-22]等人研究了浙江省雷电的时空分布特征，并结合气候因素、地形地貌和下垫面土地利用类型等要素，对地闪高密度区进行相关性研究，结果表明浙江省地闪频次与气温的相关性最高，其次是太阳总辐射。从土地利用类型角度分析，林地易发生地闪。此类统计和对比分析的方法对区域地形的划分较为主观粗糙，对各种局部地形差异的考虑不足，对区域地形的描述分类易受到现场勘测手段和主观判断的影响。日本学者 Takeo Wakai[23]通过长期的静态相机观测，明确了线路雷击频率与地形有一定相关性，并定义了多个地形特征量，对雷击杆塔频率与特征量间的关系进行回归分析建立方程，结果表明：塔身高度、地表曲率、地面倾斜角与雷击频率有较大关系，但若将得到的方程应用于其他输电线路，则雷击频率估计的精度较低。国内俞立婷[24]等学者利用 GIS 软件获得地闪点的高程属性，改进了现有雷电数据多是二维观测数据的不足，进而研究了海拔高度对雷电频次和雷电强度空间分布的影响，发现在实际的累积概率分布中，海拔位置越高遭受雷击的可能性越大。文献[25]基于地理信息系统和数据统计分析软件并结合线路雷击跳闸位置和地形地貌，主观分析了微地形因素对雷击选择的影响，结果认为高山山顶、沿山脊走向、跨越河流等微地形对落雷的影响较大。文献[26]利用 2007—2016 年重庆市闪电监测资料及该区域数字高程模型，使用 GIS 空间分析、数理统计等方法，研究了雷电灾害两种主要致灾因子（闪电密度、强度）与三类地形因素（海拔高度、坡度、坡向）之间的关系。结果表明海拔高度、坡向对地闪密度具有影响，坡度与地闪密度呈负相关关系；不同坡向分类之间的地闪强度分布具有明显差异，海拔高度、坡度与地闪强度不相关。

1.1.3 数据挖掘技术研究现状

以往的研究大多只定性考虑单一因素对地闪活动的影响，仅依靠传统的统计方法分析地闪活动与地形地貌间的关联性有较大的局限性，很难发现雷电活动数据之间潜在的规律，需要建立新的非确定性的研究方法来发现雷电数据之间的特征规律。数据挖掘技术最早可以追溯到数据库中的知识发现[27]（Knowledge Discovery in Database）这一概念。作为一项新兴的技术，数据挖掘对大数据集的快速处理和规律的挖掘具有很强的适应性[28-29]。从数据的角度出发，数据挖掘一般包括数据清洗、数据变换、挖掘实施、模式评估等步骤，常用的数据挖掘技术有关联分析、信息论方法、聚类方法、分类分析和演变分析等。目前，数据挖掘技术已被大量应用于金融、工业制造、通信、零售、运输等行业，用于客户关系管理、收益分析、生物序列分析等方方面面[30-31]。如文献[32]基于关联规则算法搭建了一个医疗数据的挖掘模型，整合医疗机构、实验室、患者等信息数据以满足医疗大数据的需求和发展。Tang[33]等学者结合神经网络算法和不完全动力学方法，搭建了一个神经网络动力学耦合预测模型，用于模拟学习气象变量，起到了较好的预报的作用。Odom[34]等人提出用 BP 神经网络技术对企业经营过程中可能存在的财务风险进行预测，通过选取多项财务指标建立神经网络模型，结果表明模型预测结果相对传统统计方法更加准确。文献[35]通过建立基于关联规则的算法模型，以超超临界汽轮机组的运行数据为挖掘对象，寻找汽轮机的优化目标值，达到节能减排的目的。针对电力系统数据量大且繁杂的特点，数据挖掘技术已应用其中并收到一定效果。文献[36]在电力系统故障分析中采用了数据挖掘技术，文献[37]基于粗糙集理论建立了一种新的算法来对电气设备的运行状态进行分类。文献[38]结合粗糙集和朴素贝叶斯算法的原理，提出一种数据挖掘算法来进行电气设备的故障诊断。文献[39]将数据挖掘技术运用于电力负荷短期预测，并得到了较为精确的预测结果。文献[40]通过对变压器故障和检修记录中的油色谱数据进行挖掘处理，建立了变压器运行状态与各种气体含量间的直观联系，所建立的模型具有较高的预测准确度。在负荷分配等电力市场特征分析[41]领域，数据挖掘技术已得到较为广泛的应用。文献[42]采用决策树分析算法对输电线路沿线的雷电活动数据与线路途经区域的地形地参量之间进行了相关规律性的研究。

1.1.4 经典电气几何模型法

美国学者 Whitehead 提出了经典的电气几何模型法（Electro Geometric Model），简称 EGM[43]。这一模型中将线路的结构尺寸与线路绝缘水平融入建模与计算之中，通过确定目标杆塔和线路的参数，判断击距圆的相对位置关系，并利用该关系求得绕击跳闸率。

由于该方法提出的时间较早，对于雷击放电方面的研究还不成熟，故该方法对于很多方面进行了简化处理，还设置了以下四种假定原则[44-45]：

（1）雷电先导放电通道头部先到达哪个物体的击距内，即向该物体放电。

（2）击距仅与雷电流幅值有关。

（3）先导放电对大地，导线和避雷线的击距相等。

（4）先导放电入射角默认取最大值，即垂直入射。

受限于时代的局限性和其他配套研究的不充足，只能通过人为设置的假定原则来进行对模型的简化、搭建和计算。虽然这种简化舍弃了一定的精确性，但也获得了计算上的便捷。此外，由于当时对应的输电线路电压等级较低，虽然舍弃了一定的模型精确性，但仍然能满足精度的要求。

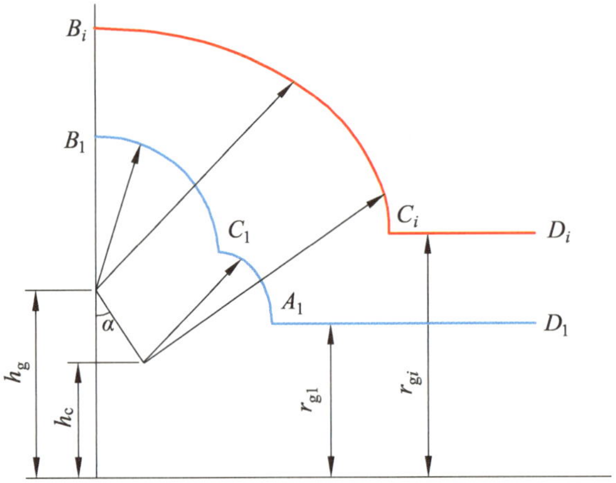

图 1-1 电气几何模型法原理图

图 1-1 为电气几何模型法的原理图[46]，其中 B_1C_1 为屏蔽弧，是以避雷线挂点为圆心、以避雷线击距为半径所画的弧；A_1C_1 为暴露弧，是以导线挂点为圆心、以导线击距为半径所画的弧；B_iC_i 为增大避雷线击距的暴露弧；A_1D_1 为与地面平行的距地面距离为大地击距的击距平面。根据四种假定原则，当雷击先导先接触 B_1C_1 时，击杆塔被避雷线保护，当先接触 A_1C_1 时，则雷击击中导线，可能会发生绕击跳闸事故，当先导优先击中大地击

距平面，则杆塔被大地保护。击距会随着雷击的幅值大小的增大而增大，当雷电流幅值增大到某一个点时，屏蔽弧会直接和大地击距平面相交，此时相当于屏蔽弧将暴露弧完全屏蔽，理论上不会发生绕击事故。

1.1.5 改进电气几何模型法

经典电气几何模型法在提出者的年代具有前瞻性，是针对当时所面临问题的优秀的解决方案，但随着我国高压等级的不断提高和电网建设的发展，其未能考虑到的因素所带来的影响变得不可忽视。前文所述四个假设不再能满足如今所面临问题的精度问题，故在前人的基础上，国内外学者对电气几何模型法进行了改进，主要分为以下四点：

1. 地面倾角参数的影响

在最初的经典方法所提出的年代，由于修建线路多位于平原开阔地区，故不需要过多考虑地形带来的影响。但随着我国电网建设的不断向基层进行，自然会面临山地和丘陵等非平原地区，当出现这种情况时，就需要考虑到地面地形等因素给线路防雷计算带来的误差。为了减小这种误差，在改进电气几何模型法中引入地面倾角参数。

地面倾角是将杆塔所处地形进行抽象并简化处理得到的，其本质是以一个理想的坡面来代替实际杆塔附近的地形，地面倾角则是该坡面与地面的夹角。有学者提出了地面倾角的获取方式[47]，如图 1-2 所示。

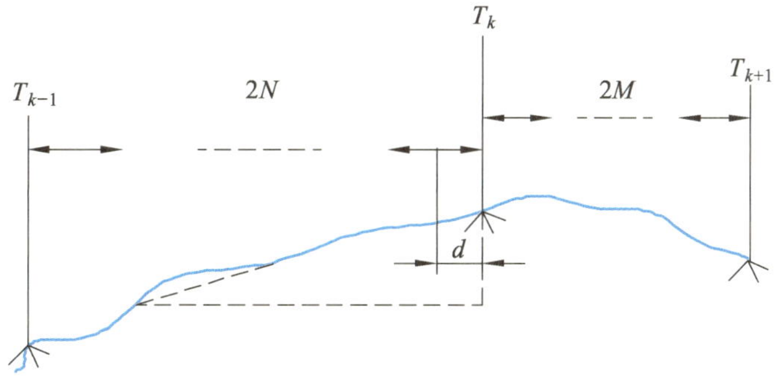

图 1-2 地面倾角获取示意图

其中 T 为杆塔所在位置，而以杆塔为断点将每段的地面倾角用该段的地面投影中心点与杆塔中心点的纵向高差 a_h 和横向水平距离 a_d 求得，地面倾角如下式所示：

$$\theta = \arctan\left(\frac{a_h}{a_d}\right)$$

其几何示意图如图 1-3 所示。

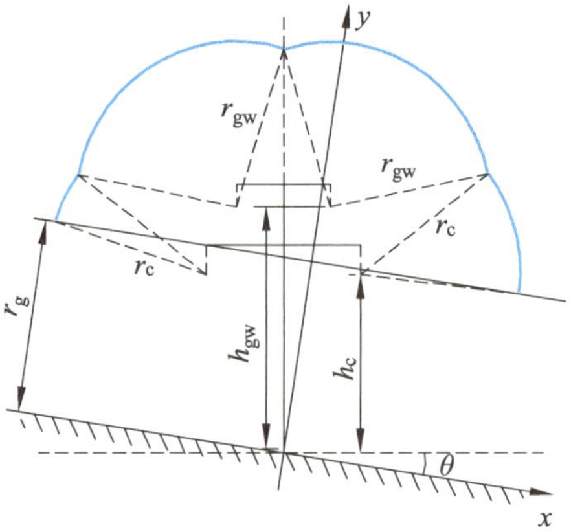

图 1-3　地面倾角几何示意图

通过以下坐标转换公式[48-49]，得到对应地面倾角下的新坐标，便于进行之后的计算。

$$\begin{cases} x' = x\cos\theta - y\sin\theta \\ y' = x\sin\theta + y\cos\theta \end{cases}$$

2. 击距系数的影响

在最初的电气几何模型法中，对于地线、导线和大地击距是不做区分的，这主要是受限于当时对于间隙放电的研究不足，但也导致了其结果和实际结果相差较远。对此，随着研究的发展，国外许多学者提出了新的击距公式[50-52]，但这些公式或多或少都有一些缺陷或是适用范围较小。最终，在 1997 年 IEEE 提出了适用于工程计算的击距公式，而我国也有相关标准对导线、避雷线和大地的击距公式做了区分[53]。

$$\begin{cases} r_s = 10I^{0.65} \\ r_g = \begin{cases} [3.6 + 1.7\ln(43-h)]I^{0.65} & (h < 40) \\ 5.5I^{0.65} & (h \geqslant 40) \end{cases} \\ r_c = 1.63(5.015I^{0.578} - 0.001U_{ph})^{1.125} \end{cases}$$

式中，r_s 为避雷线击距，r_g 为大地击距，r_c 为导线击距。

3. 雷电入射角的影响

经典电气几何模型法中只考虑了雷电垂直入射这一种情况，但在实际工程中，雷电可能从各个角度入射发生绕击。因此，采用雷击概率分布密度函数来代替单一的垂直入射模型无疑是更加符合实际情况[54-57]、误差更小的。其示意图如图 1-4 所示。

假定雷击以入射角 φ 入射，分别过各击距圆的交点，以 $\tan\varphi$ 为斜率做入射直线，求得对应的屏蔽弧/暴露弧投影，并利用投影求得雷击跳闸率。

求绕击跳闸率的公式如下所示：

$$S(I)=\int_{-\pi/2}^{\pi/2}S(I,\varphi)p(\varphi)\mathrm{d}\varphi$$

式中，$S(I)$是总绕击跳闸率，$S(I,\ \varphi)$是对应入射角为 φ 时的单一入射角跳闸率，$P(\varphi)$是雷电入射角概率密度分布函数。

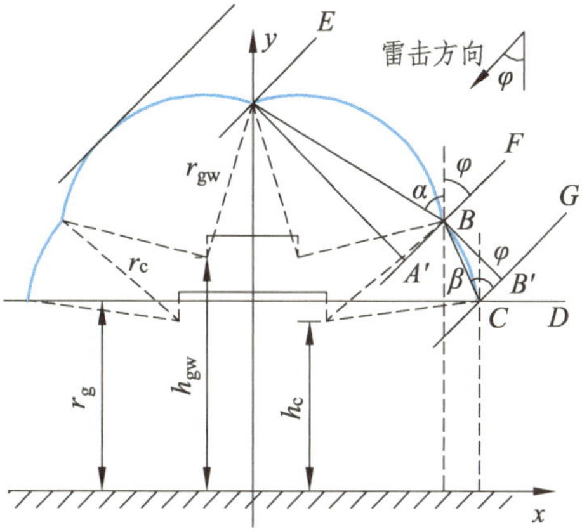

图 1-4 雷电入射角示意图

4. 雷电流幅值分布的影响

由于自然界中的雷击并不是某一个定值，故需要求不同雷电流幅值下的跳闸率并进行加权平均。由于雷电流幅值同时与击距大小和输电线路是否跳闸有关，故需要求出最大、最小雷电流幅值，并以此为积分上下限进行跳闸率的求取。一般来说，雷电流幅值的最小值由绕击耐雷水平决定，即达到该幅值的雷击才能导致输电线路跳闸。而雷电流幅值的最大值由屏蔽弧击距决定，即达到该幅值时屏蔽弧能完全将暴露弧屏蔽。如果出现前者大于后者的情况，理论上不会发生绕击跳闸事故。

针对雷电流幅值分布的公式，IEEE 标准中对雷电流幅值概率分布有推荐公式。根据 20 世纪 70 年代 Pobolansky 提出的雷电流幅值概率分布公式[58]：

$$P(i>I)=\frac{1}{1+\left(\dfrac{I}{25}\right)^{2.0}}k$$

国际大电网会议（CIGRE）提出了以下公式[59]：

$$P(i>I)=\frac{1}{1+\left(\frac{I}{12}\right)^{2.7}}$$

我国也有对应标准[60]对雷电流幅值分布进行规定：

$$\lg P=-\frac{I}{88}$$

式中，I 表示雷电流幅值，单位为 kA；P 表示雷电流幅值比 I 大的概率。

除了上述四个参数带来的影响外，杆塔呼高、避雷线保护角等因素也会对绕击跳闸率的结果产生影响[61-62]，在此不一一进行分析和考虑，部分参数可以通过在对几何模型的建设中进行修改。

1.2 目前研究中的不足

（1）当前对输电线路的雷电活动的分析多数还停留在利用网格法统计沿线的地闪密度和雷电活动强度随季节变化的情况，然后利用统计的参数对当地的雷电流幅值概率分布函数进行修正，并结合电气几何模型法对线路的绕击跳闸率进行计算，将计算结果用于线路的防雷改造。目前已开展的雷电活动与地形相关性的研究中对区域地形的划分多依靠现场勘测和历史记录，对各种微地形差异的考虑不足，对区域地形的描述分类易受到现场勘测手段和主观判断的影响，对微地形描述的准确性都有待提高。并且，现有研究多针对某单一地形因素，比如海拔高度、纬度、地面倾角与地闪密度的简单相关系数进行分析。但由于雷电活动的分散性和随机性，地形影响因素繁多，需要综合考虑多种因素对雷电活动的影响。传统的统计和对比分析方法存在较大的局限性，难以准确快速地处理大量雷电数据，且难以发现数据之间隐藏的规律和关联性，需要建立新的非确定性的研究方法寻找雷电活动规律特征。目前的研究大多仅考虑山地、平原等大地形对输电线路的影响，范围较大，不能全面反映线路架设地区的微地形对线路雷击故障的影响。

（2）经研究发现，雷电活动在一定区域内具有时空丛聚特性，即雷电活动在时间上和空间上表现出很强的聚集性。聚类分析是一种常用于研究数据聚类特性的研究方法，选择合适的聚类方法是研究雷电特性的重要前提。多位学者发现基于密度的聚类算法可以良好地实现对雷电数据的处理分析，可以实现对雷电活动路径的追踪，总结分析了一定区域一定时间内雷电的运动规律。随着我国雷电定位系统在电网中的广泛应用，电网系统积累了大量地闪活动数据；但由于雷电探测站点分布不均，部分地区站点建设较少，这些区域的雷电活动数据相对不足，故分析地闪活动与地形地貌之间的关联性，明确各孕灾因素对地闪活动的影响大小，从地形地貌特征的角度评估地表落雷风险，对输电线路建设和防雷工作的开展具有重要意义。目前地面落雷分布研究的主要对象是宏观地形，没有考虑研究区域内部的地形变化对地面落雷分布的影响。而现有的研究成果表明，山区不同位置的落雷分布同样存在差异。故此，研究宏观地形和局部地形地面落雷分布规律，能够为今后的差异化防雷工作提供工程借鉴和理论参考。

（3）在进行雷害风险评估的研究过程中，雷击跳闸率的计算精确度在很大程度上影响着雷害风险评估的有效性。目前雷击跳闸计算的方法多种多样，常用的计算方法有规程法、EMTP/ATP 法及蒙特卡洛法等。其中，规程法中的线路反击的计算，工程上应用起来简单方便，而且它经过了实践的检验，基本上能够满足目前我国一般输电线路的雷电反击系统设计要求。但该标准在对输电线路反击耐雷水平进行分析时，将杆塔视为一等值电感，杆塔上任意点的电位相同，既不能反映雷击塔顶时雷电流在杆塔上的传播过程，以及反射波对杆塔各节点电位的影响，也不能反映绝缘子串上电压随时间的变化过程。规程法主要是一种面向实际工程的简化方法，能够在一定程度上分析输电线路的防雷性能，但由于大多参数的确定是依靠经验，因此，不能针对特殊的问题进行分析。电气几何模型法 EMTP/ATP 虽然能够模拟雷击波过程，并能计算线路的防雷性能，但是由建模过程较复杂，模型参数的选取及类别对计算结果影响较大，要运用于实际工程还需要进一步完善。理想情况下蒙特卡罗法能够较为精确地对线路的雷击跳闸率进行计算，但其算法是基于统计学原理的仿真算法，不能给出确定的计算解析式，同时，为了保证计算机的随机性，往往要求大量数据进行大量的计算，而在现实情况中很多线路数据都无法准确得到，因此不适用于实际工程计算。雷击跳闸率是评估防雷性能的重要指标，也是实现输电线路雷击风险差异化评估的基础，它的计算精确程度极为重要。影响输电线路雷击跳闸的主要因素应包括线路所在地区的雷电活动规律以及线路自身的耐雷水平。而上述的各种雷击跳闸率计算方法并没有很好地综合各种因素对杆塔耐雷水平的影响。其中雷电活动规律受杆塔附近的微地形因素，包括海拔、地形类型、地表覆盖类型等所影响。其次，杆塔自身的耐雷水平又与杆塔自身结构参数、防雷措施等影响因素有关。因此，在传统的雷击跳闸率计算方法基础上，亟待开展考虑微地形因素的雷击跳闸率修正系数研究工作。

（4）本书前 10 章，主要都是从理论的方面去阐述雷电大数据与地闪活动的关系，而没有具体怎么去应用，本书的第 12 章主要介绍了作者团队开发的一个输电线路多端口的雷害风险评估系统，这是一个软件，通过预输入的一些参数，便能够得到每条线路或是每基杆塔的雷击风险，从而能够更好地便于电网公司进行雷击跳闸的防治。

第 2 章　输电线路走廊典型雷害场景特征归类研究

近年来，随着我国雷电定位系统在电网中的广泛应用，规模庞大的地闪活动数据保存在各级电网系统中，具体包括：雷电流幅值、正负极性等闪电参数以及放电发生的经纬度坐标、发生的时间等时空信息情况。利用多年雷电定位数据统计逐基杆塔的地闪密度值，可以较准确地反映相应位置的雷电活动情况。另一方面，随着地理信息处理技术的发展，基于高空间分辨率的数字高程数据和地表覆盖类型数据，利用地理信息处理软件分析提取关键地形地貌特征参数，可以对区域地形特征进行定量描述，结合数据挖掘技术和方法，可以实现关键地形因子对雷电孕灾环境影响的分析。本章具体介绍采用雷电活动特征参数、地形地貌特征参数的统计提取以及不同方法间的优劣比较。

2.1　雷电活动参数统计

本章利用 2010—2019 年雷电定位系统观测数据进行云南地区雷电活动参数统计，十年之间雷电定位系统共记录到云南省各地区 8 376 万条雷电地闪活动数据，由于太阳黑子活动周期为 10 年，所以本章选取 10 年的数据作为研究对象，可以减小由于太阳活动引起的气候、雷电活动等差异影响。

2.1.1　雷电定位系统介绍

雷电定位系统（Lightning Location System，LLS）主要由探测站、二级中心站和一级中心站组成。目前雷电监测网发挥的作用主要体现在以下三个方面：

（1）雷击故障判别和雷击故障点的快速定位查找。

雷电定位系统可以实时、全天候监测地闪位置信息，发生雷击故障或停电事故时能快速缩小排查区域的范围，与传统的故障发生后单纯依靠人工巡线排查故障的方式相比，大大提高了故障确定效率。

（2）雷电预警。

雷电定位系统是对发生中的雷电活动进行监测，而不是在雷电发生前率先探测，但通过覆盖范围足够大的广域雷电监测网，可通过雷电活动监测实现对雷暴活动 1 小时左右的预警。

（3）雷电参数统计和防雷水平评估。

雷暴日、落雷频次、雷电流幅值概率分布等雷电参数是研究地闪活动特征规律的基础参数，而雷电活动特征规律是开展架空线路雷电防护和防雷改造的重要理论指导。利用雷电定位系统记录的雷击经纬度坐标、雷电流幅值、极性、时刻、回击次数等情况，结合线路的杆塔信息、雷击故障数据以及地形地貌等特征，研究雷电活动的时空分布规律，评估输电线路的防雷特性以及防雷措施是否合理，进而指导线路的防雷改造。

综上所述，雷电定位系统投入使用多年，为电力行业积累了大量雷电数据（见图 2-1），但这些数据主要用于绘制地闪分布图以及辅助判断线路雷击跳闸，作用较单一。有相关研究表明，地形地貌环境对地闪活动有明显的影响，因此应该充分利用雷电地闪活动数据并结合地形特征参数，揭示不同地形因子对地闪活动的影响规律。

时间	微秒	纬度（N）	经度（E）	电流（kA）	回击	时间符合数	综合符合度
2019/1/1 2:20	5940511	28.089454	103.118727	-10	1	2	75
2019/1/1 2:20	7137387	27.714774	102.471241	-11.9	1	2	50
2019/1/1 2:20	2136736	26.901878	101.746198	-19.7	1	2	50
2019/1/1 3:23	7504021	23.406442	97.349484	-23.6	1	3	50
2019/1/1 5:57	3383723	26.997501	98.563896	-22.4	1	3	30
2019/1/1 8:20	8651932	28.373154	103.277516	-15	1	2	75
2019/1/1 9:33	3016200	26.463478	99.462923	-2.3	1	2	75
2019/1/1 9:36	8939025	22.778415	102.795225	-47.8	1	3	40
2019/1/1 11:50	7675705	25.053595	98.446968	-7.3	1	2	75
2019/1/1 12:50	5118370	21.475168	104.206608	-20.9	1	2	100
2019/1/1 12:53	3874147	22.798136	102.47595	-11.2	1	2	100
2019/1/1 15:52	2559665	25.999051	98.284637	-15.6	1	2	100
2019/1/1 17:41	3078498	29.064983	103.918389	-47	1	2	75
2019/1/1 19:56	5413781	29.457252	101.091438	-35.3	1	2	75
2019/1/1 20:24	9526222	29.901098	100.604699	-29	1	2	100
2019/1/1 20:24	8536023	28.853527	100.172464	-16.3	1	2	75

图 2-1　雷电定位数据示例

2.1.2　雷电特征参数统计方法

雷暴日、落雷频次、地闪密度、地闪强度等是描述雷电活动的主要参数，前期研究中用相关性系数方法来分析雷击故障位置和利用网格法统计的地闪密度，以此来验证地闪密度是否可以反映雷击故障的发生概率，结果表明两者之间存在正相关性，说明利用雷电监测数据计算得到的地闪密度分布情况可以有效表征区域地闪活动的强弱，而地闪强度代表统计范围内每次落雷的雷电流平均幅值，反映雷击的能量大小，因此本章用地闪密度和地闪强度作为雷击致灾因子，表征地闪活动的强弱。

1. 传统网格统计方法

传统的雷电参数统计方法以网格法为主，其原理是将待统计区域或输电线路沿线按等面积划分成若干个网格，统计每个网格中的落雷频次，用落雷次数除以网格面积即得到该网格的地闪密度，网格法的示意图如图 2-2 所示，网格大小根据精度要求一般取 $0.01°\times0.01°\sim0.03°\times0.03°$，单个网格的大小直接影响了地闪活动的统计结果，当单个网格选取较大时，得到的地闪密度结果会趋于平均不能体现差异性；当网格选取过小时，受雷电定位系统本身精度影响会出现较多明显不符合实际情况的噪声结果。

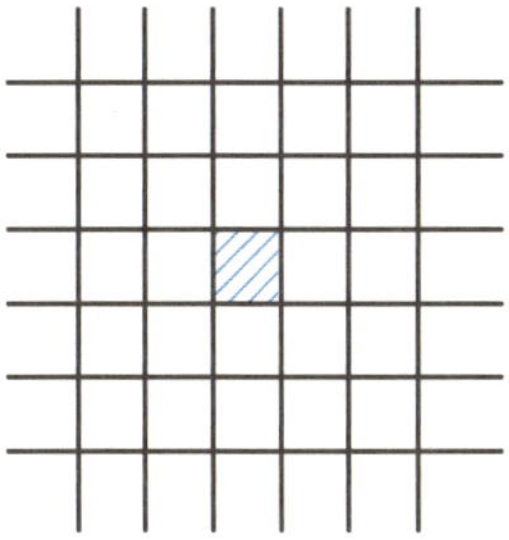

图 2-2　网格法统计原理示意图

2. 改进网格法

针对传统网格法的不足，有学者提出了基于邻域统计思想的改进网格统计方法，其具体方法如图 2-3 所示，即取划分网格的边长为 r，而统计范围为该网格边长为 R 的邻域，一般取 R 为 3~10 倍的 r。对比传统网格法，改进网格法相当于对统计区域进行了更细致的划分，这样可以在符合雷电定位系统精度的要求下得到更准确的统计结果，但计算量比传统网格法要大，故一般根据统计需要选择网格法或改进网格法。

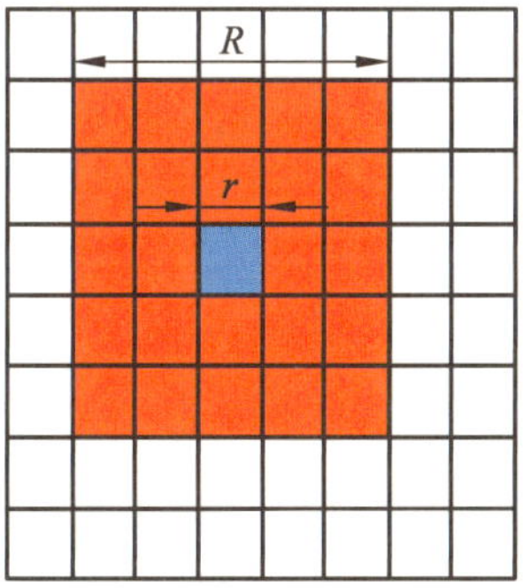

图 2-3　改进网格法统计原理示意图

在用数理统计方法研究雷电活动与地形地貌参数的关系时，我们先把地形地貌因子做了划分，统计每种因子每个区间的面积及 10 年内落雷点，得出每种因子每个区间的地闪密度；在建立云南省落雷信息数据中，我们使用了改进网络法统计全省地闪密度；在研究特定杆塔时，我们使用了圆域统计方法（详见下文相关章节）。

目前所用划分主放电与后续回击的标准都来自 GB/T 37047—2018，但受 LLS 探测精度影响，其方法存在一定的误差，不能精细地判定每一条地闪究竟属于主放电还是后续回击。并且根据云南电网线路实际运行经验，受云南地区地形地貌特征影响，部分区域的回击也可能是大电流幅值，对线路防雷有着较大风险，故本书对云南省主放电与后续回击都进行了统计。

本书中讨论的云南省地闪密度分布图与南网发布地闪密度图均将地闪密度等级划分为 8 个层级，单位为次/（$km^2·a$），分别为≤0.78、0.78~2.0、2.0~2.78、2.78~5.0、5.0~7.98、7.98~11.0、11.0~15.5、＞15.5。

2.2 微地形特征参数提取和分析

2.2.1 数据来源

地形地貌是影响雷电孕灾环境敏感性的重要因素，本节考虑海拔、坡度、坡向、地形类型、地表覆盖类型 5 种地形地貌因子的影响，精细化提取各类地形孕灾因子是研究地闪活动与地形地貌关系的数据基础，因此如何准确提取不同的地形因子用以描述地形是本节研究中的重点之一。

本节采用来源于地理信息云空间平台的云南省 30 m 空间分辨率的数字高程数据，其将云南省划分为 30 m×30 m 的网格，每个网格的 z 轴坐标值作为该区域的高程，共有 43 789 万条数据。DEM（Digital Elevation Model，数字高程模型）是用三维空间坐标表示点的空间位置的数据集，包含了丰富的地形、地貌信息，具有形象、直观、精确等特点，基于 DEM 数据，运用邻域分析、距离分析等手段以一定的公式计算地形参数值，可以得到坡度、坡向、地表曲率等反映地表局部特征的地形因子。DEM 数据和 GIS 技术的快速发展，使得基于数字高程模型的地形地貌分析逐渐成为研究热点。本节是基于数字高程数据进行地形特征参数的分析提取。

常用的数字高程数据分辨率有 30 m×30 m、90 m×90 m、1k m×1k m 等，对于高程数据分辨率的选择，理论上数据的分辨率越高，则其含有的地形内容、细节更丰富，能更精确地反映实际地形的情况。但实际应用时需要考虑对于过高分辨率的数据，其数据量大小会成倍增大，若研究区域较大，计算机开销巨大且十分耗时，且本节研究的局部地形尺度在数百米到千米之间，30 m 分辨率的数据在局部地形的尺度范围内，且远高于雷电定位系统定位精度，同时数据量大小较为合理，满足本节地形特征分析的要求。

地表覆盖分布及变化反映人与自然相互作用，是生态环境监测、气候变化等领域的基础信息。本节采用的地表覆盖类型数据来源于清华大学地学系宫鹏教授开发并面向全球公开的 10 m 分辨率地表覆盖类型产品 FROM-GLC10。该数据训练包含大约 340 000 个不同大小的样本（从 30 m×30 m 到 500 m×500 m），覆盖全球约 93 000 个样本点位，与上一代 30 m 分辨率的产品相比，FROM-GLC10 总体精度为 72.76%，与 FROM-GLC30 精度相当，但 FROM-GLC10 的结果提供了更多的空间细节。FROM-GLC10 将地表覆盖类型分为了 10 个种类，具体分为农田耕地、林地、草原草地、灌丛带、潮湿土地或湿地、水域、苔原或冻土带、城市建设用地、荒地、冰雪覆盖地，其中城市建设用地一般包括城市道路、居民用地、生产生活用地等。

ArcGIS 是由美国环境系统研究所 ESRI（Environment System Research Institute）研发的地理信息处理软件，拥有强大的地形分析能力，是地理信息领域最常用的商业软件之一，通过智能数字化的方式使创建地理数据更加容易，同时能更好地保证采集数据的一致性。用户可用其来收集、组织、管理、分析地理信息。本节利用 ArcGIS 10.1 软件分析云南地区的地形特点，提取每基杆塔的海拔高度、坡度、坡向、地形类型、地表覆盖类型 5 类地形地貌特征参数，提取参数的一般步骤如下：

（1）导入待研究区域数字高程数据或地表覆盖类型数据，将栅格数据投影到同一投影坐标系下。

（2）利用 Spatial Analyst 工具进行地形地貌因子的分析计算，建立不同地形因子的属性图层。

（3）对某一属性图层按区间进行重分类，计算各区间的面积占比。

（4）导入样本位置点经纬度 KML 文件到属性图层中，并将点坐标投影到同一坐标系下，按点将不同地形地貌参数值提取到属性表中。

（5）导出地形地貌特征参数属性表。

2.2.2　地形地貌数据坐标变换

将高程数据导入地理信息处理软件，首先进行坐标的投影变换，在构造地形时所用的高程为平面地图的高程。现实中，地球呈中间略宽两极略扁的梨形球体，在将球体上的经纬度转换成平面坐标时要经过一系列投影换算。投影的方式经过了长时间的发展改变，著名的 WGS84 坐标体系就将地球视为一个规则椭球，坐标系与地图展开相关的参数为：长半轴 a=6 378 137 m，椭球扁率 f=1/298.25。对于所有以 WGS84 为基础的平面地图，关于距离、面积等的计算实际上是真实地球在 WGS84 所定义的椭球面上的计算。WGS84 坐标系椭球参数示意如图 2-4 所示。

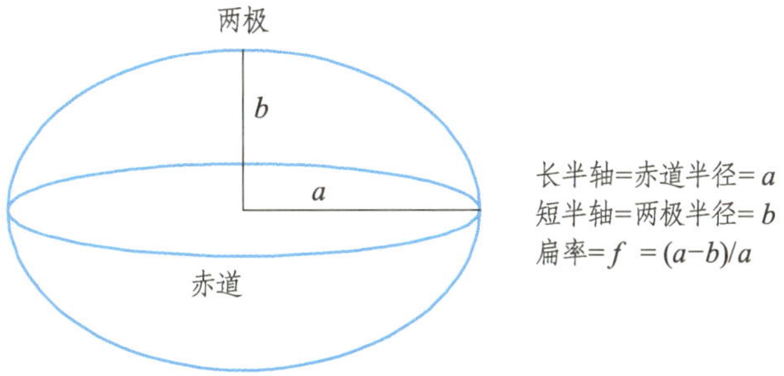

图 2-4　WGS-84 坐标系椭球参数示意图

经过 WGS-84 坐标投影后，还需进行平面地图坐标投影，如今最广泛被使用的方法是墨卡托投影(Mercator Projection)，其原理是假设用一个圆柱面外切于地球球体，并使之相切于赤道，在球心处放置一个点状光源，此时在圆柱体上投射的影子，将其展开就得到了投影的平面地图，如图 2-5 所示。

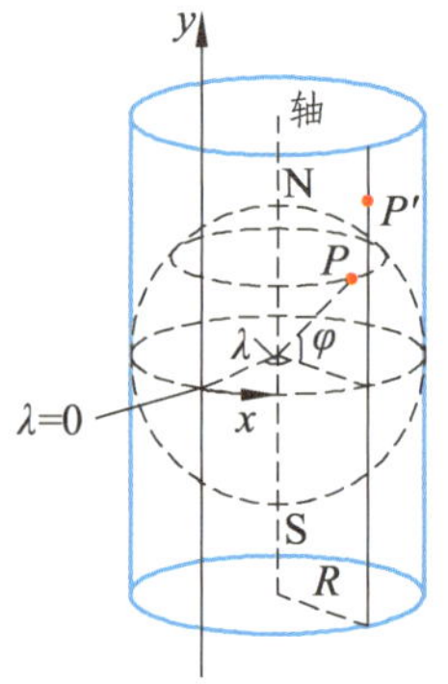

图 2-5　墨卡托投影示意图

墨卡托投影存在以下特征：

（1）纵轴方向，纬度的变化是非线性的，越靠近两极，在圆柱面上的投影就越趋向于无穷远，而两极无法被投影到圆柱面上。

（2）横轴方向，经度的变化是线性的。

（3）投影区域和都比真实区域大，处于拉伸状态。

通常选择沿本初子午线展开，并以赤道与本初子午线的交点作为坐标原点。墨卡托投影的球面坐标系经纬度与平面坐标系坐标之间的转换公式为：

$$\begin{cases} x = KL \\ y = K\ln\left[\tan\left(\dfrac{\pi}{4}+\dfrac{B}{2}\right)\left(\dfrac{1-e_1\sin B}{1+e_1\sin B}\right)^{\frac{e_1}{2}}\right] \\ K = a \\ e_1 = \sqrt{1-\left(\dfrac{b}{a}\right)^2} \end{cases} \tag{2-1}$$

在实际应用中，数字高程数据一般已经做过一次规则化的投影，本节采用的数字高程数据即已转换到 WGS84 坐标体系中，此坐标体系将不规则的地球椭球体转换为标准球体，故在将使用 WGS84 坐标体系的数据转换呈墨卡托投影时，可以使用如下简化公式：

$$\begin{cases} x = R(\lambda-\lambda_0) \\ y = R\ln\left[\tan\left(\dfrac{\pi}{4}+\dfrac{\varphi}{2}\right)\right] \end{cases} \tag{2-2}$$

式中，x、y 为投影展开成平面图后平面坐标系的坐标，R 为 WGS84 中规定的标准球体的半径（m），λ、φ 为 WGS84 坐标系夹角参数。

2.2.3　地形地貌因子计算原理

（1）**海拔高度**。海拔高度是数字高程数据含有的基本信息之一，因为高程数据由 X，Y，Z 坐标构成，海拔高度可以用投影后的 z 轴坐标值表示。

（2）**坡向**。对坡向值有如下定义：规定 0°为正北方向，顺时针与正北方向所成角度度数表示坡向。坡向计算公式如下：

$$Aspect = \arctan\left(\frac{f_y}{f_x}\right) \tag{2-3}$$

对于数字高程数据可以利用上式直接计算坡向，但由此求得的坡向与 x 轴有正夹角和负夹角的区别，故需要依据 f_x 和 f_y 的正负进一步判断，其判断依据如表 2-1 所示。

表 2-1　坡向判断依据表

f_x	f_y	$\alpha = \arctan\left(\frac{f_y}{f_x}\right)$	$Aspect$	坡向示意
=0	>0	/	90°	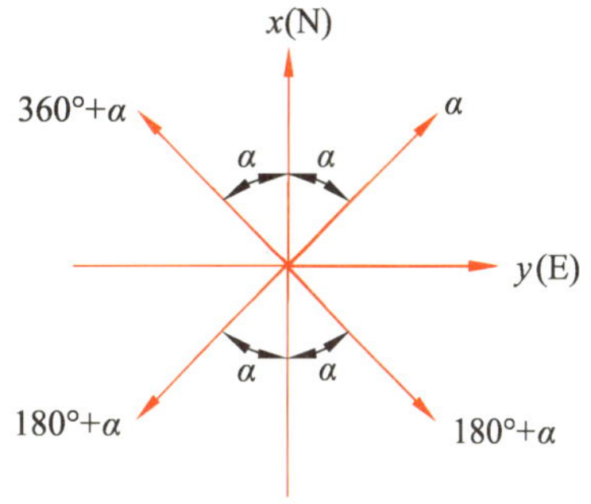
	=0	/	0	
	<0	/	270°	
>0	>0	0~90	α	
	=0	0	0	
	<0	-90~0	360°+α	
<0	>0	-90~0	180°+α	
	=0	0	180°	
	<0	0~90	180°+α	

（3）**坡度**。对于地表任一点，过这一点的切向平面与水平面的夹角表示该位置的坡度，用以反映该处地形的倾斜程度。

本节用角度度数的形式来表示坡度，数值上等于过某点的地表单元的法矢量与 z 轴间的夹角，其示意图如图 2-6 所示，即：

$$Slope = \arccos\left(\frac{z \cdot n}{|z| \cdot |n|}\right) \tag{2-4}$$

实际进行计算提取坡度时，多使用如下计算公式：

$$Slope = \arctan\sqrt{f_x^2 + f_y^2} \times 180/\pi \tag{2-5}$$

式中，f_x 为 x 方向的高程变化率，f_y 为 y 方向的高程变化率。

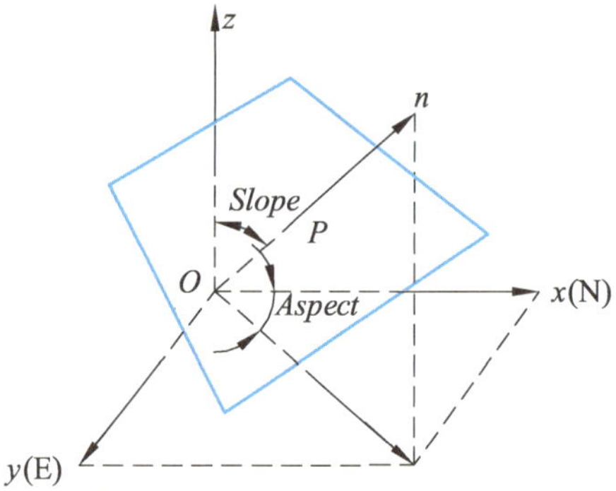

图 2-6　地表单元坡度示意图

（4）**地形类型**。地形位置指数（Topographic Position Index，TPI）是地形位置指标的一种，常用于评价地形位置的指标有平均高程、高差、高差百分比、高程百分比等，对于高差这一指标，高程数据的边界值对其准确性的影响较大，高程百分比和平均高程偏离度则由于计算量大而在大尺度区域的地形分析中应用较少。*TPI* 是 Andrew Weiss 在 2001 年 ESRI 国际会议上提出的用于地形分类系统的基本参数。其计算方法是目标点的高程减去邻域高程的平均值。*TPI* 在测绘学、地理信息学、生态学等诸多学科领域应用广泛，常用于表征地形的起伏趋势以及某处地形与周边地形的位置关系。在多个领域的应用证明了将地形位置指数作为描述地形地貌特征的参数是有效的。

TPI 的基本原理是研究目标点的高程与其一定范围领域内的高程平均值的差，然后根据高程差的正负以及与高程标准差的大小比较来确定目标点的地形位置。*TPI* 计算如下：

$$TPI = z - \bar{z} \tag{2-6}$$

式中，*TPI* 是地形位置指数，z 是目标点的高程值，$\bar{z}$ 是目标点邻域的平均高程。

TPI 描述的地形特征如图 2-7 所示。

（1）当 $TPI>0$ 时，表示目标点的高程高于四周的均值，说明目标点大概率落在凸面地形位置上。

（2）当 *TPI* 的值在 0 附近时，说明目标点的高程与周边的平均高程相近，目标点可能在平地或者中间斜坡位置。

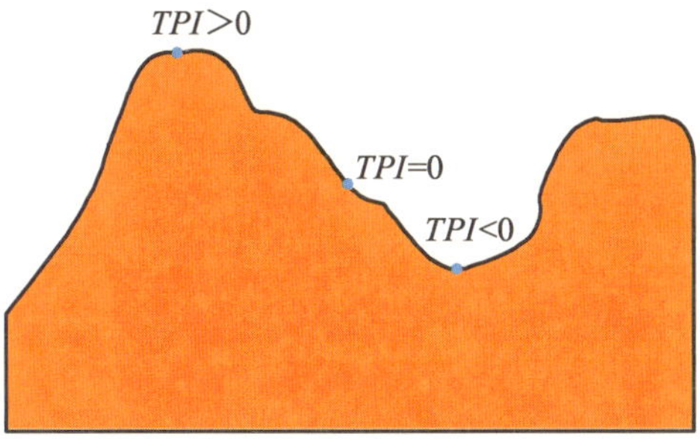

图 2-7　TPI 地形特征示意图

（3）当 *TPI*<0 时，目标点则落在凹面地形上。

依据国际上通用的基于地形位置指数的地形分类标准，如表 2-2 所示，将地形分为 5 种类型。其中 *SD* 为同一目标点邻域内的高程标准差，比较两者的大小将地形分为山谷山脊、上坡、中间斜坡或平地、下坡、山谷洼地，结合坡度坡向等其他地形特征参数可以对地形种类做进一步划分和归类，定义地形位置指数分类系数为 *T*，其值等于 *TPI* 除以 *SD*。

表 2-2　地形位置指数分类标准

地形种类	分类标准
山顶、山脊	*TPI*>1*SD*
上坡	0.5*SD*<*TPI*≤1*SD*
中间斜坡或平地	−0.5*SD*<*TPI*≤0.5*SD*
下坡	−1*SD*<*TPI*≤−0.5*SD*
山谷、洼地	*TPI*≤−1*SD*

在对云南全省地形的识别统计中，因数据量较大，相比于在 8.13 节中介绍的地表物理流水模拟方法，使用 *TPI* 方法能够快速地对全省范围内的地形做分析统计。

2.3　云南省雷电活动与微地形特征关系分区研究

2.3.1　地形地貌特征参数的分布计算

2.3.1.1　地形特征参数分布情况

1. 海拔高度分布情况

对云南省海拔进行分析，云南全省地形地貌复杂多变，最低处海拔−219 m，最高处海拔约 6 630 m，高差近 7 000 m，地势高低起伏明显。其地势大致呈东南方向较低西北方向较高的走势。

云南省地形以云岭山脉南段及哀牢山为界，分为东西两大地形区。东部为滇东、滇中高原，是云贵高原的组成部分，平均海拔 2 000 m，表现为起伏和缓的低山和浑圆丘陵，发育着各种类型的岩溶地貌；西部高山峡谷相间，地势险峻，山岭和峡谷相对高差超过 1 000 m。5 000 m 以上的高山顶部常年积雪，形成奇异、雄伟的山岳冰川地貌。

本节以元江谷地和云岭山脉南段的宽谷为界，分为东、西两大地形区进行差异化统计分析。由 4 条线路将云南省分为东区与西区，线段起始点分别为(101.831°，23.530°)，(100.891°，24.762°)，(100.423°，26.117°)，(100.375°，27.758°)，(100.362°，28.135°)，东部是云贵高原，西部是横断山脉。

以 100 m 为区间，对云南省东、西区海拔进行划分，得到各海拔区间的面积分布情况如图 2-8~2-10 所示，云南省大部分区域分布在海拔 1 000~2 500 m 之间，其中海拔高度 2 000 m 左右的区域面积最大。东区海拔分布主要集中在 1 000 m 至 2 500 m，起伏较缓；西区海拔起伏较为明显，从 0 到 6 000 m 均有分布，且海拔大于 3 000 m 的地势面积占比不可忽略。

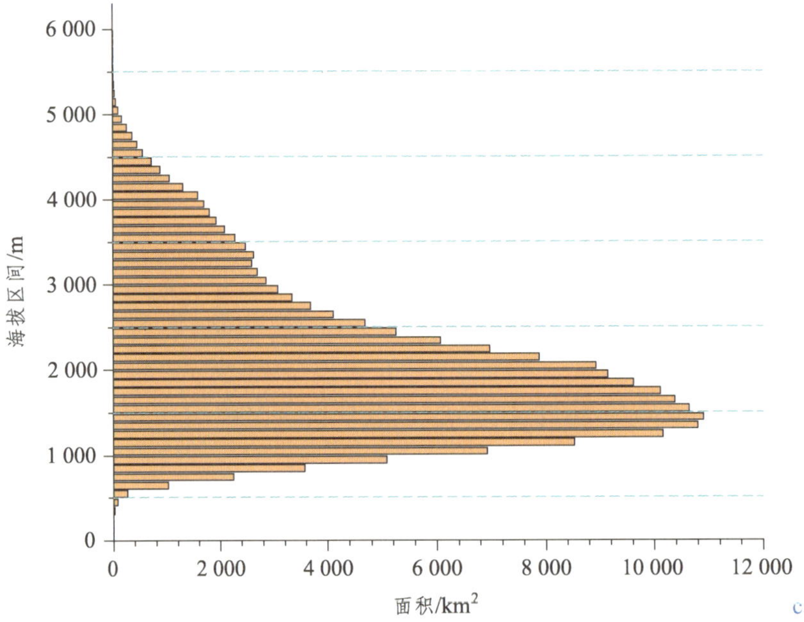

图 2-8　不同海拔区间面积分布情况（西区）

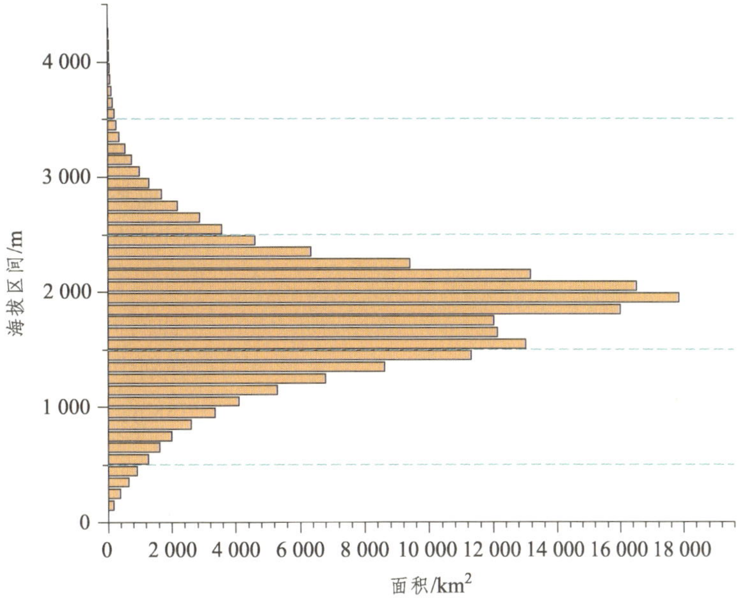

图 2-9　不同海拔区间面积分布情况（东区）

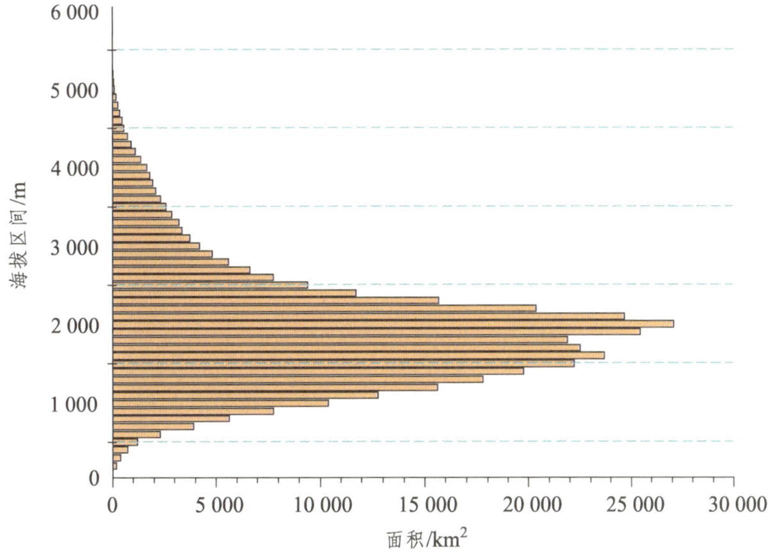

图 2-10　不同海拔区间面积分布情况（全省）

2. 坡度分布情况

对完成坐标投影后的高程数据执行坡度分析，打开 Spatial Analyst Tools 工具箱中的 Surface 工具集，利用 Slope 计算工具进行坡度计算，并建立坡度属性图层，可对云南省全省坡度进行分析。

云南省全域的坡度分布在 0°~88.54°之间，以 10°为区间对坡度进行分类，统计东西区间的面积占比，分类结果如图 2-11~2-13 所示，10°~20°和 20°~30°坡度区间内的区域面积占比最大。坡度 60°以上的面积较少，多见于云南省西北部，该区域是青藏高原的南部末端位置，区域内有云岭、怒山等巨大山系，地势险峻。

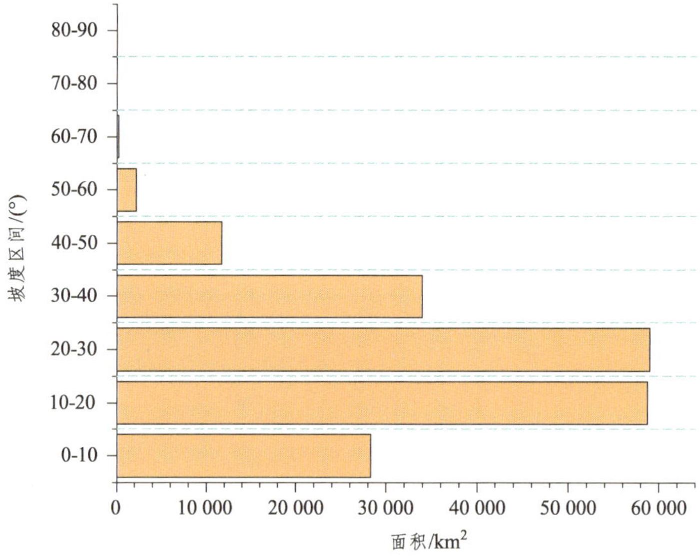

图 2-11　不同坡度区间面积分布情况（西区）

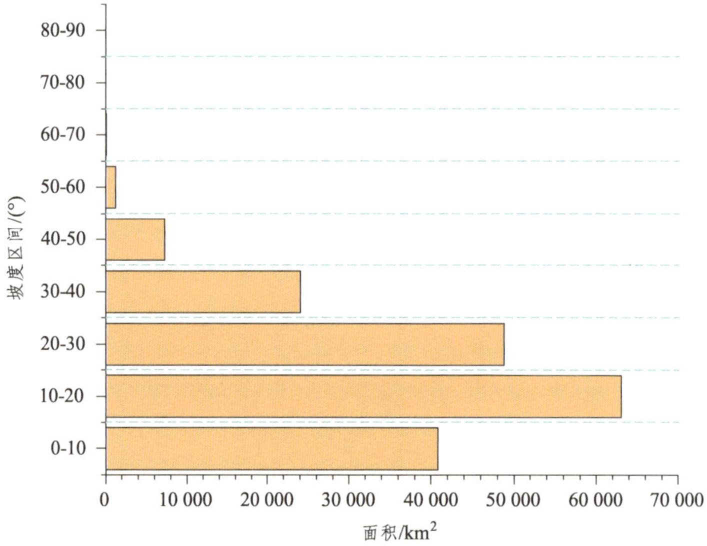

图 2-12　不同坡度区间面积分布情况（东区）

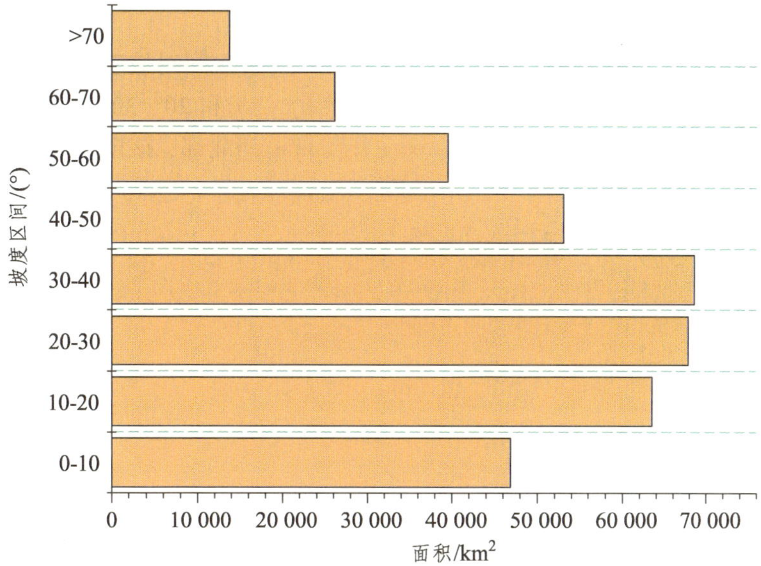

图 2-13　不同坡度区间面积分布情况（全省）

3. 坡向分布情况

利用坡向分析工具执行坡向计算，建立坡向属性图层，对云南省全省坡向进行分析。气象学上按太阳辐射方位区别和风向的方位对坡向进行划分，以 45°为区间，按顺时针方向依次从北坡到西北坡，其中北坡方向为属于 0°~22.5°或 337.5°~360°的区间，如图 2-14 所示。

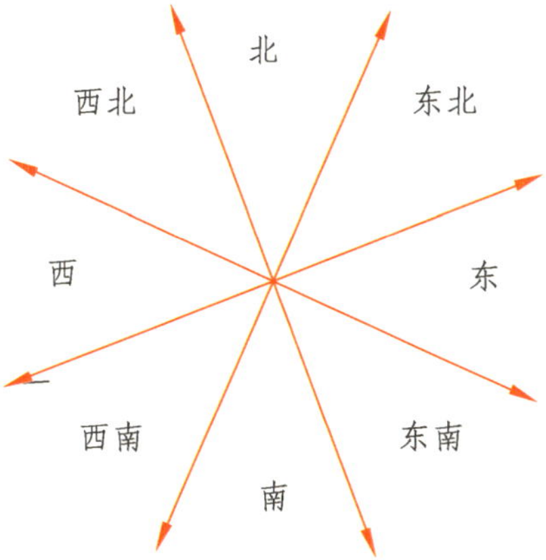

图 2-14　坡向划分

从图 2-15~2-17 可以看到，各坡向区间的面积占比大致相同。

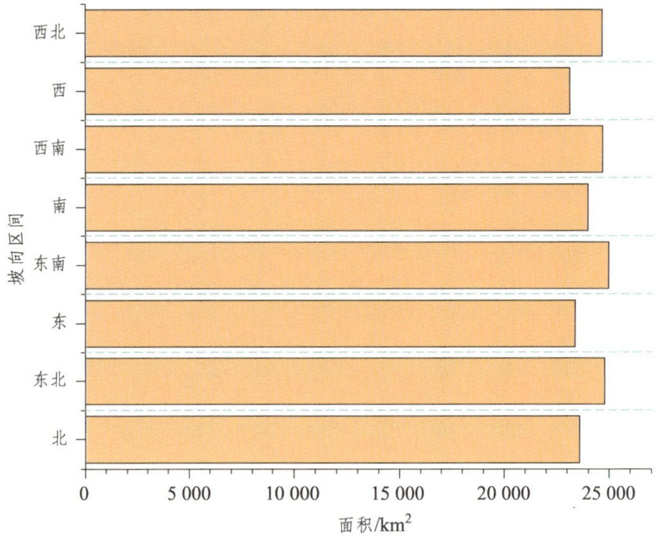

图 2-15　不同坡向区间面积分布情况（西部）

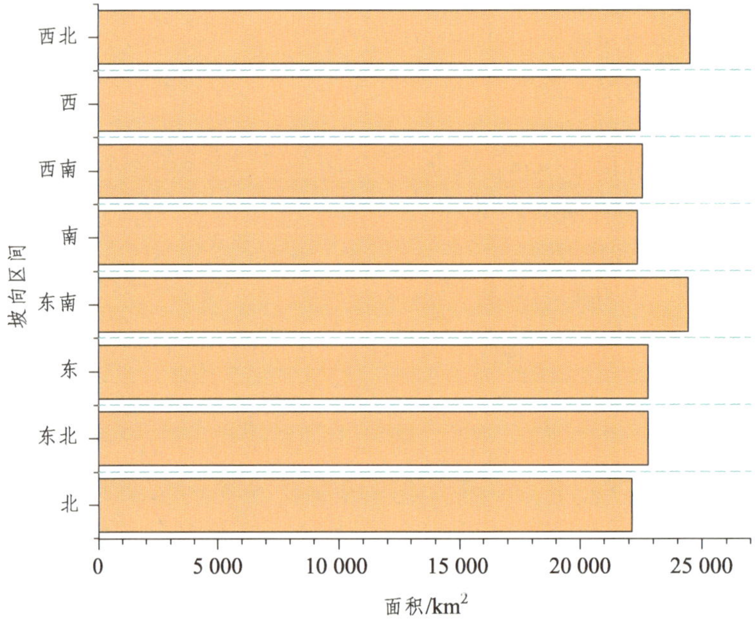

图 2-16　不同坡向区间面积分布情况（东部）

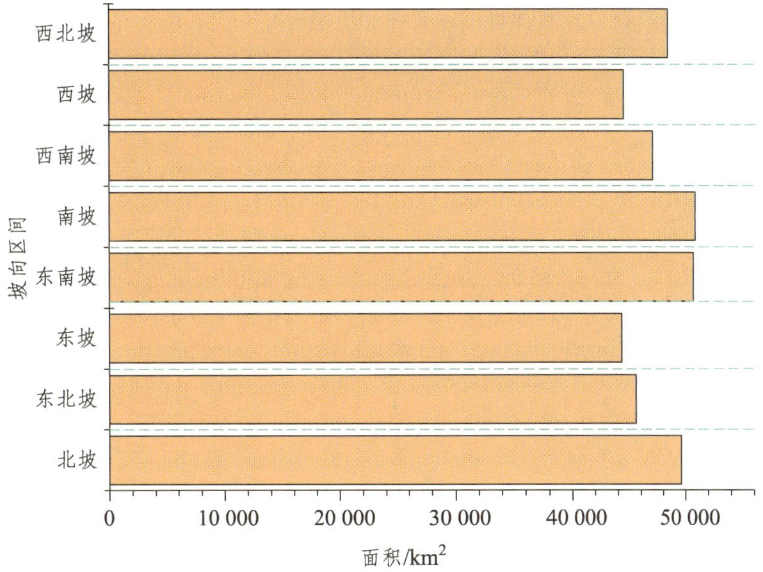

图 2-17　不同坡向区间面积分布情况（全省）

4. 地形位置参数分布情况

在待研究区域范围内随机生成若干个样本位置点，设定点与点之间的最小距离为 1 km，对生成的点设置半径 600 m 的缓冲区，统计缓冲区内的高程均值和高程标准差，在实际统计中，标准差绝大部分分布在[−2，2]区间内，进一步计算得到 *TPI* 的值以及基于 *TPI* 划分的点所处位置地形种类。

本节对全云南省开展了 *TPI* 分析，为方便表述，下面举例说明。东、西区各随机生成 10 000 个样本点，全省范围随机生成 20 000 个点。样本在每种地形中的分布情况如表 2-3~2-5 所示，继续增大样本位置点的数量，统计各地形下样本位置的个数，发现各类型所占比例基本相同，说明此时的样本数量能较好地反映全区域情况。

表 2-3　样本点在各类地形中的分布情况（西区）

TPI 地形分类	样本数量
山顶、山脊	631
上位坡	1 438
中间斜坡或平地	5 729
下位坡	1 544
山谷、洼地	658

表 2-4　样本点在各类地形中的分布情况（东区）

TPI 地形分类	样本数量
山顶、山脊	814
上位坡	1 491
中间斜坡或平地	5 153
下位坡	1 650
山谷、洼地	892

表 2-5　样本点在各类地形中的分布情况（全省）

TPI 地形分类	样本数量
山顶、山脊	1 419
上位坡	2 923
中间斜坡或平地	11 017
下位坡	3 196
山谷、洼地	1 445

2.3.1.2　地表覆盖类型数据的分布情况

统计云南省各类地表覆盖土地的面积，结果如图 2-18~2-20 所示，可以看出覆盖最广的是林地，约占云南省总面积的 66.5%；其次为农田耕地和草原，分别占总面积的 15.8% 和 12.0%，荒地占 2.35%，城市建设用地占 1.30%，灌丛带占 0.86%，水域占 0.79%，冰雪覆盖地、潮湿土地或沼泽地、苔原或冻土带的覆盖面积很小。

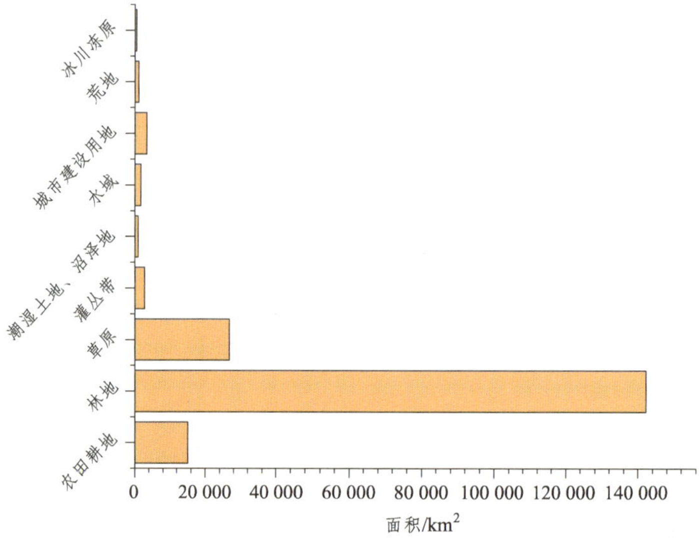

图 2-18　地表覆盖类型分布情况（西区）

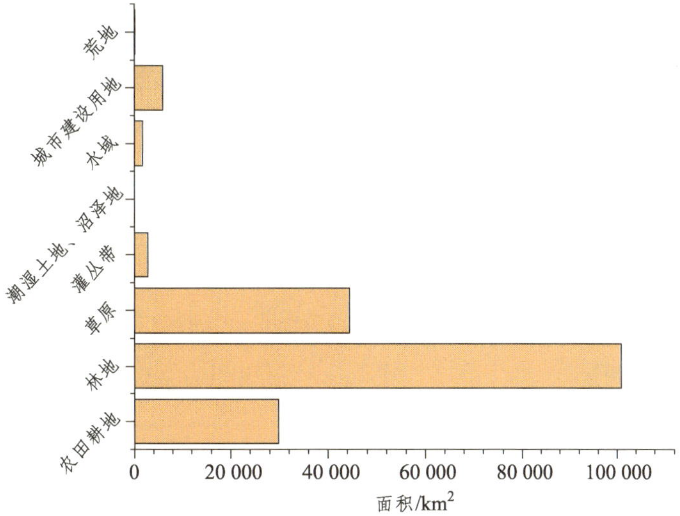

图 2-19　地表覆盖类型分布情况（东区）

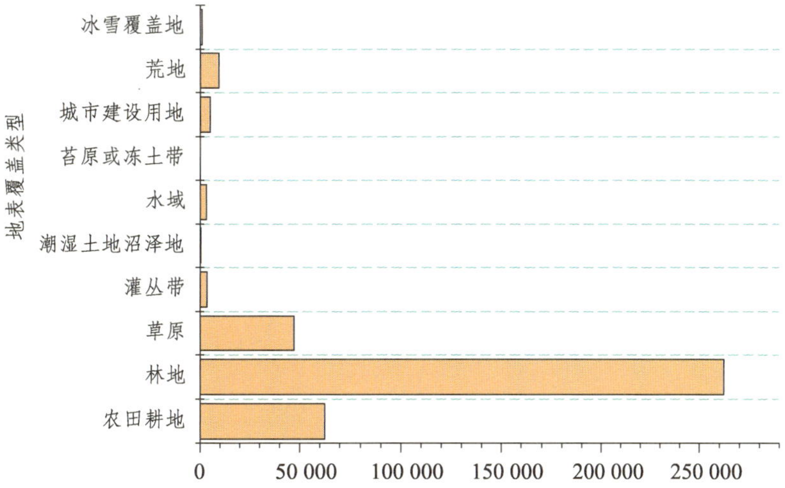

图 2-20　地表覆盖类型分布情况（全省）

2.3.2　地形因子对地闪活动影响分析

2.3.2.1　地闪活动随海拔变化规律

1. 海拔高度对地闪密度影响

云南省地闪密度有明显的自东南向西北逐渐减小的趋势，结合云南省海拔分布情况可以发现，地闪密度减小的走向与海拔增大的走向较为一致，说明海拔对地闪密度分布有一定影响。

进一步分析，以 100 m 为区间，将云南省东、西部的海拔分为不同的区段，统计各海拔区间的地闪密度，统计结果如图 2-21~2-23 所示，西部分区，在 0~400 m 的海拔范围内，地闪密度随海拔增加而增加；海拔范围 300~400 m 的地闪密度最大，达到 24.92 次/(km^2·a)；当海拔高度大于 400 m 后，地闪密度与海拔高度之间则呈现出明显的负相关关系；东部分区，地闪密度与海拔高度在一开始就呈现出明显的负相关关系。

分析海拔对雷电活动的影响机理，主要有两方面：

（1）海拔高的位置会对周围海拔低的位置起到一定的屏蔽作用，故海拔高处易发生雷电活动，这种影响对范围较小的同一片地形区域作用较大。

（2）高海拔地区空气稀薄，空气中的带电离子也相对减少，更不容易形成闪电通道，故相对低海拔区域更不易发生落雷。在大于 400 m 海拔的区域，海拔带来的大气环境变化起主要影响作用，故海拔越高发生地闪的概率越低。而在 400 m 海拔范围内的区域多处于低海拔的平地丘陵，大气环境变化较小，此时海拔较高处的引雷作用则更明显。

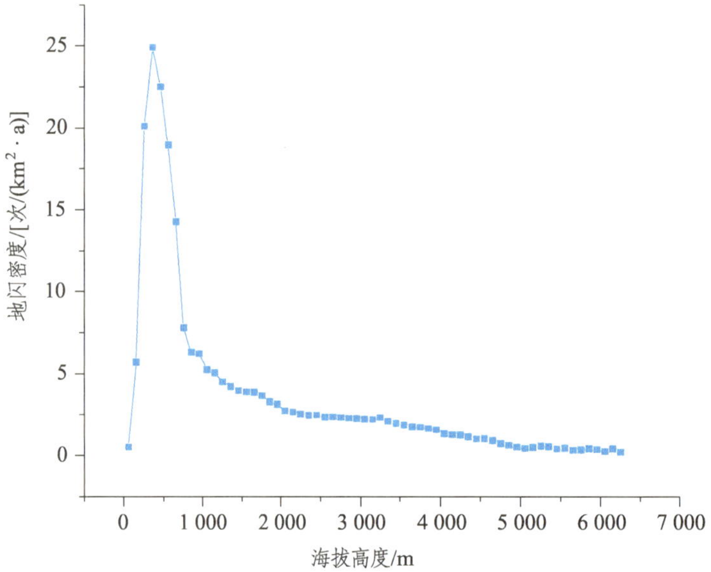

图 2-21　地闪密度随海拔分布情况（西区）

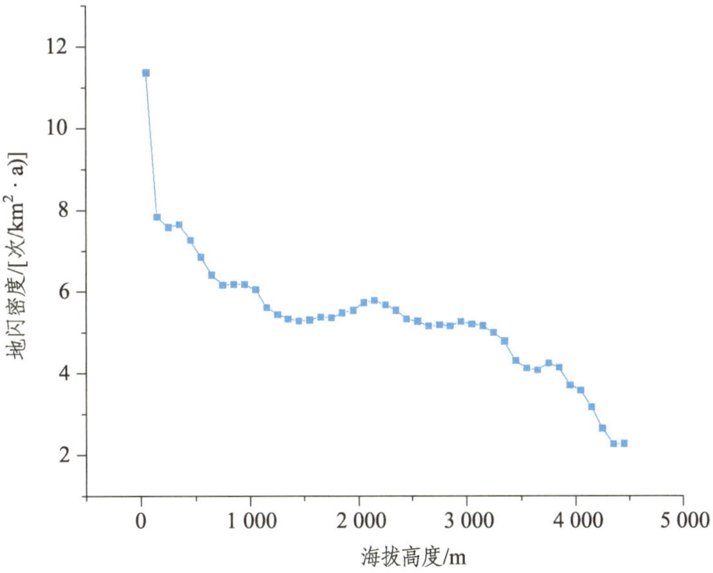

图 2-22　地闪密度随海拔分布情况（东区）

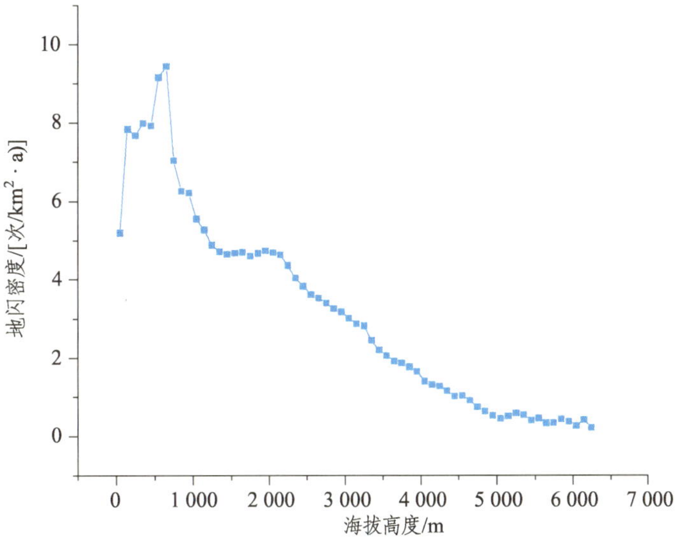

图 2-23　地闪密度随海拔分布情况（全省）

2. 海拔高度对地闪强度的影响

有相关文献研究认为海拔高度、坡度与地闪强度不相关。本节对云南省统计不同海拔区间内的地闪强度，地闪强度随海拔的变化波动较大，海拔对地闪强度的影响无明显规律性，如图 2-24 所示。故本节统计地形与地闪强度的关系时，并没有分为东西区进行研究。

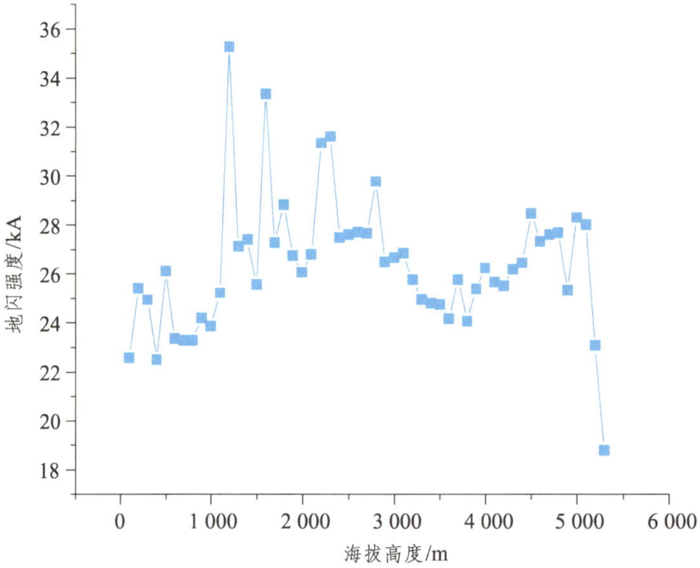

图 2-24　地闪强度随海拔分布情况

2.3.2.2　地闪活动随坡度变化规律

1. 坡度对地闪密度影响

对前述云南省坡度分析的结果，统计重分类后云南省东、西各个区间区域内的落雷频次并计算地闪密度，结果如图 2-25~2-27 所示。可以看出，地闪密度与坡度之间大致呈现负相关关系。西部分区，当坡度在 0°~10°范围内时，地闪密度最大，约为 3.7 次/(km^2·a)；东部分区，当坡度在 10°~20°范围内时，地闪密度最大，约为 5.6 次/(km^2·a)，此两类坡度范围包含平原平地、高原平地以及较平缓的山顶地形。当坡度大于 40°时，地闪密度较小，此坡度范围多为较高且较陡峭的山区山地地形，多处于山地爬坡阶段的位置。

2. 坡度对地闪强度影响

统计不同坡度区间内的地闪强度，地闪强度随坡度的变化较小，如图 2-28 所示，最大地闪强度在 20°~30°坡度区间内，为 28.10 kA，除去落雷情况较少的 70°~80°区间，地闪强度最小为 26.67 kA，在坡度 0°~10°范围内。可以看出坡度与地闪强度间无明显相关性。

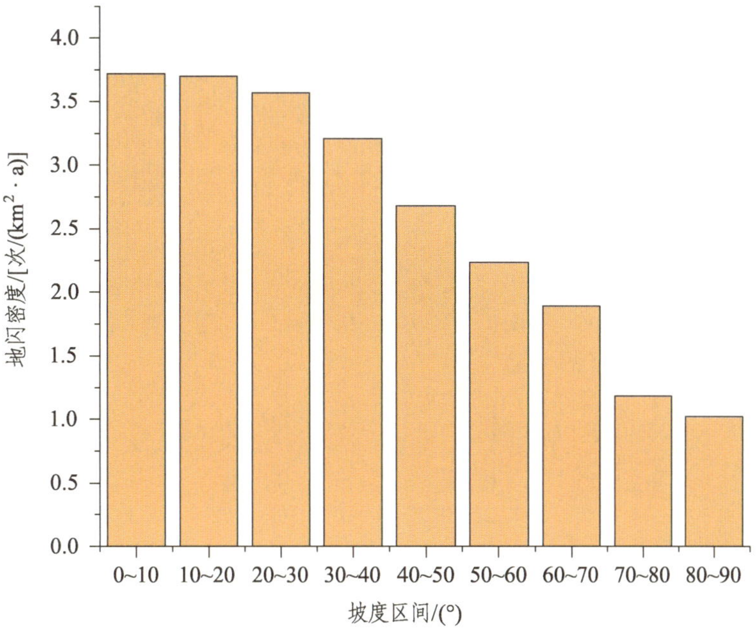

图 2-25　地闪密度随坡度变化情况（西部）

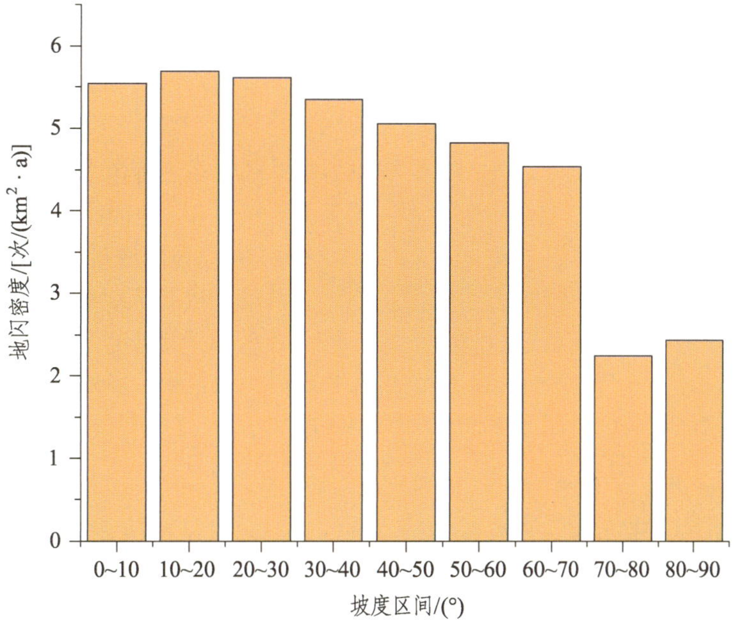

图 2-26　地闪密度随坡度变化情况（东部）

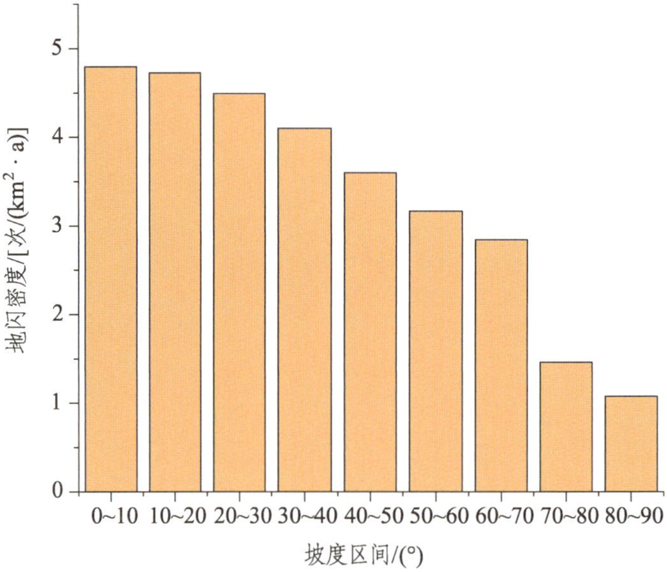

图 2-27　地闪密度随坡度变化情况（全省）

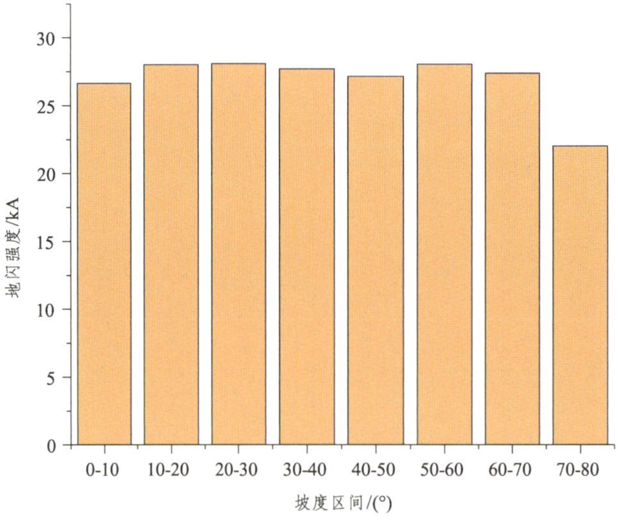

图 2-28　地闪强度随坡度变化情况

2.3.2.3　地闪活动随坡向变化规律

1. 坡向对地闪密度的影响

按前述坡向分类规则，将全云南区域划分为 8 个坡度区间，统计每类坡向区间内的落雷频次并计算地闪密度值，按坡向的方位绘制雷达图形式的地闪密度分布情况图，如

图 2-29~2-31 所示。

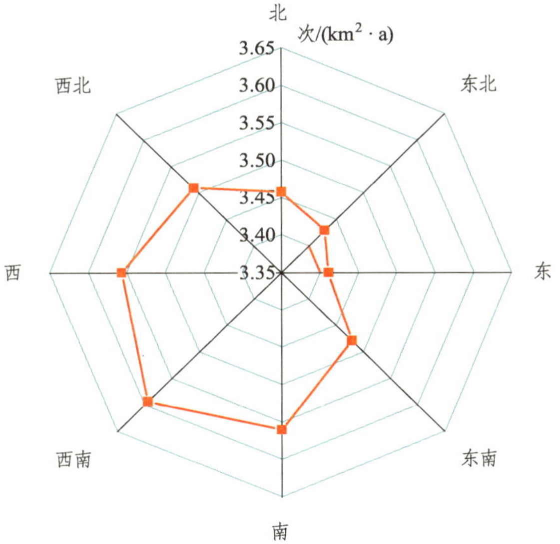

图 2-29　地闪密度随坡向变化情况（西部）

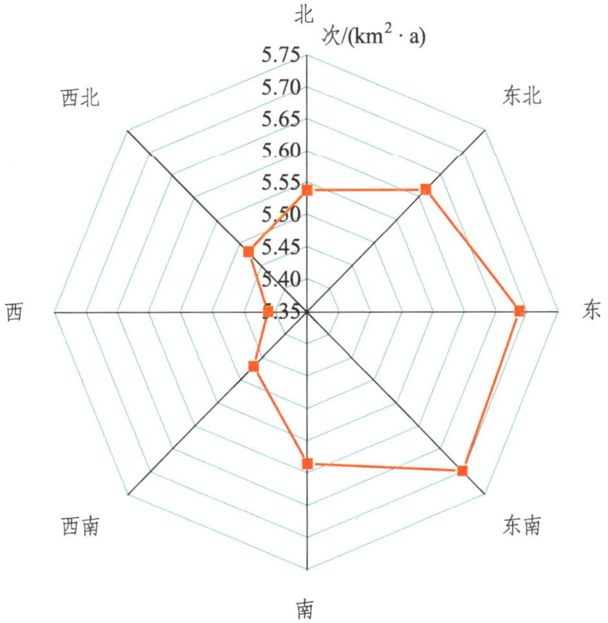

图 2-30　地闪密度随坡向变化情况（东部）

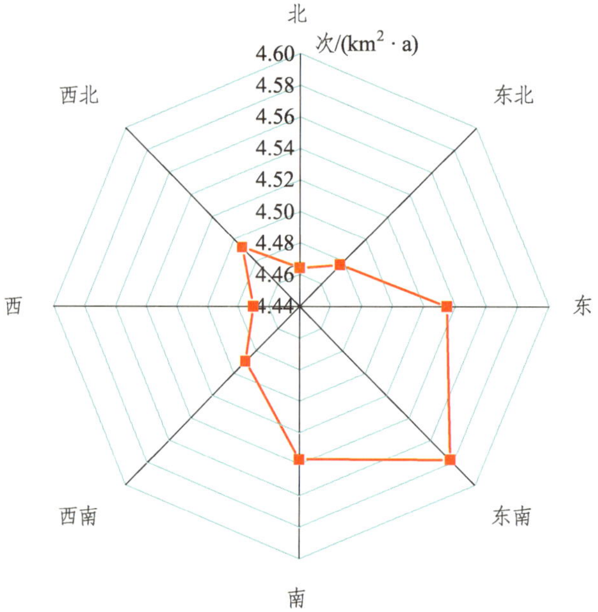

图 2-31　地闪密度随坡向变化情况（全省）

在西部分区，西南向山坡的地闪密度最大，达到了 3.59 次/(km^2·a)，南向山坡的地闪密度也较大，达到了 3.56 次/(km^2·a)；其次为西向山坡，地闪密度为 3.59 次/(km^2·a)，而其他坡向的地闪密度则相对较低。

东部分区，东南向山坡的地闪密度最大，达到了 5.70 次/(km^2·a)，东向山坡的地闪密度也较大，达到了 5.69 次/(km^2·a)；其次为东北向山坡，地闪密度为 5.62 次/(km^2·a)，而其他坡向的地闪密度则相对较低。

云南地处中国西南边陲，北回归线横贯本省南部。从整体位置来看，云南北依广袤的亚洲大陆，南临辽阔的孟加拉湾和南海，西北则受到青藏高原和横断山脉的阻隔。云南正处于东亚季风和南亚季风交汇的位置，在雷电多发的夏季，云南盛行湿润的西南季风和东南季风，季风带来的湿润气流，加之向阳坡较强的太阳辐射，空气中更易形成强对流，为雷电的产生创造了有利条件。

2. 坡向对地闪强度影响

统计不同坡向的地闪强度，结果如图 2-32 所示。

可以看到，西向坡的地闪强度最高，东北向地闪强度最低，坡向对地闪强度的影响与对地闪密度的影响大致呈相反的规律，但不同坡向的地闪强度仅在 28.65~29.02 kA 的范围内变化，说明坡向对地闪强度的影响较小。

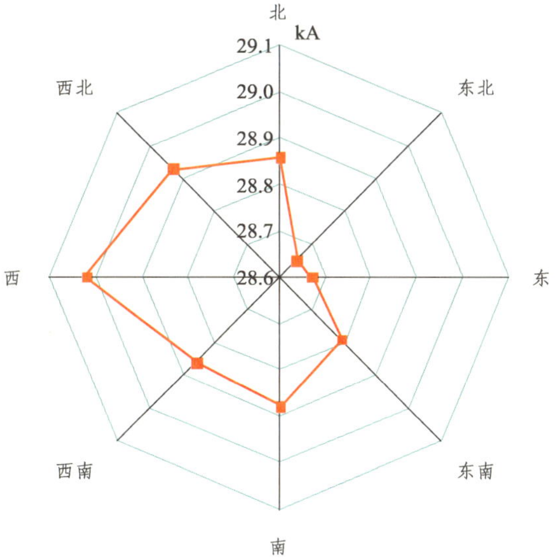

图 2-32 地闪强度随坡向变化情况

2.3.2.4 地闪活动随地形位置指数变化规律

1. 地形位置指数对地闪密度的影响

对东、西分区各随机选取的 10 000 个样本位置点的地闪密度统计结果和 *TPI* 地形分类结果进行分析，结果如图 2-33~2-35 所示。在西部分区，位于山顶或山脊附近的位置，其地闪密度要高于其他四类地形，达到了 3.71 次/(km^2·a)；其次为山谷洼地地形地闪密度为 3.65 次/(km^2·a)、上坡地形为 3.45 次/(km^2·a)，下坡地形为 3.45 次/(km^2·a)，中间斜坡或平地处的地闪密度最小，约为 3.24 次/(km^2·a)。在东部分区，地闪密度较为均匀。

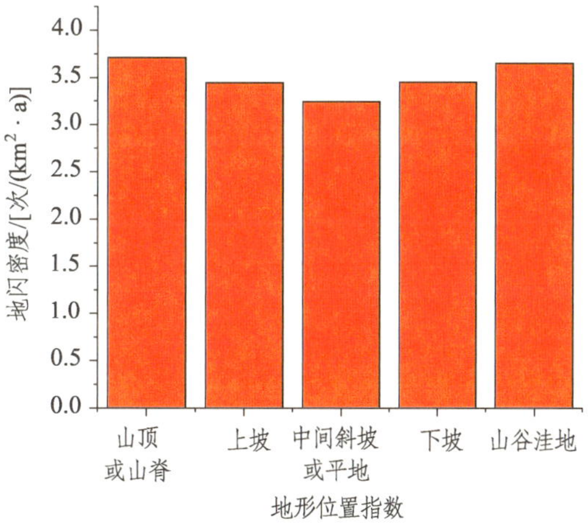

图 2-33 地闪密度随地形位置指数变化情况（西区）

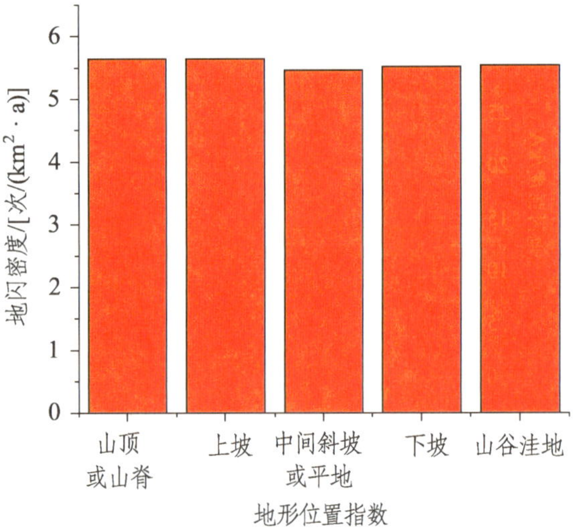

图 2-34　地闪密度随地形位置指数变化情况（东区）

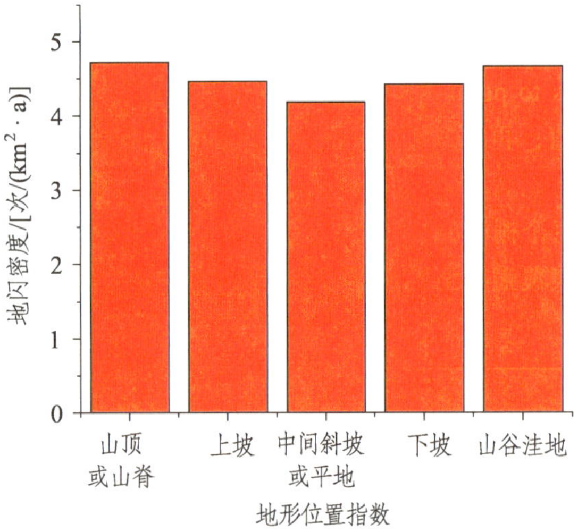

图 2-35　地闪密度随地形位置指数变化情况（东区）

2. 地形位置指数对地闪强度的影响

对所有样本位置的地闪强度进行统计，可以看到不同 *TPI* 值地形下的地闪强度大致相同，均在 27.83~30.74 kA 内，山谷洼地附近的地闪强度相对较大，如图 2-36 所示。

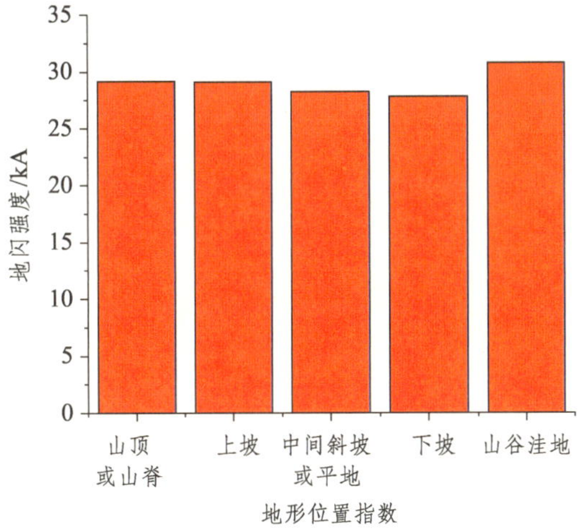

图 2-36　地闪强度随地形位置指数变化情况

2.3.3　地貌因子对地闪活动影响分析

把云南省地表覆盖类型数据与2010—2019年共10年的雷电数据导入ArcGIS软件中进行空间分析。然后把云南省雷电数据导出至矢量点。利用ArcGIS软件自带的系统工具"extract multiple values to points"，对于每个雷电矢量点取得该点在栅格数据（地表覆盖类型数据）中的属性值；再把取出的栅格值添加到原雷电数据中，最终建立初始的数据库，如表2-6所示。

其中前文提到，每个栅格的大小为1 km×1 km，故每个栅格的面积是1 km²，所以栅格的计数就是每种地表覆盖类型所对应的面积大小（km²）。

表 2-6　2020年云南省地表覆盖类型计数

编号	大类型	小类型	栅格计数（面积）
11	耕地	水田	15 769
12	耕地	旱地	51 336
21	林地	有林地	85 424
22	林地	灌木林	84 715
23	林地	疏林地	44 593
24	林地	其他林地	5 091
31	草地	高覆盖度草地	53 711
32	草地	中覆盖度草地	29 039

续表

编号	大类型	小类型	栅格计数（面积）
33	草地	低覆盖度草地	3 245
41	水域	河渠	828
42	水域	湖泊	1 226
43	水域	水库坑塘	1 513
44	水域	永久性冰川雪地	160
46	水域	滩地	111
51	城镇用地	城镇居民用地	1 585
52	城镇用地	农村居民点	1 759
53	城镇用地	其他建筑	1 431
64	未利用土地	沼泽地	59
65	未利用土地	裸土地	46
66	未利用土地	裸岩石质地	1 435

对于每条雷击数据，新添加了一个名为地表覆盖的属性，该属性表明每条雷击数据发生的位置所处的地表覆盖类型，最终结果展示如图 2-37 所示。

FID	Shape	OBJECTID	时间	微秒	纬度	经度	电流	回击	地表覆盖
0	点	1	2010-01-01 01:45:34.000	2630342	22.635694	99.592554	12.1	1	22
1	点	2	2010-01-01 02:46:24.000	8276036	22.466702	99.507478	14.3	1	21
2	点	3	2010-01-01 07:24:48.000	9484886	22.397999	101.23855	22.6	1	22
3	点	4	2010-01-01 07:29:22.000	2568218	22.416199	101.24663	22.8	1	22
4	点	5	2010-01-01 19:22:56.000	7550494	25.51312	104.180996	-9.6	1	21
5	点	6	2010-01-01 20:49:52.000	4874255	25.144874	104.015964	131.7	1	11
6	点	7	2010-01-01 21:05:49.000	7979194	25.188312	104.716338	-55.2	1	31
7	点	8	2010-01-01 21:06:19.000	1033791	25.164456	104.526599	-38	2	32
8	点	9	2010-01-01 21:06:19.000	4733134	25.194529	104.519845	-89.4	-1	22
9	点	10	2010-01-01 21:07:53.000	9735741	25.18862	104.5436	-28.3	1	32
10	点	11	2010-01-01 21:15:48.000	2882678	24.803489	104.420773	-24	1	12
11	点	12	2010-01-01 21:20:53.000	1434525	25.511752	104.409451	-19.5	1	23
12	点	13	2010-01-01 21:26:50.000	5665828	25.115504	104.587357	63.9	1	32
13	点	14	2010-01-01 21:30:40.000	8717195	25.179282	104.798041	-17.8	-1	22

图 2-37　初始数据库

2.3.3.1　地表覆盖类型面积

云南省地表覆盖面积的柱形图如图 2-38 所示，云南省地表覆盖类型占地面积最大的是林地，其中有林地灌木林占地面积是最大的。有林地占地面积大于 80 000 km²。云南省占地面积最小的地表覆盖类型是裸土地和沼泽地，两者占地面积均只有 50 km²左右。

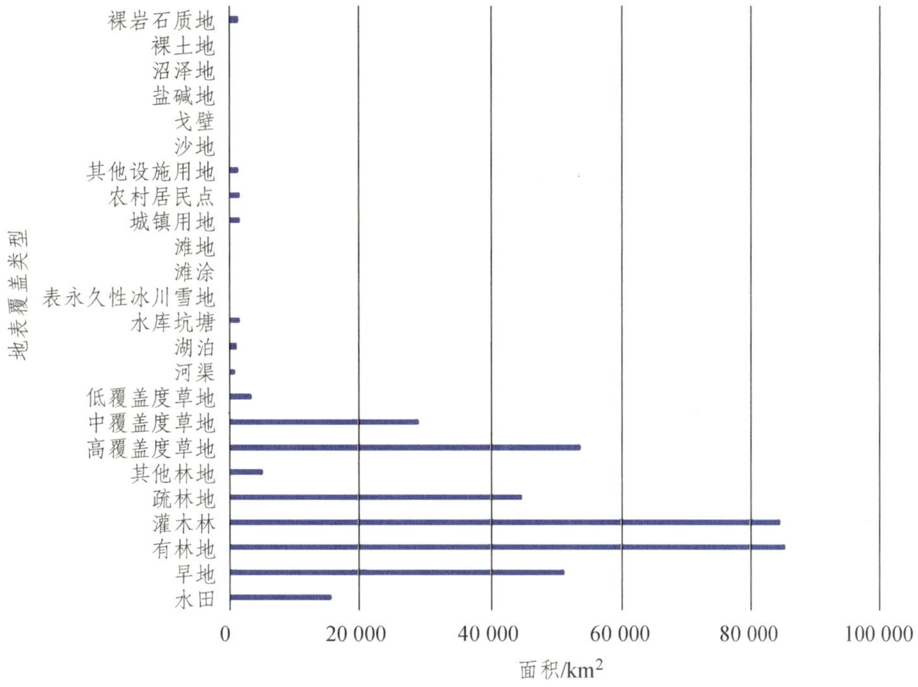

图 2-38　地表覆盖类型面积

2.3.3.2　雷电流幅值

雷电流幅值采用平均值来统计，分别对正闪电和负闪电进行统计，分别算出正闪电和负闪电每种地表覆盖类型所对应的平均雷电流幅值，结果如下。

1. 负闪电

由图 2-39 可见，云南省负闪电的雷电流幅值分布的方差较小。其中，中覆盖度草地和裸岩石质地的雷电流幅值绝对值最大，均超过 30 kA。沼泽地和裸土地的雷电流幅值绝对值最小，均接近 20 kA。

2. 正闪电

正闪电的次数比起负闪电来讲是很小的，平均只占总闪电的 5%，所以由于数据量较小，不可避免的误差就较大。由图 2-40 可见，云南省正闪电的雷电流幅值均值的方差比较大。比起负闪电的雷电流幅值均值分布来讲，正闪电的起伏更大，最大值和最小值差值也更大，且正闪电的雷电流幅值比负闪电的雷电流幅值平均值要大。其中最大的是永久性冰川雪地和低覆盖度草地，两者雷电流幅值均高于 60 kA；雷电流幅值最低的地表覆盖类型是滩地，其值也达到了 20 kA。

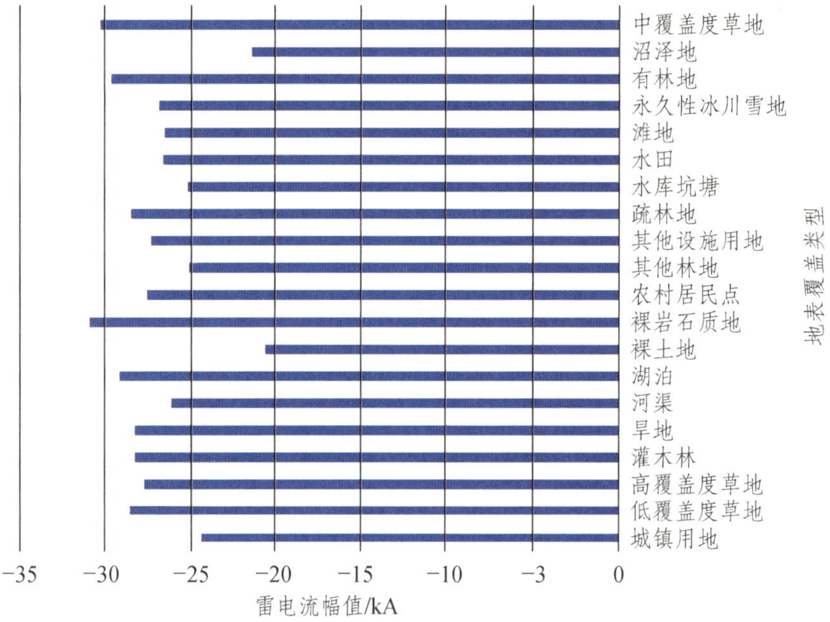

图 2-39　负雷电流幅值

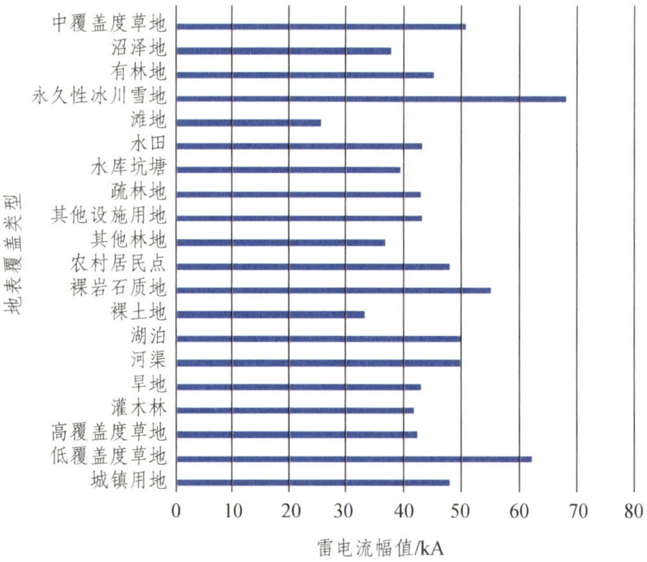

图 2-40　正雷电流幅值

2.3.3.3　正闪比

正闪比就是正闪电次数除以总闪电次数，对于每种地表覆盖类型，单独统计其正闪次数和负闪次数，并计算正闪比，结果如图 2-41 所示。

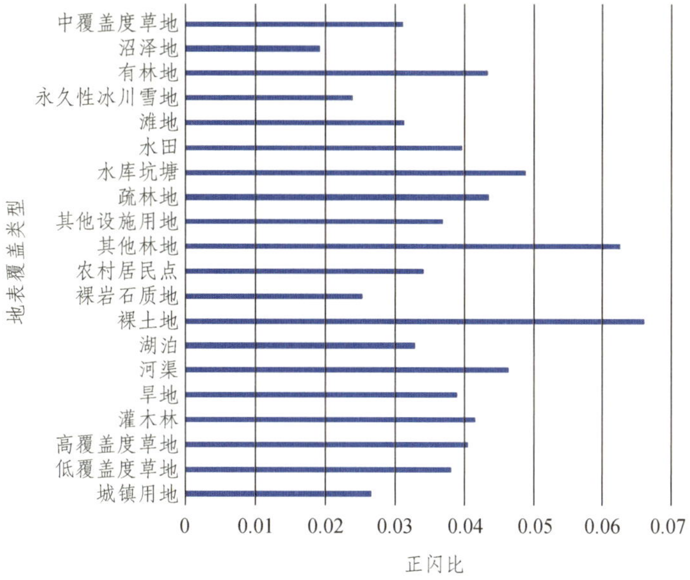

图 2-41　正闪比

由图 2-41 可见，正闪比最高的地表覆盖类型是裸土地，达到 6.6%。正闪比最低的地表覆盖类型是沼泽地，小于 2%。由于裸土地的正闪比例最大，因此将来在裸土地附近的输电线路的设计和安装中，应考虑正闪电对此地区线路防雷的影响。

2.3.3.4　雷电流幅值累积概率分布

对雷电流幅值累积概率曲线进行拟合来求出参数 a 和参数 b。采用最小二乘法，用 Matlab 来编写程序。由于曲线拟合需要大量的数据来进行，故在本部分不采用二级地表覆盖类型，而采用六种一级地表覆盖类型，这样每种地表覆盖类型的数据量都比较大，使拟合结果更加精确，更符合实际情况。拟合结果如图 2-42 和表 2-7 所示。

由此可见，草地雷电流幅值分布较集中，方差较大，雷电流幅值累积概率分布曲线减小得最快；未利用土地雷电流幅值的累计概率曲线减小得最慢，雷电流幅值方差较小，分布更分散。城乡、工矿、居民用地的中值电流最小，为 20.318 7 kA；草地的中值电流最大，为 23.235 8 kA。

由于草地出现高雷电流幅值的可能性是最高的，故发生雷击跳闸事故的可能性是最高的。因此在防雷建设中，应着重注意穿越草地的线路和输电杆塔，减少线路的雷击跳闸率。

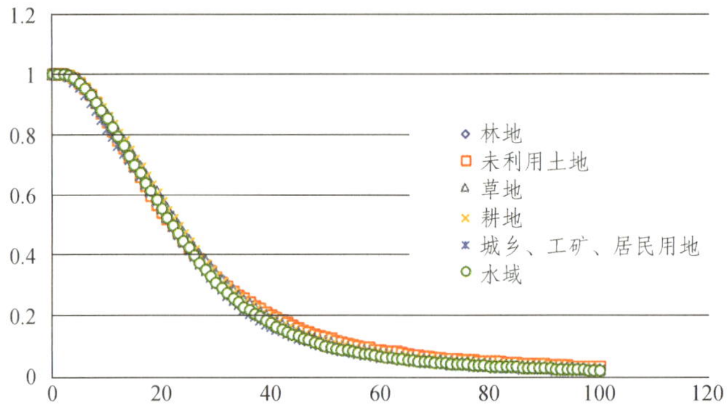

图 2-42　雷电流幅值拟合

表 2-7　每种地表覆盖类型对应参数

地表覆盖类型	a	b
林地	23.010 0	2.548 6
未利用土地	22.041 0	2.339 3
草地	23.235 8	2.657 6
耕地	22.106 5	2.582 4
城乡、工矿、居民用地	20.318 7	2.521 9
水域	21.557 9	2.583 1

2.3.3.5　东西分区分析地表覆盖类型对雷电活动的影响

前述是总体统计云南省地闪活动情况与地表覆盖类型关系，下面对云南省进行分区讨论。

1. 地表覆盖类型对地闪密度的影响

分析土地覆盖类型对雷电活动的影响，由于苔原或冻土带、冰雪覆盖地两类地貌覆盖范围极小且属于极端地貌环境，因此本书不做考虑。不同地表覆盖类型地闪密度统计分布结果如图 2-43~2-45 所示。

在东、西分区中，①林地地闪密度均为最高，达到 3.70 次/(km^2·a)和 5.83 次/(km^2·a)；②紧接着是城市建设用地，其平均地闪密度达到 3.31 次/(km^2·a)和 5.37 次/(km^2·a)。城市建设用地一般包括城镇居民区和建设生产用地等，分析认为工业生产等人类活动、高耸构筑物以及城市热岛效应都是导致城市建设用地地闪密度高的原因。工业生产等人类活动使空气中粉尘颗粒物含量增加。城市中的电视塔、高电压等级的输电铁塔、高层建筑等高耸构筑物对雷电有较强的吸引作用。由于热岛效应，城市中心位置的空气温度上升，大气压力下降，城市周围地区温度相对低的空气聚集到城市，城市中的空气被加热后上升，然后往四周郊区扩散下降，形成一种热岛循环，有利于强对流天气的产生，增加云层之间碰撞的可能性，容易生成对流云和伴有闪电的对流降水。③除了城市建设用地，农田耕地、草原草地和森林的地闪密度也相对较高，而潮湿土地、沼泽地的地闪密度则是所有土地类型中最低的，约为 1.39 次/(km^2·a)和 4.58 次/(km^2·a)。

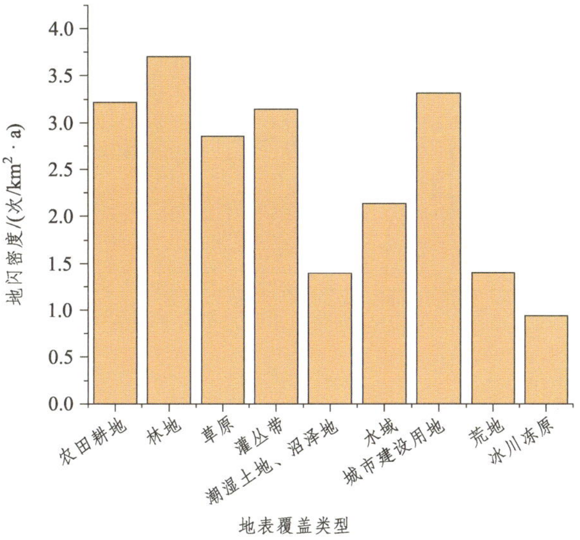

图 2-43 地闪密度随地表覆盖类型变化情况（西区）

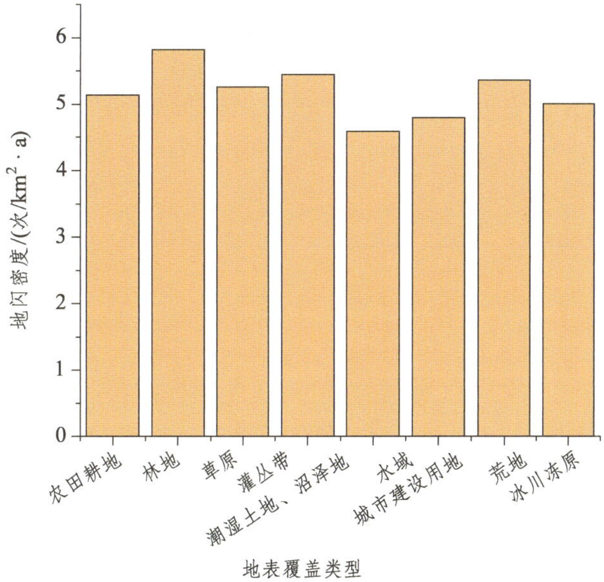

图 2-44 地闪密度随地表覆盖类型变化情况（东区）

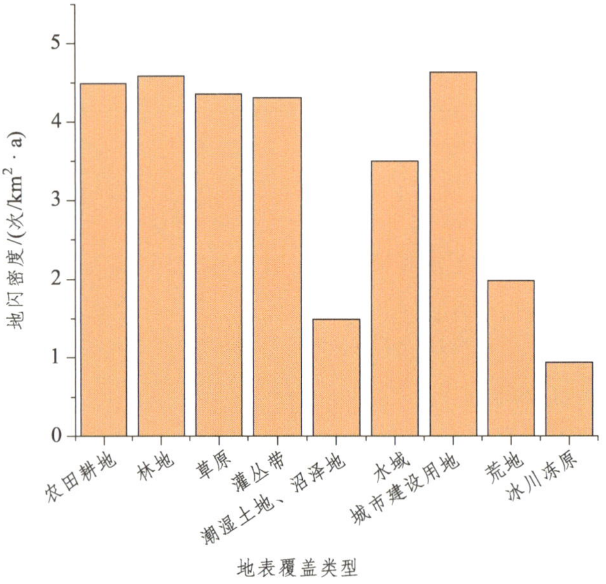

图 2-45　地闪密度随地表覆盖类型变化情况（全省）

2. 地表覆盖类型对地闪强度的影响

不同地表覆盖类型地闪强度统计分布结果如图 2-46 所示。

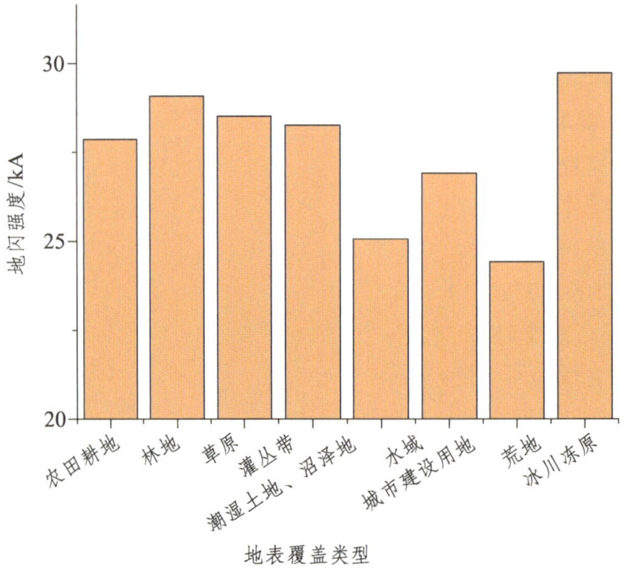

图 2-46　地闪强度随地表覆盖类型变化情况

可以看到地闪密度最高的城市建设用地地闪强度反而最低，地闪强度平均值为 24.42 kA。潮湿土地、沼泽地地闪密度较低的同时地闪强度也较低，说明该种地貌环境下不易发生雷电灾害。荒地、林地、草原、灌丛带、农田耕地的地闪强度相对较大。

2.4　本章小结

本章首先介绍了不同的雷电活动参数统计方法，并对比分析了不同方法的优劣和适用范围，网格法、改进网格法适用于大范围区域的统计分析，通过选择合适的网格大小，可以减小计算量，提高计算效率，且对结果精度影响较小；而在统计特定位置及周边的地闪活动参数时，用基于圆域的统计方法更合适。介绍了基于数字高程数据和地表覆盖类型数据，并利用 ArcGIS 软件进行地形地貌分析以及地形地貌特征参数提取的方法。

本章以云南省 2010—2019 年的雷电系统监测数据和地形地貌数据为基础，对云南省东、西进行分区处理，统计分析云南省整体的海拔高度、坡度、坡向、地形位置指数、地表覆盖类型分布情况，并通过数理统计的方法分析海拔高度、坡度、坡向、地形位置指数、地表覆盖类型与地闪活动的关系，得到单一地形因子对地闪活动的影响规律并分析其影响机理。同时，为后续熵权法的指标判定和重新赋值提供依据，得到如下结论：

（1）西部分区，在 0~400 m 的海拔范围内，地闪密度随海拔增加而增加；海拔范围 300~400 m 的地闪密度最大，达到 24.92 次/(km^2·a)；当海拔高度大于 400 m 后，地闪密度与海拔高度之间则呈现出明显的负相关关系；东部分区，地闪密度与海拔高度在一开始就呈现出明显的负相关关系。分析原因认为海拔对地闪活动的影响主要包括两方面：一方面海拔高的位置会对周围海拔低的位置起到一定的屏蔽作用；另一方面高海拔地区空气稀薄，空气中的带电离子也相对减少，更不容易形成闪电通道，故相对低海拔区域更不易发生落雷。在 400 m 海拔范围内的区域多处于低海拔的平地丘陵，大气环境变化较小，此时海拔较高处的引雷作用则更明显；大于 400 m 海拔的区域，海拔带来的大气环境变化起主要影响作用，故海拔越高发生地闪的概率越低。

（2）西部分区，当坡度在 0°~10°范围内时，地闪密度最大，约为 3.7 次/(km^2·a)；东部分区，当坡度在 10°~20°范围内时，地闪密度最大，约为 5.6 次/(km^2·a)，此两类坡度范围包含平原平地、高原平地以及较平缓的山顶地形。当坡度大于 40°时，地闪密度较小，此坡度范围多为较高且较陡峭的山区山地地形，多处于山地爬坡阶段的位置。

（3）西部分区，西南向山坡的地闪密度最大，达到了 3.59 次/(km^2·a)，南向山坡的地闪密度也较大，达到了 3.56 次/(km^2·a)；其次为西向山坡，地闪密度为 3.59 次/(km^2·a)，而其他坡向的地闪密度则相对较低。东部分区，东南向山坡的地闪密度最大，达到了 5.70 次/(km^2·a)；东向山坡的地闪密度也较大，达到 5.68 次/(km^2·a)；其次为东北向山坡，地闪密度分别为 5.62 次/(km^2·a)，而其他坡向的地闪密度则相对较低。坡向的影响主要是由于云南盛行的湿润的西南季风和东南季风带来的湿润气流，加之向阳坡较强的太阳辐射，空气中更易形成强对流，为雷电的产生创造了有利条件。

（4）西部分区，位于山顶或山脊附近的位置，其地闪密度要高于其他四类地形，达到了 3.71 次/(km^2·a)；其次山谷洼地地形地闪密度为 3.65 次/(km^2·a)，上坡地形为 3.45 次/(km^2·a)，下坡地形为 3.45 次/(km^2·a)，中间斜坡或平地处的地闪密度最小，约为 3.24 次/(km^2·a)。在东部分区，地闪密度较为均匀。

（5）在东、西分区中，林地地闪密度均为最高，达到 3.70 次/(km^2·a)和 5.82 次/(km^2·a)，紧接着是城市建设用地，其平均地闪密度达到 3.31 次/(km^2·a)和 5.36 次/(km^2·a)；其次为农田耕地、草原草地以及林地，这三类地表类型的覆盖范围也相对较大；而潮湿土地、沼泽地以及水域位置的地闪密度则较低。

第 3 章　输电线路走廊典型雷害特征识别研究

由第 2 章可知，海拔高度、坡度、坡向等不同孕灾因子与地闪密度都有不同程度的联系。而实际情况下，每种地形环境都包含了不同的地形地貌环境特征，不同因素的共同影响最终导致了该区域地闪活动的结果，因此还需进一步考虑不同影响因素之间的耦合影响，归纳出典型的地闪较为频繁的场景。

3.1 基于 Apriori 算法的典型雷害场景挖掘分析

基于关联规则的 Apriori 挖掘算法可以处理足够多的样本数据，能够得到明确的关联规则，易于归纳易引发雷击的地形场景，且能够根据样本数据的规模和分布情况选择合适的计算阈值，可以满足大量的雷电数据和地形地貌数据中挖掘出隐含的、有潜在价值的规则的要求。

3.1.1 算法原理

Apriori 算法可以满足雷电活动数据与地形数据关联性的分析，其主要思想是：通过寻找频繁项集，从海量的数据中，挖掘出具有研究价值、有代表性的数据，被挖掘出的数据之间存在着一定的关联关系。算法中涉及的几个概念包括项与项集、事务、支持度、置信度、最小支持度和最小置信度、频繁项集、强关联规则，具体含义如下：

1. 项与项集

项是数据集合中的基本元素，如果用 i 表示项，则集合 $I=\{i_1, i_2, \cdots, i_n\}$表示项集，如果项集中有 k 个项则称该项集为 k-项集。

2. 事务

在数据集合中有同一个标识的数据所对应的集合称为一个事务，如在本书中一基杆塔就对应一个事务，其对应的数据有杆塔所在位置的各种地形地貌参数以及地闪密度值。

3. 支持度

支持度的含义是包含某一个关联关系的事务在事务表中的百分比，支持度计算式如下：

$$Sup(A \to B) = \frac{\sigma(A \cup B)}{\theta} \tag{3-1}$$

式中，A 表示关联规则的规则前件，B 表示关联规则的规则后件，$\sigma(A \cup B)$表示同时含有 A 和 B 的事务数，θ 表示事务总数。支持度反映了 $A \to B$ 在事务集中的频度。

4. 置信度

置信度反映了该条关联规则的可行度，表示在包含 A 的事务中同时含有 B 的概率，置信度计算公式如下：

$$conf(A \to B) = \frac{sup(A \cup B)}{sup(A)} \tag{3-2}$$

5. 最小支持度和最小置信度

最小支持度（min_sup）和最小置信度（min_conf）是两个预设的值，根据数据集合的规模大小和数据量来选取。如果一条关联规则的支持度和置信度不满足 min_sup 和 min_conf，则认为这条关联规则不是我们感兴趣的规则。具体要求表示如下：

$$sup(A \to B) \geqslant min\_sup \tag{3-3}$$

$$conf(A \to B) \geqslant min\_conf \tag{3-4}$$

6. 频繁项集

对于满足最小支持度要求的项集叫作频繁项集，指数据集中频繁出现的项集。

7. 强关联规则

对于满足最小支持度要求的频繁项集，如果同时满足最小置信度要求，则认为这个频繁项集存在强关联关系。

Apriori 算法的实现流程如图 3-1 所示，主要包括两个过程：第一个过程是搜索全部频繁项集，这一过程又分为两步：

步骤一：连接步。即要搜索频繁 k 项集 L_k，需要将所有的频繁（k–1）项集与自身连接产生 k 项候选集 C_k。假设 I_m 和 I_n 属于频繁（k−1）项集，$I_i[j]$表示 I_i 中第 j 项，若所有项集中的项按字母顺序排序，将频繁（k−1）项集与自身连接，若满足：

$$(I_m[1]=I_n[1])\,\&\&(I_m[2]=I_n[2])\,\&\&\cdots\&\&(I_m[k-1]=I_n[k-1])\,\&\&(I_m[k]<I_n[k]) \tag{3-5}$$

则认为 I_m 和 I_n 是可连接的，连接产生的结果为：

$$\{I_m[1], I_m[2], \cdots, I_m[k-1], I_n[k-1]\} \tag{3-6}$$

其原理是基于 Apriori 算法的一个重要性质，即频繁项集的所有非空子集也必须是频繁项集，所以不符合该条件的集合就被剔除出候选集中，运用这个操作可以起到大大减小遍历搜索范围的作用。

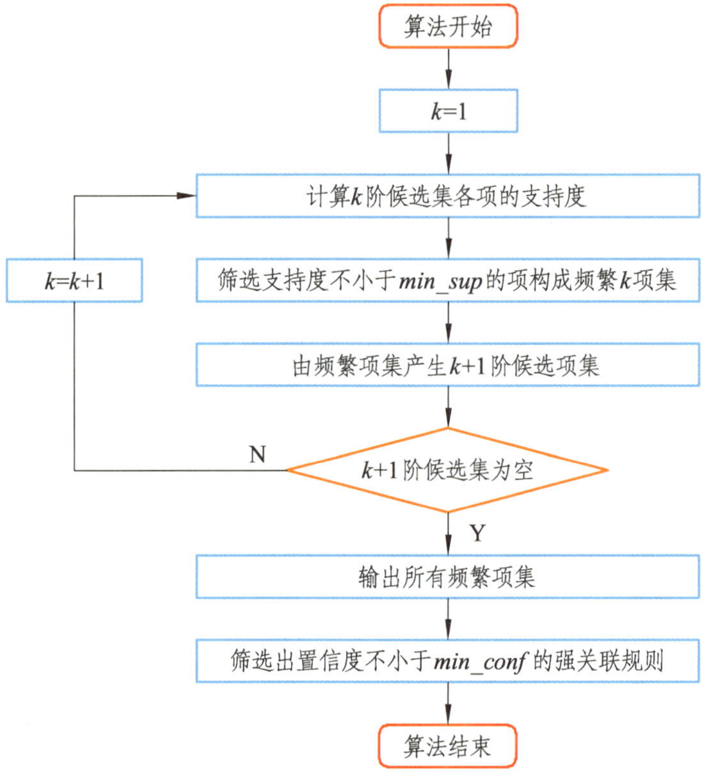

图 3-1 Apriori 算法流程

步骤二：剪枝步。对我们给定的 *min_sup* 阈值，分别对比 k-1 项候选集的支持度与最小支持度阈值，剔除不满足最小支持度要求的项集，保留下来的候选集即为 k-1 项频繁项集。

第二个过程：产生强关联规则。即对未超过最小支持度阈值的项集已被剔除，再将这些项集的置信度与设定的最小置信度进行比较，如果也满足置信度要求，则这些规则是我们感兴趣的强关联规则。

3.1.2 模型建立及算例说明

以一个总共包含 10 条事务数和 6 个属性的简化数据库为例子进行分析计算，具体说明 Apriori 挖掘算法的原理。算例数据库（见表 3-1）包括编号 1~10 的 10 条事务数据，a，b，c，d，e，f，6 种不同属性，每条事务包含 2~5 种不同的属性，设定 *min_sup* 为 0.4，*min_conf* 为 0.7。

表 3-1　算例数据库

事务编号	包含属性
1	a，c，e，f
2	b，d
3	b，c
4	a，b，c，d，f
5	a，b
6	b，c
7	a，b，f
8	a，b，c，e
9	a，b，c，f
10	a，c，e

首先找出 1 项候选集，如表 3-2 所示；剔除支持度小于最小支持度的候选集，得到频繁 1 项集，如表 3-3 所示。

表 3-2　1 项候选集

选集	支持度
a	0.7
b	0.8
c	0.6
d	0.2
e	0.3
f	0.4

表 3-3　频繁 1 项集

选集	支持度
a	0.7
b	0.8
c	0.6
f	0.4

由频繁 1 项集组合得到 2 项候选集，如表 3-4 所示；剔除不满足最小支持度的候选集，得到频繁 2 项集，如表 3-5 所示。

依此类推，可以搜索出所有频繁 k 项集，进而计算频繁项集的置信度，筛选得到感兴趣的关联规则。

表 3-4　2 项候选集

候选集	支持度
a, *b*	0.5
a, *c*	0.5
a, *f*	0.4
b, *c*	0.5
b, *f*	0.3
c, *f*	0.3

表 3-5　频繁 2 项集

选集	支持度
a, *b*	0.5
a, *c*	0.5
a, *f*	0.4
b, *c*	0.5

利用 MATLAB 软件建立 Apriori 算法关联分析模型，简化数据库算例进行分析计算，验证 Apriori 算法模型的准确性。首先将初始数据表转换为二值矩阵，如表 3-6 所示。

表 3-6　二值数据表

	a	*b*	*c*	*d*	*e*	*f*
事务 1	1	0	1	0	1	1
事务 2	0	1	0	1	0	0
事务 3	0	1	1	0	0	0
事务 4	1	1	1	1	0	1
事务 5	1	1	0	0	0	0
事务 6	0	1	1	0	0	0
事务 7	1	1	0	0	0	1
事务 8	1	1	1	0	1	0
事务 9	1	1	1	0	0	1
事务 10	1	0	1	0	1	0

设定最小支持度为 0.4，最小置信度为 0.7，经关联分析模型计算，得到满足要求的强关联规则如表 3-7 所示。

表 3-7　算例关联分析结果

关联规则	置信度	支持度
$f \to a$	100%	40%
$a \to b$	71.428 6%	50%
$a \to c$	71.428 6%	50%
$c \to a$	71.428 6%	50%
$c \to b$	71.428 6%	50%

对规则进行解读，以第一条规则为例，其含义是 $f \to a$ 的支持度为 40%，说明包含 f 属性并且同时包含 a 属性的事务数占总事务数的四成；$f \to a$ 的置信度为 100%，即说明在这个数据库中，一条事务如果含有属性 f，那么它必然也包含 a 属性，说明属性 f 对于属性 a 的关联程度很强。

3.2　地闪活动与地形关联规则挖掘

本节地形因子包括海拔、坡度、坡向，随机选取云南省地区 20000 个位置点作为样本，对地闪密度与地闪强度与地形的关联性进行挖掘。Apriori 算法要求输入的数据为离散化数据，离散化的数据虽然会有一定的细节丢失，但概化后的数据更具有实际意义，可以得到有效的布尔型关联规则。对于五类地形地貌参数和一类地闪活动参数采用不同的离散化方式进行处理。对于海拔高度、坡度和地闪密度这三个参数做进一步的离散化处理。常用的离散化方式分为有指导方式和无指导方式，有指导方式的离散化需要考虑待离散属性与离散种类的关系，最常用的有指导离散方式是基于聚类的离散化，聚类得到的离散结果可能存在不同区间中的样本数量相差很大的问题，这会严重影响到 Apriori 挖掘算法搜索频繁项集的效果。无指导离散方式的典型方法包括等频区间装箱法和等区间装箱法，等区间装箱法是将属性划分成相同范围的区间，其问题同样是容易造成不同区间之间样本分布的不均，影响算法效果。而等频区间装箱法是将样本数据划分为包含数据基本相同的几个区间的方法，能较好地保证算法准确性。

3.2.1　特征参数数据处理

Apriori 算法要求输入的数据为离散数据，所以首先将所需的数据按照合适的标准进行离散化处理，如表 3-8~3-12 所示。

（1）地闪密度。

表 3-8　地闪密度数据概化

地闪密度分类	地闪密度值/[次/(km^2·a)]	区间编号
低密度区	<2	X1
中密度区	2~6	X2
高密度区	>6	X3

（2）雷电流幅值均值。

表 3-9　雷电流幅值数据概化

雷电流幅值分类	雷电流幅值/kA	区间编号
弱雷电流	<15	Y1
中雷电流	15~30	Y2
强雷电流	>30	Y3

（3）坡度。

表 3-10　坡度数据概化

坡度分类	坡度值/(°)	区间编号
平缓坡	<12	M1
斜坡	12~20	M2
陡坡	20~28	M3
急险坡	>28	M4

（4）坡向。

表 3-11　坡向数据概化

坡向分类	坡向值/(°)	区间编号
北	0~22.5, 337.5~360	N1
东北	22.5~67.5	N2
东	67.5~112.5	N3
东南	112.5~157.5	N4
南	157.5~202.5	N5
西南	202.5~247.5	N6
西	247.5~292.5	N7
西北	292.5~337.5	N8

（5）海拔。

表 3-12 海拔数据概化

海拔高度分类	海拔值/m	区间编号
低海拔	500~1 400	H1
中海拔 1	1 400~1 800	H2
中海拔 2	1 800~2 200	H3
高海拔	2 200~4 000	H4

20 000 个样本点在两种雷电活动特征与三种地形因子的分类下的分布如表 3-13 所示，可以看出，样本点在各个分类的数量分布是比较均匀的。

表 3-13 样本点分布

样本点个数	地闪密度分类	雷电流幅值分类	海拔高度分类	坡度分类	坡向分类
1	6 886	6 641	5 316	4 929	2 409
2	7 530	7 077	4 913	5 194	2 527
3	5 584	6 282	4 735	4 736	2 428
4			5 036	5 136	2 578
5					2 454
6					2 462
7					2 428
8					2 599

对每一个样本点按以上表格做离散化处理，得到离散化后的数据，如图 3-2 所示。

样本点	地闪密度	雷电流幅值	海拔	坡度	坡向
1	X1	Y2	H1	M2	N5
2	X2	Y2	H1	M4	N3
3	X2	Y2	H1	M3	N8
4	X3	Y1	H2	M3	N4
5	X1	Y3	H2	M1	N7
6	X2	Y3	H3	M1	N8
7	X2	Y1	H1	M3	N9
8	X2	Y2	H3	M1	N5
9	X1	Y2	H2	M2	N9
10	X3	Y1	H4	M4	N6

图 3-2 离散化后数据示例

3.2.2 数据挖掘

应用中需要关心的是在什么地形因子下，容易引发或者不容易发生雷电活动，为输电线路和杆塔的建设提供建议。以海拔、坡度、坡向为规则前件，地闪密度为规则后件。设置最小支持度为 0.01，最小置信度为 0.4。利用 Apriori 算法进行关联规则挖掘，其中符合条件的规则共有 8 条，如表 3-14 所示。

表 3-14 地闪密度与地形因子关联规则

	规则前件	规则后件	支持度	置信度
1	H2	X2	10.07%	40.97%
2	N7	X2	4.63%	40.14%
3	H4, M1	X1	3.42%	44.15%
4	H2, N7	X2	1.36%	43.15%
5	N3, M1	X3	1.02%	50.66%
6	H4, N6, M1	X1	0.43%	47.51%
7	H3, N2, M3	X2	0.36%	47.33%
8	H2, N3, M3	X3	0.27%	40.91%

以海拔、坡度、坡向为规则前件，雷电流幅值为规则后件，利用 Apriori 算法进行关联规则挖掘，其中符合条件的规则共有 9 条，如表 3-15 所示。

表 3-15 雷电流幅值与地形因子关联规则

	规则前件	规则后件	支持度	置信度
1	N5	Y2	0.24%	40.87%
2	M1, N5	Y2	0.20%	44.94%
3	H3, N4, M4	Y2	0.34%	44.08%
4	H4, N8, M4	Y2	0.33%	43.92%
5	H2, N5, M1	Y1	0.34%	42.95%
6	H2, N5, M3	Y1	0.29%	42.54%
7	H4, N1, M4	Y3	0.25%	41.18%
8	H2, N1, M3	Y3	0.34%	42.77%
9	H2, N1, M4	Y3	0.34%	45.95%

3.2.3 关联规则解读

前一小节已经计算出各地形因子与雷电活动特征的量化规则，现在对其进行解读：

1. 地闪密度

（1）在海拔 1 400~1 800 m 的区间随机选定某一位置，其有 40.97%的概率处于地闪中密度区。

（2）在西向坡区间随机选定某一位置，其有 40.14%的概率处于地闪中密度区。

（3）在海拔 2 200~4 000 m，坡度小于 12°的区间随机选定某一位置，其有 44.15%的概率处于地闪低密度区。

（4）在海拔大于 1 400~1 800 m，西向坡的区间随机选定某一位置，其有 43.15%的概率处于地闪中密度区。

（5）在东向坡，坡度小于 12°的区间随机选定某一位置，其有 50.66%的概率处于地闪高密度区。

（6）在海拔 2 200~4 000 m，西南向坡，坡度小于 12°的区间随机选定某一位置，其有 47.51%的概率处于地闪低密度区。

（7）在海拔 1 800~2 200 m，东北向坡，坡度 20~28°的区间随机选定某一位置，其有 47.33%的概率处于地闪中密度区。

（8）在海拔 1 400~1 800 m，东向坡，坡度 20~28°的区间随机选定某一位置，其有 40.91%的概率处于地闪高密度区。

2. 雷电流幅值均值

（1）在南向坡区间随机选定某一次雷击，其有 40.87%的概率为中雷电流幅值。

（2）在南向坡，坡度小于 12°的区间随机选定某一次雷击，其有 44.94%的概率为中雷电流幅值。

（3）在海拔 1 800~2 200 m，南向坡，坡度大于 28°的区间随机选定某一次雷击，其有 44.08%的概率为中雷电流幅值。

（4）在海拔 2 200~4 000 m，西北向坡，坡度大于 28°的区间随机选定某一次雷击，其有 43.92%的概率为中雷电流幅值。

（5）在海拔 1 400~1 800 m，南向坡，坡度小于 12°的区间随机选定某一次雷击，其有 42.95%的概率为弱雷电流幅值。

（6）在海拔 1 400~1 800 m，南向坡，坡度 20°~28°的区间随机选定某一次雷击，其有 42.54%的概率为弱雷电流幅值。

（7）在海拔 2 200~4 000 m，北向坡，坡度大于 28°的区间随机选定某一次雷击，其有 41.18%的概率为强雷电流幅值。

（8）在海拔 1 400~1 800 m，北向坡，坡度 20°~28°的区间随机选定某一次雷击，其有 42.77%的概率为强雷电流幅值。

（9）在海拔 1 400~1 800 m，北向坡，坡度大于 28°的区间随机选定某一次雷击，其有 45.95%的概率为强雷电流幅值。

3.3 地闪活动与地貌关联规则挖掘

3.3.1 特征参数数据处理

（1）地表覆盖类型数据本身为离散格式，无须离散化。

（2）因离散化数据使用的为等频区间装箱法，故需要再对地闪密度与地闪强度进行离散化，如表 3-16~表 3-18 所示。

表 3-16 地闪密度数据概化

地闪密度分类	地闪密度值	区间编号
低密度区	<2	X1
中密度区	2~6	X2
高密度区	>6	X3

表 3-17 雷电流幅值数据概化

雷电流幅值分类	雷电流幅值/kA	区间编号
弱雷电流	<15	Y1
中雷电流	15~30	Y2
强雷电流	>30	Y3

表 3-18 地表覆盖类型数据概化

地表覆盖大类型	地表覆盖小类型	区间编号
耕地	水田	P1
耕地	旱地	P2
林地	有林地	P3
林地	灌木林	P4
林地	疏林地	P5
林地	其他林地	P6
草地	高覆盖度草地	P7
草地	中覆盖度草地	P8

续表

地表覆盖大类型	地表覆盖小类型	区间编号
草地	低覆盖度草地	P9
水域	河渠	P10
水域	湖泊	P11
水域	水库坑塘	P12
水域	永久性冰川雪地	P13
水域	滩地	P14
城镇用地	城镇居民用地	P15
城镇用地	农村居民点	P16
未利用土地	沼泽地	P17
未利用土地	裸土地	P18
未利用土地	裸岩石质地	P19

3.3.2　数据挖掘

由于云南省地表覆盖类型中城镇用地、沼泽地等的占地面积较小，故为了防止在迭代过程中被删除掉，应选取较小支持度。经过查阅资料后，选择的最小支持度设成 0.3%，最小置信度设成 40%。把数据库输入编写好的程序，最终运行得到的结果如表 3-19 所示。

表 3-19　满足最小置信度的所有关联规则

序号	规则前件	规则后件	支持度	置信度
1	P4	X3	14.526 3%	52.707 1%
2	P3	X3	9.951 8%	46.167 1%
3	P7	X3	6.482 4%	46.164 4%
4	P2	X2	6.482 4%	46.164 4%
5	P8	X3	2.857 8%	43.679 7%
6	P1	X3	1.661%	44.258 5%
7	P6	Y1	0.834 54%	47.751 9%
8	P6	X2	0.826 65%	47.300 3%
9	P15	X3	0.336 58%	66.546 9%

3.3.3 关联规则解读

由表 3-19 可以看出，置信度最高的两个关联规则为：

（1）城镇用地→地闪密度_高。

（2）灌木林→地闪密度_高。

将这两条规律视为强关联规则，可以得到几点结论：①城镇用地的地闪密度比其他地表覆盖类型的地闪密度高得多（前面提到是由于城市热岛效应），应该注意防范城市雷击灾害。②灌木林的地闪密度也很大，但是均值并没有城镇地区那么高。同样，对于处于灌木林的输电杆塔，应注意防范雷击灾害。③地表覆盖类型和雷电流幅值的关联性并不大，这是由于各个地表覆盖类型的平均雷电流幅值分布较为集中，方差较小。

3.4 地闪密度与地形地貌关联规则挖掘

3.4.1 特征参数数据处理

从上述分析可知，雷电流幅值与地形地貌关联度不大，本节对地形地貌与地闪密度的关联性做分析。对数据进行重新概化，坡向和 *TPI* 指标的离散方式同上文处理方法保持一致：

（1）坡向按照气象学上的划分方法分为八个坡向类别，分别用 A1~A8 来表示。

（2）地形位置指数按地形分类标准划分为山顶或山脊、上坡、中间斜坡或平地、下坡、山谷洼地 5 类，分别用 T1~T5 来表示。

（3）地表覆盖类型本身属于离散化数据且有具体含义，故不需要进一步离散化，分别用 P1~P10 来表示不同的地表覆盖类型。

（4）对海拔高度、坡度以及地闪密度采用等频区间装箱法进行离散化。其中海拔高度分为 H1~H5 共 5 个区间，坡度分为 S1~S5 共 5 个区间，地闪密度分为 N1~N4 共 4 个区间，具体的区间范围如表 3-20~3-22 所示。

表 3-20 海拔高度数据概化

区间编号	海拔范围/ m
H1	500 ~1 247
H2	1 247 ~1 532
H3	1 532 ~1 824
H4	1 824 ~2 031
H5	2 031 ~2 925

表 3-21　坡度数据概化

区间编号	坡度范围
S1	平地和山前地带（0°~8.72°）
S2	丘陵和山麓地带（8.72°~13.55°）
S3	山地缓斜坡（13.55°~18.43°）
S4	山地斜坡（18.43°~24.36°）
S5	陡峭斜坡（24.36°~53°）

表 3-22　地闪密度数据概化

区间编号	地闪密度范围/[次/(km^2·a)]
N1	少雷区（0~4.07）
N2	中雷区（4.07~5.54）
N3	多雷区（5.54~7.98）
N4	强雷区（≥7.98）

对所有样本位置的 6 类特征参数进行离散化后，共得到 37 个参数区间，整理得到离散化处理后的初等数据库，其中部分数据如图 3-3 所示。以 1 号样本位置为例解释数据库含义，其包含的参数区间集合为（H3, S3, A3, P1, T1, N1），表达的含义为 1 号样本位置处于 1 532~1 824 m 海拔范围内，位于 13.55°~18.43°之间的山地缓斜坡，处于东向山坡，周边为农田耕地，靠近山顶或山脊，且属于地闪密度在 0~4.07 次/(km^2·a)的少雷区域。

位置编号	海拔	坡度	坡向	地表覆盖类	TPI/SD	地闪密度
1	H3	S3	A3	P1	T1	N1
2	H4	S3	A8	P2	T1	N1
3	H1	S2	A5	P2	T3	N1
4	H2	S2	A6	P1	T3	N1
5	H2	S4	A8	P2	T1	N1
6	H3	S3	A2	P1	T3	N1
7	H1	S3	A1	P2	T3	N1
8	H5	S2	A3	P2	T3	N1
9	H3	S1	A1	P2	T1	N1
10	H1	S1	A7	P2	T3	N1

图 3-3　离散化处理后的数据示例

Apriori 算法对属性的判断方式是看样本是否含有该属性，故还需要对数据进行二值化处理，即将每个属性区间作为一个单独的属性，判断每个样本是否含有该属性，将离散化后的数据库转化为 5 000×37 阶的二值矩阵，作为可直接输入关联分析模型的待挖掘的事务表，二值化处理后的部分数据如表 3-23 所示。

表 3-23　二值矩阵待挖掘事务表

样本位置编号	H1	H2	H3	H4	H5	S1	…	N1	N2	N3	N4
1	0	0	1	0	0	0	…	1	0	0	0
2	0	0	0	1	0	0		1	0	0	0
3	1	0	0	0	0	0		1	0	0	0
4	0	1	0	0	0	0		1	0	0	0
5	0	1	0	0	0	0		1	0	0	0
6	0	0	1	0	0	0		1	0	0	0
7	1	0	0	0	0	0		1	0	0	0
8	0	0	0	0	1	0		1	0	0	0
9	0	0	1	0	0	1		1	0	0	0
10	1	0	0	0	0	1		1	0	0	0

在云南省随机选取 20 000 个样本点，利用关联分析模型开展关联规则挖掘，本节特征参数区间划分数量较多，可产生的候选集繁多，各类型的样本所占比例相对较低，故支持度普遍较低，但若对应规则的关联程度较高，我们依旧需要关注这些场景。对比本节样本数据库的指标区间量和数据规模，设定最小支持度为 0.01，由于我们关心的是与强地闪活动有高关联程度的地形地貌特征，即感兴趣的是易引发雷击的地形场景，故筛选以强雷区 N4 为规则后件的关联规则，并按规则的置信度大小进行排序，筛选的结果如表 3-24 所示，选取置信度大于 60%的 6 条强规则做进一步分析。

表 3-24　关联规则结果

序号	规则前件	规则后件	支持度	置信度
1	A3, H2, T1	N4	1.02%	70.63%
2	A5, H1, P2	N4	1.22%	64.57%
3	A6, H1, P2	N4	1.05%	64.45%
4	P8	N4	2.19%	63.45%
5	H5, P1, T1	N4	1.78%	61.63%
6	H5, P1, S4	N4	1.05%	61.41%
7	H1, P2, S5, T1	N4	0.99%	57.14%
8	A1, H1, P2	N4	1.34%	51.61%
……				

规则 1：含有的地形地貌区间为东向山坡、1 247~1 532 m 较低海拔区域、靠近山顶

山脊，其置信度为最高的 70.63%，说明同时处于这三种地形环境中的样本，有超过 70% 都属于地闪活动强烈的区域。

规则 2：含有的地形地貌区间为东南向山坡、500~1 247 m 低海拔区域、林地，置信度为 64.57%。

规则 3：包含的地形地貌区间为南向山坡、500~1 247 m 低海拔区域、林地，置信度为 64.45%。

规则 4：规则前件只有一个参数区间，其包含的地形地貌区间为城市建设用地，置信度为 63.45%。

规则五：包含的地形地貌区间为 2 031~2 925 m 高海拔区域、农田耕地、靠近山顶山脊，置信度为 61.63%。

规则 6：包含的地形地貌区间为 2 031~2 925 m 高海拔区域、农田耕地、山地斜坡，置信度为 61.41%。

3.4.2 典型多地闪地形特征归纳

分析得到的强关联规则可以发现，部分规则所含有的地形地貌属性区间相近，其代表的地形环境也存在较大相似性，故可以根据关联规则进一步进行多地闪地形特征归纳。由上节可知，随机样本点数为 20 000 个。

由规则 1 可以归纳得到地闪活动频繁的地形特征 1，即处于 1 247~1 532 m 较低海拔高度区域内，靠近山脊的东向山坡地闪活动较频繁。识别位于地形特征 1 的样本位置共 51 处，典型情况如图 3-4~3-7 所示，计算这些位置的平均地闪密度为 12.23 次/(km^2·a)，比所有样本的地闪密度平均值高 66.2%。

图 3-4 地形特征 1 典型情况 1

图 3-5　地形特征 1 典型情况 2

图 3-6　地形特征 1 典型情况 3

图 3-7　地形特征 1 典型情况 4

由规则 2 和规则 3 可以归纳地形特征 2 为低海拔丘陵山地中，南向及西南向爬坡林地，识别处于该类地形特征场景中的样本位置共计 113 处，典型情况如图 3-8~3-11 所示，计算这些位置的平均地闪密度为 11.33 次/(km^2·a)，比所有样本的地闪密度平均值高 53.9%。

图 3-8　地形特征 2 典型情况 1

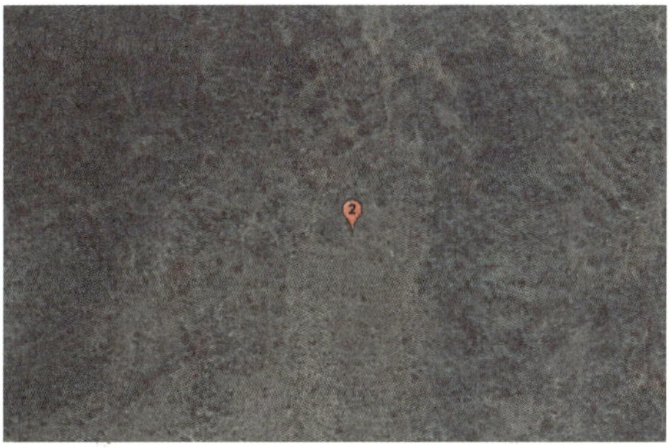

图 3-9　地形特征 2 典型情况 2

图 3-10　地形特征 2 典型情况 3

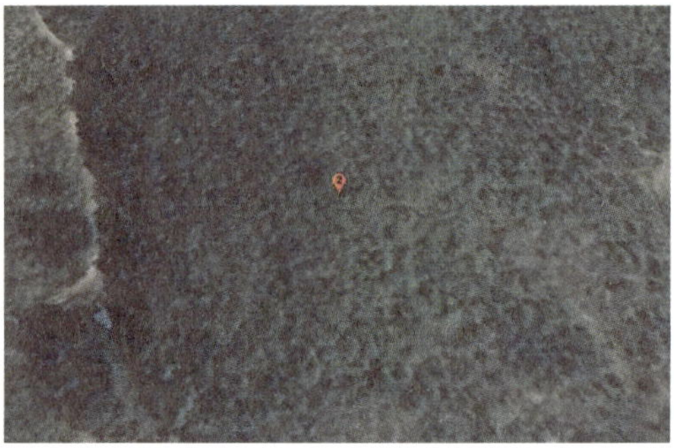

图 3-11　地形特征 2 典型情况 4

规则 4 对应的地形特征 3 为城市建设用地，单一影响因素的分析中城市建设用地的地闪密度也远高于其他地表覆盖类型区域的地闪密度，进一步说明城市建设用地与强地闪活动的发生有较大关联。识别位于城市建设用地特征场景中的样本位置共计 109 处，典型情况如图 3-12~3-15 所示，计算这些位置的平均地闪密度为 12.01 次/(km^2·a)，比所有样本的地闪密度平均值高 63.2%。

图 3-12　地形特征 3 典型情况 1

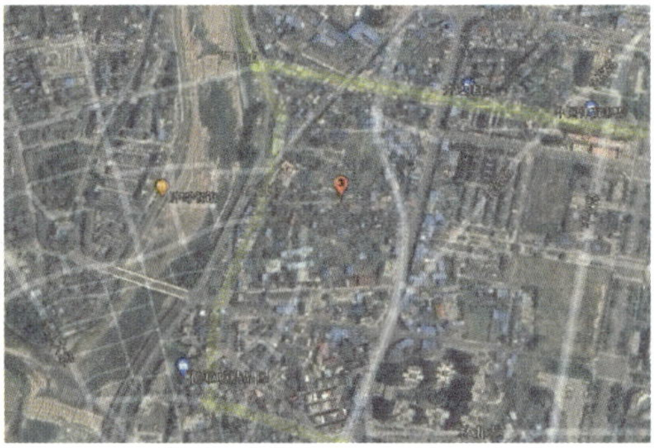

图 3-13　地形特征 3 典型情况 2

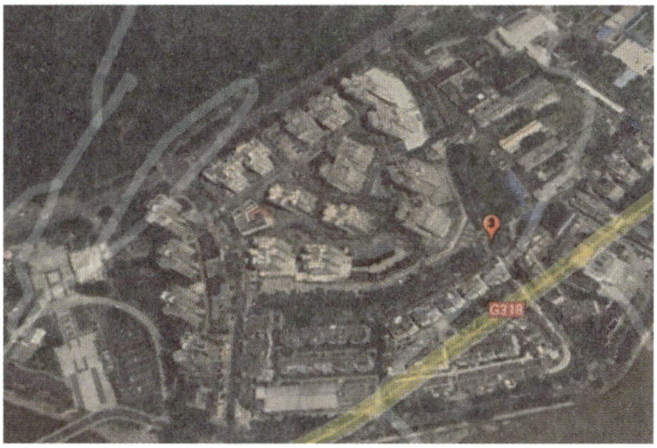

图 3-14　地形特征 3 典型情况 3

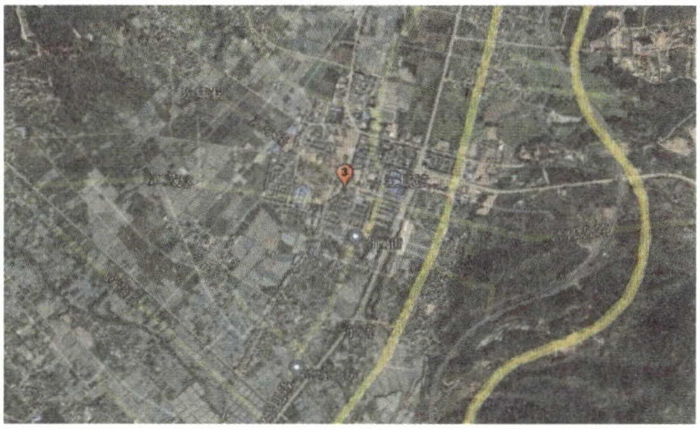

图 3-15　地形特征 3 典型情况 4

规则 5 和规则 6 的包含的地形地貌区间属性集合可以归纳为地形特征 4，即高海拔区域，开垦于陡坡或山顶山脊位置的农田耕地，云南省分布较多的山区梯田多属于此类地形场景。识别处于该类地形特征场景中的样本位置共计 141 处，典型情况如图 3-16~3-19 所示，计算这些位置附近的地闪密度平均值为 20.29 次/($km^2 \cdot a$)，比总体地闪密度高 175.7%。

图 3-16　地形场景 4 典型情况 1

图 3-17　地形场景 4 典型情况 2

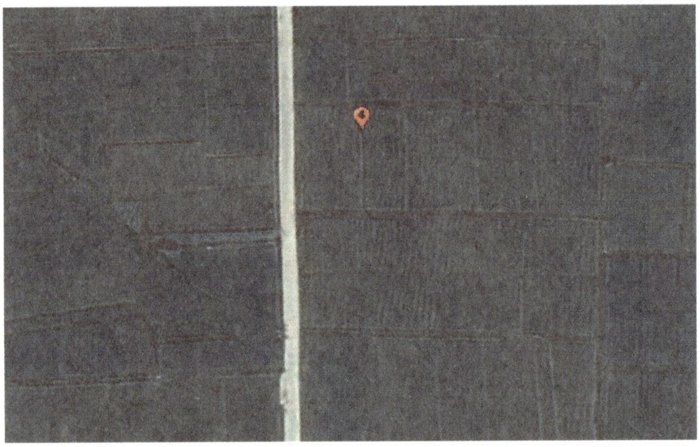

图 3-18　地形场景 4 典型情况 3

图 3-19　地形场景 4 典型情况 4

通过 Apriori 算法挖掘出多个云南典型多雷地形场景后，在输电线路杆塔建设选址的过程中，就应该尽量避免这些地形。若杆塔已经建设在这些典型场景下，便应该增加防雷措施以减少雷击跳闸的可能性。本书只对云南省做了分析，对其他任何地方都可做相似分析。

3.5　本章小结

对比了不同数据挖掘分析方法的特点，考虑数据的处理效率、关联规则结果的明确性、计算阈值参数的可调性以及计算方法的客观性等因素，选择基于关联规则的 Apriori 算法研究多地形因素对地闪活动的综合影响，满足地闪活动与地形地貌关联性的分析，并分析了关联规则算法的原理及实现步骤。利用 Apriori 算法分析不同地形地貌因子对地闪活动的耦合影响，挖掘与高地闪活动有强关联关系的地形属性集合，并归纳总结了四类易引发雷击的典型地形场景，从地形地貌特征的角度评估典型区域的落雷风险，得到的主要结论如下：

经过关联规则分析发现：①较低海拔高度区域内，靠近山脊的东向山坡；②低海拔丘陵山地中，南向及西南向爬坡林地；③城市建设用地；④高海拔区域，开垦于陡坡或山顶山脊位置的农田耕地，这四种地形地貌场景的雷电活动较频繁，属于较易引发雷击的地理环境。

第 4 章　典型雷击输电走廊区段雷电活动数据与微地形特征数据库的建立

4.1　云南省落雷信息与微地形信息数据库的建立

通过 LLS 获取的云南省全省 2010—2019 年雷击数据与 30 m 分辨率数字高程数据，可提取全云南省地闪密度、海拔、坡度、坡向建立了云南省落雷信息与微地形信息数据库。

4.2　数据库提取实例

对于已经提取了的云南省全省地闪密度、地闪强度、海拔、坡度、坡向、地表覆盖类型、地形类型，可利用 ArcGIS 软件，提取云南省任一点位置的相关属性。表 4-1、4-2 给出了一些提取实例。在云南省范围内随机选取 100 个点，进行属性提取，包括随机点经度、纬度、地闪密度、地闪强度、海拔、坡度、坡向、地表覆盖类型和地形类型。

表 4-1　提取实例 1

点	经度/(°)	纬度/(°)	地闪密度/[次（km^2·年）]	地闪强度/kA
1	100.583 656 3	21.780 071 26	1.999	25.117 86
2	100.483 413 7	21.745 285 03	2.39	24.713 7
3	100.545 753 5	21.520 002 37	2.781	24.220 93
4	100.486 785 9	21.721 895 22	2.39	25.003 12
5	100.174 057	21.779 432 3	2.39	31.548 15
6	100.423 179 6	21.738 225 94	1.999	38.908 2
7	100.327 896 1	21.684 566 5	2.39	33.807 14
8	100.549 484 3	21.460 683 82	1.39	23.070 95
9	100.358 833 3	21.594 934 46	2.781	10.881 13
10	100.242 759 7	21.788 496 02	1.999	20.521 57
11	100.266 662 6	21.524 227 14	2.781	28.75
12	100.710 174 6	21.515 148 16	2.39	31.42
13	100.647 705 1	21.649 259 57	3.89	29.459 09
14	101.157 821 7	21.661 973 95	2.39	22.031 43
15	101.303 527 8	21.395 185 47	2.39	22.370 64

续表

点	经度/(°)	纬度/(°)	地闪密度/[次(km²·年)]	地闪强度/kA
16	101.315 040 6	21.589 065 55	2.779	21.106 14
17	101.279 052 7	21.426 088 33	3.89	19.556 43
18	101.510 917 7	21.758 075 71	2.781	23.100 84
19	101.572 448 7	21.680 807 11	2.39	26.085 28
20	101.188 888 5	21.702 022 55	3.89	25.490 05
21	101.250 915 5	21.768 838 88	2.779	28.290 1
22	101.452 735 9	21.640 941 62	2.39	20.591 75
23	101.317 146 3	21.281 276 7	3.89	28.956 28
24	101.575 874 3	21.462 633 13	3.89	27.402 38
25	101.556 572	21.721 267 7	2.39	7.475 058
26	101.317 245 5	21.690 227 51	3.89	30.391 57
27	101.587 051 4	21.660 663 6	2.39	29.551 25
28	101.499 465 9	21.756 839 75	2.781	25.998 28
29	101.583 068 8	21.472 154 62	3.89	32.616
30	101.440 467 8	21.591 869 35	2.781	33.833 94
31	101.207 153 3	21.621 654 51	3.89	22.103 57
32	101.747 520 4	21.492 568 97	2.39	22.292 86
33	101.681 419 4	21.509 908 68	2.39	16.447 06
34	101.670 860 3	21.527 406 69	2.39	25.069 93
35	101.605 613 7	21.436 178 21	3.89	27.789 74
36	99.417 427 06	22.187 461 85	1.39	22.868 18
37	99.345 321 66	22.134 689 33	1.39	24.304 2
38	99.392 539 98	22.278 278 35	1.39	31.706 72
39	100.022 956 8	22.104 345 32	1.39	30.163 54
40	99.991 233 83	22.204 280 85	1.39	24.420 53

续表

点	经度/(°)	纬度/(°)	地闪密度/[次（km^2·年）]	地闪强度/kA
41	99.895 584 11	22.294 008 26	2.39	23.174 34
42	100.049 270 6	22.153 881 07	1.39	20.151 92
43	99.759 483 34	22.110 404 97	2.001	27.6
44	99.924 308 78	22.252 014 16	2.39	31.875 52
45	100.056 617 7	22.127 853 39	1.39	31.644 74
46	99.815 742 49	22.280 817 03	2.39	29.201 65
47	100.012 535 1	21.933 708 19	1.39	23.327 19
48	99.972 450 26	21.873 262 41	1.39	27.878 41
49	99.588 691 71	22.284 671 78	1.39	24.850 88
50	100.332 626 3	22.069 200 52	1.999	26.175 21
51	100.096 824 6	21.852 550 51	2.39	16.594 41
52	100.356 239 3	22.147 037 51	1.999	15.775 21
53	100.463 241 6	22.274 040 22	2.39	27.524 36
54	100.376 510 6	22.257 802 96	2.39	32.955 81
55	100.422 782 9	21.822 906 49	1.999	18.493 62
56	100.458 946 2	21.834 459 3	2.001	32.277 55
57	100.401 145 9	22.157 415 39	1.999	30.909 33
58	100.218 704 2	22.007 209 78	1.999	24.489 09
59	100.328 231 8	21.953 361 51	1.999	26.872 14
60	100.291 664 1	22.205 049 51	1.999	27.188 14
61	100.270 202 6	22.273 649 22	2.39	30.791 16
62	100.356 826 8	22.272 081 38	2.39	34.814 61
63	100.142 768 9	21.949 306 49	1.999	34.354 94
64	100.493 553 2	22.250 110 63	1.39	34.111 37
65	100.185 623 2	22.065 736 77	1.999	27.203 7

续表

点	经度/(°)	纬度/(°)	地闪密度/[次（km^2·年）]	地闪强度/kA
66	100.256 835 9	21.880 247 12	1.999	26.944 44
67	100.503 639 2	21.874 437 33	2.39	26.944 44
68	100.321 815 5	22.256 908 42	1.999	21.688 1
69	100.353 614 8	22.295 345 31	2.39	16.830 77
70	100.290 809 6	22.281 095 5	2.39	25.714 81
71	100.932 647 7	21.920 591 35	3.89	19.898 63
72	100.640 609 7	21.850 414 28	2.39	23.751 72
73	100.711 029 1	22.222 578 05	1.999	26.640 72
74	101.029 632 6	22.296 930 31	3.89	30.230 28
75	100.805 595 4	22.077 194 21	3.89	31.149 5
76	100.993 141 2	21.972 843 17	3.89	34.113 59
77	100.751 762 4	22.013 751 98	2.39	32.802 35
78	100.993 766 8	22.242 090 23	3.89	30.991 51
79	100.885 017 4	21.863 365 17	3.89	29.399 53
80	100.821 350 1	21.82 716 37	3.89	31.096 32
81	100.619 140 6	22.073 982 24	2.39	33.540 53
82	101.008 949 3	21.926 799 77	3.89	30.668 87
83	100.792 724 6	22.092 523 57	2.39	29.056 9
84	100.805 984 5	22.135 318 76	2.39	33.749 07
85	100.812 812 8	21.820 621 49	3.89	29.642 26
86	100.674 819 9	21.846 576 69	2.39	24.561 05
87	100.772 857 7	22.286 487 58	2.39	34.832 95
88	101.227 516 2	22.027 379 99	2.779	36.40 42
89	101.479 66	22.041 038 51	3.89	36.051 83
90	101.166 046 1	22.107 332 23	2.779	35.022 7

续表

点	经度/(°)	纬度/(°)	地闪密度/[次（km^2·年）]	地闪强度/kA
91	101.287 979 1	22.289 991 38	3.89	35.870 51
92	101.344 726 6	21.977 218 63	3.89	33.335 53
93	101.526 481 6	22.235 996 25	3.89	28.520 83
94	101.289 436 3	22.231 014 25	3.89	25.995 12
95	101.256 057 7	21.818 840 03	3.89	25.525 58
96	101.554 031 4	21.941 736 22	2.39	26.511 17
97	101.327 095	21.935 567 86	3.89	31.964 97
98	101.259 986 9	21.990 488 05	3.89	34.064 42
99	101.287 971 5	22.248 804 09	3.89	25.399 28
100	99.541 229 25	22.626 743 32	2.39	28.394 93

表 4-2　提取实例 2

海拔	坡度/(°)	坡向/(°)	地表覆盖类型	地形类型
1 380	28.580 556 87	193.190 612 8	林地	上坡
1 629	21.617 908 48	248.532 348 6	林地	下坡
904	13.020 033 84	323.746 154 8	林地	山谷
1 758	7.930 003 643	112.750 976 6	林地	山脊
1 129	24.023 569 11	20.119 632 72	林地	下坡
1 721	14.490 851 4	41.099 506 38	林地	山脊
1 087	31.300 510 41	124.448 188 8	林地	山脊
1 212	15.726 923 94	122.988 525 4	林地	上坡
1 549	20.798 242 57	6.892 422 199	草地	山脊
1 133	11.952 941 89	139.763 641 4	草地	山脊
1 583	26.008 296 97	159.102 233 9	林地	上坡
1 115	14.404 912 95	10.222 167 97	林地	山谷
843	29.298 629 76	110.308 441 2	林地	山谷
672	27.430 042 27	321.483 062 7	林地	下坡

续表

海拔	坡度/(°)	坡向/(°)	地表覆盖类型	地形类型
574	8.719 844 818	358.451 843 3	耕地	山谷
647	10.374 723 43	264.805 572 5	林地	下坡
562	7.047 205 448	76.429 565 43	荒地	上坡
1 184	24.331 787 11	48.7152 900 7	林地	下坡
869	18.837 175 37	130.072 891 2	林地	山脊
756	30.590 860 37	242.896 133 4	林地	下坡
969	19.789 638 52	277.943 481 4	林地	山谷
1 100	26.567 035 68	325.124 664 3	林地	下坡
629	5.023 554 325	135	耕地	下坡
666	19.633 892 06	300.735 473 6	林地	下坡
989	18.844 923 02	299.054 595 9	林地	下坡
903	25.725 728 99	3.945 185 423	林地	山脊
713	13.350 445 75	245.224 853 5	林地	山谷
1 192	26.480 239 87	134.325 958 3	林地	上坡
656	21.816 173 55	297.095 550 5	林地	山脊
974	28.499 588 01	347.660 919 2	林地	山脊
908	34.147 686	215.049 377 4	林地	山谷
1 160	8.361 069 679	229.573 928 8	林地	山谷
1 013	18.388 547 9	355.710 845 9	林地	山脊
1 000	16.748 178 48	321.709 838 9	林地	山脊
690	14.158 094 41	222.337 005 6	林地	山谷
1 375	3.611 503 363	246.801 406 9	耕地	下坡
2 038	23.558 343 89	171.253 845 2	草地	山脊
1 290	22.139 009 48	326.633 636 5	林地	上坡
1 085	5.610 436 916	297.645 965 6	林地	山脊

续表

海拔	坡度/(°)	坡向/(°)	地表覆盖类型	地形类型
1 534	20.616 065 98	333.152 71	林地	下坡
1 439	7.413 529 873	80.837 654 11	林地	下坡
975	27.049 358 37	35.753 887 18	林地	下坡
1 515	31.139 062 88	53.365 886 69	林地	上坡
1 326	27.625 986 1	190.954 071	林地	山谷
957	5.490 082 264	262.568 603 5	林地	山谷
1 579	12.298 720 36	98.746 162 41	林地	山脊
1 349	26.070 068 36	26.131 000 52	耕地	山脊
1 003	29.399 658 2	341.565 063 5	林地	下坡
1 032	7.353 796 959	47.602 561 95	林地	山脊
1 383	12.592 023 85	319.513 977 1	林地	山脊
1 729	32.102 901 46	4.166 504 383	林地	下坡
1 100	16.081 398 01	288.434 936 5	林地	山谷
1 246	8.235 580 444	13.240 519 52	林地	山脊
1 078	12.910 464 29	102.528 808 6	耕地	山谷
1 193	5.956 563 473	6.842 772 484	耕地	上坡
1 240	15.675 027 85	196.294 052 1	耕地	上坡
1 313	2.705 008 03	254.744 888 3	耕地	下坡
1 180	5.449 358 463	325.619 659 4	耕地	上坡
1 179	7.391 189 098	116.565 048 2	耕地	下坡
1 302	30.651 174 55	42.165 889 74	林地	下坡
1 330	20.886 268 62	87.510 444 64	林地	山脊
1 125	15.052 485 47	33.690 067 29	草地	下坡
1 732	33.047 515 87	242.292 45	草地	下坡
1 111	10.831 683 16	287.650 116	林地	山谷

续表

海拔	坡度/(°)	坡向/(°)	地表覆盖类型	地形类型
1 244	6.584 650 04	111.037 513 7	林地	上坡
1 469	7.930 003 643	30.379 125 6	林地	下坡
1 572	19.083 066 94	276.188 629 2	林地	下坡
1 265	7.874 371 052	351.384 338 4	林地	山脊
1 139	13.861 137 39	310.914 367 7	林地	下坡
1 234	28.893 693 92	183.012 786 9	草地	上坡
645	25.720 756 53	125.193 908 7	林地	上坡
2 090	11.664 390 56	190.407 714 8	林地	山脊
862	35.952 201 84	302.872 894 3	林地	下坡
1 047	8.060 513 496	159.443 954 5	林地	山谷
812	3.092 588 663	32.471 191 41	林地	山谷
1 003	24.472 068 79	259.508 514 4	林地	上坡
555	7.194 534 779	203.198 593 1	荒地	上坡
924	10.374 723 43	5.194 427 967	林地	上坡
676	16.324 914 93	154.885 162 4	林地	山脊
786	29.175 500 87	340.489 196 8	林地	山脊
1 884	27.038 656 23	222.367 569	林地	下坡
643	7.353 796 959	317.602 569 6	林地	下坡
905	26.785 915 37	221.672 592 2	林地	下坡
1 055	23.773 023 61	348.055 816 7	林地	山脊
689	25.201 997 76	320.000 640 9	林地	下坡
1 659	5.540 555 954	70.016 891 48	林地	上坡
1 350	27.815 248 49	302.816 345 2	林地	下坡
662	16.441 957 47	51.842 773 44	林地	下坡
1 318	22.402 338 03	300.173 522 9	林地	山脊
1 244	17.392 267 23	242.417 968 8	林地	上坡

续表

海拔	坡度/(°)	坡向/(°)	地表覆盖类型	地形类型
1 056	8.794 707 298	262.303 955 1	林地	上坡
590	15.531 233 79	2.563 769 579	林地	上坡
1 237	22.534 379 96	261.384 338 4	林地	山脊
1 109	23.145 401	253.673 141 5	林地	下坡
1 380	11.334 695 82	187.125 015 3	草地	上坡
1 431	12.251 230 24	138.094 055 2	林地	山脊
644	18.795 785 9	42.039 062 5	林地	上坡
772	9.393 940 926	157.932 098 4	林地	山谷
975	24.504 268 65	180	林地	上坡

4.3　本章小结

本章通过提取全云南省典型雷电活动参数与微地形参数，建立了云南省落雷信息与微地形信息数据库。基于地理信息系统，可以获取杆塔点，并提取地闪密度值；再利用 ArcGIS 软件提取杆塔所处地形参数，包括海拔、坡度、坡向和地表覆盖类型等，并给出了数据库提取实例。

第 5 章　微地形输电走廊区段的雷电活动时空运动规律研究

雷电的产生首先来自雷云的形成。受太阳辐射而产生的热气流遇到高空的冷空气后，其中的水蒸气凝结形成热雷云，或是水平移动的冷气团或暖气团，在其前峰交界面上形成锋面雷云。雷云中的电荷在云块内部、云与云之间、云与地面之间，形成很强的电场，当电场增大到一定值时，空气层发生击穿，爆发出强大的电火花，形成闪电。强大的雷电流可击毁房屋、建筑物，造成人畜伤亡，也能够破坏电网设备的外绝缘和机械结构，导致电力设备停运和供电中断。

近年来，随着我国雷电定位系统在电网中的广泛应用，规模庞大的地闪活动数据被保存在各级电网系统中，具体包括：雷电流幅值、正负极性等闪电参数以及放电发生的经纬度坐标、发生的时间等时空信息情况。利用多年雷电定位数据统计逐基杆塔的地闪密度值，可以较准确地反映相应位置的雷电活动情况。另一方面，随着地理信息处理技术的发展，基于高空间分辨率的数字高程数据和地表覆盖类型数据，利用地理信息处理软件分析提取关键地形地貌特征参数，可以对区域地形特征进行定量描述，结合数据挖掘技术和方法，可以实现关键地形因子对雷电孕灾环境影响的分析。本章具体介绍采用雷电活动特征参数、地形地貌特征参数的统计提取以及不同方法间的优劣比较。

5.1　典型微地形输电走廊区段雷电活动研究

5.1.1　线路选取原则

云南地区输电线路途经地形复杂多样。为了较为全面地归纳典型雷害特征场景，分析雷电活动的运动规律，基于以下原则：

（1）不同电压等级。

（2）交直流输电线路。

（3）途经地形复杂多样。

（4）历史发生雷击跳闸次数较多。

选取了 6 条输电线路走廊区域：

（1）110 kV 西虎杜嘉线。

（2）110 kV 听洒 I 回线。

（3）220 kV 博南 II 回线。

（4）220 kV 墨宁 II 回线。

（5）500 kV 溪换丙线。

（6）±500 kV 永富直流线。

5.1.2 不同地形雷电地闪活动时间分布统计

1. 年地闪分布

在研究输电走廊区域雷电地闪活动的时间分布规律时，采用 2010—2019 年共 10 年的雷电数据，选取了垭口、山脊、山谷和水域地形作为主要研究对象，因研究所有样本工作量过大，我们具体选取 500 kV 溪换丙线 150#~155#杆塔附近地形（垭口），500 kV 溪换丙线 93#~117#杆塔附近地形（山脊），500 kV 观永线 77#~88#杆塔附近地形（山谷），500 kV 观永线 1#~41#杆塔附近地形（水域），根据杆塔沿线长度及地形范围，选取 20 km×20 km 范围进行分析。

通过对四种地形 2010—2019 年地闪频次进行比较分析可以看出落雷的差异性，如表 5-1 所示。由图 5-1 可以看出，雷电活动的情况基本为一条振荡曲线，大体呈现一年高一年低的趋势，四种地形下年雷电活动趋势大体一致。垭口地形 2013 年地闪活动最为强烈，为 20 291 次，2015 年地闪活动相对最弱，为 566 次。该地形下每年雷电活动波动较大，10 年间雷电地闪频次最大值为最小值的 35.8 倍。山脊地形下 2013 年地闪活动最为强烈，为 15 621 次，2015 年地闪活动相对最弱，为 600 次。该地形下每年雷电活动波动较大，10 年间雷电地闪频次最大值为最小值的 26 倍。山谷地形下 2013 年地闪活动最为强烈，为 5 865 次，2019 年地闪活动相对最弱，为 1 243 次。该地形下每年雷电活动波动较为平缓，10 年间雷电地闪频次最大值为最小值的 4.7 倍。水域地形下 2013 年地闪活动最为强烈，为 9 043 次，2019 年地闪活动相对最弱，为 1 674 次。该地形下每年雷电活动波动较为平缓，10 年间雷电地闪频次最大值为最小值的 5.4 倍。

表 5-1 2010—2019 年不同地形地闪频次统计

年份	地闪频次/次			
	垭口	山脊	山谷	水域
2010	7 237	6 199	2 728	3 991
2011	5 231	4 162	2 824	5 247
2012	7 771	2 755	2 732	3 728
2013	20 291	15 621	5 865	9 043
2014	4 857	2 678	4 357	5 622
2015	566	600	2 681	6 516
2016	6 121	3 192	2 821	4 909
2017	2 516	2 011	4 926	3 832
2018	2 577	2 201	2 054	2 923
2019	1 600	1 858	1 243	1 674

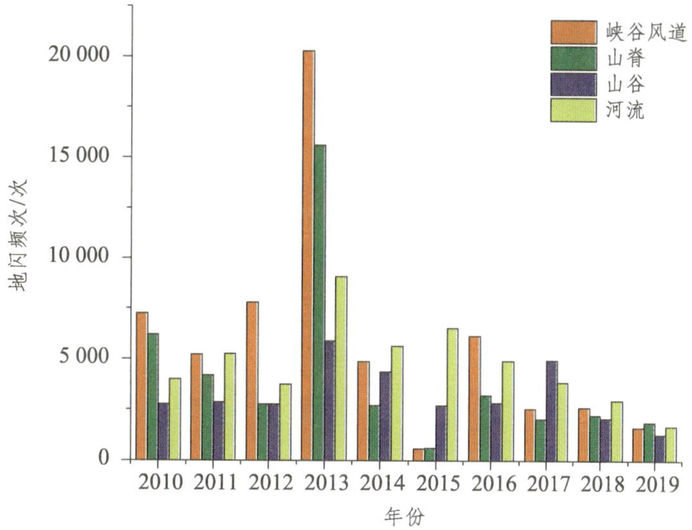

图 5-1 输电走廊邻近区域不同地形年地闪频次变化曲线

2. 月地闪分布

对比四种地形下雷电活动每月的分布，所得结果如表 5-2 所示。可以看出，各月份的雷电分布波动较大，但不同地形的总体分布特征是大体一致的。11 月~2 月几乎没有发生雷电地闪活动，3 月份和 10 月份有少量雷电地闪活动，从 4 月份开始雷电地闪活动开始逐渐增强，在 7，8 两月达到峰值。每年的雷电活动集中在 6、7、8、9 月，具有明显的季节特征，如图 5-2 所示。

表 5-2 输电走廊邻近区域不同地形地闪频次月分布统计

月份	地闪频次/次			
	垭口	山脊	山谷	水域
1	1	1	2.2	2
2	1	1	8	8
3	31	17	15	21
4	81	92	59	19
5	61	83	122	118
6	325	288	574	1 218
7	3 004	2 150	852	1 770
8	2 427	1 752	914	1 035
9	241	346	617	822
10	11	8	127	84
11	2	2	3	6
12	1	3	5	3

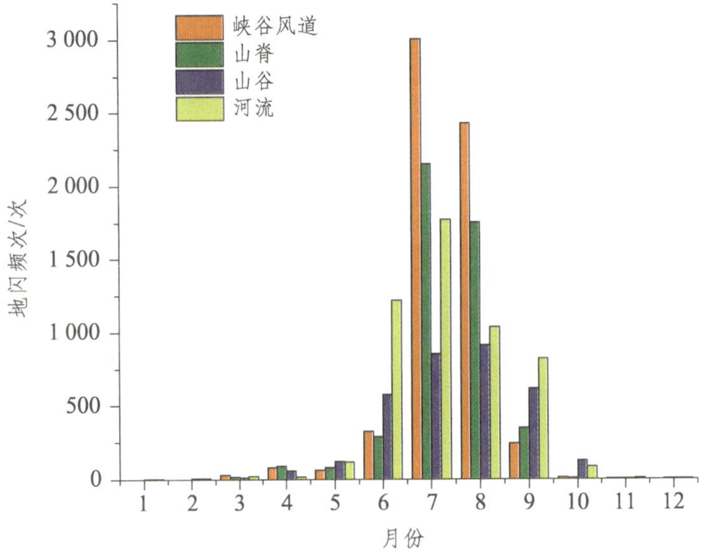

图 5-2　输电走廊邻近区域不同地形地闪频次月分布曲线

5.1.3　不同地形雷电地闪活动空间分布统计

为了研究不同地形地面落雷分布的差异情况，利用 Google Earth 软件在云南省范围内筛选出垭口、山脊、山谷和水域等地形的区域。利用改进网格法统计地闪密度。框选范围的矩形小网格设置为 30 m×30 m，监测范围 R 为 1 km。利用 ArcGIS 软件计算得到统计区域内各小网格的地闪密度。为了清楚地反映区域地闪密度的差异，根据地闪密度数值的大小，将地闪密度划分为 8 个等级，具体分级如图 5-3 所示。

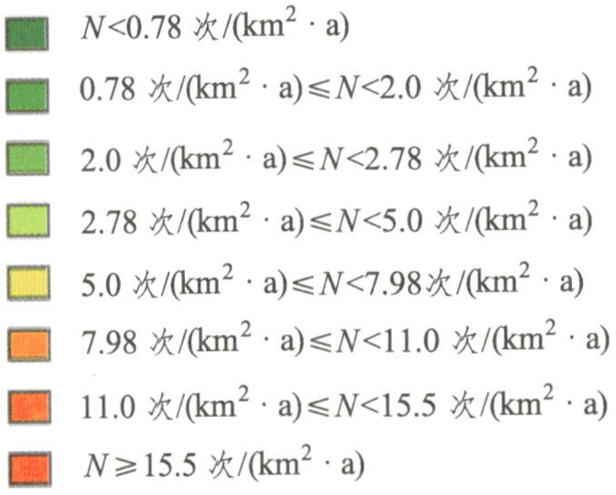

图 5-3　地闪密度不同等级划分原则示意图

针对同一地形，选择了多处样本数据进行分析。图 5-4~5-7 展示了 500 kV 输电线路附近四种不同地形下地闪密度分布。为了更准确地说明不同地形下地闪密度的分布情况，针对每种地形选择了四处样本数据。对比四种地形的地闪密度，其结果如表 5-3 所示。可以发现，垭口和山脊处地闪密度较高，分别为 14.69 次/(km^2·a)和 13.52 次/(km^2·a)，山谷和水域附近地闪密度较低，分别为 8.9 次/(km^2·a)和 10.33 次/(km^2·a)。山脊地形地势较高，是容易引雷的典型地形。垭口两侧地势与周围区域相比较高，且水域的环境使附近地闪密度也处在一个较高的数值。山谷地区地势较低，且两侧有高耸的山顶，吸引了大部分落雷，因此地闪密度较低。水域因空气湿润，也是容易引雷的区域，但对雷电活动的吸引程度远不及山脊区域。

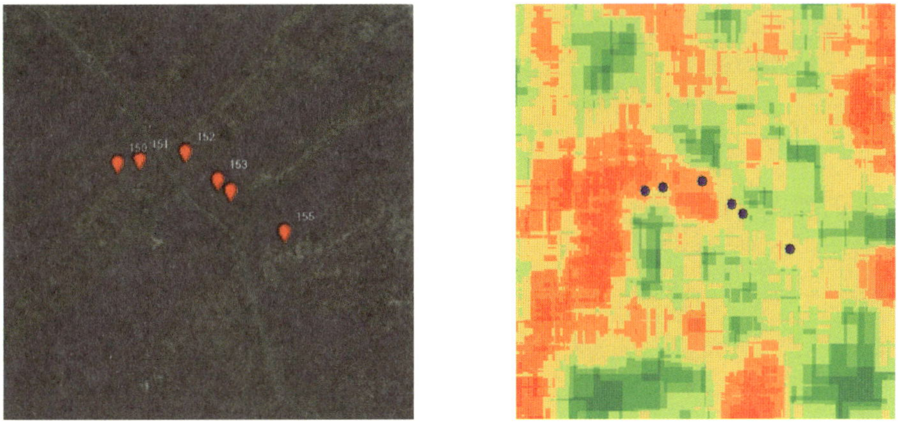

（a）地形俯视图　　（b）地闪密度图

图 5-4　垭口地形俯视图与地闪密度图

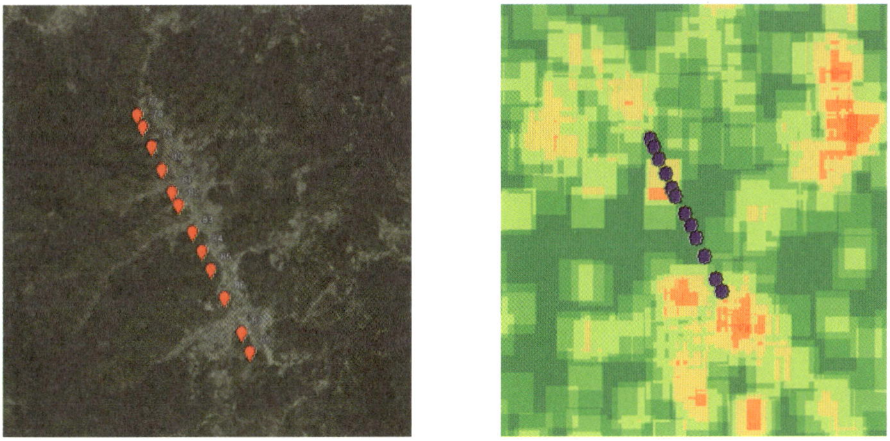

（a）地形俯视图　　（b）地闪密度图

图 5-5　山谷地形俯视图与地闪密度图

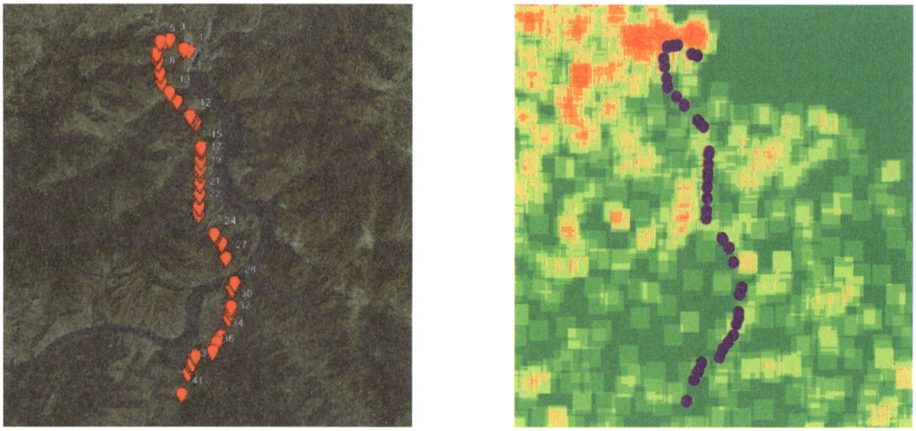

（a）地形俯视图　　（b）地闪密度图

图 5-6　水域地形俯视图与地闪密度图

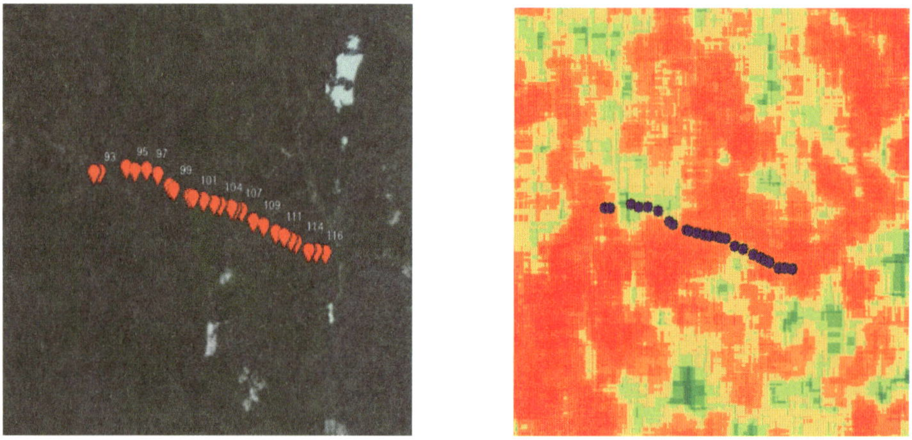

（a）地形俯视图　　（b）地闪密度图

图 5-7　山脊地形俯视图与地闪密度图

表 5-3　地闪密度等级划分图

地形	地闪频次/次	地闪密度[次/(km^2·a)]
垭口	5 876	14.69
山脊	5 420	13.52
山谷	3 560	8.9
水域	4 130	10.33

5.1.4　不同地形雷电流幅值概率分布

图 5-8 展示了四种地形下雷电流幅值的分布区间及雷电极性，可以发现，不同地形下雷电流都以负极性为主，正极性雷电流幅值变化相对负极性更加平缓，正极性出现小幅值的概率更大。负极性雷电流幅值变化较大，雷电流幅值分布区间范围较大，集中分布在[0，80 kA]。

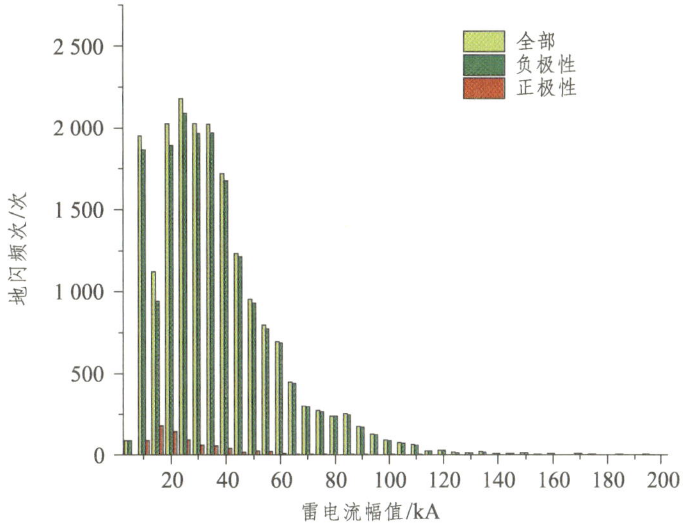

（a）垭口

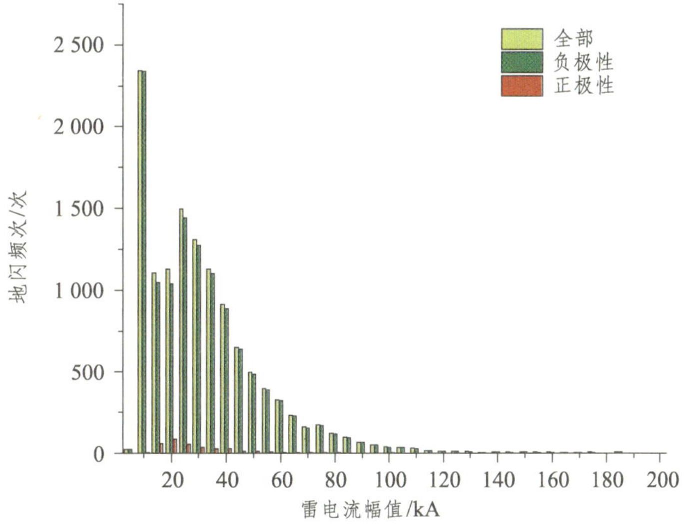

（b）山脊

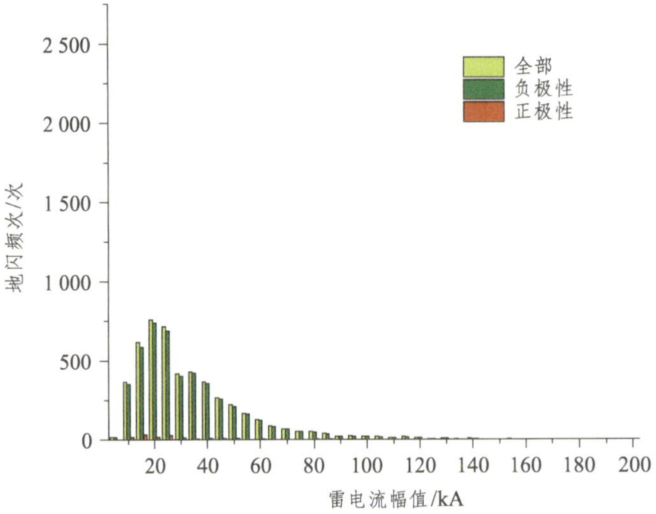

（c）山谷

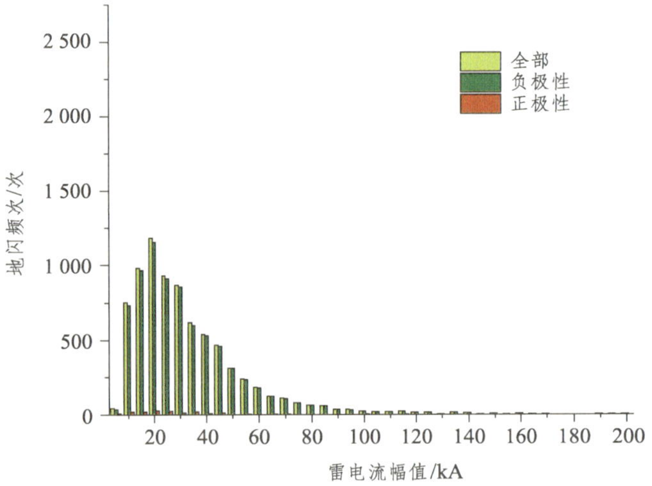

（d）水域

图 5-8　输电线路不同地形下雷电流分布

进一步拟合雷电流幅值概率密度曲线，所得结果如表 5-4 所示，可以看出，四种地形下雷电流分布略有差异。综合看四种不同地形下雷电流幅值的分布情况，计算得到垭口、山脊、山谷和水域四种地形下的平均中值电流分别为 21.37 kA、21.20 kA、20.99 kA 和 21.38 kA。水域中值电流最高，即出现较高幅值的雷电流的概率较大，垭口次之，山脊附近略低于上述两种地形，山谷附近最小。分析认为，水域地形水汽充沛，热量充足，有利于雷暴的形成与发展。垭口地形受水域及两侧夹道影响，雷云易沿着峡谷方向运动，形成较多落雷。山脊地形地势较高，相比于其他地形，最容易吸引强雷。山谷地形地势较低，两侧有高耸山脉，与其他地形相比，不易吸引落雷及强雷运动。图 5-9 展示了 500 kV 输电线路附近不同地形下雷电流分布曲线。

表 5-4　不同地形下雷电流幅值累积概率曲线拟合表达式

地形	山脊	山谷	垭口	水域
	$P=\dfrac{1}{1+\left(\dfrac{I}{21.20}\right)^{2.51}}$	$P=\dfrac{1}{1+\left(\dfrac{I}{20.99}\right)^{2.53}}$	$P=\dfrac{1}{1+\left(\dfrac{I}{21.37}\right)^{2.42}}$	$P=\dfrac{1}{1+\left(\dfrac{I}{21.38}\right)^{2.52}}$

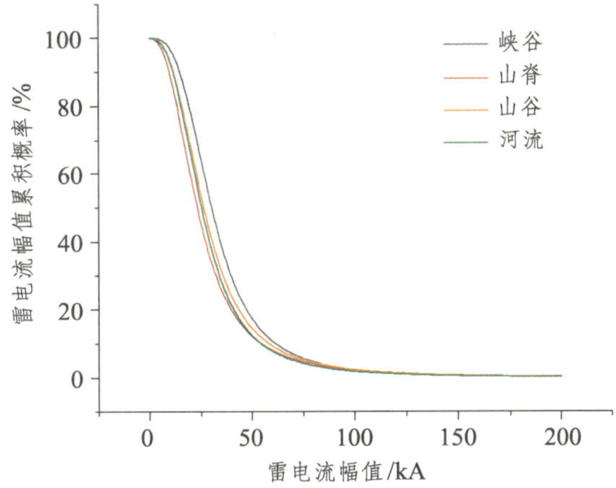

（a）雷电流幅值累积概率

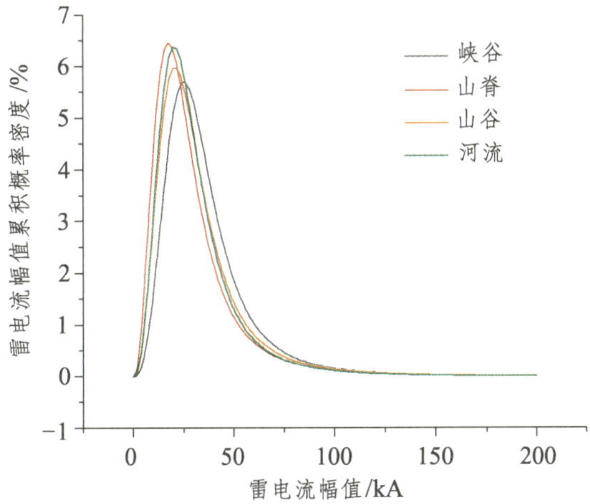

（b）雷电流幅值累积概率密度

图 5-9　500 kV 输电线路附近不同地形下雷电流分布曲线

5.2 聚类分析方法的选择

聚类分析方法能否准确地处理样本数据，一定程度上取决于数据内部的相互联系性。为了更好地挖掘数据集的特性，首先要选定一个合适的聚类原则，依据这个聚类原则判断样本数据中的每一个元素点，由此来对数据进行分门别类，最终生成相似性强的聚类结果簇，得到的同一聚类结果相似程度最高，不同聚类结果差异性最大。

基于雷电定位系统储存的海量雷电数据以及雷电地闪活动的分散性和不确定性，在对雷电活动数据进行聚类分析时，选择的聚类算法应该满足以下几个要求：

（1）可以处理足够多的样本数据点，否则聚类结果可能与实际结果相比有很大偏差，同时也要降低聚类算法处理样本数据时的时间复杂度，同时避免在处理数据时发生不收敛的情况。

（2）在对数据进行聚类分析以前，数据本身的特性是未知的，分散情况也不甚明了，因此聚类算法要能识别任意形状的聚类结果。

（3）从雷电定位系统导出的雷电数据，存在时间属性值没有按照顺序排列的情况。因此，聚类算法需要对数据的时间属性不敏感，使数据的先后处理顺序对聚类结果没有影响。

（4）海量的雷电数据中并不是每一个地闪数据点都有明显的特征，对相关性不强的数据点，在聚类分析时要将其剔除，提高聚类结果的准确性，因此，聚类算法要具有良好的抗“噪声”能力。

聚类算法按各自的处理方式有许多种方法，目前，并没有一个适用于雷电活动聚类分析方法的明确准则，研究人员通常结合自身多年分析处理数据的经验以及对算法的熟悉程度来选择相应的聚类算法。但是根据经验分析往往不能最好地反映数据集自身的分布特性，因此，需要对比分析常用的聚类算法的优缺点，并结合数据集本身的特征来选择算法。

目前，在数据挖掘学科领域中常用的聚类算法有基于划分的方法、基于层次的方法、基于密度的方法和基于网络的方法等，它们各自的实现原理及特点分析如表 5-5 所示。

表 5-5 常用的聚类算法的对比

方法	概述	特点	代表算法
基于划分法	给定一个数据集，该方法将构造 L 个聚类，每组至少包含一个记录；每一个记录只属于一个组	简单高效、时间复杂度、空间复杂度低，参数 L 需要预先设定，对聚类形状有要求	K-MEANS K-MEDOIDS
基于层次法	按某种条件层次性的分解数据，可分为“自底向上”和“自顶向下”两种	不需要预先制定聚类数，时间复杂度高，奇异值也能产生很大影响	BIRCH CURE CHAMELEON

续表

方法	概述	特点	代表算法
基于密度法	根据样本数据的分布情况进行聚类，通过计算分析样本周围密度来确定聚类数目	对输入顺序不敏感，能够识别各种形状的聚类及噪声点，对两个参数的设置敏感	DBSCAN OPTICS DENCLUE
基于网格法	将数据空间划分为有限个单元的网格结构，所有的处理都是以单个的单元为对象	速度快，无法处理不规则分布的数据，一定程度上降低了聚类质量和准确性	STING CLQUE

通过聚类算法的对比，可以看出，虽然基于密度的聚类算法对参数的设置很敏感，但是与其他聚类算法相比，在处理雷电数据方面仍具有很大的优势，它能够处理海量的雷电数据，有效识别并剔除特征规律不明显的噪声点，对任意形状的聚类结果簇也具有很好的识别效果。综上所述，利用基于密度的聚类算法来对雷电定位数据的内在规律挖掘是可行的。

5.3　基于密度的聚类算法的实现

5.3.1　DBSCAN 算法的基本概念

基于密度的聚类算法在数据挖掘中应用广泛，其核心思想是判断任意一点在固定阈值下相应范围内的数据点的个数是否满足预设值。DBSCAN 算法是一种常用的基于密度的聚类算法，该算法可以很好地分析二维数据，同时 DBSCAN 算法也是通过高密度连通区而非距离对数据集进行聚类的，这个特性符合雷电数据所表现出来的丛聚特性。故本节采用 DBSCAN 算法对雷电定位数据进行挖掘分析。

假设样本数据集为 $D=\{x_1,x_2,\ldots,x_m\}$，Eps 和 $MinPts$ 分别为 DBSCAN 算法的邻域半径和密度阈值，则该算法的概念描述定义如下：

（1）ε-邻域对 $x_j\in D$，其 ε-邻域包含样本数据集 D 中与 x_j 的距离不大于 ε 的样本，即 $N_\varepsilon(x_j)=\{x_i\in D|\ \mathrm{dist}(x_i,x_j)\leqslant\varepsilon\}$；

（2）密度：任意一个数据对象的密度为以该对象位置为圆心、以邻域半径 Eps 为框选范围的圆形区域内所囊括的点的数目 N；

（3）核心点：若 x_j 的 ε-邻域至少包含 $MinPts$ 个样本，即 $|N_\varepsilon(x_j)|\geqslant MinPts$，则 x_j 是一个核心点；

（4）密度直达：若 x_j 位于 x_i 的 ε-邻域中，且 x_i 是核心点，则称 x_j 可由 x_i 密度直达；

（5）密度可达：对于 x_i 和 x_j，若存在样本序列 $p_1,p_2,\cdots,p_n$，其中 $p_1=x_i,p_n=x_j$ 且 p_{i+1} 由 p_i 密度直达，则称 x_j 由 x_i 密度可达；

（6）密度相连：对 x_i 和 x_j，若存在 x_k 使得 x_i 和 x_j 由 x_k 密度可达，则称 x_i 与 x_j 密度相连；

（7）噪声点：样本数据集中的元素经过聚类后不属于任何聚类簇，则称为噪声；

（8）边界点：空间中某一点的密度 $\rho < MinPts$，且该点不是噪声点的元素；

由上述可得聚类簇的定义：样本数据集 D 的非空子集 $D_k(k \in [0,m])$，当且仅当 D_k 满足以下两个条件时：

①最大性：对于任意 x_i 和 x_j，若 $x_i \in D_k$，且 x_i 与 x_j 密度可达，则 $x_j \in D_k$；

②连接性：对于任意 x_i 和 x_j，有 $x_i \in D_k$ 和 $x_j \in D_k$，则 x_i 与 x_j 密度连接。

图 5-10 给出了基于 DBSCAN 上述定义的概念的直观示意图，设邻域半径为 *Eps*，图 5-10 表示蓝色圆的半径，设定密度阈值 *MinPts*=3，即每个核心点的邻域内数据点的个数最少为 3 个。图 5-10 中的红色点表示所有满足条件的核心点，绿色点表示边界点，黑色的点代表数据特征不明显的“噪声点”。其中所有的绿色点和红色点的集合构成了一个聚类簇。同时需要区分的是，核心点一定位于一个聚类簇的内部，“噪声点”不属于任意一个聚类簇，在分析时不考虑“噪声点”。边界点位于聚类簇的边缘地带，可能位于一个或者几个簇。

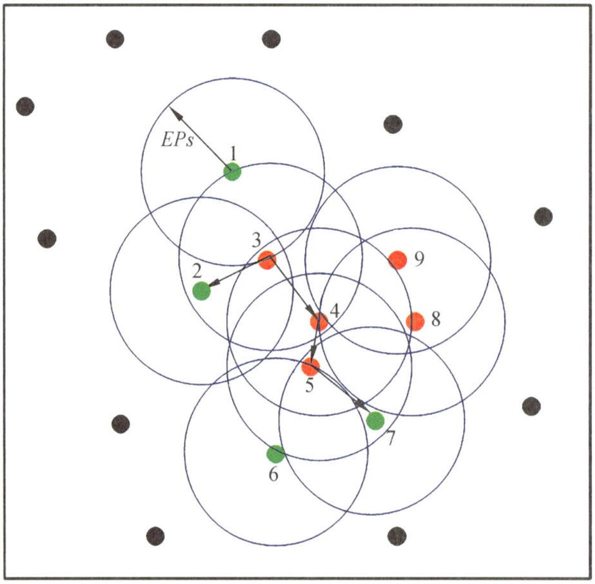

图 5-10　DBSCAN 定义的基本概念图

5.3.2　算法的流程

在利用 DBSCAN 算法对样本数据集进行聚类时，需要确定样本数据集中元素的邻域半径（*Eps*）和元素成为核心点的最小密度（*MinPts*）。根据设立的参数遍历数据集，找到核心点，依据核心点扩展簇，并循环遍历样本数据集中的所有元素，直到数据集中所有的数据对象都被处理完成。DBSCAN 算法的流程如图 5-11 所示，其主要计算步骤如下：

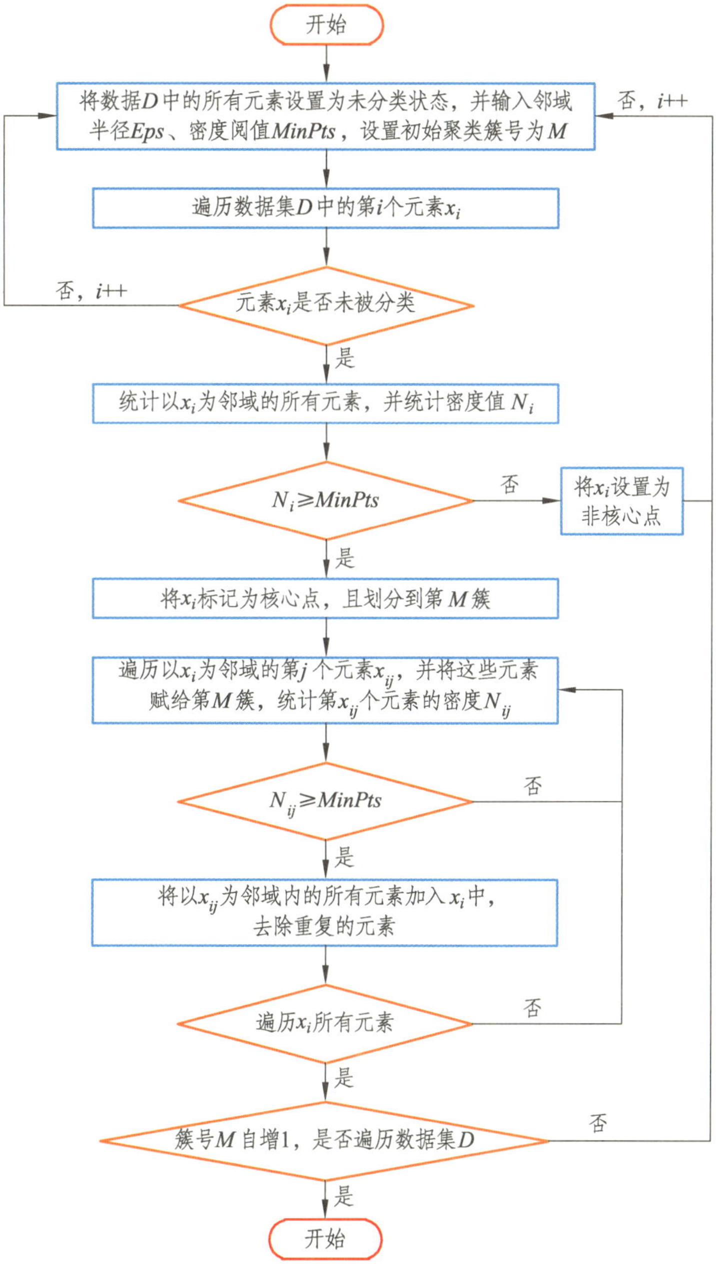

图 5-11　DBSCAN 算法流程图

步骤一：预处理样本数据集 $D=\{x_1,x_2,\cdots,x_m\}$，设置邻域半径 *Eps* 和密度 *MinPts* 的数值，并将初始聚类簇的编号设为 M。

步骤二：遍历样本数据集 D 的第 i 个元素 x_i。

步骤三：判断元素 x_i 是否已经分类，若元素 x_i 已经分类完成，则重复步骤二，并继续读取下一个元素 x_{i+1}；否则进行步骤四。

步骤四：若元素 x_i 未完成分类，统计以元素 x_i 为核心的密度值 N_i。

步骤五：比较 N_i 与 *MinPts* 的大小，若 N_i 小于 *MinPts*，则将该点设置为非核心点，且重复步骤二；若 N_i 大于或者等于 *MinPts*，则继续进行步骤六。

步骤六：将元素 x_i 设为核心点，将其归类到第 M 簇。

步骤七：遍历以元素 x_i 为核心点的邻域内的所有元素 x_{ij}，并将这些元素全都赋给第 M 类。

步骤八：统计所有的元素 x_{ij} 及其密度值 N_{ij}。

步骤九：判断 N_{ij} 与 *MinPts* 的大小关系，若 N_{ij} 大于或等于 *MinPts*，进行步骤十；否则重复步骤七。

步骤十：将以元素 x_{ij} 为邻域中心内的所有数据点划进 x_i 的邻域内，并删去聚类簇类的重复元素。

步骤十一：判断是否遍历完以元素 x_i 为邻域的所有元素，若已经遍历完所有元素则进行第十二步，否则跳转重复步骤七。

步骤十二：若是在步骤十一中以元素 x_i 为邻域的所有元素全被访问完，则聚类簇编号 M 自增 1，并判断数据集 D 中的元素是否全都读取完，若读完则结束算法，否则跳转重复步骤二。

5.3.3 算法参数的选取及改进

尽管 DBSCAN 算法对于二维数据的处理有诸多的优势，但是在对样本数据进行聚类计算时，需要输入两个很重要的参数：邻域半径 *Eps* 和密度阈值 *MinPts*，样本数据集 D 中的元素的聚类类别会因这两个元素的变化而改变。在以往的研究中这两个参数的选择往往通过研究人员的经验判断，再根据实际出来的聚类结果进行微调，这种做法显然是不可取的。因为邻域半径 *Eps* 和密度阈值 *MinPts* 是基于密度聚类算法中的全局变量，如果在计算中两个参数不合理取值，往往会造成较大的误差，因此需要对参数的选择进行改进计算。本节采用 OPTICS 算法与 DBSCAN 算法相结合，提高参数求取的准确度。

1. OPTICS 算法的基本概念

OPTICS 算法的提出是为了解决密度聚类算法 DBSCAN 中存在的关键问题。OPTICS 是由 DBSCAN 发展而来的另一种密度聚类算法，它在 DBSCAN 的基础上进一步提出了核心距离和可达距离的概念。

OPTICS 算法中的主要概念如下：

（1）核心距离：设 $x \in X$，对于给定的参数 ε 和 M，可以使 x 成为核心点的最小邻域半径称为 x 的核心距离，数学定义为：

$$cd(x_i)=\begin{cases}\text{Undefined, if}\left|N_\varepsilon(x_i)\right|<M\\ d\left(x_i,N_\varepsilon^M(x_i)\right),\text{othenwise}\end{cases} \tag{5-1}$$

其中，$N_\varepsilon^i(x_i)$ 表示集合 $N_\varepsilon(x_i)$ 中与节点 x_i 第 i 最近邻的节点。可以看出，核心距离是一个点成为核心点的最小邻域半径。

（2）可达距离：对于核心对象 x_i，若 x_j 在其邻域内，x_j 到 x_i 的距离比 x_i 的核心距离小，则 x_j 到 x_i 的可达距离为 x_i 的核心距离；反之为 x_j 到 x_i 的距离即 x_i 的可达距离是 x_j 和 x_i 的距离与 x_i 的核心距离中的最大者，数学定义为：

设 $x_i,x_j \in D$，对于给定的参数 ε 和 M，x_j 关于 x_i 的可达距离定义为：

$$rd(x_j,x_i)=\begin{cases}\text{Undefined,if}\left|N_\varepsilon(x_i)\right|<M\\ \max\left(cd(x_i),d(x_i,x_j)\right),\text{otherwise}\end{cases} \tag{5-2}$$

2. OPTICS 算法的实现

OPTICS 算法与 DBSCAN 算法类似，都需要输入 *Eps* 和 *MinPts* 两个参数。

OPTICS 算法是在 DBSCAN 算法的基础上发展而来的，它在之前的概念基础上增加了两个新的概念：可达距离和核心距离。可达距离是一个与数据集空间密度息息相关的参数。一个点的空间密度越大，它的可达距离就越小。算法表现的物理意义为，从数据集中的任意一个点出发，随机对象朝着高密度区域扩张，最终可以得到一个能直接反映数据整体空间结构分布的有序序列。由于 OPTICS 算法的扩张方向始终沿着高密度区域，因此将可达距离最小的数据对象作为数据扩展方向。在算法实施的过程中，首先创建一个队列，该队列的数据为临时存储的、有序的数据对象点，数据对象按可达距离属性升序排列，即将准备扩充。这个队列可以很快并精准地定位到密度高的数据分布区域。同时，还需要创建一个结果队列用来储存可视化的聚类结果，将该队列的数据分布称为可达图，识别可达图中的凹槽，可以得到聚类结果。该算法的流程如下：

（1）首先创建两个队列，分别为有序种子队列和结果队列（其中，有序种子队列用来储存所有的核心对象及核心对象的直接可达对象，并将数据对象按可达距离升序排列；结果队列用来储存数据对象的输出顺序）。两个队列在算法初始时均为空队列。

（2）判断是否处理完所有的数据对象，如果是，则算法结束；否则从种子队列随机选择一个未处理对象，将该对象放入结果队列，其直接密度可达对象放入有序队列，并将直接密度可达点根据可达距离做升序排列处理。

（3）判断有序种子队列的数据是否处理完毕，如果队列为空，则返回（2），否则从有序种子队列中选择第一个对象 p。

（4）判断该对象 p 是否为核心点，如果 p 不是则跳转（3）；否则，将 p 点存入结果队列。

（5）找到对象 p 所有直接密度可达点，并将这些对象全部放入有序种子队列，并按照可达距离重新排序。如果该对象之前已经存储在有序种子队列中且新的可达距离较小，就更新该对象的可达距离并重新排列有序种子队列中的数据对象。

（6）重复（3），直至有序队列为空。

（7）算法结束。

对于 OPTICS 的算法，它对参数的敏感性没有 DBSCAN 算法高，*Eps* 和 *MinPts* 的变化对于结果队列的分布影响较小，这正是 OPTICS 算法相比于 DBSCAN 算法的优势所在。此外，OPTICS 算法的可达图结果中，密度高的簇均由图中凹槽显示，凹槽的深度代表了各个簇的密度大小，不同密度的簇均能被识别。鉴于 OPTICS 的优点，可在一定范围内随意选择参数而不影响雷电簇聚类结果，并且可以提取不同密度的雷点簇，对处理雷暴数据具有更好的适应能力。

3. OPTICS 算法结果的提取和可视化

OPTICS 并不直观地展示数据集的聚类结果，而是通过建立一个增广数据集排序（如以样本点输出次序为横轴、以可达距离为纵轴的坐标图）来表示数据的聚集性分布，称为可达图。可达图表征了各样本对象基于密度属性的聚类结构，相当于可以从一个全域的数据参数的设置获得聚类结果。由于 OPTICS 的算法，*Eps* 和 *MinPts* 的变化对于可达图的分布影响较小，意味着可在一定范围内任意选择参数阈值而不影响聚类结果。换句话说，从这个结果队列的排序中可以得到基于任何邻域半径和任何密度阈值的聚类。

从可达图提取聚类需要给定一些定义：

ζ——陡降点：任意一点 $p \in 1, 2, \cdots, n$，若点 p 的可达距离比它的后继点大 ζ，则 p 为一个陡升点 *UpPoint*。

ζ——陡升点：任意一点 $p \in 1, 2, \cdots, n$，若点 p 的可达距离比它的后继点小 ζ，则 p 为一个陡升点 *DownPoint*。

ζ——陡升区：如果 $I=[s, e]$为一个陡升区 *UpArea*（I），则应满足如下特性：

（1）s 是一个陡升点 $UpPoint(s)$，且 e 是一个陡升点 $UpPoint(e)$；

（2）s 与 e 之间的点至少小于其后继，即 $\forall x, s < x < e : r(x) \leqslant r(x+1)$；

（3）I 中不存在多于 *Minpts* 的连续非陡升点：

（4）不存在比 I 更大的陡降区域，即：

$$\forall J : [I \subseteq J, UpArea(J) \Rightarrow I = J]$$

ζ——陡降区：与 ζ——陡升区的定义相反。

ζ——类：若存在 $cluster(C) \Leftrightarrow \exists D=[s_D,e_D],U=[s_U,e_U]$，且集合 $C=[s,e]\subseteq[1,n]$ 满足如下条件，则称为一个类：

（1）类的起点在某个陡降区内；

（2）类的终点在某个陡升区内；

（3）类中至少拥有 *Minpts* 个对象，且类中的对象都要比起点与终点的后继中的较小者小 ζ，即满足：

$$\begin{cases} e-s \geqslant \min Pts \\ \forall x, s_D < x < e_U : r(x) < \min\{s_D, e_U\} * (1-\xi) \end{cases}$$

（4）如果 S_D 和 e_u 相差小于 ζ，则类开始于 S_D，结束于 e_u；如果 S_D 相比 e_u 大于 ζ，则在 S_D 中查找与 e_u 最相近的点作为类的起点、e_u 作为类的终点；如果 e_u 相比 S_D 大于 ζ，则类起始于 S_D，结束于 e_u 中与 S_D 最相近的点。

根据上述定义，提取得到的 OPTICS 可达图的结果如图 5-12 所示，左上角图代表数据的原始分布，右上角图代表根据 OPTICS 得到的可达图，由 DBSCAN 算法所呈现的数据集分类结果示意图。OPTICS 可达图的 x 轴代表算法处理点的顺序，y 轴代表可达距离。聚类簇在坐标轴中的表现形式为凹型区域，称之为山谷区域，并且凹陷越深，代表聚类簇的密度越大。黄色代表的是噪声，它们不形成任何凹陷。根据 OPTICS 可达图，可以看出数据被分为 3 类，即图中蓝色、红色和绿色 3 类。

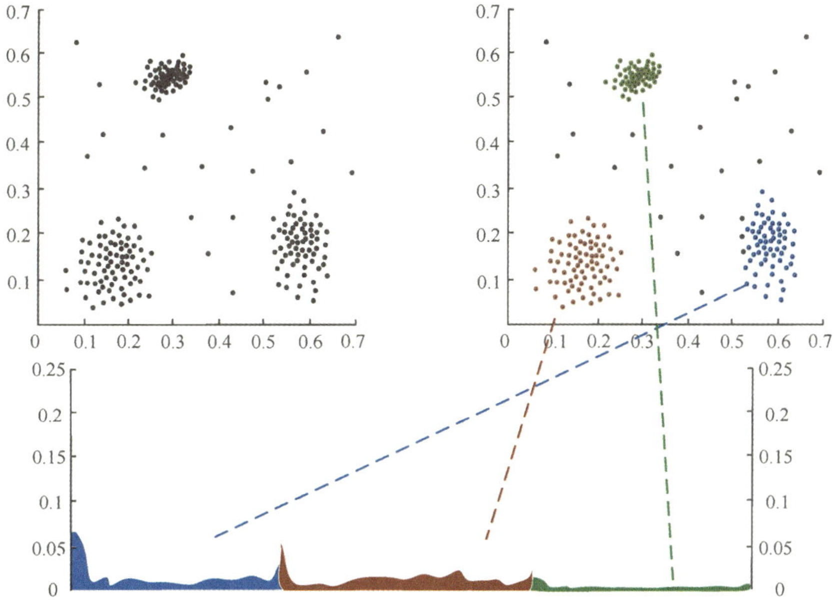

图 5-12　OPTICS 可达图及数据分类可视化

4. OPTICS 算法的改进处理

由聚类算法的定义可以知道，*Eps* 参数的改变会影响最终的聚类结果，从 OPTICS 可达图中可以直观地看出聚类结果。选取不同的 *Eps*，从可达图中得到的聚类凹槽数不同，具体如图 5-13~5-15 所示。当 *Eps* 取值 0.02 时，由可达图可以划分 2 个聚类凹槽，将参数代入 DBSCAN 算法中，可以看出最终得到 2 个聚类结果，与 OPTICS 可达图一致；*Eps* 取值 0.01 和 0.017 时，由可达图均可以划分 4 个聚类凹槽，但 4 个凹槽的深度不同，即数据的远近程度不同，聚类可视化得到 4 个聚类结果。对比分析，可以发现两个参数对应的虽然都是 4 个聚类结果，但所包含的数据范围不同。

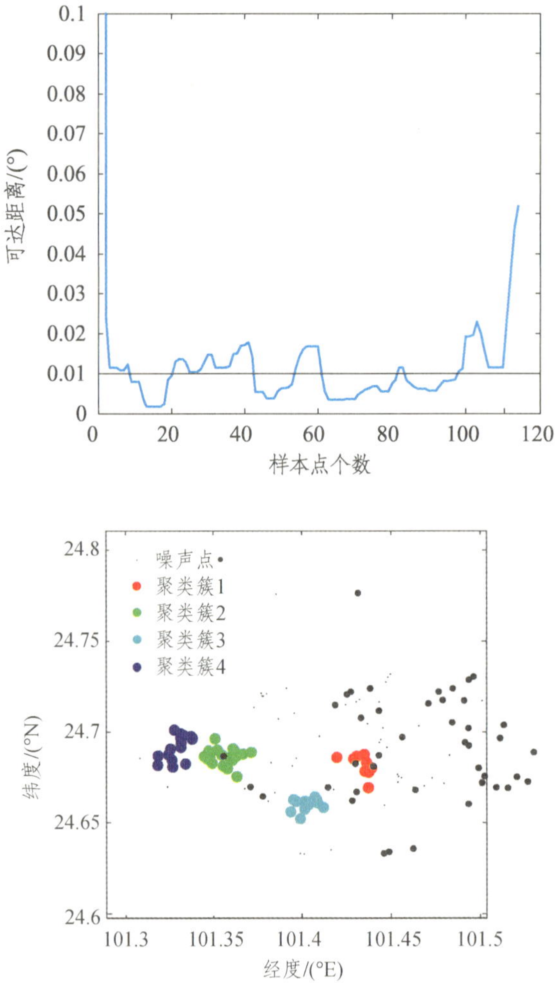

图 5-13　*Eps*=0.01 时可达图及数据分类可视化

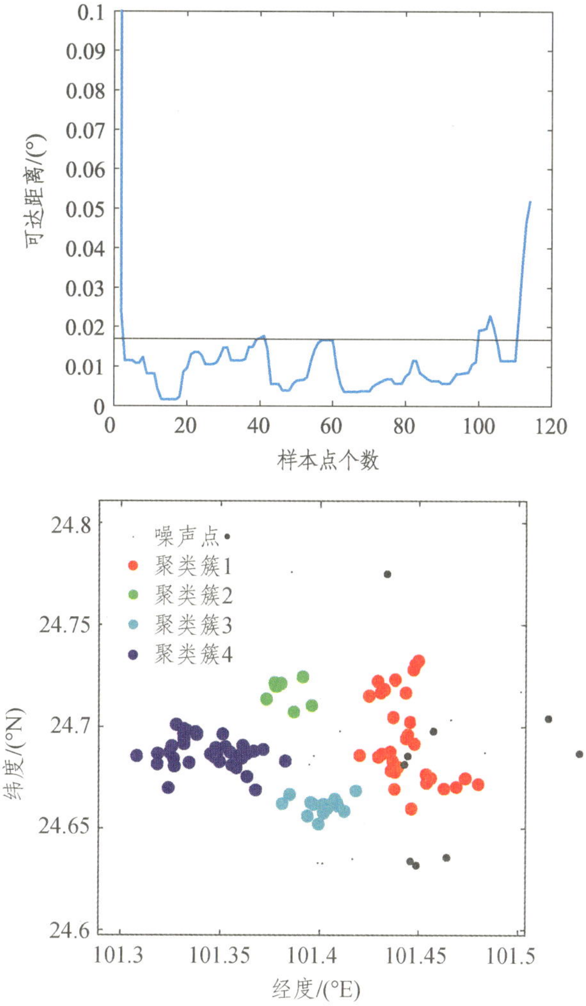

图 5-14　*Eps*=0.017 时可达图及数据分类可视化

为了更准确地划分数据聚类结果，避免曲线的毛刺对数据结果的影响，在搜索结果可达图中提取聚类结果。本节采用了适用于根据结果可达图来自动识别簇的新方法——平滑处理方法。该方法主要可以分为以下两步：

（1）首先对可达图（见图 5-16）进行平滑处理，滤除可达图曲线中的细小波动（见图 5-17）。

（2）针对处理后的平滑曲线，搜索可达距离的局部最大值，即找到平滑处理后可达距离的峰值点，以它们的横坐标作为划分各个簇的限界。划分的标准为尽可能地生成数量较多的聚类簇结果，如图 5-18 所示。

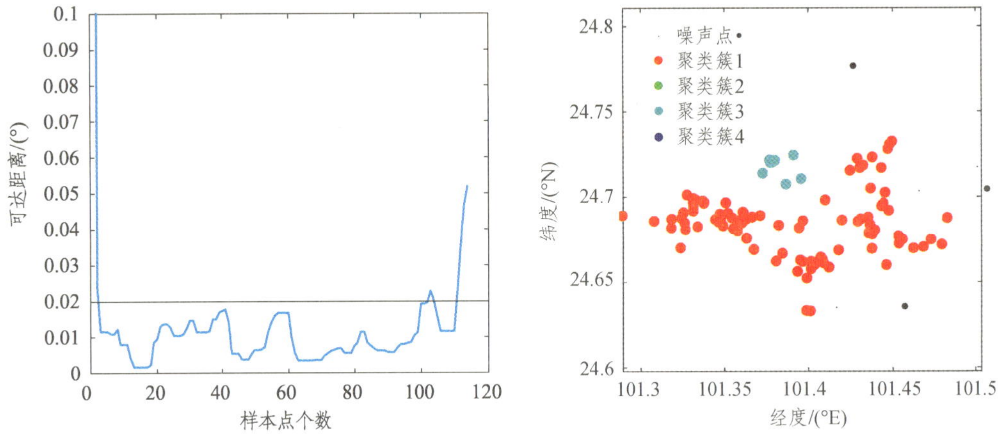

图 5-15　*Eps*=0.049 46 时可达图及数据分类可视化

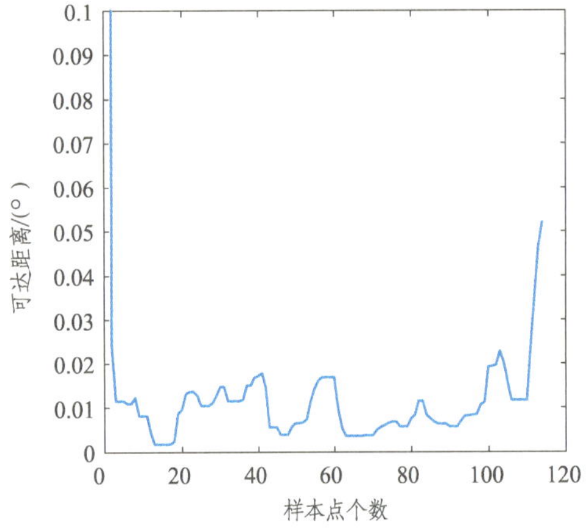

图 5-16　数据集的可达图

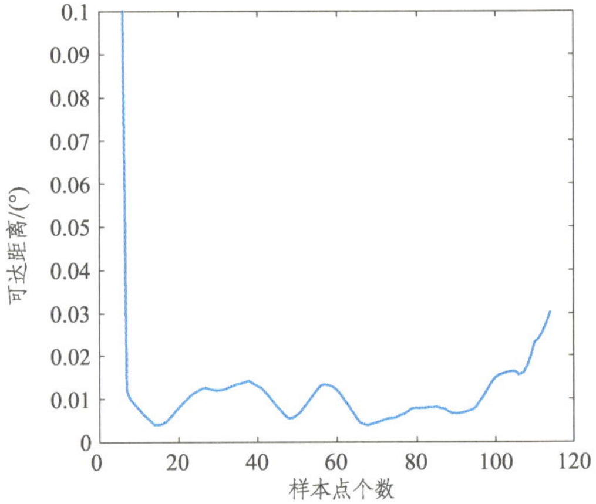

图 5-17　数据集平滑处理的可达图

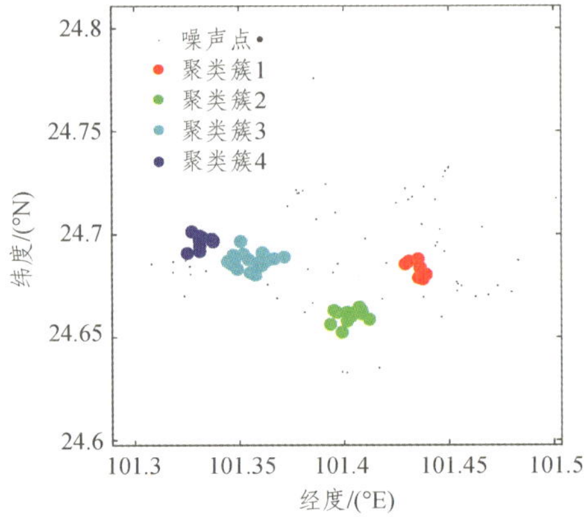

图 5-18　采用平滑处理后得到的聚类结果示意图

第（1）步中，采用移动平均法对可达图曲线进行平滑处理。对于原始的一个数据序列：$[y_1, y_2, \cdots, y_{N-1}, y_N]$，通过移动平均法处理后可以得到新的数据序列：$[(y_1)_s, (y_2)_s, \cdots, (y_{N-1})_s, (y_N)_s]$，其中，$(y_k)_s$ 是 y_k 周围 $2n+1$ 个连续点的平均值，即：

$$(y_k)_s = \sum_{i=-n}^{n} \frac{y_{k+i}}{2n+1} \tag{5-3}$$

移动平均法可以很大程度上消除各种因素所带来的数据的不规则随机波动，突出显示数据对象的变化趋势。当 $n=2$ 时，即采用五项移动平均法处理可达距离曲线后，得到的新可达图山谷形状更加明显。

5.3.4　基于改进聚类算法的单次雷电地闪运动过程提取及可视化

雷暴频发季节一般在夏季，本节所示提取了云南省一年四季的落雷分布，如图 5-19~5-22 所示（其中，蓝色点为输电杆塔，褐色点为雷电地闪点，红色点为输电线路一定范围内雷电地闪点），可以直观地看出夏季的落雷次数最多。同时考虑到雷电活动聚类分析过程中，单次雷暴过程内所包含的雷电地闪次数要大于一定阈值，在提取强雷暴过程数中发现：当时间片段的落雷频次阈值 δ 大于或等于 150 个，且该时间片段内任意两个雷电地闪点的时间差值在 3 min 内，称之为一次雷暴活动过程。基于此原则，在分析雷电时空运动规律时选取的是夏季的雷电数据进行分析。

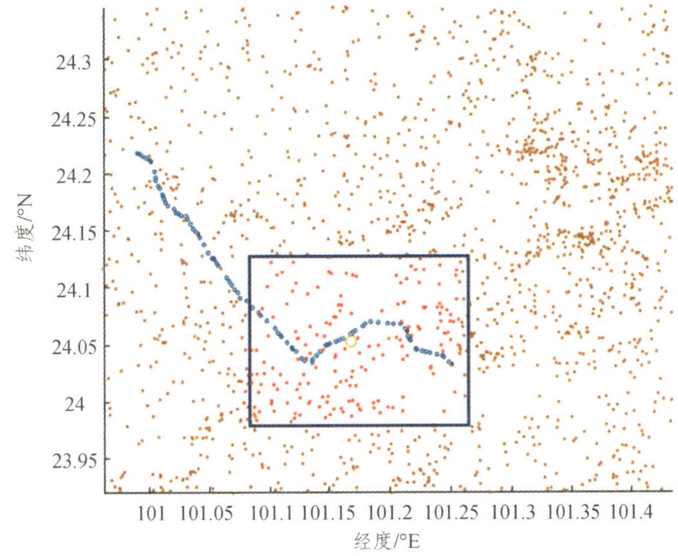

图 5-19　春季云南省落雷情况示意图

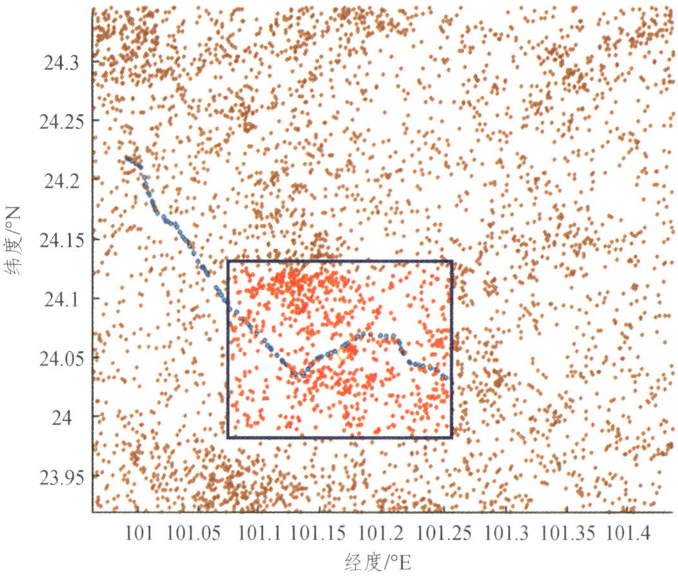

图 5-20　夏季云南省落雷情况示意图

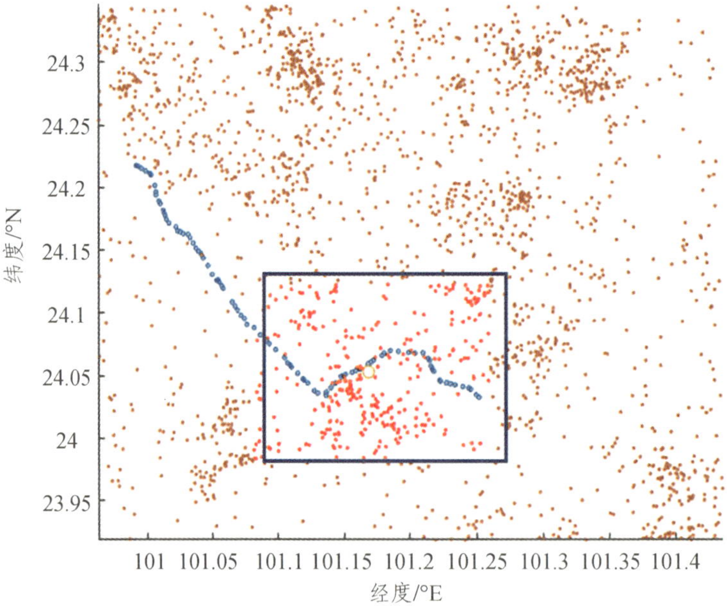

图 5-21　秋季云南省落雷情况示意图

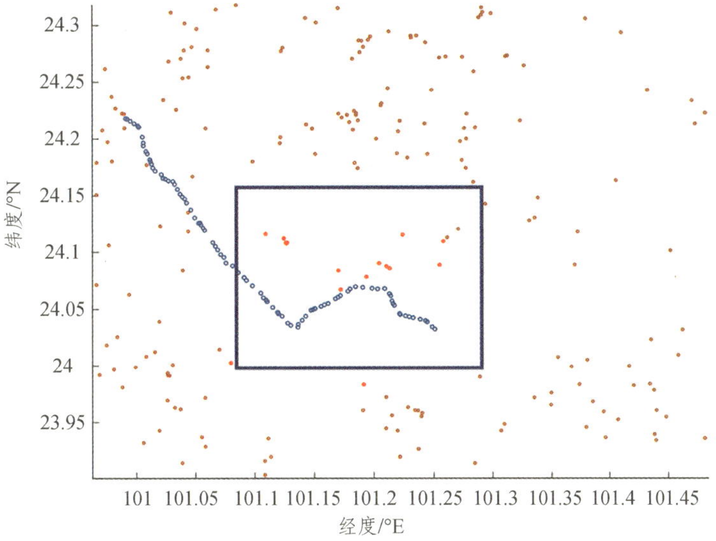

图 5-22 冬季云南省落雷情况示意图

1. 雷电活动时间聚类分析

雷电活动的聚集性表现在时间和空间两方面，为了更好地进行雷电活动的聚类分析，需对一定范围内的雷电活动数据进行时间上的预处理，简单聚类发生时间接近的地闪数据集合。

本节将雷云地闪的发生时刻按照先后顺序排列，并计算相邻雷电地闪的时间间隔 $\Delta t = t_i - t_i - 1$，将时间间隔 Δt 小于或等于时间间隔阈值 t_0=30 min 的雷电数据合并为连续的雷电地闪时区数据集合，具体计算流程图如图 5-23 所示。

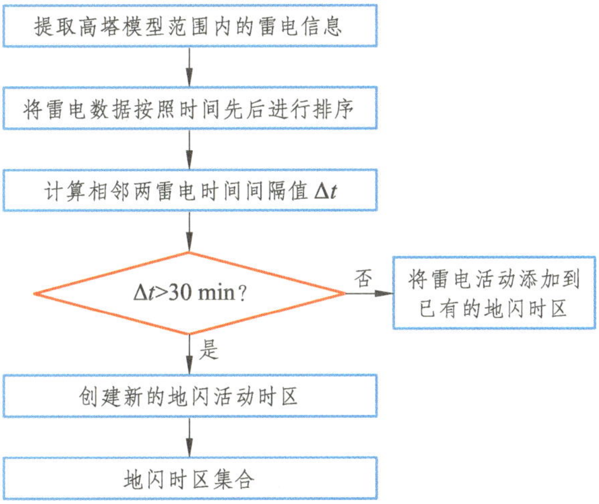

图 5-23 雷电活动时间丛聚性算法设计

2. 雷电活动空间聚类分析

根据获取的引雷塔邻近区域的强雷暴过程的雷电数据集，利用 DBSCAN 算法和 OPTICS 算法相结合的方法对每个数据集进行聚类分析，得到单次强雷暴活动在地面的活动轨迹。由于雷电活动的在时间和空间上的聚集性，且雷云在一个区域内持续性放电的时间较长，其核心点较为稳定，在分析过程中一般用聚类簇的质心坐标来代替整个簇的位置。

$$\begin{cases} B_{\text{ave}} = \dfrac{1}{n}\sum_{i=1}^{n} b_i \\ L_{\text{ave}} = \dfrac{1}{n}\sum_{i=1}^{n} l_i \\ T_{\text{ave}} = \dfrac{1}{n}\sum_{i=1}^{n} t_i \end{cases}$$

式中，n 是该聚类簇里面的落雷个数，b_i，l_i，t_i 分别代表一个聚类簇里面第 i 个落雷点的纬度、经度和雷电发生时刻，对应的（B_{ave}，L_{ave}）表示该聚类簇质心在地面的相应坐标位置，T_{ave} 表示聚类簇质心点的时间值属性。将这些聚类簇的质心按照时间的先后顺序连接起来，所得曲线即为雷电地闪活动的运动轨迹。

图 5-24 展示了输电杆塔邻近区域雷电活动的轨迹。其中，彩色点代表聚类簇的分类，聚类图中细小的黑点为不符合聚类条件的噪声点。黑色的大实点代表输电杆塔，聚类质点编号的大小表示聚类质点发生的时间先后顺序，由小编号到大编号表示雷电地闪的运行方向，最小的数字代表一次雷暴活动的起始点，最大的数字代表一次雷暴活动的终止点。

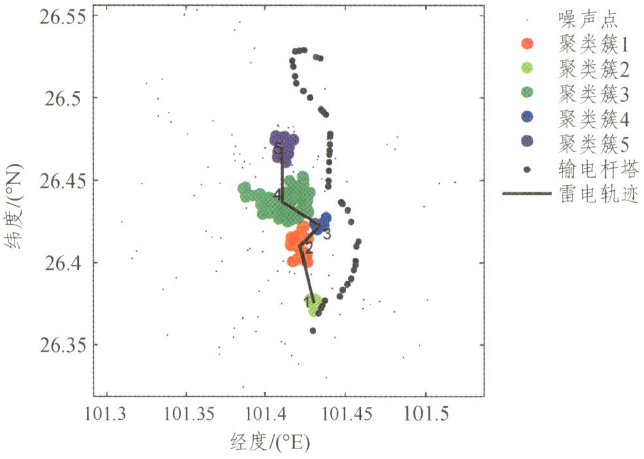

图 5-24　输电杆塔邻近区域雷电活动轨迹

5.4　本章小结

（1）本章首先划分网格对局部地形的地闪密度进行统计分析，发现垭口和山脊地闪密度最高，山谷和水域附近地闪密度较低。山脊地形地势较高，是容易引雷的典型地形。垭口两侧地势与周围区域相比较高，且水域的环境使附近地闪密度也处在一个较高的数值。山谷地区地势较低，且两侧有高耸的山顶，吸引了大部分落雷，因此地闪密度较低。水域因空气湿润，也是容易引雷的区域，但对雷电活动的吸引程度远不及山脊区域。对比四种地形下雷电流幅值的分布区间及雷电极性，可以发现，不同地形下雷电流都以负极性为主，正极性雷电流幅值变化相对负极性更加平缓，正极性出现小幅值的概率更大。负极性雷电流幅值变化较大，雷电流幅值分布区间范围较大，集中分布在[0, 80 kA]。进一步拟合雷电流幅值概率密度曲线，可以看出，四种地形下雷电流分布略有差异。综合来看，整体情况下，山脊和水域附近的中值电流较大，即出现较高幅值的雷电流的概率较大。

（2）根据雷电活动数据在时间和空间上具有很强的丛聚性特点，对比各种聚类算法的优劣性，选择基于密度聚类的算法，并对该算法的输入参数选取方法进行一定的改进，最后采用 DBSCAN 算法与 OPTICS 算法相结合的方法，得到能实时反映雷电活动数据特征的聚类参数选取的计算方法，并给出了单次雷电活动聚类的流程与示例。

第 6 章　输电走廊区域雷电时空运动规律与微地形参数之间的深度挖掘

6.1　典型地形特征提取及其对雷电活动影响的定量分析方法

6.1.1　基于等高线图的地形走向识别

等高线是连接海拔高度相同的不同位置点所形成的闭合曲线。地形图上的高度往往以海平面为标准，等高线记载的高度通常为绝对高度，也就是某一点高出海平面的高度。通常利用地形等高线的高度变化，可以判别简单的地貌类型和特点。等高线的基本特征如下：

（1）同一条等高线上各位置点所代表的海拔是一样的数值，将海平面视为海拔为 0 的平面。

（2）相邻的等高线的海拔高度不同，他们之间存在一个差值，这个差值即定义为等高距。若三条等高线所表示的海拔高度分别为 1 300 m、1 500 m、1 700 m，则可以说明等高距为 200 m。

（3）等高线总是会经过大范围内的海拔高度处处相等的位置，最终形成一个圈，但不一定全部闭合。但总的来说等高线一般是一条封闭的曲线。

（4）两条等高线不会有交点。因为从实际地理特征考虑，同一位置点不会用两个海拔高度来描述。但在垂直降落的陡峭悬崖，等高线可以局部重合。

（5）坡度缓陡程度可以通过等高线的疏密来进行表示。一般来说等高线比较稀疏的地方表示该处坡度较为平缓，而等高线比较密集的地方表示该处坡度较为陡峭，分布间隔相等的地方表示该处坡度均匀。

（6）示坡线所表示的物理意义为降坡的方向。一般来说，示坡线的几何位置上与等高线垂直相交，而它的方向总是朝向着海拔较低的方向。

可以通过以下几种方法利用等高线识别地形：等高线为闭合曲线，所对应的海拔高度数值从中心向四周区域逐渐降低，此种情况下为山地地形；反之，如果某处的海拔高度大小为从中心向四周逐渐升高的变化规律，那么此种情况下为盆地或洼地的地形；如果等高线弯曲部分向低处凸出，那么这种情况下表明该处为山脊地形；如果等高线弯曲部分向高处凸出，那么此种情况下为山谷地形，如图 6-1 所示。

针对等高线几何变化上弯曲部分的具体判读和辨别方法，目前最常用的方法包括垂线法、切线法等。这两种方法的定义分别为：垂线法需要在等高线图上找到弯曲最大的位置，在该处的两边分别做出等高线的垂线，垂线的方向规定为从海拔值较高指向海拔值较低的位置。若箭头指向内部区域，则等高线弯曲处与两侧比为海拔较低区域；若箭头指向外部区域，则等高线弯曲处与两侧比为海拔较高区域，如图 6-2 所示。切线法是指在等高线局部弯曲的最大位置作一条切线，比较相切点与切线上其他各点(该切线与其他等高线的交点)的数值大小。若切点数值小于其他点的数值，则为海拔较低区域；若切点数值大于其他点的数值，则为海拔较高区域，如图 6-3 所示。本节选用垂线法进行分析。

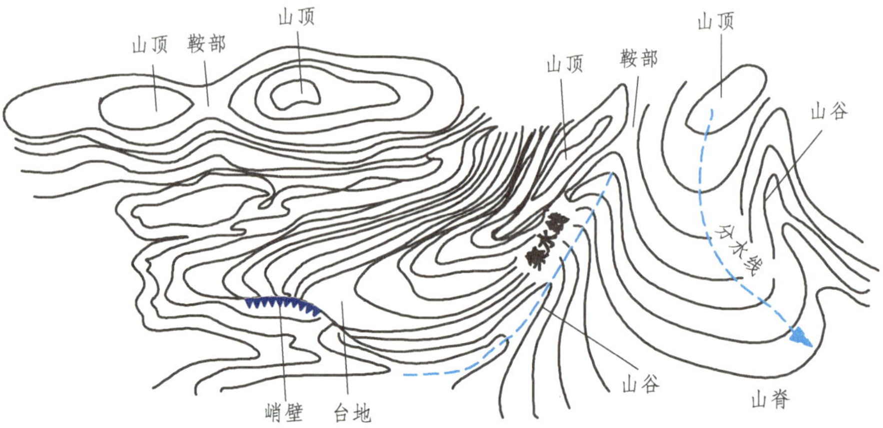

图 6-1　等高线识别地形示意图

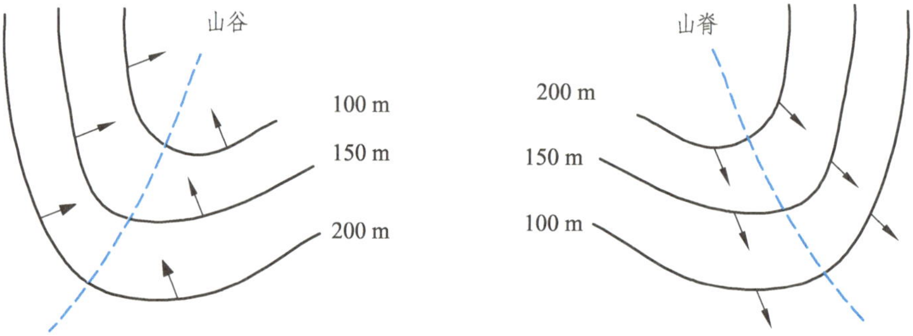

图 6-2　垂线法分析等高线

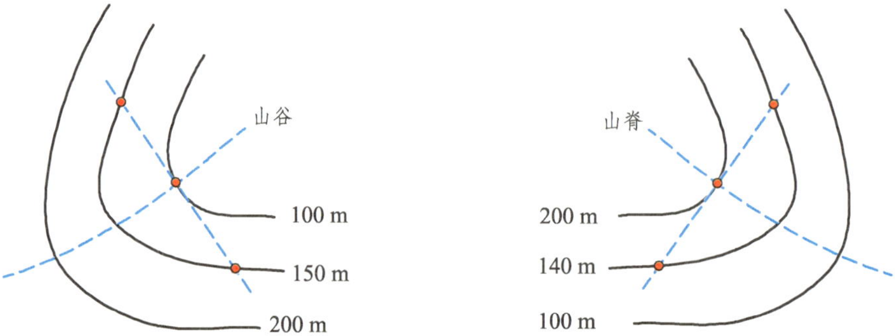

图 6-3　切线法分析等高线

6.1.2　地形对雷电活动影响的定量分析方法

为定量表示地形雷电活动的影响，本节定义变量重合度来表征地形对雷电活动的影响。

某段时间内区域内雷电活动次数为 m，得到 m 条雷电轨迹，雷电活动轨迹在一定角度内与地形走向重合的雷电轨迹为 n，则重合度为：

$$\text{重合度}=\frac{\text{雷电活动轨迹在一定角度内与地形走向重合的数量}\ n}{\text{总的雷电活动轨迹}\ m}$$

以山脊走向为示意图，提取得到的地形走向为东偏南 θ，在气象学中，一般将空间方位划分为 16 个角度，如图 6-4 所示，①②③④⑤⑥⑦⑧每个方向对应的方位角为 22.5°。

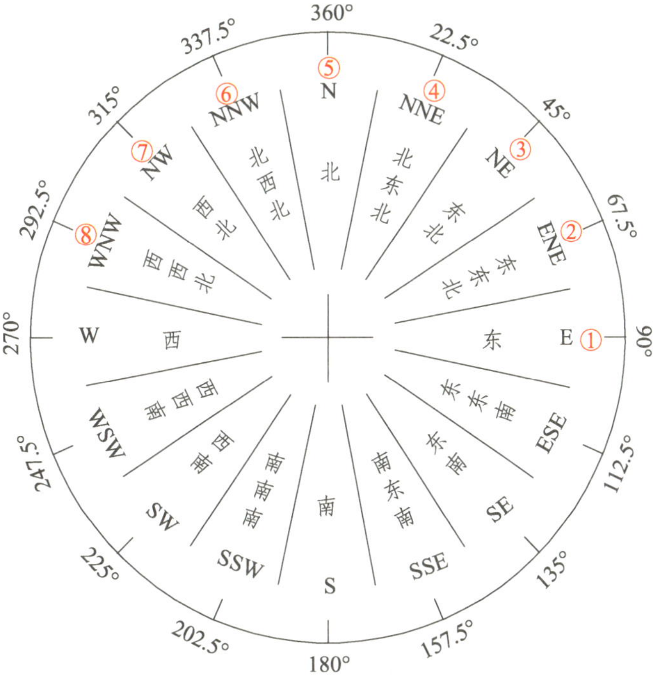

图 6-4　气象 16 方位方位图

为了充分描述实际中地形的走向变化，针对提取得到的角度 θ，以其左右两边各 22.5° 为阈值，认为雷电轨迹走向在这个范围内，皆为地形对雷电活动有影响的表现，即 $\alpha\in[\theta-22.5°,\ \theta+22.5°]$。重合度越高，地形对雷电活动的影响越大。首先提取得到雷电运动轨迹的方向，并与地形走向方位角进行比对，地形走向方位角的提取如图 6-5 所示。在图 6-6 所示的情况下，雷电运动轨迹方向角在地形方位角的阈值内，认为该种情况下满足重合度的定义。在图 6-7 所示的情况下，雷电运动轨迹方向角不在地形方位角的阈值内，认为该种情况下不满足重合度的定义。

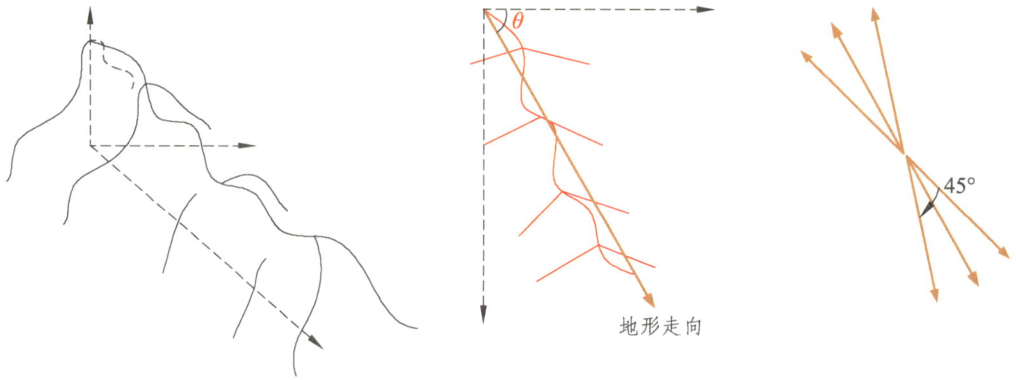

（a）山脉侧视图　（b）山脉俯视图　（c）山脉走向方位图

图 6-5　读取山脉走向方法示意图

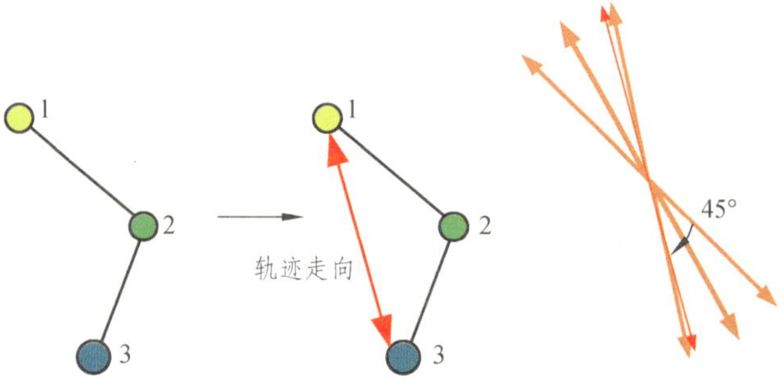

图 6-6　雷电运动轨迹 1 与地形走向相对位置关系

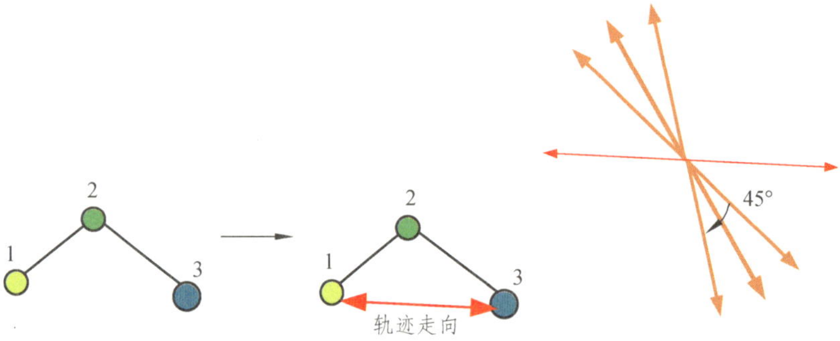

图 6-7　雷电运动轨迹 2 与地形走向相对位置关系

6.2　不同地形下单次雷电地闪运动聚类分析

6.2.1　垭口地形

110 kV 西虎线 198#~215#杆塔及 500 kV 溪换丙线 150#~155#杆塔位于垭口地形。对地形图提取等高线，得到峡谷的走向，如图 6-8~6-10 所示。从图中可以看出，110 kV 西虎线的垭口分为 2 个走向，即西北—东南走向和东北—西南走向。500 kV 溪换丙线峡谷大致走向为东北—西南走向。在分析局部地形雷电运动轨迹过程中发现，在一个雷暴时间段内，一次雷电活动会有多个地闪点，以运动轨迹的首尾两点来概括雷电地闪的大致运动轨迹会存在较大误差，因此，在统计时将一次雷电活动的所有路径都分开计算。

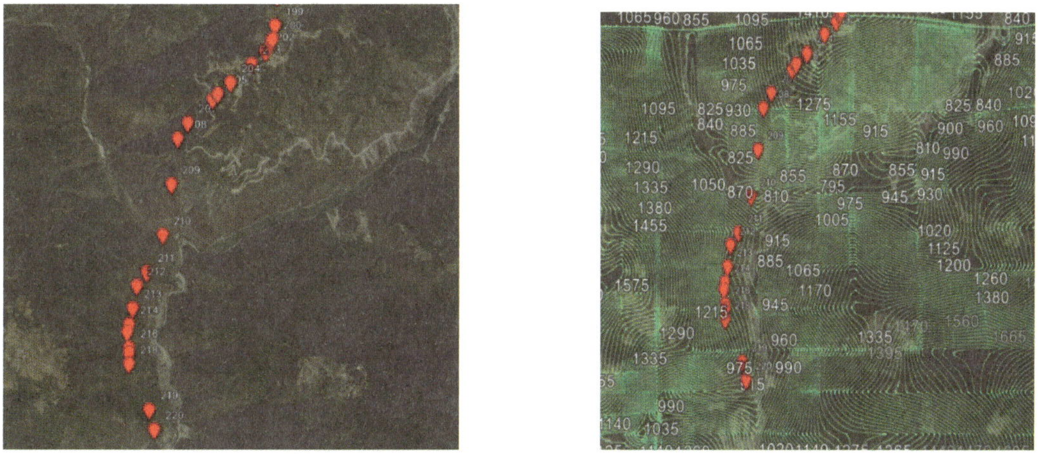

图 6-8　110 kV 输电线路邻近垭口地形及其等高线示意图

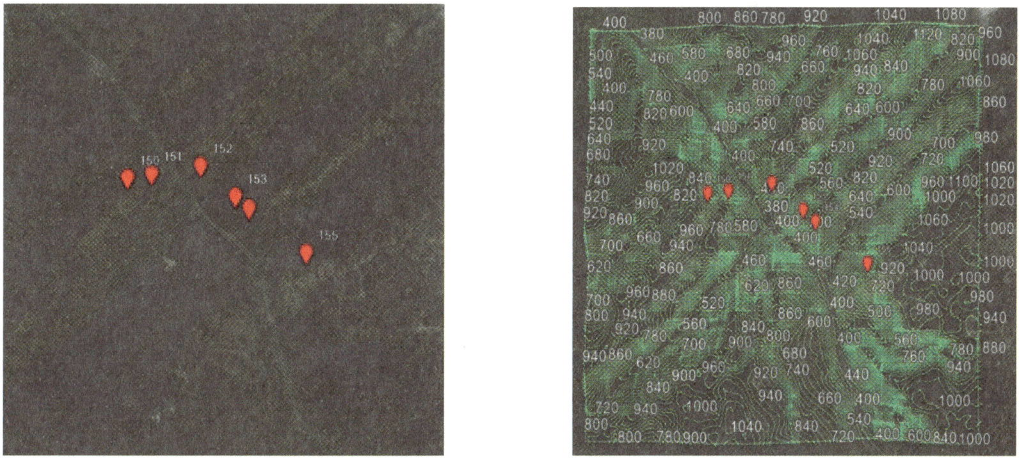

图 6-9　500 kV 输电线路邻近垭口地形及其等高线示意图

采用聚类方法统计 10 年间 110 kV 输电线路和 500 kV 输电线路邻近区域的雷电活动运动轨迹（220 kV 和±500 kV 输电线路没有途径垭口地形），得到的结果如表 6-1 所示。110 kV 邻近区域所有雷电活动，与峡谷走向重合的路径有 3 条，计算得到的重合度为 33.3%。500 kV 邻近区域所有雷电活动，与峡谷走向重合的路径有 16 条，计算得到的重合度为 34%。剩下的路径部分沿西北—东南走向，有 10 条，与水域走向重合的雷电轨迹占 21.3%。这是因为峡谷附近的水域走向为西北—东南。

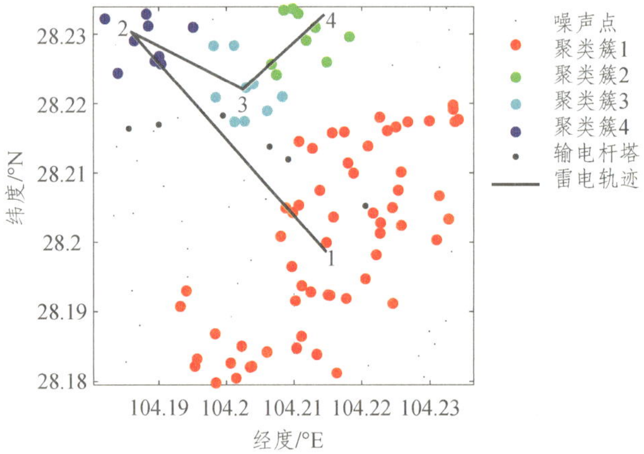

（a）仿真结果

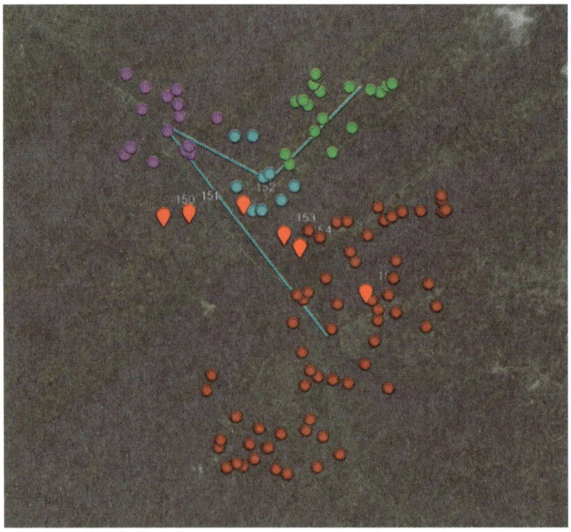

（b）实际地形

图 6-10　邻近垭口地形典型雷电聚类活动示意图

表 6-1 不同电压等级输电线路邻近垭口区域雷电运动聚类轨迹方向重合度计算

电压等级	雷暴活动	移动路径	①	②	③	④	⑤	⑥	⑦	⑧	重合度
110 kV	3	9	3	1	0	1	2	0	2	0	33.3%
500 kV	10	47	7	6	6	8	6	3	5	6	55.3%

对比分析典型单次雷电活动经过垭口地形前后的地闪频次和雷电流幅值的变化，由表 6-2 可以发现，前后地闪频次和雷电流幅值变化都较大，约有 60%的雷电活动经过该区域后地闪频次和雷电流幅值均上升。推测原因，可能是垭口周围区域地势高耸，更易吸引落雷，雷电活动离开该地区后引起放电强度增加。

根据气象学理论可以知道，风形成后，在移动的过程中，风向和速度是不断变化的。特别是在山地区域，风向和速度的变化更为复杂。对于垭口区域地形，杆塔处于比较陡峭的地理位置下，当风沿着峡谷运动时，容易形成狭管效应，使得区域内风速急剧增加。当风沿着山坡上行移动时，除了会因狭管效应风速增加，气流也会沿山坡上升，产生紊流效应，由此产生一个向上的升力，垭口的地形会加快上述效应。在此情况下，雷云易沿着峡谷方向运动，形成较多落雷。

表 6-2 典型雷电活动经过垭口前后雷电强度变化统计结果

序号	经过垭口前		经过垭口后		雷电活动变化	
	落雷频次/次	雷电流幅值/kA	落雷频次/次	雷电流幅值/kA	落雷频次变化幅度	雷电流幅值变化幅度
1	16	36	74	30.4	上升	下降
2	10	29.1	14	26.7	上升	下降
3	18	40.9	15	52.2	下降	上升
4	15	38.7	11	41.6	下降	上升
5	19	41.4	29	47.3	上升	上升

6.2.2 山脊地形

110 kV 西虎线 143#~174#杆塔、200 kV 大文线 1#~72#杆塔、500 kV 溪换丙线 93#~117#杆塔、±500 kV 永富直流线 134#~146#杆塔位于山脊地形。山脊地形下输电杆塔所处地势较高，杆塔数量一般较多，对地形图提取等高线，得到山脊的走向。本节统计了 4 种电压等级输电线邻近山脊地区的 2010—2019 年这 10 年间的雷电地闪活动，如图 6-11~6-14 所示。

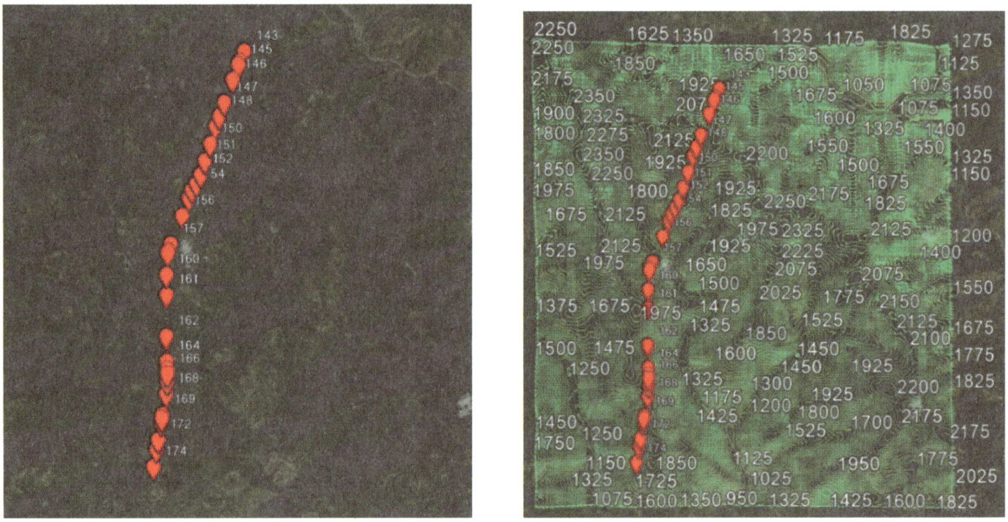

图 6-11　110 kV 输电线路邻近山脊地形及其等高线示意图

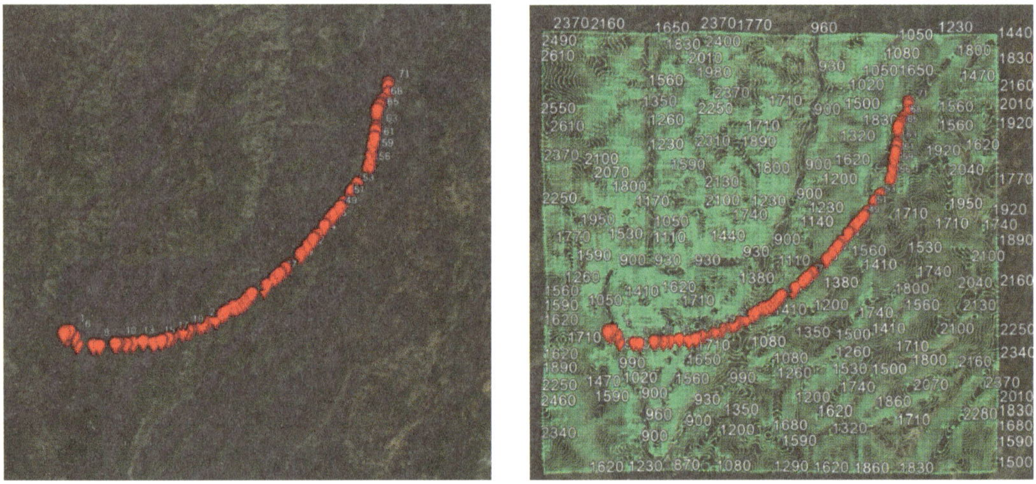

图 6-12　220 kV 输电线路邻近山脊地形及其等高线示意图

在对山脊地形下的雷电活动轨迹进行统计分析时，发现雷电运动轨迹方向除了会沿着山脊走向，部分会沿着山脊两侧的山坡运动，单用山脊走向对坡面的雷电活动进行考量不够全面。因此，增加重合度的考量指标，即针对山脊地形下的雷电活动，除了按山脊走向的 45°阈值进行考量，同时用山脊的法方向作为山坡的走向，增加山坡走向的 45°阈值作为考量指标，如图 6-15 所示。

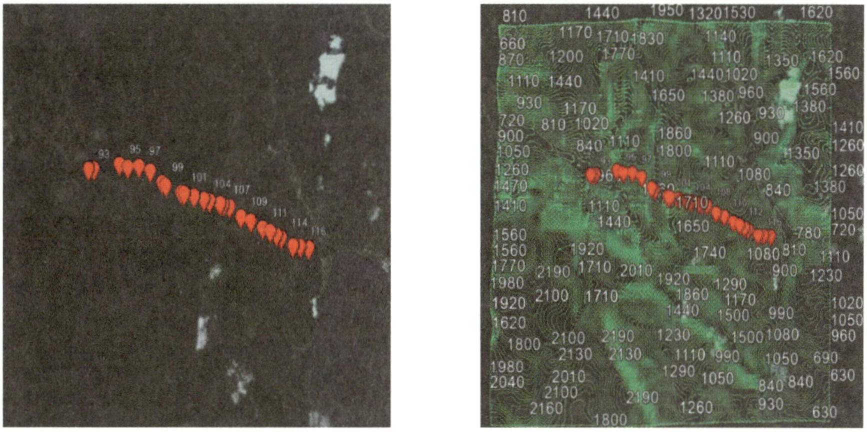

图 6-13　500 kV 输电线路邻近山脊地形及其等高线示意图

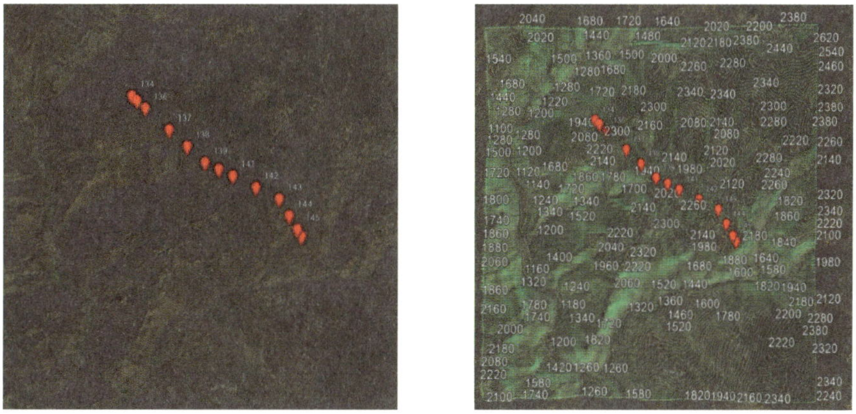

图 6-14　±500 kV 输电线路邻近山脊地形及其等高线示意图

由统计结果表 6-3 可以看出，沿山脊走向和坡面的雷电活动轨迹的平均重合度在 40.45%，除了 110 kV 线路邻近区域山脊地形下雷电活动的重合度为 34.2%，220 kV、500 kV 和±500 kV 输电线路邻近区域的重合度相差不大。

典型单次雷电活动经过山脊地形前后的地闪频次和雷电流幅值的变化，如表 6-4 所示，对比分析可以发现，前后地闪频次和雷电流幅值变化较大，约有 80%的雷电活动经过该区域后地闪频次下降，66.7%的雷电活动经过该区域后雷电流幅值均上升。推测原因，可能是由于雷电活动经沿山脊运动后，已经在该地区大量放电，朝远离山脊的方向运动时落雷次数没有在山脊上运动时多。

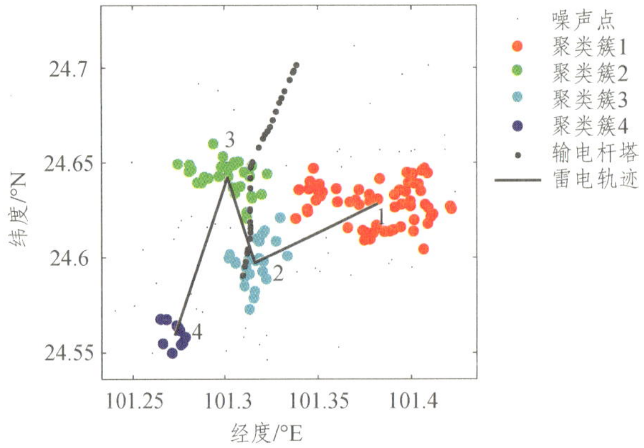

（a）仿真结果

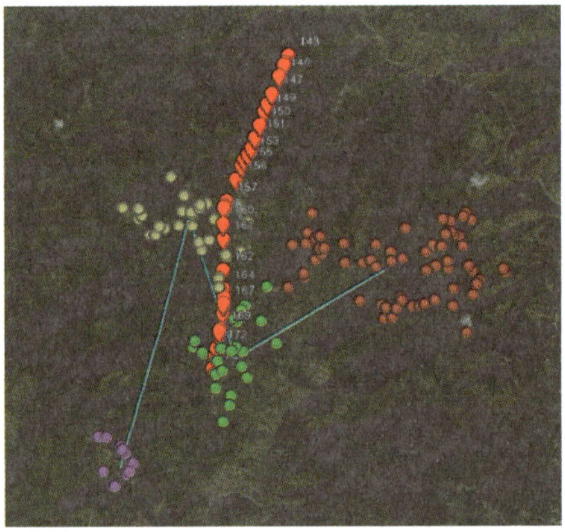

（b）实际地形

图 6-15　邻近山脊地形典型雷电聚类活动示意图

通常情况下，山脊因地势较高，且突出开阔，是容易引雷的典型场景，而位于山脊顶部的输电杆塔相当于在高耸的地形下的另一高耸建筑物，对雷电的吸引能力很强；其次，输电线路经过山脊顶部，山脊两侧为斜坡面，而坡面是地形抬升型，气流容易沿山坡上升，在顶部形成云雾，导致坡面也同样存在大量落雷。

表 6-3　不同电压等级输电线路邻近山脊区域雷电运动聚类轨迹方向重合度计算

电压等级	雷暴活动	移动路径	①	②	③	④	⑤	⑥	⑦	⑧	重合度
110 kV	15	38	3	5	8	4	5	3	5	5	34.2%
220 kV	38	76	16	6	9	16	4	13	9	3	44.7%
500 kV	25	50	8	5	7	7	2	13	4	4	42%
±500 kV	13	22	1	1	6	2	4	3	3	2	40.9%

表 6-4 典型雷电活动经过山脊前后雷电强度变化统计结果

序号	经过山脊前		经过山脊后		雷电活动变化	
	落雷频次/次	雷电流幅值/kA	落雷频次/次	雷电流幅值/kA	落雷频次变化幅度	雷电流幅值变化幅度
1	84	32	52	31.7	下降	下降
2	57	37.3	29	42	下降	上升
3	63	35	54	41	下降	上升
4	120	27.2	49	20.2	下降	下降
5	63	28	19	49	下降	上升
6	13	52	6	41	下降	下降
7	27	35.8	70	37.1	上升	上升
8	58	36	23	30.8	下降	下降
9	21	37	10	26	下降	下降
10	82	30	86	36.14	上升	上升
11	92	41.6	89	48.2	下降	上升
12	28	28	44	30.4	上升	上升
13	110	31.8	74	33.6	下降	上升
14	60	28.5	31	31.4	下降	上升
15	33	26	18	29	下降	上升

6.2.3 山谷地形

110 kV 华者线 1#~50#杆塔、200 kV 德瑞线 85#~152#杆塔、500 kV 观永线 77#~88#杆塔、±500 kV 永富直流线 428#~456#杆塔位于山谷地形。建立在山谷地带的输电线路，大都是一片狭长的平缓地带。对地形图提取等高线，得到山谷的走向。本节统计分析了不同电压等级下山谷地区的 2010—2019 年这 10 年间的雷电地闪活动，如图 6-16~6-19 所示。

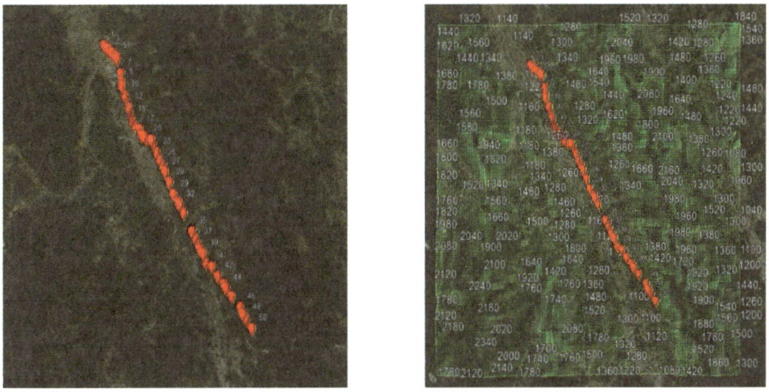

图 6-16 110 kV 输电线路邻近山谷地形及其等高线示意图

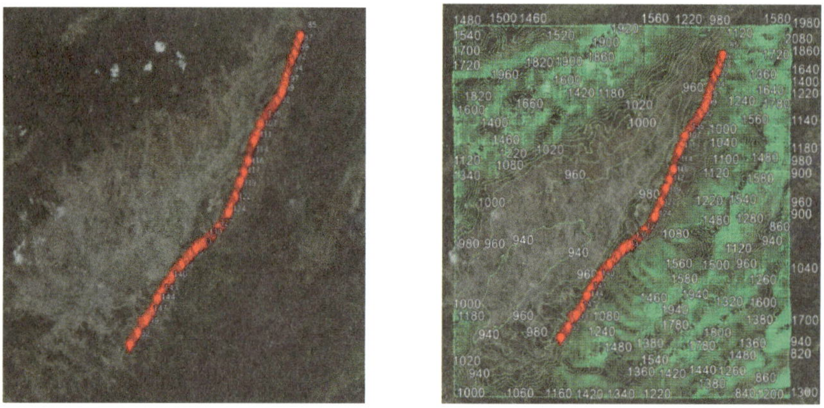

图 6-17　220 kV 输电线路邻近山谷地形及其等高线示意图

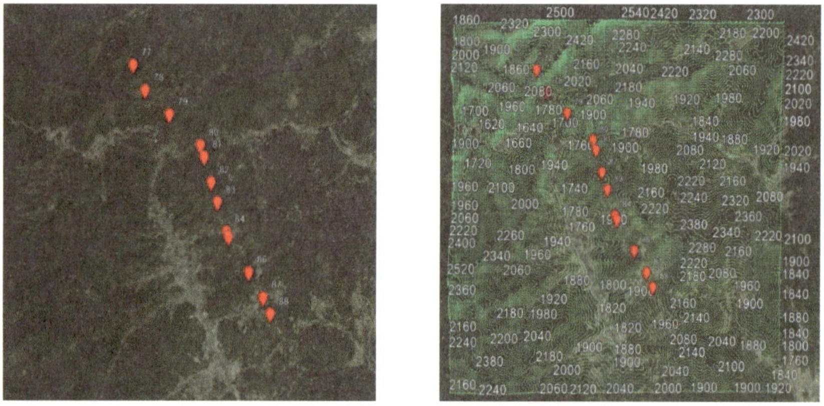

图 6-18　500 kV 输电线路邻近山谷地形及其等高线示意图

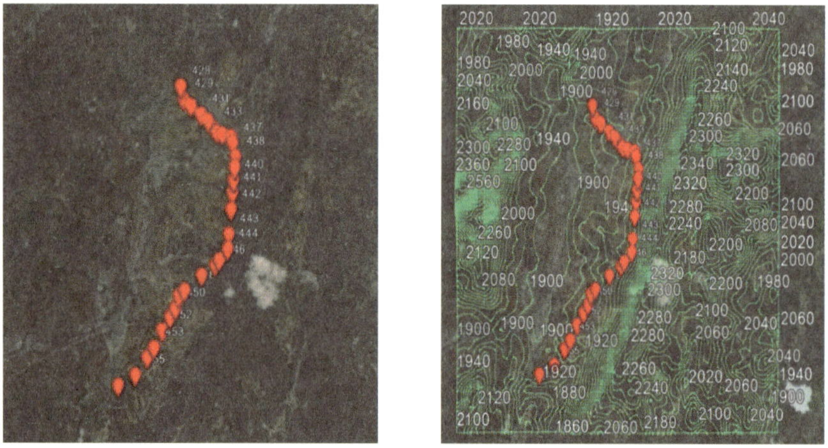

图 6-19　±500 kV 输电线路邻近山谷地形及其等高线示意图

由统计结果表 6-5 可以看出，沿山谷走向的雷电活动轨迹的平均重合度在 35.53%。±500 kV 输电线路邻近山谷区域雷电活动重合度最高，可以看出周围区域开阔且位于居民区，容易引雷。500 kV 输电线路途经山谷区域较小，对雷电活动影响最弱。

对比分析典型单次雷电活动经过山谷地形前后的地闪频次和雷电流幅值的变化（见表 6-6），可以发现，前后地闪频次和雷电流幅值变化较大，约有 77.8%的雷电活动经过该区域后地闪频次下降，77.8%的雷电活动经过该区域后雷电流幅值均上升。推测原因可能是由于雷电活动沿山谷运动后，受两侧高地影响，雷云在地区部分放电，雷电活动增多。

通常情况下，山谷地势较低，两侧有高耸山脉，吸引了大部分雷电活动，山谷中地势平坦的地方狭小绵长，受两侧山峰影响，气流容易从固定方向沿山谷方向运动，但气流移动方向通常并无明显阻碍气流运动，或造成气流急剧上升汇聚的地形，低空雷云靠风的推动沿山体运动，因此部分雷电活动会沿山谷方向运动，但数量远不及山脊地形下的雷电活动，如图 6-20 所示。

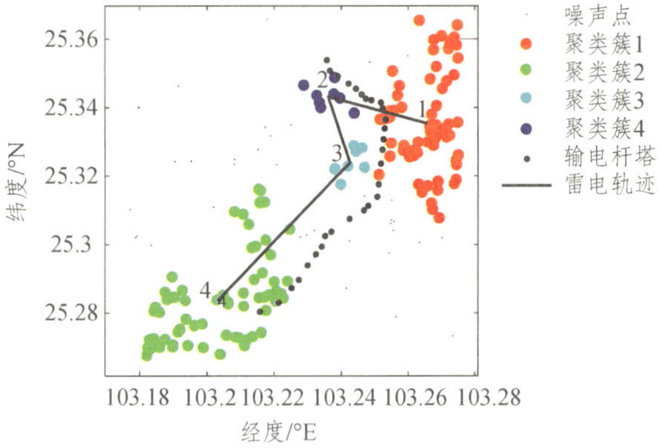

（a）仿真结果

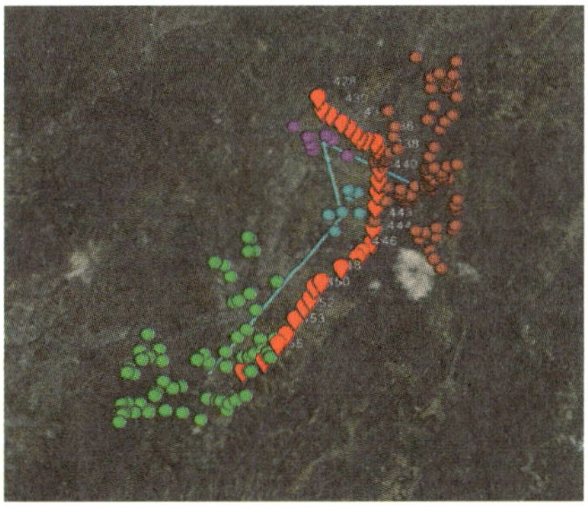

（b）实际地形

图 6-20　邻近山谷地形典型雷电聚类活动示意图

表 6-5　不同电压等级输电线路邻近山谷区域雷电运动聚类轨迹方向重合度计算

电压等级	雷暴活动	移动路径	①	②	③	④	⑤	⑥	⑦	⑧	重合度
110	16	33	1	2	6	8	5	4	5	2	30.3%
220	12	22	1	2	2	4	1	7	0	5	31.8%
500	4	8	1	0	1	1	1	2	2	0	25%
±500	10	20	1	1	6	5	2	2	1	2	55%

表 6-6　典型雷电活动经过山谷前后雷电强度变化统计结果

序号	经过山谷前		经过山谷后		雷电活动变化	
	落雷频次/次	雷电流幅值/kA	落雷频次/次	雷电流幅值/kA	落雷频次变化幅度	雷电流幅值变化幅度
1	115	26.9	59	23.3	下降	下降
2	65	27.8	165	31.8	上升	上升
3	22	21.6	7	30.4	下降	上升
4	109	38.4	89	36.8	下降	下降
5	91	23.3	13	25	下降	上升
6	48	36.8	8	39.2	下降	上升
7	43	36.6	48	39.1	上升	上升
8	87	36.7	22	40.3	下降	上升
9	76	25.2	68	23.2	下降	上升

6.2.4　水域地形

110 kV 江兴线 67#~83#杆塔、200 kV 博南线 168#~191#杆塔、500 kV 观永线 1#~41#杆塔、±500 kV 永富直流线 867#~880#杆塔位于水域地形。建立在水域两侧的输电线路，大都依山坡侧面而建。对地形图提取等高线，得到水域的走向。在提取数据时，±500 kV 永富直流线 867#~880#杆塔附近落雷点较少，难以得到可以用于聚类分析的数据样本。因此，本节只分析了 110 kV 江兴线、200 kV 博南线和 500 kV 观永线邻近区域水域地形下的雷电地闪活动，如图 6-21~6-23 所示。

由统计结果表 6-7 可以看出，沿水域走向的雷电活动轨迹的平均重合度在 35.3%，220 kV 输电线路邻近水域的雷电活动的重合度远低于平均值，这是因为水域细小，水域面积不大，对雷电活动的影响不明显。

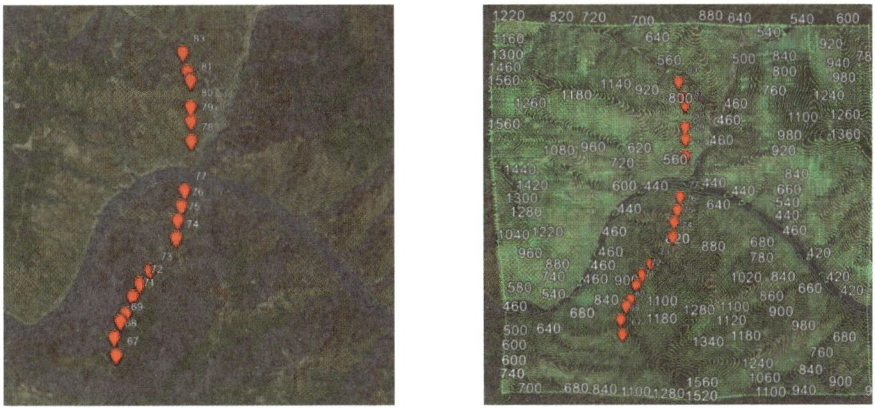

图 6-21 110 kV 输电线路邻近水域地形及其等高线示意图

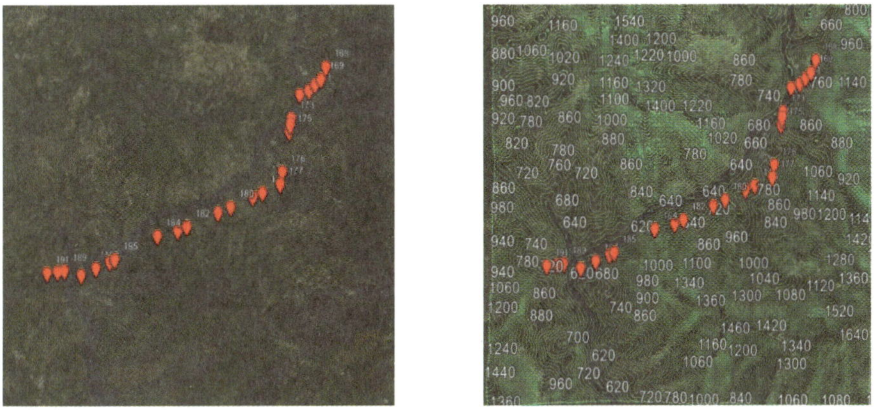

图 6-22 220 kV 输电线路邻近水域地形及其等高线示意图

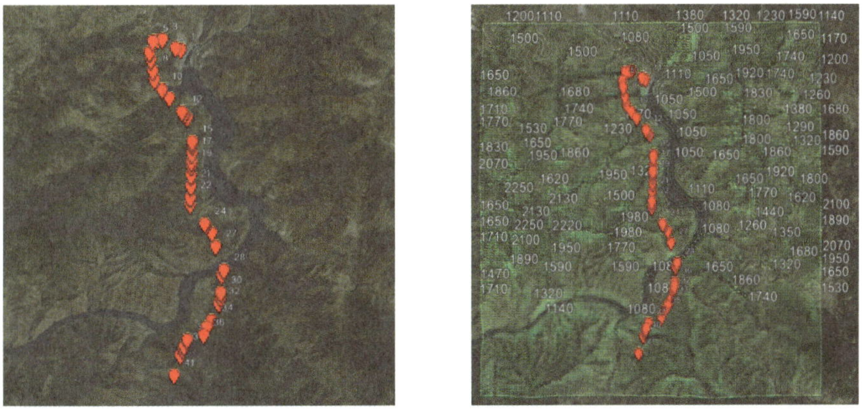

图 6-23 500 kV 输电线路邻近水域地形及其等高线示意图

表 6-7　不同电压等级输电线路邻近水域区域雷电运动聚类轨迹方向重合度计算

电压等级	雷暴活动	移动路径	①	②	③	④	⑤	⑥	⑦	⑧	重合度
110	9	17	2	1	5	2	1	3	3	0	29.4%
220	3	6	1	0	1	2	1	0	1	0	16.6%
500	150	353	73	30	33	40	37	35	40	65	59.8%

典型单次雷电活动经过水域地形前后的地闪频次和雷电流幅值的变化如表 6-8 所示，对比分析可以发现，前后地闪频次和雷电流幅值变化较大，约有 60%的雷电活动经过该区域后地闪频次下降，55%的雷电活动经过该区域后雷电流幅值均上升。推测原因，可能是雷电在水域附近运动，受湿润空气影响，雷云在地区部分放电，雷电活动增多。通常情况下，水域附近空气湿润，水汽充足，上升气流速度大，水汽抬升过程中，易形成强对流天气，引发雷电活动。

表 6-8　典型雷电活动经过水域前后雷电强度变化统计结果

序号	经过水域前		经过水域后		雷电活动变化	
	落雷频次/次	雷电流幅值/kA	落雷频次/次	雷电流幅值/kA	落雷频次变化幅度	雷电流幅值变化幅度
1	14	42.7	54	30.8	上升	下降
2	6	29	11	40	上升	上升
3	54	34	30	28	下降	下降
4	35	28	17	31	下降	上升
5	27	45.5	290	45.7	上升	上升
6	38	51.2	48	37.1	上升	下降
7	16	33.7	21	30.3	上升	下降
8	22	54.1	14	59.2	下降	上升
9	24	54	22	37	下降	下降
10	49	34.8	30	30.7	下降	下降
11	7	14.7	14	54.9	上升	上升
12	27	27.9	11	37.6	下降	上升
13	66	33.8	21	43.8	下降	上升
14	34	43.8	47	38	上升	下降
15	51	35.5	27	34.8	下降	下降
16	53	25.8	13	32.6	下降	上升
17	93	30.2	14	40.5	下降	上升
18	29	32.6	13	24.1	下降	下降
19	83	40.4	44	60.8	下降	上升
20	23	32	89	43.4	上升	上升

根据地形走向和雷电地闪活动的运动方向，采用基于改进的密度聚类算法计算得到单次雷暴活动过程中雷电运动走势图，如图 6-24 所示。统计分析与地形走向重合的雷电运动轨迹占比，可以定量分析多种微地形对雷电活动的影响，对深入了解微地形与雷电活动的关系有重要意义。在实际生产中，若对一个地区微地形进行分析，得到雷电沿水域走向重合度较高、地闪频次与地闪强度经过山脊后均有上升的话，那么杆塔的建设就应该避开此处水域。

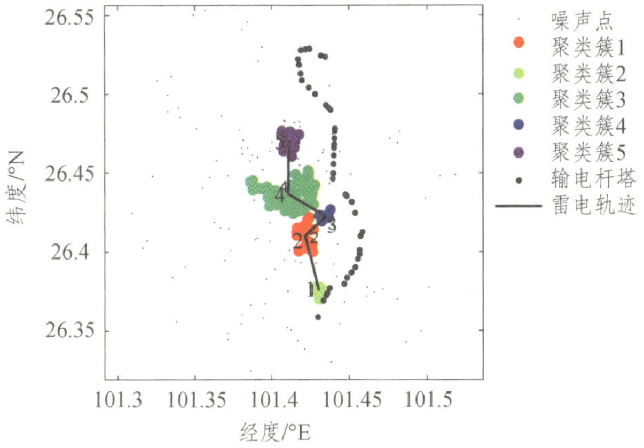

（a）仿真结果

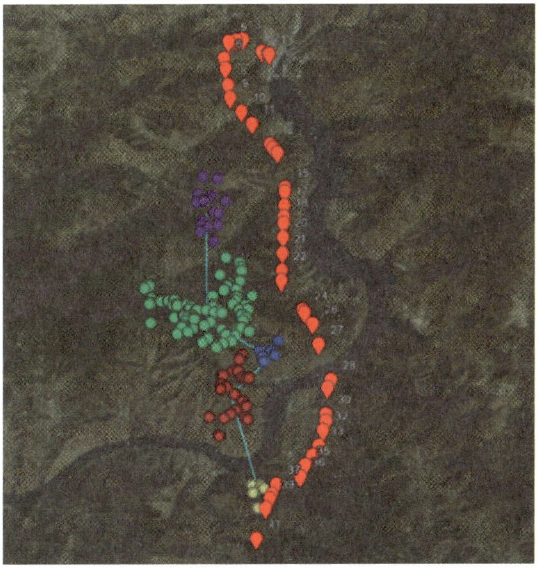

（b）实际地形

图 6-24 邻近水域地形典型雷电聚类活动示意图

6.3 输电线路建成前后对雷电活动影响研究

随着社会经济持续健康地高速发展，电力需求和投入持续快速增长，输电线路电压等级的逐步提高，输电杆塔越来越高。而研究输电线路对邻近区域的雷电活动的影响具有十分重要的价值，本书主要从雷电参数和雷电时空运动方向分析输电线路建成前后对雷电活动的影响。

6.3.1 雷电参数对比分析

根据输电线路投运的年限，选取了投运前后雷电数据分布较均匀的不同地形下不同电压等级的雷电数据进行分析（途经垭口地区的输电线路建成久远，储存的数据量暂不足以支持分析输电线路投运前后的雷电活动，因此本节没有讨论垭口地形），具体如表 6-9 所示。其中，±500 kV 永富直流线路于 2016-06-30 投入使用（考虑到雷雨季节不是对称分布，永富线附近雷电数据选择年限为投运前：2013 年、2014 年、2015 年；投运后：2017 年、2018 年、2019 年），220 kV 大文线于 2015-09-01 投入使用，110 kV 江兴线、110 kV 华者线、500 kV 观永甲、乙线于 2016 年初投入使用（这四条线路附近雷电数据选择年限为投运前：2012 年、2013 年、2014 年、2015 年，投运后：2016 年、2017 年、2018 年、2019 年）。

表 6-9 不同地形下输电线路局域选择

地形	110 kV	220 kV	500 kV	±500 kV
山脊	/	大文 1#~72#杆塔	/	永富线 134#~146#杆塔
山谷	华者线 1#~50#杆塔	/	/	永富线 428#~456#杆塔
河流	江兴线 67#~83#杆塔	/	观永线 1#~41#杆塔	/

6.3.1.1 不同电压等级地闪密度分布对比分析

不同年限的雷电活动存在很大的差异性，在分析输电线路投运前后对周围雷电活动的影响变化时，需要尽可能排除由每年雷电活动差异而带来的误差，因此，在对比分析前后地闪密度变化分析时，将输电杆塔周围 R=1~4 km 范围内对应的地闪密度与 R=5 km 时该区域对应的雷电参数做比值，如图 6-25 所示。

$$\begin{cases} N_{i,j} = \dfrac{n_{i,j}}{\pi(R_j^2 - R_{j-1}^2)} \\ N_5 = \dfrac{n_{i,5}}{\pi R_5^2} \\ P_{i,j} = \dfrac{N_{i,j}}{N_5} \end{cases}$$

式中，$N_{i,j}$ 表示第 i 年、R=j（km）的地闪密度（面积不包括 R=j−1 范围），次/km^2；N_5 表示第 i 年、R=5（km）的地闪密度，次/km^2；$P_{i,j}$ 表示第 i 年，R=j（km）的地闪密度与 R=5 km 的地闪密度的占比；$n_{i,j}$ 表示 R=j（km）的地闪频次，次。

然后计算不同地形下输电线路投运前和投运后区域不同范围内地闪频次的年平均占比 N_{ave} 和 I_{ave}，如下：

$$\begin{cases} N_{ave} = \dfrac{1}{m}\sum_{i=1}^{m} P_{i,j} \\ \Delta N = N_{ave投运后} - N_{ave投运前} \end{cases}$$

式中，m 代表年份。

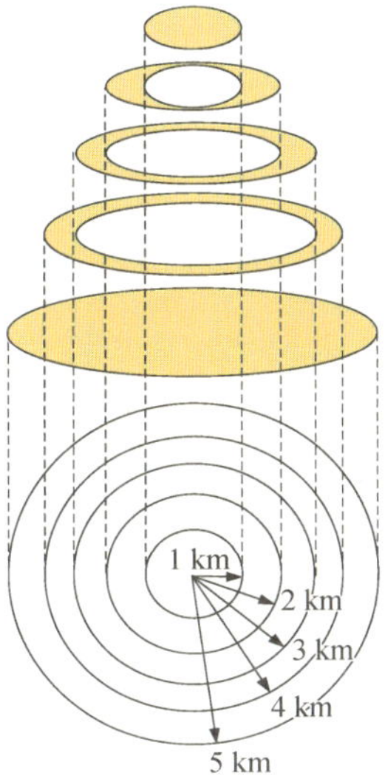

图 6-25　不同范围地闪密度统计示意图

1. 山脊地形

图 6-26 对比分析了 220 kV 线路和±500 kV 线路投运前后对山脊地形下雷电地闪密度的影响，可以看出，220 kV 输电线路投运前后 1 km 范围内的地闪密度值的波动与其他范

围相比波动较大，不同杆塔处年均值差值变化在-1.2~1.1。±500 kV 输电线路投运前后 1 km 范围内的地闪密度值的波动与其他范围相比波动较大，不同杆塔处年均值差值变化在-0.1~0.7。为了进一步分析影响范围，统计了不同范围下地闪密度增加的杆塔数量与区域内杆塔总数量的比值，由图 6-26 可以看出，±500 kV 输电线路附近规律明显，在 1 km 范围内，有 84.6%的输电杆塔附近雷电地闪密度增加，随着范围的增加，输电线路带来的影响逐渐减小。220 kV 输电线路对附近地闪密度的变化影响较小，且由于处于山脊地形的杆塔数量较多，途经距离较长，不同杆塔所处位置的局部差异性较为明显。±500 kV 线路投运后周围地闪密度增量比 220 kV 线路投运后整体更大。如图 6-27 所示。

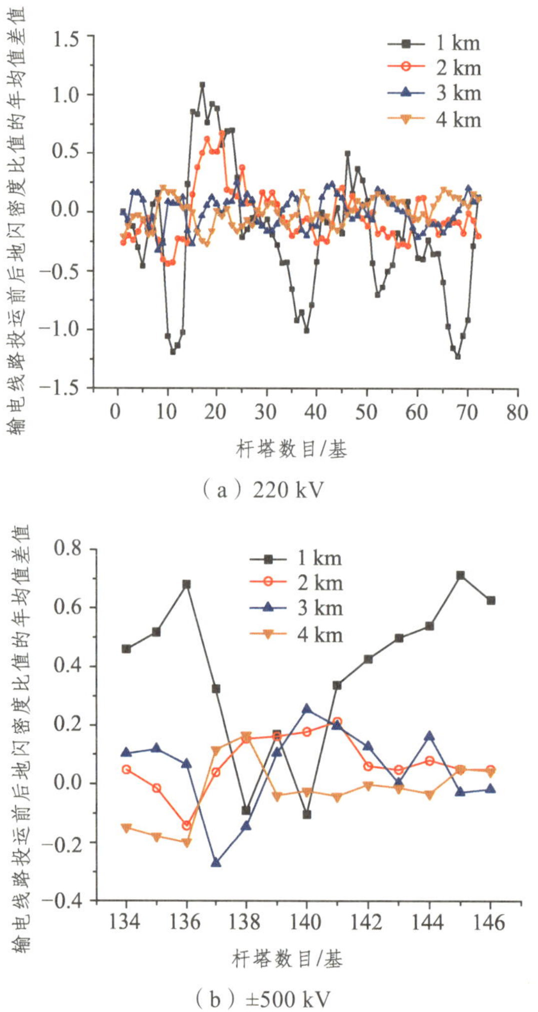

图 6-26　山脊地形下不同电压等级、不同范围内输电线路投运前后地闪密度比值的年均差值

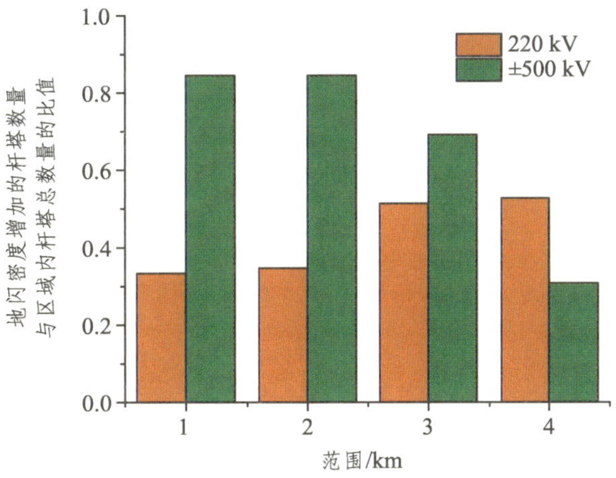

图 6-27　山脊地形下地闪密度增加的杆塔数量与区域内杆塔总数量的比值

2. 山谷地形

图 6-28 对比分析 110 kV 线路和±500 kV 线路投运前后对山谷地形下雷电地闪密度的影响，可以看出，110 kV 输电线路投运前后 1 km 范围内的地闪密度值的波动与其他范围相比波动较大，不同杆塔处年均值差值变化在−0.8~1.5。±500 kV 线路投运后，2 km 范围内的地闪密度值的波动与其他范围相比波动较为平缓，不同杆塔处年均值差值变化在−0.4~0.8。统计分析不同范围下地闪密度增加的杆塔数量与区域内杆塔总数量的比值，从图 6-29 中可以发现在 1 km 范围内，±500 kV 输电线路有 79%的输电杆塔附近雷电地闪密度增加，随着范围的增加，输电线路带来的影响整体呈减小趋势。110 kV 输电线路附近雷电地闪密度呈波动趋势，地闪密度增加的杆塔数量所占比重在 48%~68%内波动。通常山谷地势较低，耸立的高塔较容易吸引雷电活动。对比相同范围下两种电压等级输电线路所带来的影响，可以发现，3 km 范围内，±500 kV 线路附近地闪密度整体增量比 110 kV 线路附近大，即±500 kV 线路对山谷地形下雷电活动影响更大。

3. 河流地形

图 6-30 对比分析了 110 kV 线路和 500 kV 线路投运前后对河流地形下雷电地闪密度的影响，可以看出，110 kV 输电线路投运前后 1 km 范围内的地闪密度值的波动与其他范围相比有比较明显的波动，不同杆塔处年均值差值变化在−0.35~0.4。500 kV 输电线路投运前后 1 km 范围内的地闪密度值的波动与其他范围相比波动较大，不同杆塔处年均值差值变化在−0.3~0.7 之间。统计分析不同范围下地闪密度增加的杆塔数量与区域内杆塔总数量的比值，从图 6-31 中可以看出，不同范围下，110 kV 输电线路投运前后

地闪密度值的变化规律性不强，对地闪密度的影响范围不明显，500 kV 线路投运后附近 3 km 内地闪密度大致呈增加趋势，地闪密度增加的杆塔数量所占比重平均在 68%，范围继续增大，地闪密度增加的趋势降低。对比相同范围下两种电压等级输电线路所带来的影响，可以发现，500 kV 线路对附近地闪密度变化更明显，即 500 kV 线路对河流地形地闪密度影响更大。

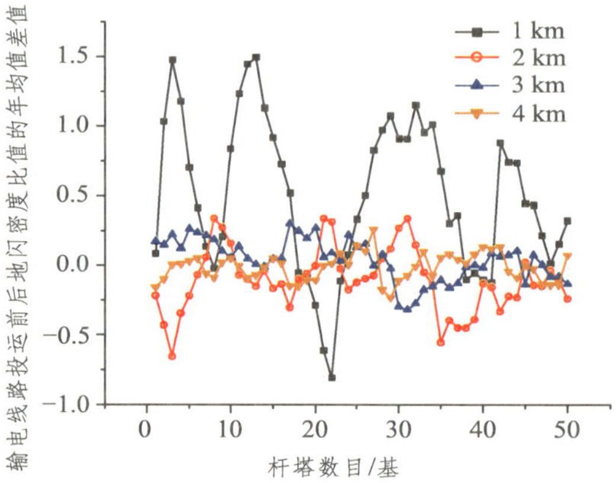

（a）110 kV

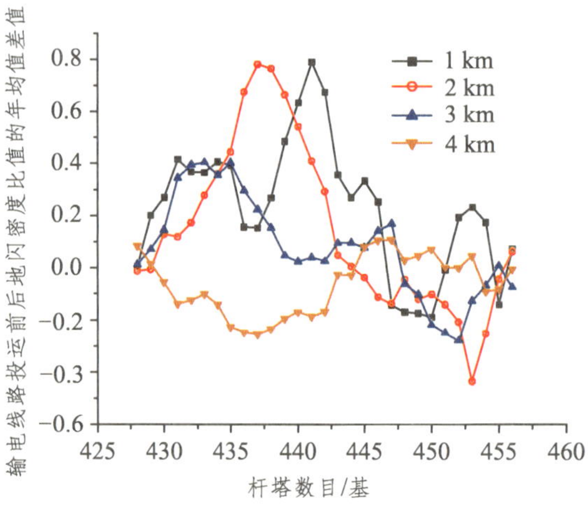

（b）±500 kV

图 6-28　山谷地形下不同电压等级、不同范围内输电线路投运前后地闪密度比值的年均差值

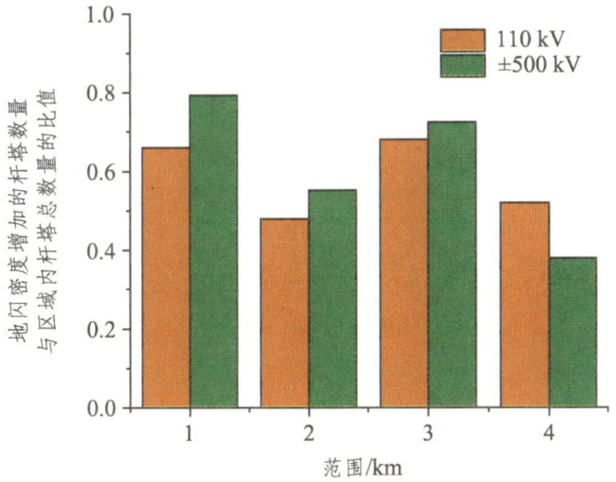

图 6-29 山谷地形下地闪密度增加的杆塔数量与区域内杆塔总数量的比值

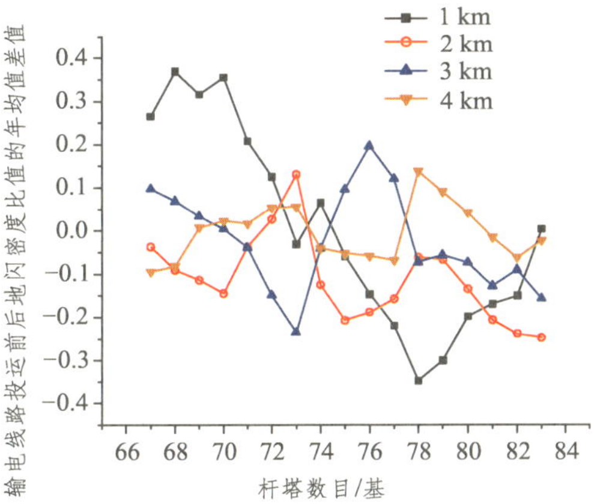

（a）110 kV

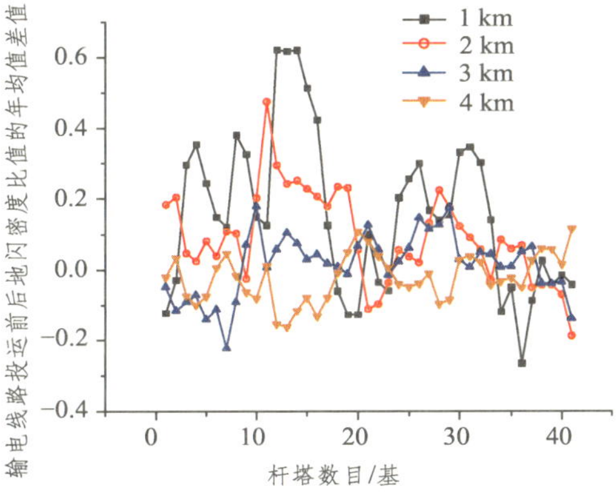

（b）500 kV

图 6-30 河流地形下不同电压等级不同范围内输电线路投运前后地闪密度比值的年均差值

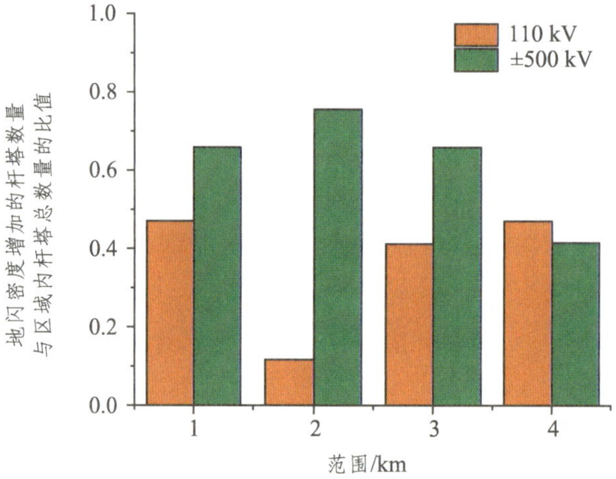

图 6-31　河流地形下地闪密度增加的杆塔数量与区域内杆塔总数量的比值

6.3.1.2　不同电压等级雷电流幅值分布对比分析

同样，统计输电杆塔 1~5 km 范围内地闪的雷电流幅值的变化，一般用雷电流幅值的均值来表示，计算如下：

$$\begin{cases} I_{\text{ave},ij}=\sum\limits_{j=1}^{n} I_{ij}/n_{ij} \\ Q_{\text{ave},ij}=\dfrac{I_{\text{ave},ij}}{I_{i8}} \\ M_{\text{ave}}=\sum\limits_{i=1}^{m} Q_{\text{ave},ij}/m \\ \Delta M=M_{\text{ave投运后}}-M_{\text{ave投运前}} \end{cases}$$

其中，I_{ij} 表示第 i 年、$R=j$（km）（不包括 $R=j-1$ 范围）范围的雷电流幅值大小，kA；n_{ij} 表示第 i 年、在引雷塔 $R=j$（km）范围（不包括 $R=j-1$ 范围）内总共有 n_j 个落雷；$I_{\text{ave},ij}$ 表示第 i 年、$R=j$（km）（不包括 $R=j-1$ 范围）的雷电流幅值的均值，kA；I_{i5} 表示第 i 年、$R=5$（km）范围内的雷电流幅值的均值，kA；Q_{ave}，ij 表示第 i 年、$R=j$（km）（不包括 $R=j-1$ 范围）的雷电流幅值与 $R=5$（km）范围的雷电流幅值的比值；M_{ave} 表示 $R=j$（km）范围内，雷电流幅值的比值年平均值大小；ΔM 表示建塔前后雷电流比值年平均值之差。

1. 山脊地形

图 6-32 对比分析了 220 kV 线路和±500 kV 线路投运前后对山脊地形下雷电流幅值的影响，可以看出，220 kV 输电线路投运前后在 1 km 范围内雷电流幅值波动很大，不同杆塔处雷电流幅值比值的年均值差值变化在-0.9~1.0，±500 kV 线路投运后前后在 1 km 范围内

雷电流幅值波动相对较大，不同杆塔处雷电流幅值比值的年均值差值变化在−0.2~0.4。统计分析不同范围下雷电流幅值增加的杆塔数量与区域内杆塔总数量的比值，从图 6-33 中可以看出±500 kV 线路投运后附近雷电流幅值增加的范围明显大于 220 kV 线路，随着范围的增加，雷电流幅值变化规律不明显，±500 kV 线路投运后雷电流幅值增长的输电杆塔范围平均在 88%，220 kV 线路雷电流幅值增长区域覆盖范围平均在 42%。对比相同范围下两种电压等级输电线路所带来的影响，可以发现，±500 kV 线路附近雷电流幅值整体增长趋势大于 220 kV 线路，比 220 kV 线路更影响雷电活动。

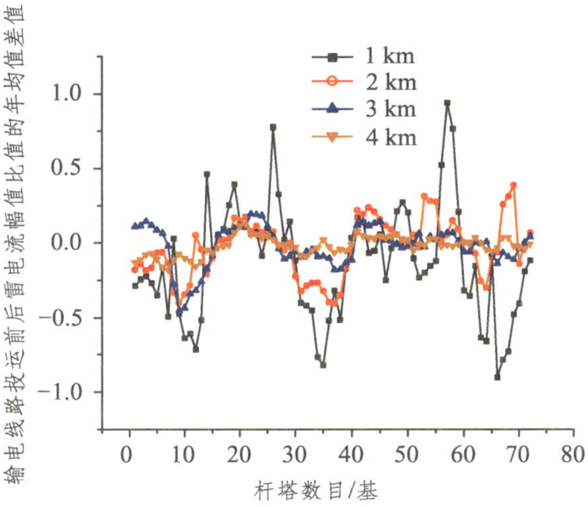

（a）220 kV

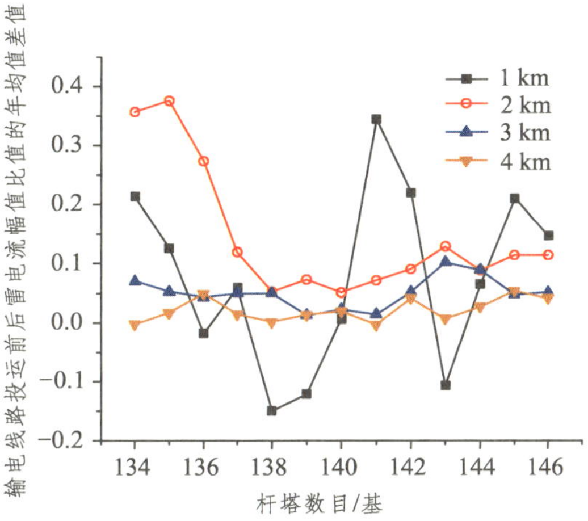

（b）±500 kV

图 6-32　山脊地形下不同电压等级、不同范围内输电线路投运前后雷电流幅值比值的年均差值

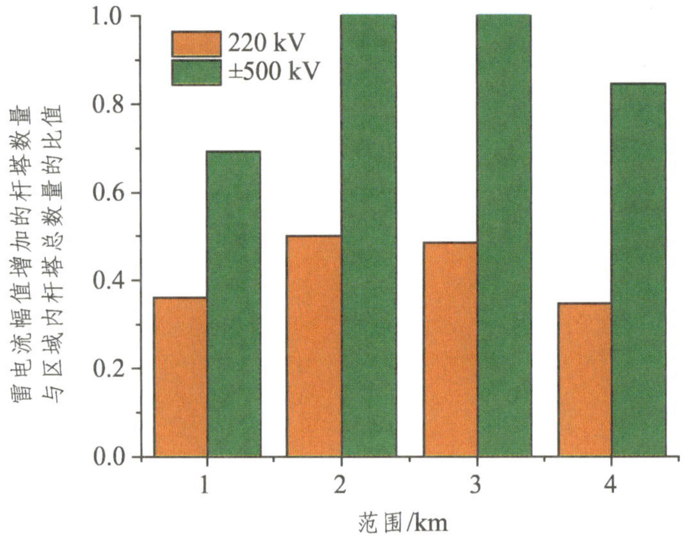

图 6-33 山脊地形下雷电流幅值增加的杆塔数量与区域内杆塔总数量的比值

2. 山谷地形

图 6-34 对比分析了 110 kV 线路和±500 kV 线路投运前后对山谷地形下雷电流幅值的影响，可以看出，山谷地形下，两种电压等级线路投运前后雷电流幅值比值的变化趋势在 4 km 范围内变化大致相同，说明两种电压等级的输电线路对山谷地形下雷电活动的影响都比较明显。110 kV 输电线路投运前后在 1 km 范围内雷电流幅值波动很大，不同杆塔处雷电流幅值比值的年均值差值变化在−0.8~1.0。±500 kV 线路投运后前后在 1 km 范围内雷电流幅值波动相对较大，不同杆塔处雷电流幅值比值的年均值差值变化在−0.4~0.6。统计分析不同范围下雷电流幅值增加的杆塔数量与区域内杆塔总数量的比值，从图 6-35 可以看出两种电压等级下，雷电流幅值增长区域覆盖范围接近，±500 kV 线路投运后雷电流幅值增长的输电杆塔范围平均在 54%，110 kV 线路雷电流幅值增长区域覆盖范围平均在 57%。随着范围的增加，雷电流幅值变化规律不明显。对比相同范围下两种电压等级输电线路所带来的影响，可以发现，且±500 kV 线路投运后对山谷地形下雷电流幅值的影响更大。

3. 河流地形

图 6-36 对比分析了 110 kV 线路和 500 kV 线路投运前后对河流地形下雷电流幅值的影响，可以看出，两种电压等级下输电线路附近雷电流幅值的波动都较为平缓，均在 1 km 范围内雷电流幅值波动很大，不同杆塔处雷电流幅值比值的年均值差值变化在−0.4~0.2。统计分析不同范围下雷电流幅值增加的杆塔数量与区域内杆塔总数量的比值，从图 6-37

中可以看出，110 kV 线路雷电流幅值增长区域覆盖范围平均在 46%，±500 kV 线路投运后雷电流幅值增长的输电杆塔范围平均在 80%，为 110 kV 线路雷电流增长区域的 1.7 倍。随着范围的增加，雷电流幅值变化规律不明显。对比相同范围下两种电压等级输电线路所带来的影响，500 kV 线路投运后对河流地形下雷电流幅值的影响更大。

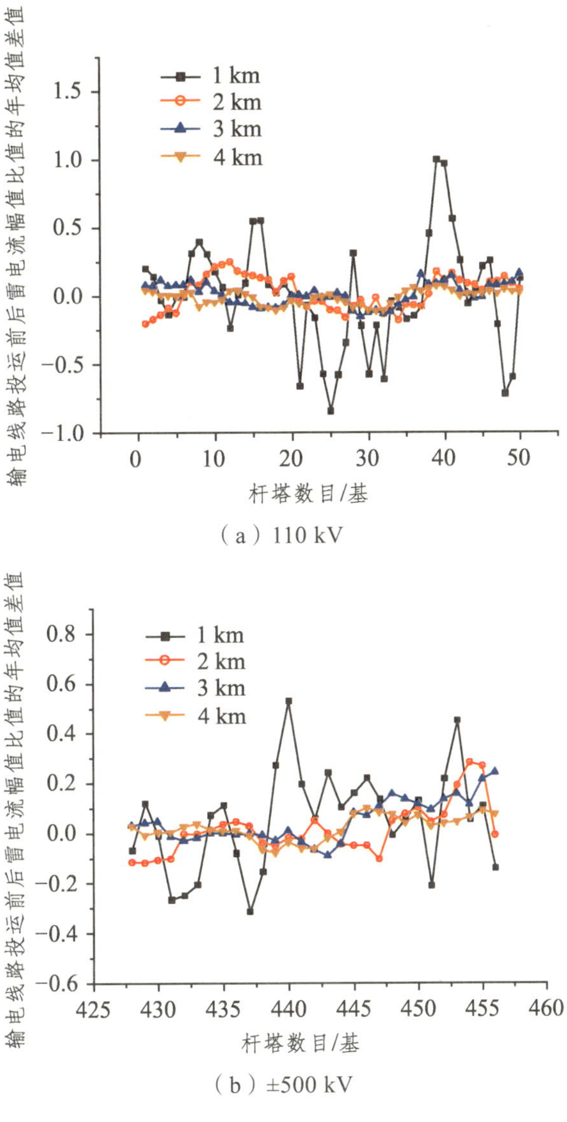

图 6-34　山谷地形下不同电压等级、不同范围内输电线路投运前后雷电流幅值比值的年均差值

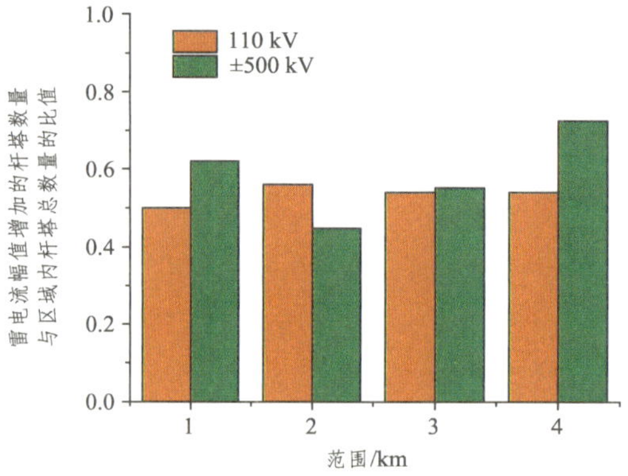

图 6-35　山谷地形下雷电流幅值增加的杆塔数量与区域内杆塔总数量的比值

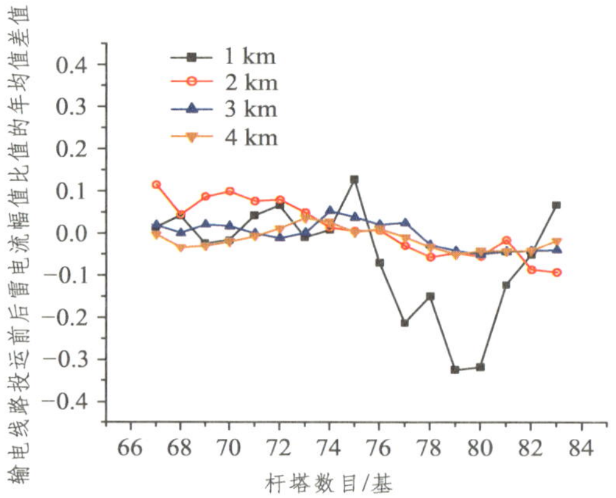

（a）110 kV

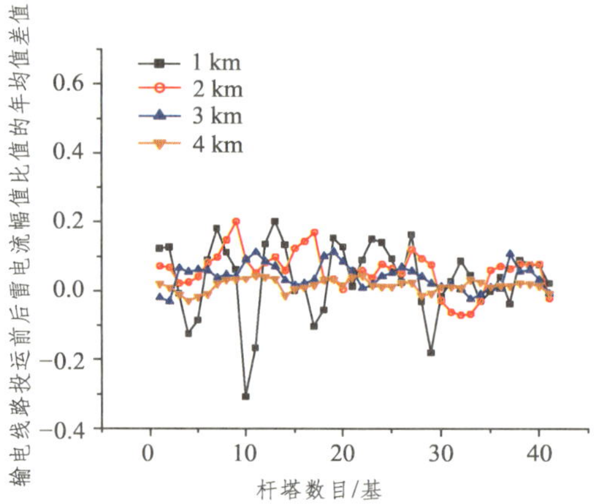

（b）500 kV

图 6-36　河流地形下不同电压等级不同范围内输电线路投运前后雷电流幅值比值的年均差值

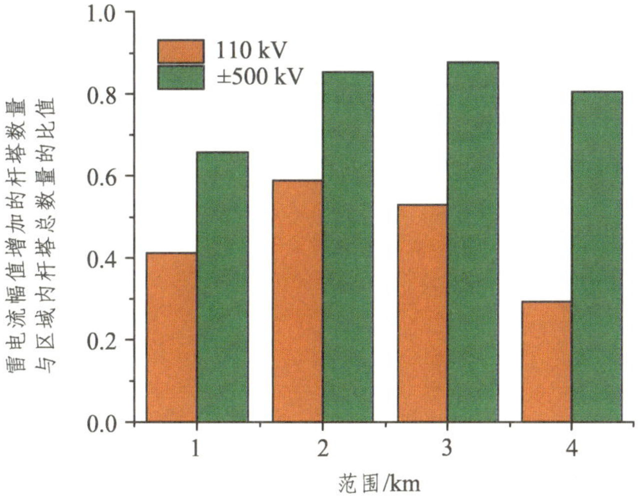

图 6-37 河流地形下雷电流幅值增加的杆塔数量与区域内杆塔总数量的比值

6.3.2 单次雷电地闪运动聚类对比分析

1. 山脊地形

220 kV 输电线路附近区域该区域山脊走向与附近河流走向大体相同，因该区段走向有较大改变，因此将山脊走向划分为两部分：一部分为东西走向；另一部分为东北—西南走向。统计分析输电线路投运前后该区域雷电运动轨迹走向，结果如表 6-10 所示。输电线路建成以前，雷电运动轨迹在 4 个方向均占有一定比例，其中沿东北—西南走向的雷电运动轨迹占比最大，为 44%。输电线路投运以后，沿南北走向、东西走向和东北—西南走向的雷电路径占比减小，沿西北—东南走向的雷电路径占比增加，具体方位占比如图 6-38 所示。而输电线路沿着山脊建立，走向也分为 2 段，即东西走向和东北—西南走向，沿输电线路方向的雷电运动路径占比均在一定程度减小。

表 6-10 220 kV 输电线路建成前后区域内雷电轨迹统计情况

	年份	雷暴活动	移动路径	①	②	③	④	⑤	⑥	⑦	⑧
投运前	2012	2	4	1	0	0	1	0	0	2	0
	2013	14	29	5	4	3	8	1	5	2	1
	2014	4	8	3	0	1	1	1	0	1	1
	2015	0	0	0	0	0	0	0	0	0	0
	合计	20	41	9	4	4	10	2	5	5	2
	占比			22%	9.8%	9.8%	24.4%	4.9%	12.1%	12.1%	4.9%

续表

	年份	雷暴活动	移动路径	①	②	③	④	⑤	⑥	⑦	⑧
投运后	2016	6	12	0	1	2	4	0	5	0	0
	2017	5	10	5	0	0	2	0	1	1	1
	2018	4	8	0	0	3	0	1	2	2	0
	2019	0	0	0	0	0	0	0	0	0	0
	合计	15	30	5	1	5	6	1	8	3	1
	占比			16.7%	3.3%	16.7%	20%	3.3%	26.7%	10%	3.3%

±500 kV 输电线路附近区域该区域山脊走向为南北走向。统计分析输电线路投运前后该区域雷电运动轨迹走向，结果如表 6-11 所示。输电线路建成以前，雷电运动轨迹在 4 个方向均占有一定比例，其中沿东北—西南走向的雷电运动轨迹占比最大，为 46.7%。输电线路投运以后，沿西北—东南和东北—西南走向的雷电路径占比减小，分别减少了 11.4%和 18.1%。其他 2 个方向的雷电路径占比增加。具体方位占比如图 6-39 所示。而输电线路为东北—西南走向，沿输电线路走向的雷电运动路径占比有一定减小，沿地形走向的雷电路径占比有一定增加。

表 6-11　±500 kV 输电线路建成前后区域内雷电轨迹统计情况

	年份	雷暴活动	移动路径	①	②	③	④	⑤	⑥	⑦	⑧
投运前	2013	3	7	0	0	2	2	1	1	1	0
	2014	2	4	0	1	1	0	0	0	0	2
	2015	3	4	0	0	1	0	1	2	0	0
	合计	8	15	0	1	4	2	2	3	1	2
	占比	1		0	6.7%	26.7%	13.3%	13.3%	20%	6.7%	13.3%
投运后	2017	3	4	0	0	0	0	2	0	2	0
	2018	2	3	1	0	2	0	0	0	0	0
	2019	0	0	0	0	0	0	0	0	0	0
	合计	5	7	1	0	2	0	2	0	2	0
	占比			14.2%	0	28.6%	0	28.6%	0	28.6%	0

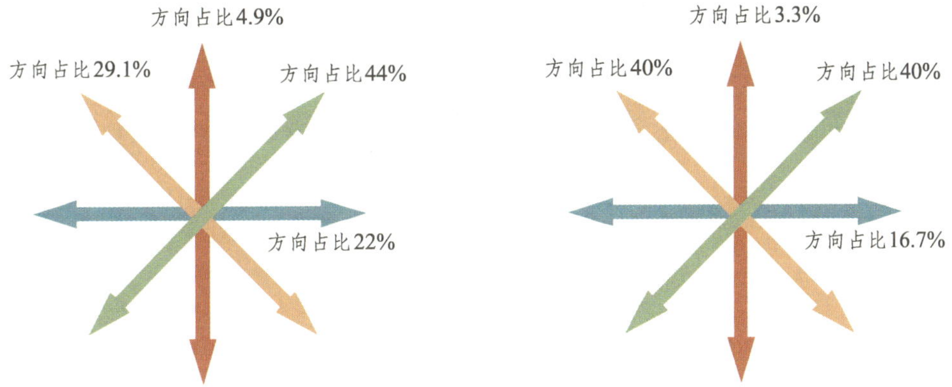

（a）投运前　　（b）投运后

图 6-38　220 kV 输电线路建成前后区域内雷电轨迹方向分布情况

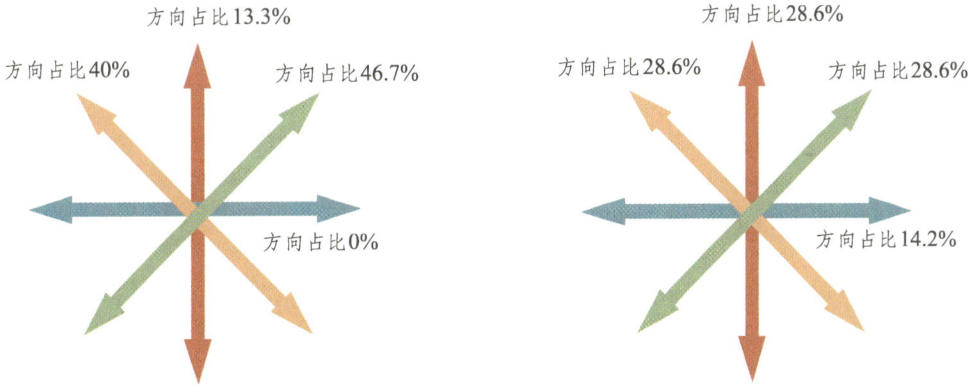

（a）投运前　　（b）投运后

图 6-39　±500 kV 输电线路建成前后区域内雷电轨迹方向分布情况

2. 山谷地形

提取 110 kV 输电线路附近区域的等高线图，沿等高线的最低点连线，可以得到山谷的走向为西北—东南走向。统计分析输电线路投运前后该区域雷电运动轨迹走向，结果如表 6-12 所示。输电线路投运以前，雷电运动轨迹在 4 个方向均占有一定比例，其中沿西北—东南和东北—西南走向的雷电运动轨迹占比最大，均为 40%。输电线路建成以后，沿东西走向和西北—东南走向的雷电路径占比分别减少了 6.7%和 21.2%，沿东北—西南和南北走向的雷电运动路径所占比重增加，增幅分别为 22.4%和 5.5%。具体方位占比如图 6-40 所示。而输电线路沿着山谷建立，即西北—东南走向，输电线路投运以后沿输电线路走向的雷电路径占比减少。

表 6-12　110 kV 输电线路建成前后区域内雷电轨迹统计情况

	年份	雷暴活动	移动路径	①	②	③	④	⑤	⑥	⑦	⑧
投运前	2012	1	2	0	0	0	0	1	0	1	0
	2013	5	11	1	0	2	3	1	1	3	0
	2014	1	2	0	1	0	0	0	0	1	0
	2015	0	0	0	0	0	0	0	0	0	0
	合计	7	15	1	1	2	3	2	1	5	0
	占比			6.7%	6.7%	13.3%	20%	13.3%	6.7%	33.3%	0
投运后	2016	2	4	0	0	1	1	1	1	0	0
	2017	2	4	0	1	0	0	2	1	0	0
	2018	4	8	0	0	3	4	0	1	0	0
	2019	0	0	0	0	0	0	0	0	0	0
	合计	8	16	0	1	4	5	3	3	0	0
	占比			0	6.3%	25%	31.2%	18.8%	18.8%	0	0

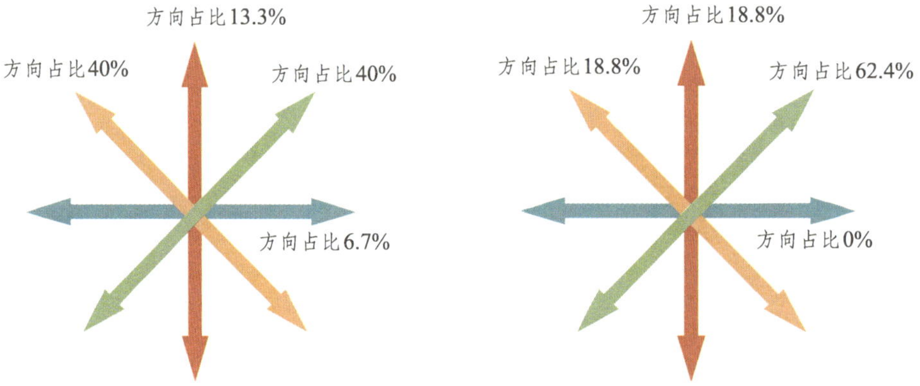

（a）投运前　　（b）投运后

图 6-40　220 kV 输电线路建成前后区域内雷电轨迹方向分布情况

提取±500 kV 输电线路附近区域的等高线图，沿等高线的最低点连线，可以得到山谷的走向为西北—东南走向。统计分析输电线路投运前后该区域雷电运动轨迹走向，结果如表 6-13 所示。输电线路投运以前，雷电运动轨迹在东西、西北—东南、南北方向均占有一定比例，其中沿西北—东南走向的雷电运动轨迹占比最大，为 50%。输电线路投运以后，只有沿东北—西南的雷电运动，占比 100%。具体方位占比如图 6-41 所示。而输电线路沿着山谷建立，即西北—东南走向，输电线路投运以后沿输电线路走向的雷电路径占比减少。因为近几年整体雷电活动水平下降，统计得到的雷电活动次数不多，±500 kV 输电线路邻近山谷区域的雷电活动需要继续观测。

表 6-13　±500 kV 输电线路建成前后区域内雷电轨迹统计情况

	年份	雷暴活动	移动路径	①	②	③	④	⑤	⑥	⑦	⑧
投运前	2013	2	4	0	0	0	1	0	1	0	2
	2014	1	2	0	0	0	1	1	0	0	0
	2015	0	0	0	0	0	0	0	0	0	0
	合计	3	6	0	0	0	2	1	1	0	2
	占比			0	0	0	33.3%	16.7%	16.7%	0	33.3%
投运后	2017	0	0	0	0	0	0	0	0	0	0
	2018	2	4	0	0	2	2	0	0	0	0
	2019	0	0	0	0	0	0	0	0	0	0
	合计	2	4	0	0	2	2	0	0	0	0
	占比			0	0	50%	50%	0	0	0	0

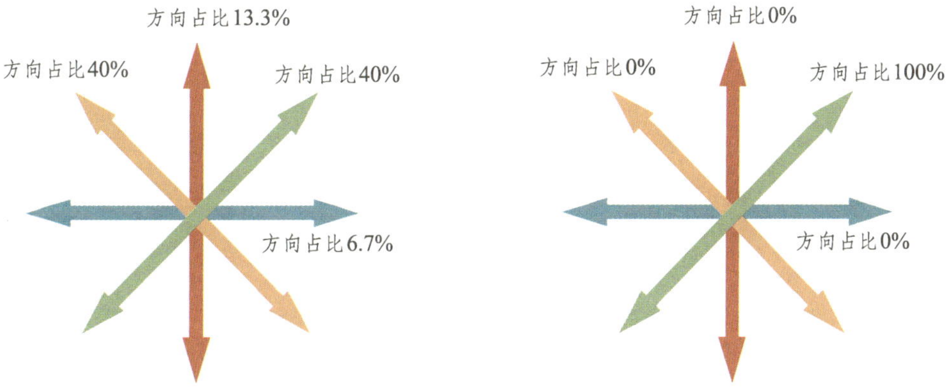

（a）投运前　　（b）投运后

图 6-41　220 kV 输电线路建成前后区域内雷电轨迹方向分布情况

3. 河流地形

提取 110 kV 输电线路附近区域的等高线图，沿等高线的最低点连线，可以得到河流的走向为 3 部分，即小区域的南北走向、东北—西南走向和西北—东南走向。统计分析输电线路投运前后，该区域雷电运动轨迹走向，结果如表 6-14 所示。输电线路投运以前，雷电运动轨迹在东北—西南走向和西北—东南走向均占有一定比例，其中沿东北—西南走向的雷电运动轨迹占比最大，为 66.6%，其次为西北—东南走向，占比为 33.4%。输电线路建成以后，沿东西、西北—东南走向的雷电路径占比增加。其中沿西北—东南走向的雷电运动路径所占比重最大，为 50%。而输电线路沿着南北走向的河流建立，输电线路投运前后沿输电线路走向的雷电路径占比均为 0，具体方位占比如图 6-42 所示。

表 6-14　110 kV 输电线路建成前后区域内雷电轨迹统计情况

	年份	雷暴活动	移动路径	①	②	③	④	⑤	⑥	⑦	⑧
投运前	2012	0	0	0	0	0	0	0	0	0	0
	2013	2	4	0	0	3	1	0	0	0	0
	2014	1	2	0	0	0	0	0	1	1	0
	2015	0	0	0	0	0	0	0	0	0	0
	合计	3	6	0	0	3	1	0	1	1	0
	占比			0	0	50%	16.6%	0	16.7%	16.7%	0
投运后	2016	0	0	0	0	0	0	0	0	0	0
	2017	2	4	1	0	1	0	0	0	2	0
	2018	1	2	0	0	1	0	0	1	0	0
	2019	1	2	0	0	0	1	0	1	0	0
	合计	4	8	1	0	2	1	0	2	2	0
	占比			12.5%	0	25%	12.5%	0	25%	25%	0

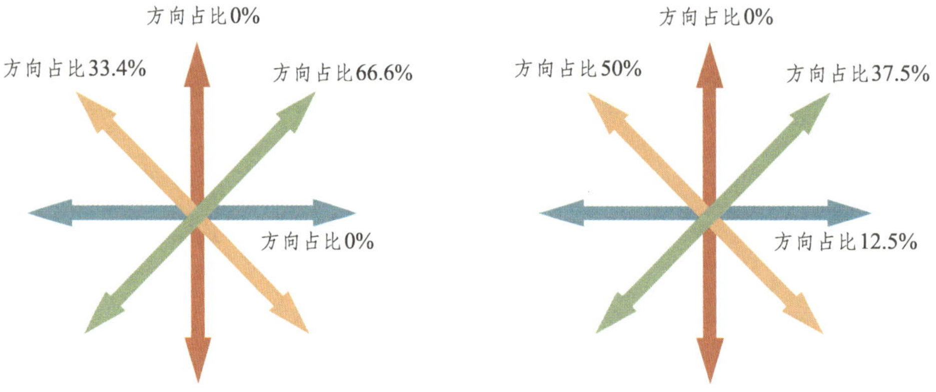

（a）投运前　（b）投运后

图 6-42　220 kV 输电线路建成前后区域内雷电轨迹方向分布情况

提取 500 kV 输电线路附近区域的等高线图，沿等高线的最低点连线。该区域河流走向有较大改变，因此将河流走向划分为 2 部分：一部分为南北走向，一部分为东北—西南走向。统计分析输电线路建成前后该区域雷电运动轨迹走向，结果如表 6-15 所示。输电线路建成以前，雷电运动轨迹在 4 个方向均占有一定比例，其中西北—东南走向的雷电运动轨迹占比最大，为 39.6%，其他 3 个方向均有一定比重。输电线路投运以后，沿东北—西南走向和西北—东南走向的雷电路径占比分别增加 2.4%和 1.2%，沿南北走向和东西走向的雷电路径占比减小。而输电线路为南北走向，建成后该方向的雷电运动路径占比在一定程度上减少，具体方位占比如图 6-43 所示。

表 6-15　500 kV 输电线路建成前后区域内雷电轨迹统计情况

	年份	雷暴活动	移动路径	①	②	③	④	⑤	⑥	⑦	⑧
投运前	2012	15	33	8	2	4	5	4	3	3	4
	2013	33	90	20	8	10	7	3	14	10	18
	2014	14	36	13	1	1	2	3	1	1	14
	2015	25	61	7	5	6	10	14	5	8	6
	合计	87	220	48	16	21	24	24	23	22	42
	占比			21.8%	7.3%	9.5%	10.9%	10.9%	10.5%	10%	19.1%
投运后	2016	15	31	5	2	3	4	4	3	7	3
	2017	9	25	5	1	1	3	2	4	3	6
	2018	14	36	10	4	2	4	3	2	3	8
	2019	5	11	0	3	4	1	1	1	1	0
	合计	43	103	20	10	9	12	10	10	14	18
	占比			19.4%	9.7%	8.7%	11.7%	9.7%	9.7%	13.6%	17.5%

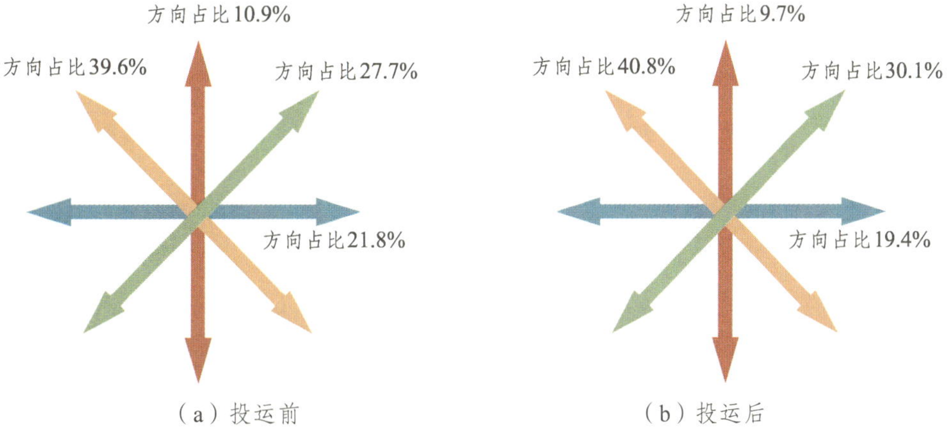

图 6-43　220 kV 输电线路建成前后区域内雷电轨迹方向分布情况

对输电线路投运前后邻近区域的雷电活动特征进行对比分析，包括地闪密度和雷电流幅值，可以得到不同地形下不同电压等级输电线路对周围雷电活动的影响差别。分析输电线路投运前后该地区的雷电运动方向与地形和输电线路的影响，可以以此来区别说明输电线路对其邻近区域的雷电活动的影响。

6.4 本章小结

本章采用改进的聚类算法对输电线路区域的雷电定位数据进行聚类分析，对雷电轨迹与地形在空间上的相对位置关系做了统计分析，得到的结论大致如下：

（1）垭口地形下雷电活动轨迹的重合度平均值为 44.3%。不同电压等级输电线路邻近垭口区域对雷电活动的影响差别较大。这与垭口的地形差异性有一定关系，峡谷的深度、范围大小等都会对雷电活动带来一定影响。对比分析典型单次雷电活动经过山脊地形前后的地闪频次和雷电流幅值的变化，可以发现，前后地闪频次和雷电流幅值变化较大，约有 80%的雷电活动经过该区域后地闪频次下降，66.7%的雷电活动经过该区域后雷电流幅值均上升。推测原因，可能是由于雷电活动经沿山脊运动后，已经在该地区大量放电，朝远离山脊的方向运动时落雷次数没有在山脊上运动时多。

（2）沿山脊走向和坡面的雷电活动轨迹的平均重合度在 40.45%，除了 110 kV 输电线路邻近区域雷电活动的重合度低于平均值，其他 3 个电压等级输电线路邻近区域重合度都高于平均值，且电压等级的不同带来的差异性不大。对比分析典型单次雷电活动经过山脊地形前后的地闪频次和雷电流幅值的变化，可以发现，前后地闪频次和雷电流幅值变化较大，约有 80%的雷电活动经过该区域后地闪频次下降，66.7%的雷电活动经过该区域后雷电流幅值均上升。推测原因，可能是由于雷电活动经沿山脊运动后，已经在该地区大量放电，朝远离山脊的方向运动时落雷次数没有在山脊上运动时多。

（3）沿山谷走向的雷电活动轨迹的平均重合度在 35.5%，不同电压等级下输电走廊邻近区域对雷电活动的影响差别较大。这也与山谷地形本身的特征有一定关系。狭小的山谷对雷电活动的影响较小。对比分析典型单次雷电活动经过山谷地形前后的地闪频次和雷电流幅值的变化，可以发现，前后地闪频次和雷电流幅值变化较大，约有 77.8%的雷电活动经过该区域后地闪频次下降，77.8%的雷电活动经过该区域后雷电流幅值均上升。推测原因，可能是由于雷电活动沿山谷运动后，受两侧高地影响，雷云在地区部分放电，雷电活动增多。

（4）沿水域走向的雷电活动轨迹的平均重合度在 35.3%，不同电压等级下输电走廊邻近区域对雷电活动的影响差别较大。这也与水域地形本身的特征有一定关系。流动面积较小的水域对雷电活动的影响远不如面积宽阔的水域。对比分析典型单次雷电活动经过水域地形前后的地闪频次和雷电流幅值的变化，可以发现，前后地闪频次和雷电流幅值变化较大，约有 60%的雷电活动经过该区域后地闪频次下降，55%的雷电活动经过该区域后雷电流幅值均上升。推测原因，可能是由于雷电在水域附近运动，受湿润空气影响，雷云在地区部分放电，雷电活动增多。

选取了几条新建线路，对比分析了 3 种地形下不同电压等级下输电线路投运前后沿线地闪密度、雷电流幅值的变化，为了消除不同年限落雷分布所带来的差异性，选取 5 km 范围的雷电参数作为基准值，改变输电线路周围的监测范围，对比输电线路投运前后雷电参数的变化，并选取了局部地形区域，分析了输电线路投运前后雷电活动运动轨迹的变化规律。本章采用云南省近 10 年的雷电数据，得到的结论大致如下：

（1）输电线路投运前后会引起周围地闪密度的变化。山脊地形下，不同电压等级输电线路对局部范围内的雷电活动有影响，且电压等级越高，周围地闪密度值的增加越大。山谷地形下，不同电压等级的输电线路对雷电活动的影响都比较明显，且电压等级越高，影响范围越大。河流地形下，110 kV 输电线路对邻近区域雷电活动影响范围不明显，同样，等级越高，周围地闪密度值的增加越大。雷电流幅值的变化规律与地闪密度大体相同。电压等级越高，对周围区域的雷电流幅值影响越大，影响范围更广，所带来的雷电流增长的趋势更明显。

（2）对比分析 3 种地形下不同电压等级输电线路对雷电运动的影响，可以发现，山脊地形下，220 kV 输电线路和±500 kV 线路对雷电运动轨迹影响不明显。山谷地形下，110 kV 线路和±500 kV 线路对雷电运动轨迹的影响均不明显；河流地形下，110 kV 线路和 500 kV 线路对雷电运动轨迹的影响均不明显。从目前的结果来看，输电线路投运前后对雷电运动轨迹的影响暂不明显。可能是由于大部分输电线路是沿着典型地形建立的，而山脊、山坡、山谷和河流等地形本身对雷电活动的影响比较明显。

第 7 章　不同微地形特征对线路雷电活动参量的映射关系研究

7.1　基于熵权法的落雷孕灾环境评估

影响地闪活动的地形地貌因素较多，其影响作用不尽相同，前面章节研究了多种地形地貌因子对地闪活动的影响并分析了易引发雷击的综合地形地貌特征场景，可以看出，实际情况下各种因素对地闪活动的影响不是孤立的，因此从整体出发，考虑整体地形地貌环境的落雷孕灾环境敏感性的评估，更加能够反映局部因素对整体系统的影响。本节考虑 5 种地形地貌因素，将这些因素作为影响落雷孕灾环境敏感性的关键影响因素，构建落雷孕灾环境敏感度综合指标，并利用熵权法计算各落雷孕灾环境影响指标的权重，从地形地貌特征的角度评估典型区域的落雷风险。

7.2　地形地貌指标参数重新赋值

熵权法作为一种客观的赋权方法，能够充分使用每个因素中所包含的全部信息量，该法基于客观数据进行赋权，不受主观因素干扰。熵权法评价的准确性和可靠性大小取决于人们在评价过程中拥有的信息规模和信息质量。

由于熵值法构建评估模型要求指标的影响是线性的，前期许多研究中将不同地形地貌指标简单的依据主观经验直接划分为正向指标或负向指标，即把所有指标都作为线性指标考虑，而从第 2 章中得到的不同雷电孕灾因子与地闪密度的统计特性来看，许多地形地貌因素与地闪密度间的关系并不是线性的。为了准确反映各地形地貌因素对落雷风险的影响大小，需对地形地貌参数进行重新赋值，依据前面章节得到的各因素对地闪密度的影响规律，拟合得到各地形地貌因子与地闪密度间的函数关系，依据地闪密度的拟合函数值对各因子重新赋值。重新赋值后，参数值越大则对落雷风险的影响越大。

对海拔高度与地闪密度的关系进行拟合，根据变量的分布情况选择两项高斯分布函数进行拟合，高斯函数的基本形式如下：

$$y = a\mathrm{e}^{-(x-b)^2/c^2}$$

式中，a 反映高斯函数曲线的峰值；b 为峰值对应的横坐标；c 反映变量的标准差，高斯函数的曲线形状呈倒钟形。

海拔高度与地闪密度的函数关系用两个高斯函数相加表示。两个独立的高斯函数相加依旧满足高斯分布，其数学形式如下：

$$H' = a_1\mathrm{e}^{-(H-b_1)^2/{c_1}^2} + a_2\mathrm{e}^{-(H-b_2)^2/{c_2}^2}$$

式中，H 表示原始海拔数据；H' 表示重新赋值后的海拔高度，是一个无量纲的值。

结果曲线如图 7-1~7-3 所示。表达式为：

西：$H'=2.707\times10^{14}\mathrm{e}^{-(H+4.164\times10^{4})^{2}/7\,470^{2}}+5.346\mathrm{e}^{-(H-2\,416)^{2}/2\,380^{2}}$

东：$H'=19.48\mathrm{e}^{-(H-426.4)^{2}/265.1^{2}}+3.824\mathrm{e}^{-(H-1\,405)^{2}/2\,391^{2}}$

全省：$H'=9.789\mathrm{e}^{-(H+7\,761)^{2}/1\,418^{2}}+4.074\mathrm{e}^{-(H-559.6)^{2}/300.3^{2}}+5.026\mathrm{e}^{-(H-1\,082)^{2}/2\,715^{2}}$

坡度与地闪密度采用多项式关系进行拟合，结果曲线如图 7-4~7-6 所示，表达式如下：

西：$S'=1.136\times10^{-5}S^{3}-0.001\,554S^{2}+0.040\,15S+5.384$

东：$S'=8.765\times10^{-6}S^{3}-0.001\,431S^{2}+0.027\,36S+3.611$

全省：$S'=-0.000\,501\,6S^{2}-0.003\,08S+4.85$

式中，S 表示原始的坡度数值；S' 表示用地闪密度重新赋值后的坡度。

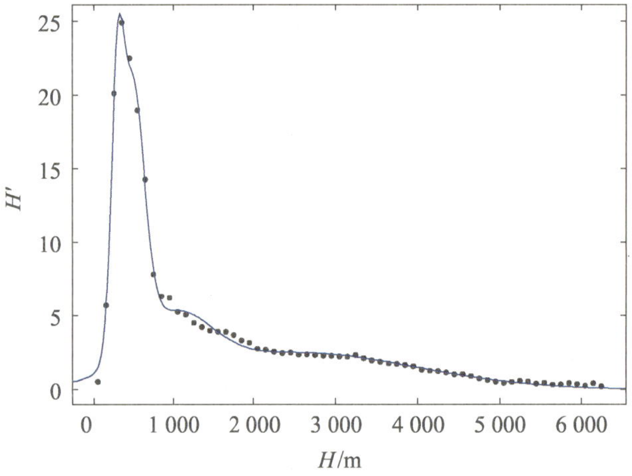

图 7-1　海拔高度拟合曲线（西区）

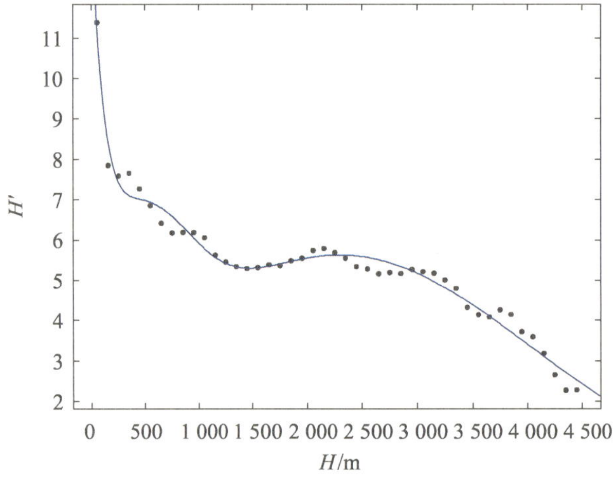

图 7-2　海拔高度拟合曲线（东区）

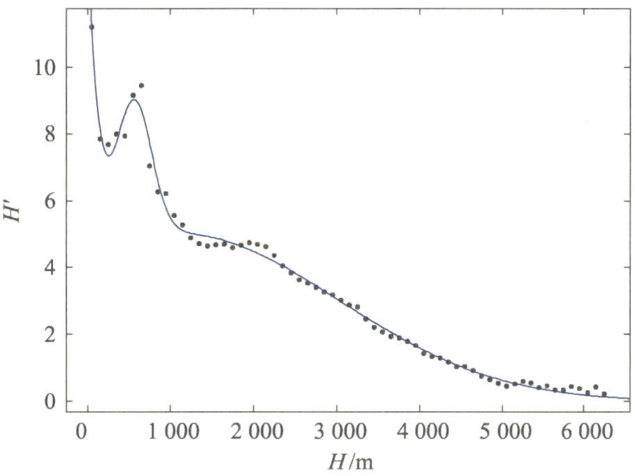

图 7-3　海拔高度拟合曲线（全省）

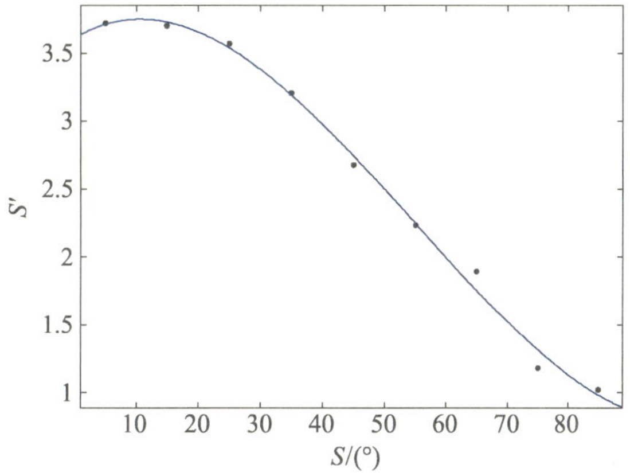

图 7-4　坡度拟合曲线（西区）

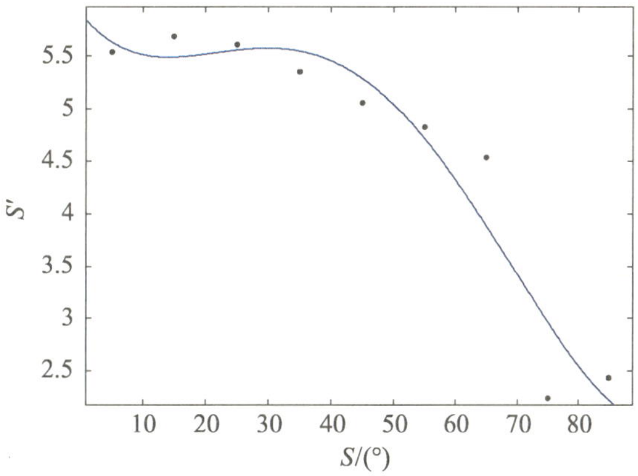

图 7-5　坡度拟合曲线（东区）

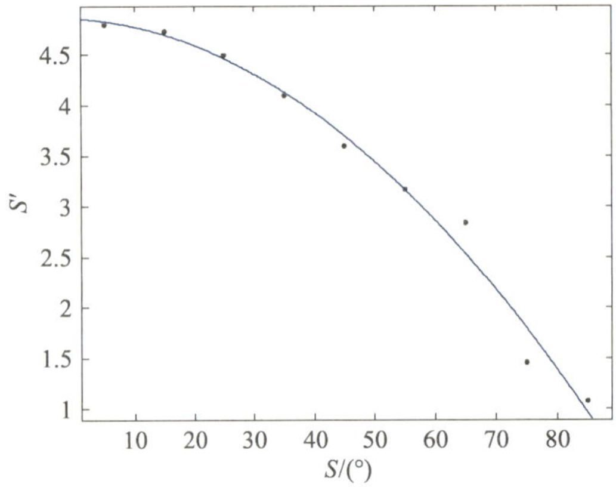

图 7-6　坡度拟合曲线（全省）

坡向与地闪密度采用傅里叶函数进行拟合，结果如图 7-7~7-9 所示。可以看出，拟合曲线在坡向 110°（东南坡附近）和 220°（西南坡附近）附近有两个明显的峰值，且坡向 90°~270°范围内（向阳坡）的拟合值普遍大于坡向 0°~90°和 270°~360°范围内（背阴坡）的拟合值，这与前面章节得到的结论相符。拟合曲线的表达式如下：

西：$A' = 5.558 + 0.02948\cos(0.01498A) + 0.1172\sin(0.01498A) - 0.02936\cos(2\times0.01498A) - 0.03399\sin(2\times0.01498A)$

东：$A' = 3.499 - 0.04942\cos(0.01751A) - 0.07165\sin(0.01751A) + 0.01154\cos(2\times0.01751A) + 0.008547\sin(2\times0.01751A)$

全省：$A' = 4.175 + 0.3658\cos(0.007494A) + 0.4561\sin(0.007494A) + 0.09071\cos(2\times0.007494A) - 0.1603\sin(3\times0.0.007494A) + 0.03745\cos(3\times0.0.007494A) - 0.3401\sin(3\times0.0.007494A)$

式中，A 表示原始的坡向数值；A' 表示用地闪密度重新赋值后的坡向。

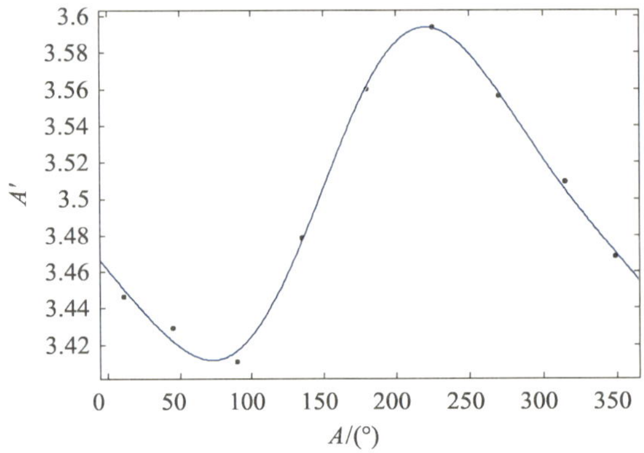

图 7-7　坡向拟合曲线（西区）

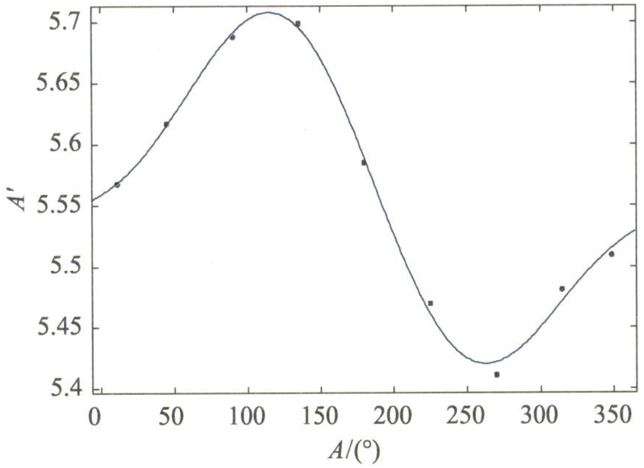

图 7-8　坡向拟合曲线（东区）

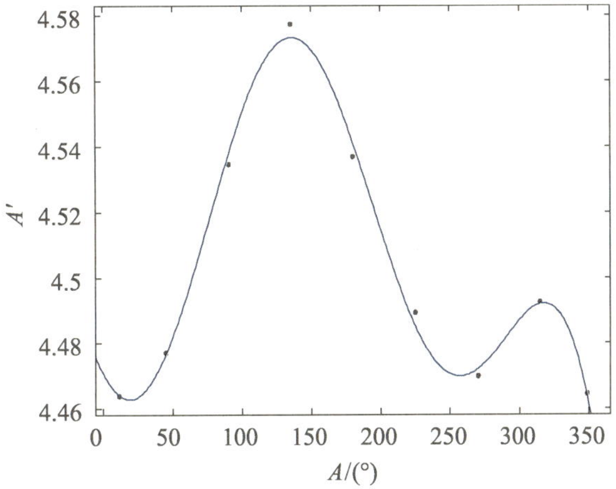

图 7-9　坡向拟合曲线（全省）

地形位置指数与地闪密度采用多项式关系进行拟合，结果曲线如图 7-10~7-12 所示，表达式如下：

西：$T' = -0.1252T^4 - 0.03913T^3 + 0.276T^2 + 0.1014T + 5.462$

东：$T' = -0.08236T^4 + 0.02858T^3 + 0.4081T^2 - 0.0191T + 3.245$

全省：$T' = -0.1346T^4 - 0.006068T^3 + 0.5357T^2 + 0.03047T + 4.183$

式中，T 表示原始 *TPI* 分类系数值；T' 表示利用地闪密度重新赋值后的 *TPI* 分类系数值。

地表覆盖类型的原始数据为离散值，故可以用各自地闪密度统计值给不同类型重新赋值得到 P'，结果如表 7-1~7-3 所示。

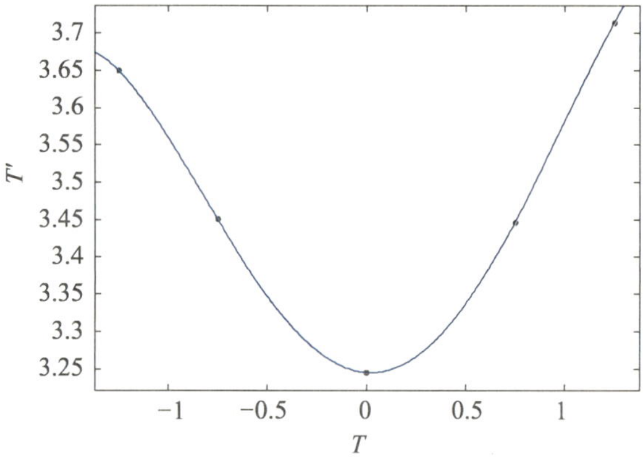

图 7-10　地形位置指数拟合曲线（西区）

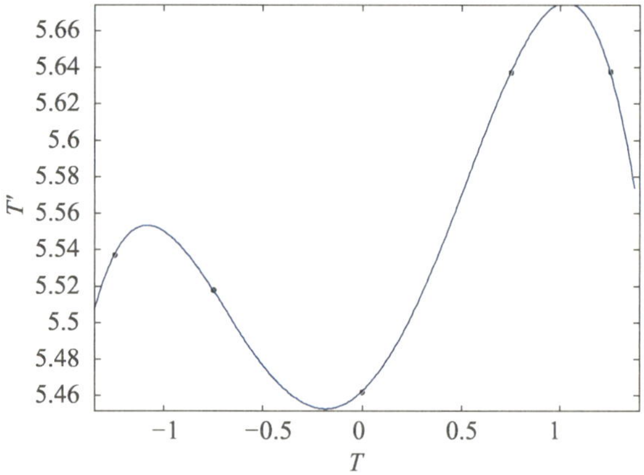

图 7-11　地形位置指数拟合曲线（东区）

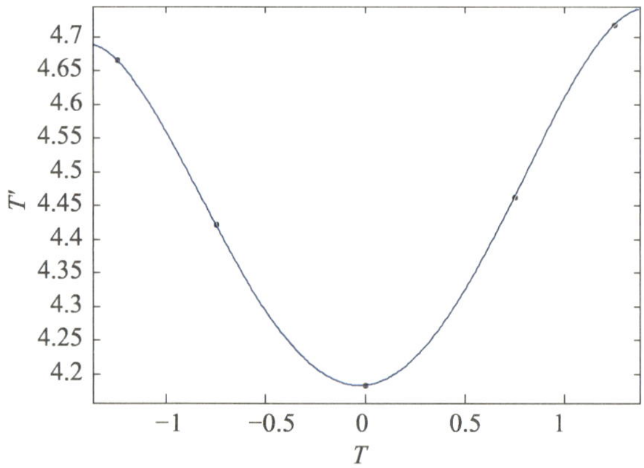

图 7-12　地形位置指数拟合曲线（全省）

表 7-1　地表覆盖类型参数重新赋值（西区）

地表类型	原始值 P	P'
农田耕地	10	3.217 7
林地	20	3.704 2
草原	30	2.850 1
灌丛带	40	3.142 4
潮湿土地、沼泽地	50	1.394 2
水域	60	2.134 2
城市建设用地	80	3.313 0
荒地	90	1.402 1

表 7-2　地表覆盖类型参数重新赋值（东区）

地表类型	原始值 P	P'
农田耕地	10	5.137 4
林地	20	5.825 3
草原	30	5.258 9
灌丛带	40	5.448 6
潮湿土地、沼泽地	50	4.587 0
水域	60	4.794 3
城市建设用地	80	5.368 1
荒地	90	5.004 8

表 7-3　地表覆盖类型参数重新赋值（全省）

地表类型	原始值 P	P'
农田耕地	10	4.490 1
林地	20	4.584 0
草原	30	4.351 5
灌丛带	40	4.309 9
潮湿土地、沼泽地	50	1.488 6
水域	60	3.506 2
城市建设用地	80	4.631 2
荒地	90	1.977 8

对所有样本原始的指标参数进行赋值，得到原始矩阵 G_0，部分样本处理结果如表7-4~7-6 所示。

表 7-4 地形地貌参数重新赋值结果示例（西区）

样本位置编号	H'	S'	A'	T'	P'
1	5.490 5	3.615 6	3.057 5	3.450 2	3.177 2
2	4.102 5	3.491 7	3.931 5	3.664 2	3.043 7
3	6.736 6	3.426 7	3.867 4	3.108 3	3.043 7
4	3.215 8	3.633 6	3.661 4	3.075 6	3.043 7
5	3.460 8	3.719 6	3.152 4	3.751 2	3.043 7
6	3.210 8	3.871 5	3.600 5	3.486 2	3.043 7
7	3.003 8	3.908 6	3.118 4	3.636 2	3.043 7
8	8.790 7	3.0951	3.931 5	3.797 2	3.043 7
9	3.092 8	3.680 6	3.913 5	3.442 8	3.177 2
10	3.245 8	3.971 3	3.380 4	3.197 4	3.043 7

表 7-5 地形地貌参数重新赋值结果示例（东区）

样本位置编号	H'	S'	A'	T'	P'
1	5.366 5	5.453 6	5.140 5	5.559 4	5.589 2
2	5.434 0	5.513 3	5.966 6	5.143 5	5.253 8
3	4.036 6	5.279 3	5.076 7	5.311 5	5.253 8
4	5.397 3	5.284 5	5.547 4	5.757 4	5.253 8
5	5.162 1	5.253 5	5.907 6	5.984 4	5.253 8
6	5.275 3	5.795 5	5.094 6	5.486 6	5.253 8
7	5.308 0	5.731 6	5.803 4	5.539 4	5.253 8
8	5.683 5	5.741 3	5.073 7	5.624 4	5.589 2
9	5.993 4	5.280 6	5.001 7	5.645 4	5.681 3
10	5.019 6	5.622 6	5.435 4	5.438 6	5.253 8

表 7-6　地形地貌参数重新赋值结果示例（全省）

样本位置编号	H'	S'	A'	T'	P'
1	5.366 5	5.453 6	5.140 5	5.559 4	5.589 2
2	5.434 0	5.513 3	5.966 6	5.143 5	5.253 8
3	4.036 6	5.279 3	5.076 7	5.311 5	5.253 8
4	5397 3	5.284 5	5.547 4	5.757 4	5.253 8
5	5.162 1	5.253 5	5.907 6	5.984 4	5.253 8
6	5.275 3	5.795 5	5.094 6	5.486 6	5.253 8
7	5.308 0	5.731 6	5.803 4	5.539 4	5.253 8
8	5.683 5	5.741 3	5.073 7	5.624 4	5.589 2
9	5.993 4	5.280 6	5.001 7	5.645 4	5.681 3
10	5.019 6	5.622 6	5.435 4	5.438 6	5.253 8

7.3　落雷孕灾环境敏感度综合指标构建

熵权法对正向指标和负向指标分别做如下处理，正向指标即对目标结果有正向作用的指标，其中正向指标：

$$y_{ij}=\frac{x_{ij}-\min(x_{ij})}{\max(x_{ij})-\min(x_{ij})}$$

负向指标：

$$y_{ij}=\frac{\max(x_{ij})-x_{ij}}{\max(x_{ij})-\min(x_{ij})}$$

式中，x_{ij}是经过重新赋值的原始矩阵 $\boldsymbol{G}_0$ 中的元素。重新赋值后的 5 种地形地貌指标都等效为正向指标。

进一步做如下处理得到标准化后的矩阵 $\boldsymbol{G}$：

$$g_{ij}=y_{ij}/\sum_{i=1}^{m}y_{ij}$$

$$\boldsymbol{G}_{m\times n}=\begin{bmatrix} g_{11} & g_{12} & \cdots & g_{1n} \\ g_{21} & g_{22} & \cdots & g_{2n} \\ \vdots & \vdots & & \vdots \\ g_{m1} & g_{m2} & \cdots & g_{mn} \end{bmatrix}$$

再求各地形地貌评估指标的熵权。首先计算各地形地貌评估指标的熵值，计算公式如下所示：

$$E_j=-\frac{\sum_{i=1}^{m}g_{ij}\ln g_{ij}}{\ln m}$$

式中，E_j 为指标 j 的熵。

进一步利用熵计算各指标的熵权μ_j，计算公式如下：

$$\mu_{\mathrm{j}}=\frac{1-E_j}{\sum_{j=1}^{n}(1-E_j)}$$

计算得到云南省东部分区海拔高度、坡度、坡向、地形位置指数、地表覆盖类型的熵权分别为 0.124 7、0.031 1、0.013 0、0.704 0、0.127 2；云南省西部分区海拔高度、坡度、坡向、地形位置指数、地表覆盖类型的熵权分别为 0.869 5、0.039 2、0.003 0、0.012 5、0.075 8；全省海拔高度、坡度、坡向、地形位置指数、地表覆盖类型的熵权分别为 0.506 1、0.034 6、0.006 2、0.351 8、0.101 3。

在云南省西部地区，地势起伏与海拔变化较大，故海拔指数的影响权重明显大于其他几个因素，地表覆盖类型指数的影响权重次之，然后是坡度指数、地形位置指数，其中坡向的影响权重最小。

在云南省东部地区，地势起伏与海拔变化较为平缓，故海拔指数的影响权重明显小于西区，为 0.124 7。其地形位置指数权重占比最大，为 0.704 0。然后是地表覆盖类型指数、坡度指数，其中坡向的影响权重最小。因各坡向地闪密度变化较小，不论东区还是西区，其影响权重都为最小值。

利用求得的熵权构建考虑地形地貌的落雷孕灾环境敏感度综合指标，其由海拔高度分量、坡度分量、坡向分量、地表覆盖类型分量、地形位置指数分量共 5 个分量相加构成，东、西分区具体公式分别如下：

东：$D_1=0.124\,7D_{H1}+0.031\,1D_{S1}+0.013\,0D_{A1}+0.704\,0D_{T1}+0.127\,2D_{P1}$

西：$D_2=0.869\,5D_{H2}+0.039\,2D_{S2}+0.003\,0D_{A2}+0.012\,5D_{T2}+0.075\,8D_{P2}$

全省：$D_3=0.506\,1D_{H3}+0.034\,6D_{S3}+0.006\,2D_{A3}+0.351\,8D_{T3}+0.101\,3D_{P3}$

式中，D 为落雷孕灾环境敏感性综合评价指标；D_H 为重新赋值且标准化后的海拔高度指标值，D_S 为重新赋值且标准化后的坡度指标值，D_A 为重新赋值且标准化后的坡向指标值，D_P 为重新赋值且标准化后的地表覆盖类型指标值，D_T 为重新赋值且标准化后的地形位置指数指标值。

7.4　典型多地闪地形特征落雷孕灾环境敏感度分析

在云南省范围内随机选取 2 000 个样本点，提取每个样本点的地闪密度值，根据样本在不同地闪密度等级中的占比，对应的以相同的比例将落雷孕灾环境敏感度从低到高划分为低敏感区、中敏感区、高敏感区和强敏感区 4 个等级，具体范围如表 7-7 所示。

表 7-7　落雷孕灾环境敏感度等级划分

地闪密度等级	敏感度等级范围
少雷区[0~0.78 次/($km^2 \cdot a$)]	低敏感区（$0 \leqslant D < 6.17 \times 10^{-4}$）
中雷区[0.78~2.78 次/($km^2 \cdot a$)]	中敏感区（$6.17 \times 10^{-4} \leqslant D < 7.83 \times 10^{-4}$）
多雷区[2.78~7.98 次/($km^2 \cdot a$)]	高敏感区（$7.83 \times 10^{-4} \leqslant D < 10.44 \times 10^{-4}$）
强雷区[≥7.98 次/($km^2 \cdot a$)]	强敏感区（$D \geqslant 10.44 \times 10^{-4}$）

依据落雷孕灾环境敏感度以及 5 个指标分量，进一步分析典型多地闪地形特征场景易引发雷击的原因。计算所有样本数据的平均敏感度值为 9.84×10^{-4}，不同地形特征场景的敏感度值如表 7-8 所示。地形特征 1 中样本的平均敏感度值为 16.95×10^{-4}，地形特征 2 中样本的平均敏感度值为 14.22×10^{-4}，地形特征 3 中样本的平均敏感度值为 14.83×10^{-4}，地形特征 4 中样本的平均敏感度值为 16.32×10^{-4}，四类典型的多地闪地形特征场景都处于强敏感区。

表 7-8　不同地形特征场景落雷孕灾环境敏感度

不同地形特征场景	敏感度值 D	样本敏感度均值 D_0	$(D-D_0)/D_0$
1	16.95×10^{-4}	9.84×10^{-4}	+72.26%
2	14.22×10^{-4}		+44.51%
3	14.83×10^{-4}		+50.71%
4	16.32×10^{-4}		+65.85%

对于不同的地形特征场景，计算各指标分量大小并与样本均值对比，分析造成这种地形特征下落雷孕灾环境敏感度高的原因。对于地形特征 1：1 247~1 532 m 较低海拔高度区域内，靠近山脊的东向山坡，计算结果如图 7-13 所示，可以看出，场景 1 敏感度中的地形位置指数分量占比最大，且远远高于样本均值，达到 8.47×10^{-4}，因此靠近山脊或山顶是地形特征 1 较易引发雷击的主要原因。另外坡向分量也超过了样本的平均水平。

对于地形特征 2：500~1 247 m 低海拔丘陵山地中，南向及西南向爬坡林地，计算结果如图 7-14 所示，可以看出，该特征场景下，敏感度的海拔分量占比最大，达到 32%，且海拔分量、坡向分量和地形位置指数分量均大于样本均值，坡度分量和地表覆盖类型分量与均值接近，故地形特征2由于低海拔、南向及西南向山坡的特征而导致落雷频繁。

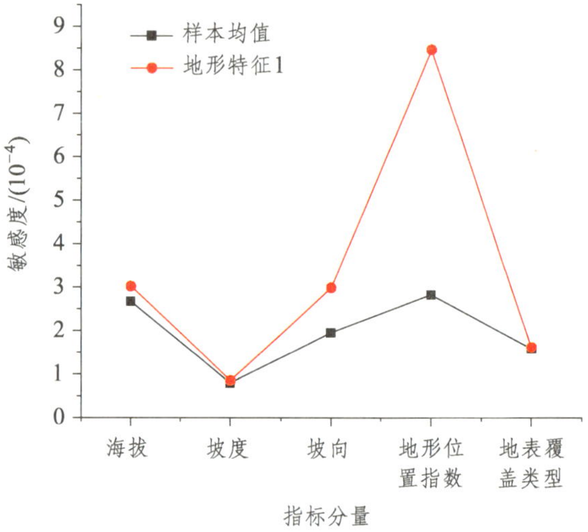

图 7-13　落雷孕灾环境敏感度各指标分量大小：地形特征 1

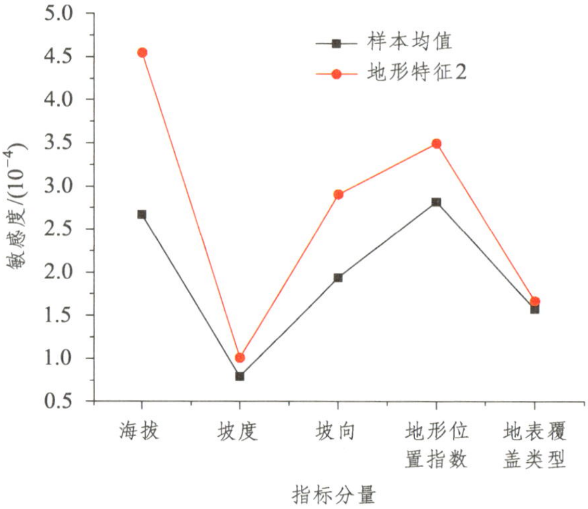

图 7-14　落雷孕灾环境敏感度各指标分量大小：地形特征 2

对于地形特征 3：城市建设用地，计算结果如图 7-15 所示，地表覆盖类型分量远远大于样本均值，占比超过了 32%。由于城市居民区多建于较平坦的区域，故其地形位置指数分量较小；而坡度分量虽然也大于样本均值，但由于坡度的权重最小，其对敏感度的影响较小。总体而言，地表覆盖类型是该场景地闪活动频繁的主导因素。

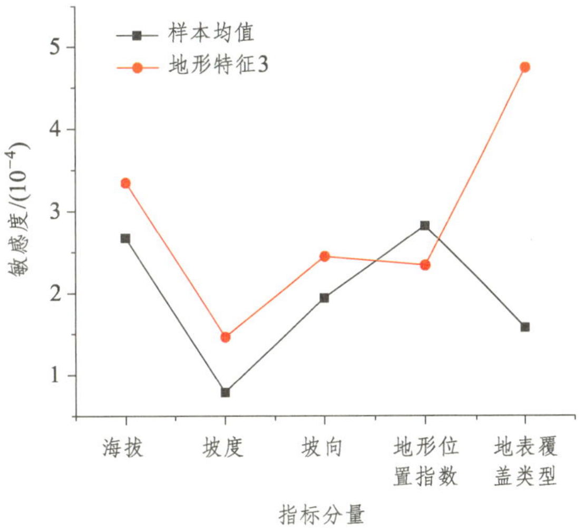

图 7-15　落雷孕灾环境敏感度各指标分量大小：地形特征 3

对于地形特征 4：2 031~2 925 m 高海拔区域，开垦于陡坡或山顶山脊位置的农田耕地，计算结果如图 7-16 所示，可以看到场景 4 的地形位置指数分量相对较大，达到 6.93×10^{-4}，且地表覆盖类型分量也大于样本均值，故其陡坡或山顶山脊位置以及农田耕地覆盖类型的特征是导致落雷风险大的原因。从地闪密度的统计结果来看，地形特征 4 的落雷情况最严重，但从敏感度分析结果来看其并非敏感度值最大的场景，分析认为是由于一般农田耕地都在城市建设区域近郊或靠近人类聚居地，一定程度上受城市热岛效应和人类活动的影响，同时对于水田还需考虑土壤电阻率与周围的差异造成的影响。

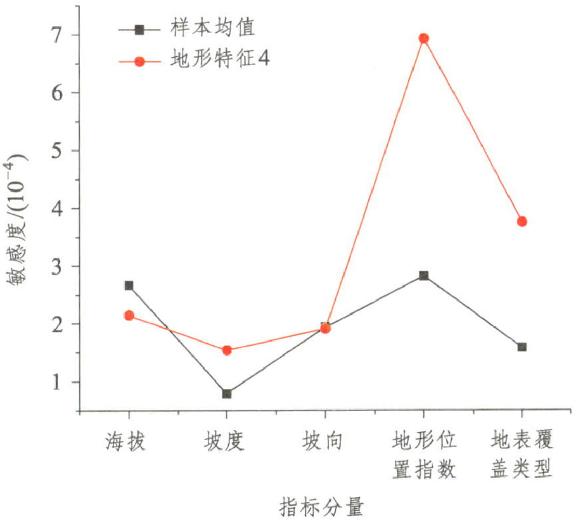

图 7-16　落雷孕灾环境敏感度各指标分量大小：地形特征 4

7.5 典型区域落雷孕灾环境敏感度分析验证

选取典型区域计算落雷孕灾环境敏感度，如图 7-17~7-19 所示，选取 3 个区域做分析，区域一：东经 99.87°~100.17°，北纬 22.24°~22.54°的区域，其包含了大片山区、林地、城镇等地形地貌，地形复杂度较高；区域二：东经 100.53°~100.06°，北纬 25.36°~25.66°的区域，其包含了水域、山脊、山谷等地形地貌；区域三：东经 103.25°~103.48°，北纬 23.14°~23.37°的区域，其包含了城镇、林地、耕地等地形地貌。其中区域一、二在云南省西区，区域三在云南省东区。

图 7-17 区域一

图 7-18 区域二

图 7-19 区域三

以改进网格法统计该区域 2010—2019 年这十年的地闪密度情况，其中统计区域取半径 1 km 的圆形区域，核心区域取 200 m×200 m 的矩形网格，并绘制该区域的地闪密度分布图如图 7-20 所示。

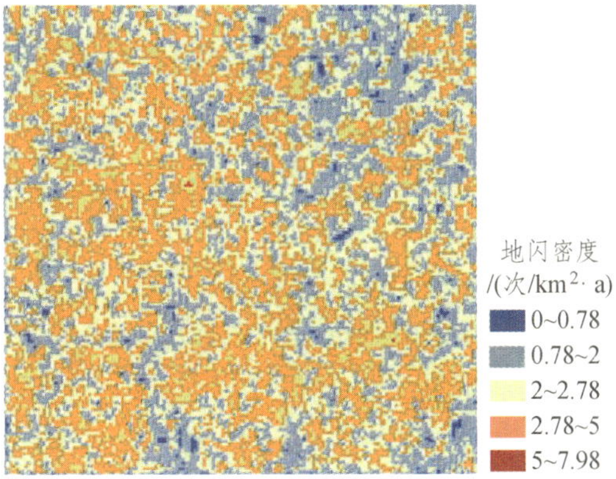

图 7-20　区域一地闪密度分布

以 200 m×200 m 的网格将典型区域划分为 22 500 个均匀网格，计算并绘制落雷孕灾环境敏感度分布图如图 7-21 所示。

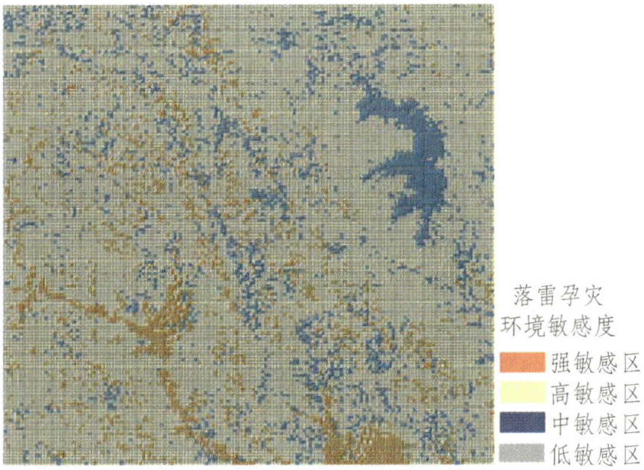

图 7-21　区域一落雷孕灾环境敏感度分布

进一步以所有网格数据为样本，对地闪密度和孕灾环境敏感度进行相关性分析，采用 Spearman 相关性分析进行计算，Spearman 秩相关系数是用来度量两个变量之间单调相关关系的统计量，它与变量的具体数值大小无关，只与变量间的相对大小有关。

采用 7.3 节中全省公式计算得到地闪密度与落雷孕灾环境敏感度之间相关系数为 0.112。采用西区公式计算得到相关系数为 0.207。

以相同的方法做出区域二与区域三地闪密度图与落雷孕灾环境敏感度分布图，如图 7-22~7-25 所示。

采用 7.3 节中全省公式计算得到地闪密度与落雷孕灾环境敏感度之间相关系数为 0.127。采用西区公式计算得到相关系数为 0.241。

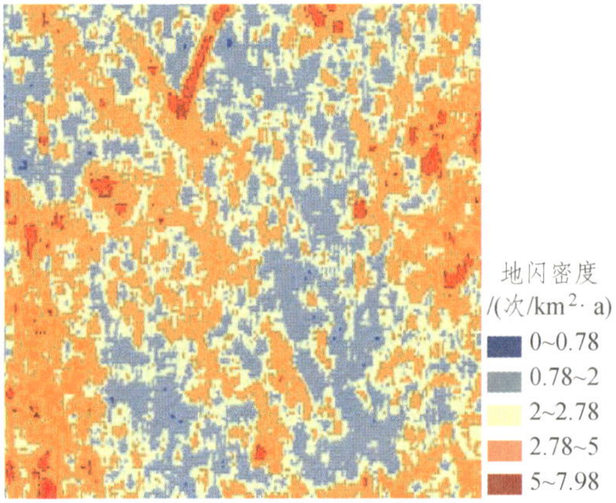

图 7-22　区域二地闪密度分布

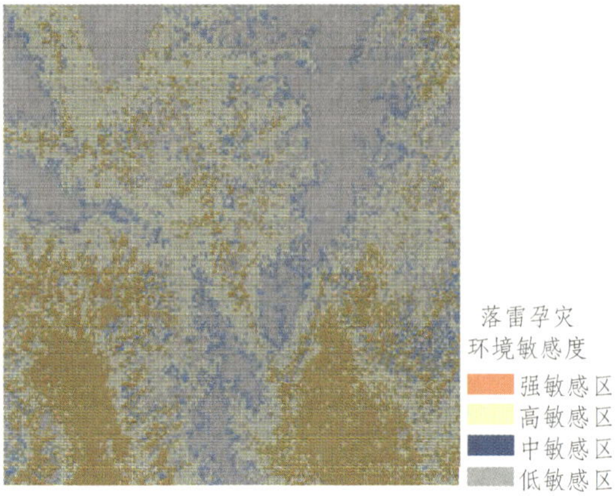

图 7-23　区域二落雷孕灾环境敏感度分布

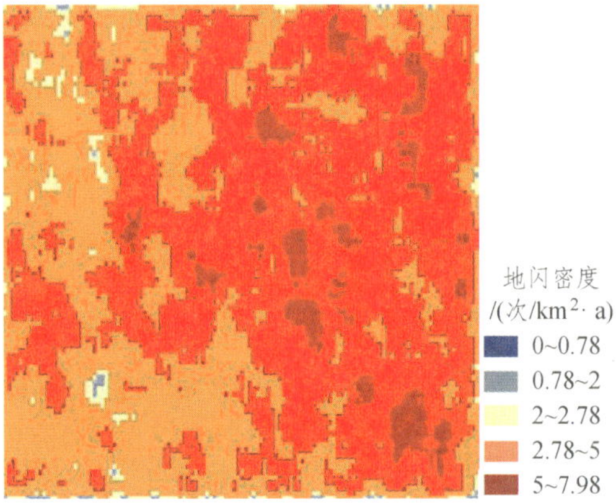

图 7-24　区域三地闪密度分布

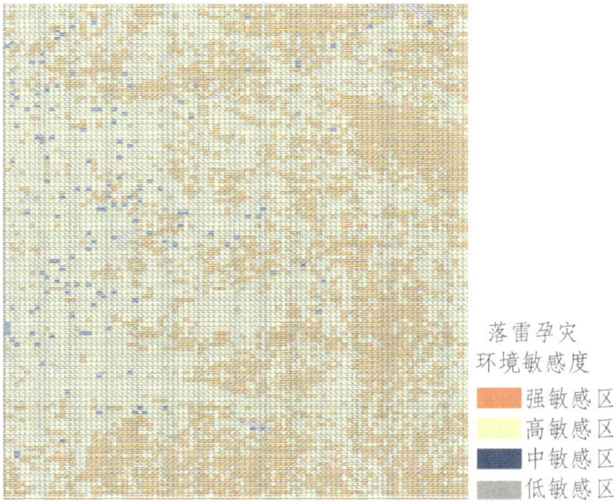

图 7-25　区域三落雷孕灾环境敏感度分布

采用 7.3 节中全省公式计算得到地闪密度与落雷孕灾环境敏感度之间相关系数为 −0.030 6。采用东区公式计算得到相关系数为 0.256。

如表 7-9 所示，东西分区能在一定程度上提高地闪密度与落雷孕灾环境敏感度的相关性。本节结合各孕灾因子的统计特性改进熵权法重新赋值过程，并计算各地形地貌孕灾因子权重的评估方法，能够构建较综合的落雷孕灾环境敏感度指标，可以较好地从地形地貌特征的角度评估典型区域的落雷风险。雷电孕灾环境的敏感性受多种因素影响，除地形地貌外，还有如特殊地质条件、土壤电阻率、人类流动聚集区、气象变化等。这些影响因素由于目前没有详细的分布数据，作为敏感度定量指标的准确性较低，相关定量评估工作需要从数据源着手进一步开展。

表 7-9　相关系数

区域	东区/西区	全省
一	0.207	0.112
二	0.241	0.127
三	0.256	−0.030 6

落雷孕灾环境敏感度分布的主要作用有两点：一是在 LLS 站点较少的地方，落雷孕灾环境敏感指数可以作为该地区落雷风险的参考；二是在地闪密度图的分辨率很多都在 1 km 的地方，用于典型场景的分辨率较高，不能很好地对微地形等进行分析，而落雷孕灾环境敏感度分布的分辨率最小可以与 DEM 数据的分辨率一致，到达 30 m 或 10 m，精度较高。

7.6　本章小结

选择熵权法分析计算各地形地貌因素对落雷孕灾环境的影响权重，可以充分体现每个指标中的信息，不受主观因素的影响，满足落雷孕灾环境影响因子权重计算的要求，并分析了其原理及实现步骤。并进一步利用熵权法计算 5 种落雷孕灾环境影响指标的权重，建立落雷孕灾环境敏感度综合评价体系，解释典型场景落雷频繁的原因，从地形地貌特征的角度评估典型区域的落雷风险。得到的主要结论如下：

计算得到云南省东部分区海拔高度、坡度、坡向、地形位置指数和地表覆盖类型的熵权分别为 0.124 7、0.031 1、0.013 0、0.704 0、0.127 2；云南省西部分区海拔高度、坡度、坡向、地形位置指数和地表覆盖类型的熵权分别为 0.869 5、0.039 2、0.003 0、0.012 5、0.075 8。验证云南省典型区域地闪密度与落雷孕灾环境敏感度的相关性，说明用落雷孕灾环境敏感度可以较合理从地理环境的地形地貌特征的角度评估典型区域的落雷风险。

第 8 章　输电线路雷害故障影响因子权重计算研究

本章统计了云南省近 10 年全省全部跳闸杆塔数据共 2 600 多条，剔除数据质量不良的，剩余 2 000 条可用数据，作为之后杆塔跳闸率修正训练集及验证集。本章着重介绍杆塔及杆塔周围地区属性的提取，建立雷击跳闸杆塔数据集。

8.1　落雷信息

8.1.1　基于圆域统计法的雷电特征参数统计

雷暴日、落雷频次、地闪密度、地闪强度等是描述雷电活动的主要参数。前面章节中用相关性系数方法来分析雷击故障位置和利用网格法统计的地闪密度，以此来验证地闪密度是否可以反映雷击故障的发生概率，结果表明两者之间存在正相关性，说明利用雷电监测数据计算得到的地闪密度分布情况可以有效地表征区域地闪活动的强弱。本节统计杆塔地闪密度时采用圆域统计法。

8.1.1.1　圆域统计法的原理

本节采用基于圆域的统计方法进行样本位置点的地闪密度和地闪强度计算，即以样本位置点为统计中心、以一定半径的圆为统计区域进行落雷频次和雷电流幅值的统计，其原理示意图如图 8-1 所示。

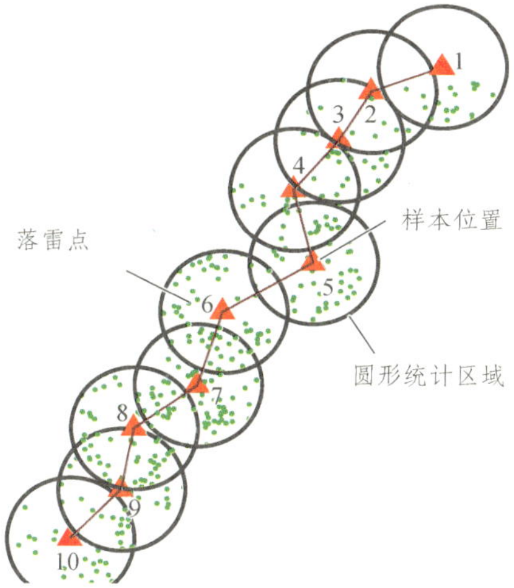

图 8-1　特定位置圆域雷电参数统计法示意图

地闪密度计算公式如下：

$$N_G = \frac{1}{m\pi R^2}\sum_{i=1}^{m} P_i$$

地闪强度计算公式如下：

$$I_G = \frac{1}{mn}\sum_{i=1}^{m}\sum_{j=1}^{n} I_j$$

式中，N_G为目标点地闪密度值，次每平方千米每年[次/(km^2·a)]；m为统计周期，a；R为圆形统计区域半径，km；P_i为第i年统计区域内的落雷频次；I_G为地闪强度，kA；I_j为统计区域内第j次落雷的雷电流幅值的绝对值；n为某一统计区域内的落雷频次。通过选择合适的统计半径R，可以得到能反映特定位置周边实际雷电活动情况的特征参数。

8.1.1.2 不同统计半径对统计结果的影响

基于圆域统计方法统计样本位置点的雷电参数，圆域半径的选取也会对统计结果造成不可忽略的影响，特别对于地形复杂度高的山地区域，山区海拔悬殊、山岭纵横，在局部范围内地形会有较大变化。为了研究不同地形对地闪活动的影响，需要体现不同地形下落雷情况的差异性，因此需要明确局部地形对地闪活动的影响范围，并以这个范围作为地闪密度的统计范围。为了确定雷电活动参数统计半径R，本节选取多个典型山区地形区域进行不同局部地形下统计半径对地闪密度统计结果的影响分析。选取的典型区域如图8-2所示，该区域包含了明显的平地、山谷、爬坡和山顶地形。

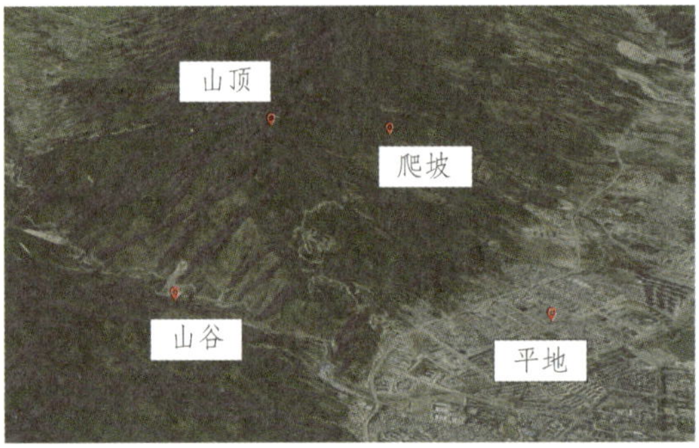

图 8-2　典型山区地形

利用2010—2019年共10年的雷电定位数据，选取四个不同地形的典型位置，如图8-3标注的点所示。设置半径200~2 400 m的缓冲区，统计不同半径缓冲区内平均地闪密度值。

对不同地形位置下地闪密度随统计半径的变化情况做对比分析，结果如图8-4所示。山顶处的地闪密度随统计半径的增大呈现逐渐减小的趋势，且变化幅度最大，统计半径从200 m增大到400 m时地闪密度变化幅度最明显，地闪密度最高达24.1次/(km^2·a)，当统计半径大于1 500 m后，地闪密度小于4.0次/(km^2·a)。山谷处地闪密度呈现先减小后增大的趋势，其中拐点为半径 400 m；平地位置则呈现地闪密度先增大后减小的趋势，而爬坡地形变化相对较小，大致呈逐渐增大的趋势。当统计半径较小，在 200~400 m 范围内时，由于雷电定位系统定位精度的限制，地闪密度的统计数据具有较大的随机性，不同地形位置的地闪密度相对大小随统计半径变化而剧烈变化；当统计半径大于 1 200 m 时，不同地形位置的地闪密度值趋于平均，说明统计范围的扩大削弱了某一地形对雷电活动的影响。综合考虑，本节选取 1 km 作为统计区域的半径，可以在满足雷电定位系统精度要求的同时充分体现不同地形雷电活动的差异性。

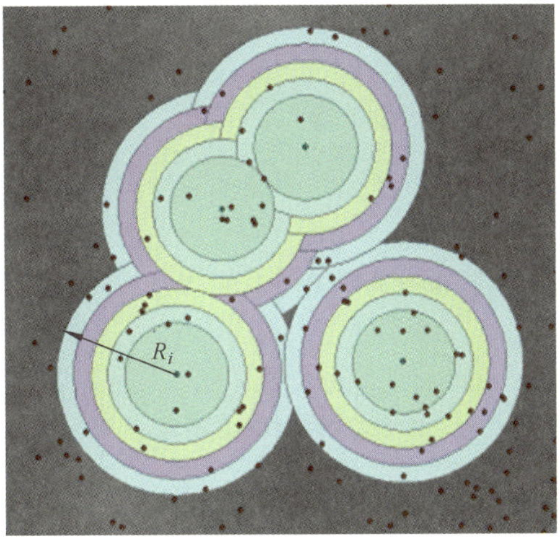

图 8-3　不同缓冲区地闪密度统计

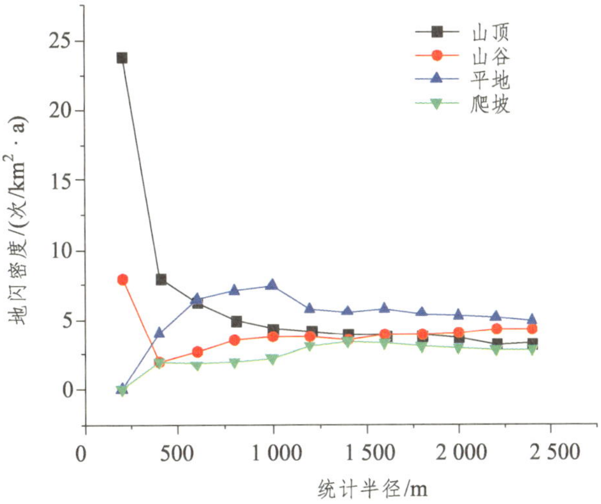

图 8-4　不同统计半径下地闪密度变化结果

8.1.2 雷电流幅值 a、b 值统计

首先在杆塔周围建立半径为 1 km 的圆域缓冲区，提取出云南近 10 年内落在缓冲区内的雷电数据，之后再进行拟合。

8.1.2.1 原型函数及拟合准则

IEEE 推荐的雷电流幅值累积概率分布公式为

$$P(>I)=\frac{1}{1+\left(\frac{I}{a}\right)^{b}}$$

式中，I 为雷电流幅值，kA；$P(>I)$ 为雷电流幅值超过 I 的概率；a、b 为待定参数，IEEE 推荐 a=31、b=2.6。

IEEE 推荐参数是综合全球雷电流幅值的平均结果，雷电活动随时间空间变化的差异性很大，不宜直接采用该平均结果，实际应用中往往根据某个时间段内某个特定地区或线路走廊的雷电地闪监测数据拟合得到。I 的取值，理论上是(0, ∞)，但自然雷电地闪中 200 kA 以上的雷电流已属罕见，因此雷电流幅值累积概率公式的拟合，本质是利用一个区间如[0, 150]或[0, 200]等之上的观测统计散点近似代表(0, ∞)上的分布曲线。

定义函数，即本节要进行拟合的原型函数为

$$P(>x)=\frac{1}{1+\left(\frac{x}{a}\right)^{b}}$$

式中，自变量 x 表示雷电流幅值，$x \geqslant 0$；因变量 y 表示雷电流幅值超过 x 的概率；a、b 为待定参数。在已获得一定数量的雷电地闪监测数据情况下，统计计算得出 I 从小至大顺序取不同值时对应的 $P(>I)$ 值，即取得 N 个统计散点 $(X_1,Y_1),(X_2,Y_2),\cdots,(X_N,Y_N)$。统计散点应尽可能接近最终拟合曲线，判断这种“接近程度”的准则，常用为最小二乘准则，其误差定义为

$$R=\sum_{j=1}^{N}[Y_j-y(X_j)]^2$$

式中，R 为 N 个散点的拟合残差平方和(*RSS*)；(X_j, Y_j)为第 j 个散点；j 为散点的序号；$y(X_j)$ 为 $y(x)$ 在 X_j 处的函数值。记 a 的拟合值为 a^*，b 的拟合值为 b^*，显然，若 a^*、b^* 使 R 值

越小，说明该拟合方法越好。

得到雷电流幅值累积概率分布后，对其进行微分即可得到雷电流概率密度，即

$$P(=I)=\frac{1}{1+\left(\frac{I}{a}\right)^{b}}b$$

8.1.2.2　“中值电流”法

a 的物理意义为中值电流，即 $p(>a)=0.5$，以纵轴取值 0.5 画水平线与函数曲线相交，交点横坐标则为 a。b 的物理意义为曲线陡度，b 值越大，曲线越陡、衰减越快。“中值电流”法是基于 a 的物理意义，在 N 个散点中确定纵坐标最接近 0.5 的点，求解出 a^* 值，再计算出 b^* 值。在 N 个散点中，若恰好存在 $Y_k=0.5$（通常很难出现）则直接拟合得出 $a^*=X_k$。若不存在 $Y_k=0.5$ 的散点，则在 0.5 附近找出最近的 (X_m,Y_m)、(X_{m+1},Y_{m+1}) 两点，且满足 $Y_m>0.5>Y_{m+1}$，过 (X_m,Y_m)、(X_{m+1},Y_{m+1}) 两点作直线，与 $y=0.5$ 交点横坐标即认为是 a^*，即在局部线性化找出中值电流，线性方程如下：

$$a^*=\frac{(0.5-Y_m)(X_{m+1}-X_m)}{Y_{m+1}-Y_m}+X_m$$

在任意散点处代入坐标值和已拟合得出的 a^* 值，均可计算出一个 b 的拟合值 b^*，综合考虑求取平均值较好，即

$$b^*=\frac{1}{N}\sum_{j=1}^{N}\frac{\ln(Y_j^{-1}-1)}{\ln\left(\frac{X_j}{a^*}\right)}$$

式中，j 为散点序号；(X_j,Y_j) 为第 j 个散点坐标；a^* 为上一步通过中值电流得到的参数 a 的拟合值；b^* 为本方法所得参数 b 的拟合值。

8.1.3　地形地貌类型及水域密度提取

8.1.3.1　地形地貌类型

关于杆塔所处位置海拔、坡度、坡向、地表覆盖类型等提取在第 2 章有详细说明，此处不再赘述。

形中利用提取山脊线的方法进行提取。基于 DEM 利用水文分析的方法提取山脊线和山谷的技术流程如图 8-8 所示。

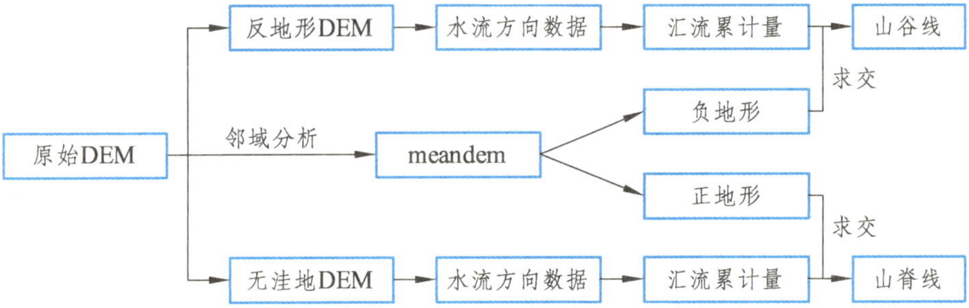

图 8-8　算法思想图

垭口地形主要提取位置集中在山顶点、山谷点以及山脊线、山谷线构成的特征线交汇处。即成山脊等地形连线之间正交的凹凸焦点位置，绝大多数处于山脊相对的汇水面区域。周启鸣等将垭口地形定义为位于成正交的凸凹线的交点处，又称交线点。因而，可以认为垭口位于山脊上相对汇水的区域。

8.1.4.2　微地形提取步骤

（1）获取高程数据。

获取分析待区域数字高程数据，是通过有限的地形高程数据实现对地面地形的数字化模拟（即地形表面形态的数字化表达），它是用一组有序数值阵列形式表示地面高程的一种实体地面模型，是数字地形模型（Digital Terrain Model，DTM）的一个分支，其他各种地形特征值均可由此派生。

（2）提取正负地形。

首先对 DEM 焦点统计，其用于计算输出栅格数据的邻域运算，各输出像元的值是其指定邻域范围内所有输入像元值的函数。从概念上讲，此算法在执行过程中将访问栅格中的每个像元，并且根据识别出的邻域范围计算出指定的统计数据。要计算统计数据的像元称为待处理像元。待处理像元的值以及所识别出的邻域中的所有像元值都将包含在邻域统计数据的计算中。

如图 8-9 所示，通过图中值为 5 的待处理像元演示焦点统计计算总和统计值的邻域处理过程，指定一个 3×3 的矩形邻域。邻域像元值的总和（3+2+3+4+2+1+4=19）与待处理像元的值（5）相加等于 24（19+5=24）。因此，输入栅格中该待处理像元位置的输出值为 24。之后对原始 DEM 数据与邻域分析之后的数据做减法运算，并将运算结果重分为两级，分级界线为 0，那么大于 0 的区域在原始 DEM 上就是正地形区域，小于 0 的区域在原始 DEM 上就是负地形区域。

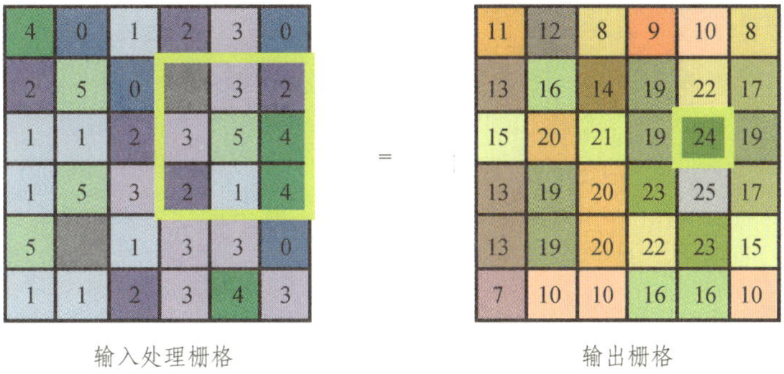

图 8-9　焦点统计示例

（3）填洼与流向。

基于区域高程数据，对洼地进行填充。洼地（和突起）是由于数据的分辨率或将高程四舍五入最近的整数值而产生的常见错误，所以需要对原始 DEM 数据进行填洼处理，以确保盆地和河流得以正确划界。如果未对洼地进行填充，则生成的水系网络可能会呈现不连续性。图 8-10 为填洼过程演示。

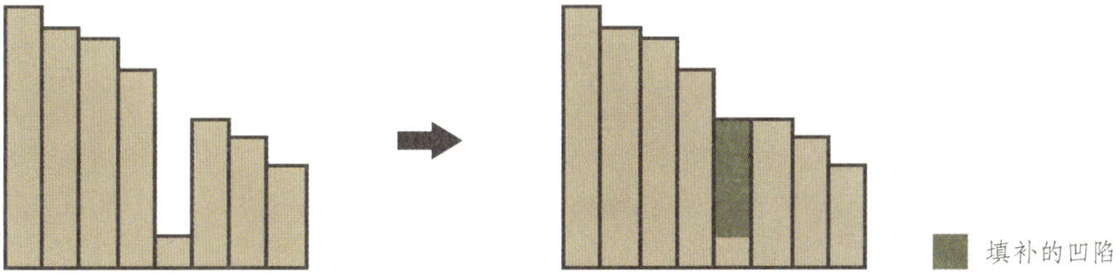

图 8-10　填洼示例

之后采用 D_8 算法实现栅格的流向分析。按照相邻单元最大的下游坡度对流入栅格的水流进行分配，提出了 D_8 算法。这两种算法均假设单个栅格中的水流按最陡坡度方向流入与之相邻的 8 个栅格中的某个栅格，由此确定水流方向。D_8 算法的原理为假定中心单元只从相邻的 8 个单元中坡度最大的那个单元流出，相邻的单元与中心单元进行坡度计算，坡度计算公式为：

$$\text{Scope}=\Delta H / S$$

式中　ΔH ——中心单元与相邻单元的高程差，m；

S——水流经过的距离，m。

流向工作原理及示意如图 8-11 所示。计算像元中心之间的距离，如果像元大小为 1，则两个正交像元之间的距离为 1，两个对角线像元之间的距离为 1.414（2 的平方根）。如果多个像元的最大下降方向都相同，则会扩大相邻像元范围，直到找到最陡下降方向为止。找到最陡下降方向后，将使用表示该方向的值对输出像元进行编码。如果所有相邻像元都比待处理像元高，则会将该待处理像元视为噪点，并使用其相邻像元的最低值进行填充，该待处理像元具有朝向本身的流向。但是，如果单像元汇点位于栅格的实际边缘附近或至少具有一个 NoData 像元作为相邻像元，则会由于邻域信息不足而不能对其进行填充。要将某个像元视为真实单像元汇点，必须存在所有邻域信息。

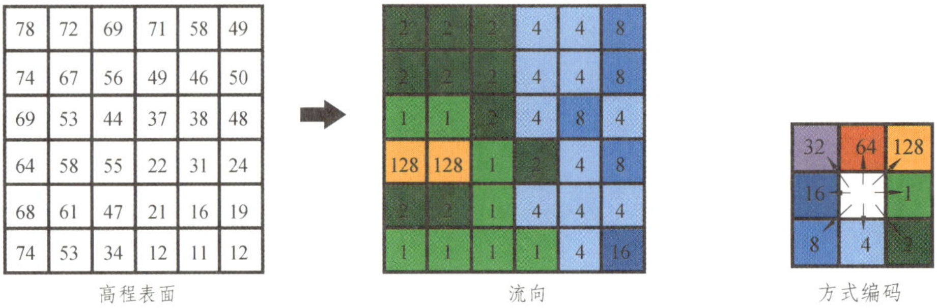

图 8-11　流向原理示例

（4）流量与流量零值计算。

经过流向分析后，依据水流流动方向，计算流量累积。方法：本节中的流量累计并非实际河流中的河流流量，是一种空间概念。流量累计是通过降雨径流过程中水位方向确定的，依据栅格 DEM，将其抽象为一个个的格子，流量的累计量为一个格子流入另一个格子产生的累计量。将每个格子的初始净雨量设置为一个单元，依据图中的水流流向，在下一个单位时间内，每个格子内的流量累计量如图 8-12 中结果所示。

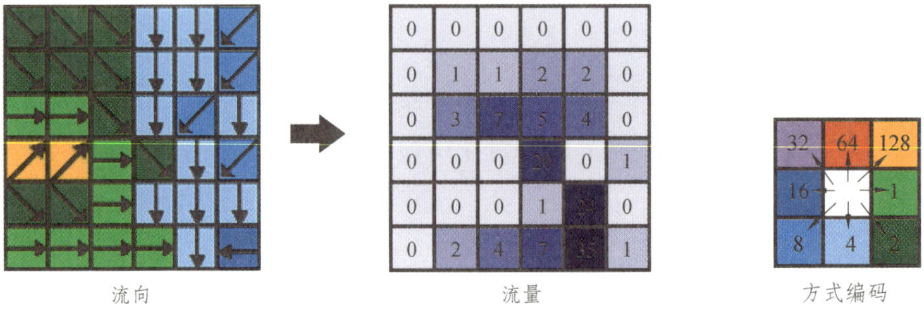

图 8-12　流量原理示例

所得汇流累积量零值数据一般会比较杂乱，有一些栅格并不是山脊线，应对这个数据进行处理。处理过程可以利用邻域分析的方法，对提取出的汇流累积量等于零值的数据进行 3×3 邻域分析进行光滑处理。

（5）提取山脊线与山谷线。

打开上一步处理后数据的属性信息，进行重新分类，将分类级别设置为两类，不断的调整分界数据大小，并以由 DEM 生成的等值线图和晕渲图为辅助判断数据。数据属性值越接近于 1 的栅格越有可能是山脊线的位置。对于山谷线而言，由于其具有汇水的性质，那么对于山谷线的提取，可以利用反地形的特点，即利用一个较大的数值减去原始的 DEM 数据，得到了与原始地形完全相反的地形数据，也就是原始的 DEM 中的山脊变成负地形的山谷，而原始 DEM 中的山谷在负地形中就变成了山脊，那么，山谷线的提取就可以在负地形中利用提取山脊线的方法进行提取。

（6）提取垭口。

对原始 DEM 进行最大值的焦点统计，与原始 DEM 相减为零的点为山顶点。相邻两山头之间呈马鞍形的低凹部分称为垭口，垭口是两个山脊和两个山谷会合的地方。垭口点是重要的地形控制点，它和山顶点、山谷点以及山脊线、山谷线等构成的地形特征点线，具有对地形具有很强的控制作用。将提取出的山脊线数据和山谷线数据利用栅格计算器工具进行相乘运算，得到的结果再与正地形数据进行相乘运算，就得到了垭口点的栅格形式数据。

（7）提取迎风坡、背风坡。

本节规定研究区域内除山脊、山谷和垭口地形外的区域为山坡区域，采用邻近气象站的夏季风向数据与山坡坡向进行对比，从而划分迎风坡和背风坡。具体做法为：提取每个待识别的山坡单元，循环计算每个山坡单元的坡向，对于每个待分山坡单元，搜索该栅格单元位置最邻近气象站，计算该气象站的多年夏季平均风向，对比坡向和夏季风向，将坡向和风向夹角在 90°以内为山坡单元划分为迎风坡，否则为背风坡。

（8）平地。

ArcGIS 坡度工具可确定栅格表面每个像元处的陡度。坡度值越小，地势越平坦；坡度值越大，地势越陡峭。输出坡度栅格可使用两种单位计算：度和百分比（高程增量百分比）。如果将高程增量百分比视为高程增量除以水平增量后再乘以 100%，就可以更好地理解高程增量百分比。请参考图 8-13 的三角形 *B*。当角度为 45°时，高程增量等于水平增量，所以高程增量百分比为 100%。如三角形 *C* 所示，当坡度角接近直角（90°）时，高程增量百分比开始接近无穷大。

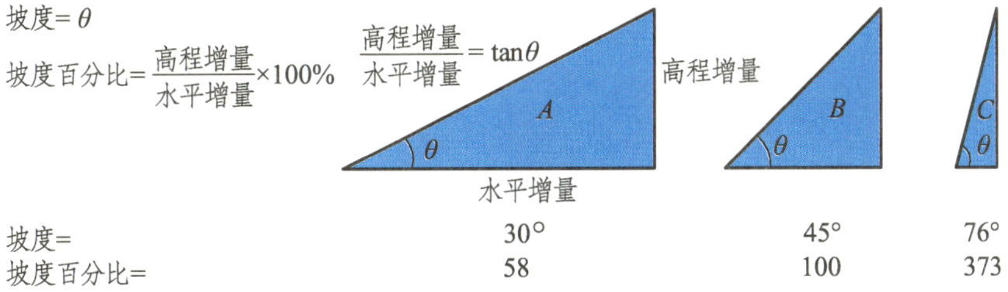

图 8-13　以度和百分比计的坡度值比较

一般来讲，平地一般要求坡度在 0~2%。

8.1.4.3 微地形自动提取实例

选取典型区域进行微地形分类，如图 8-14 所示，选取区域为东经 99.87°~100.17°。北纬 22.24°~22.54°之间的区域，其包含了大片山区、林地、城镇等地形地貌，地形复杂度较高。

图 8-14 选取区域

再利用 ArcGIS 中山体阴影工具绘制出 DEM 的实际轮廓，如图 8-15~8-17 所示。

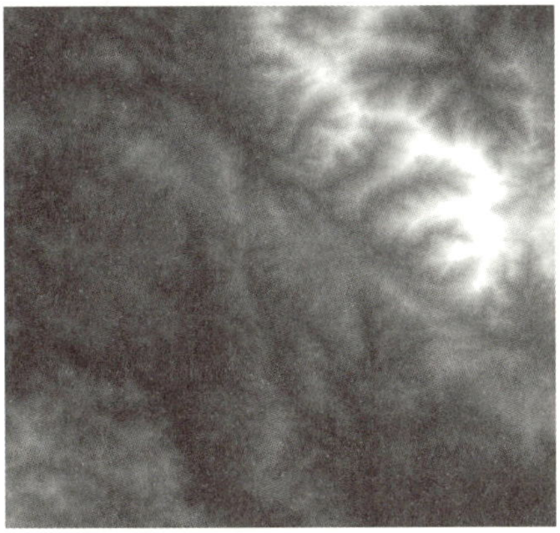

图 8-15　选取区域 DEM

图 8-16　山体阴影

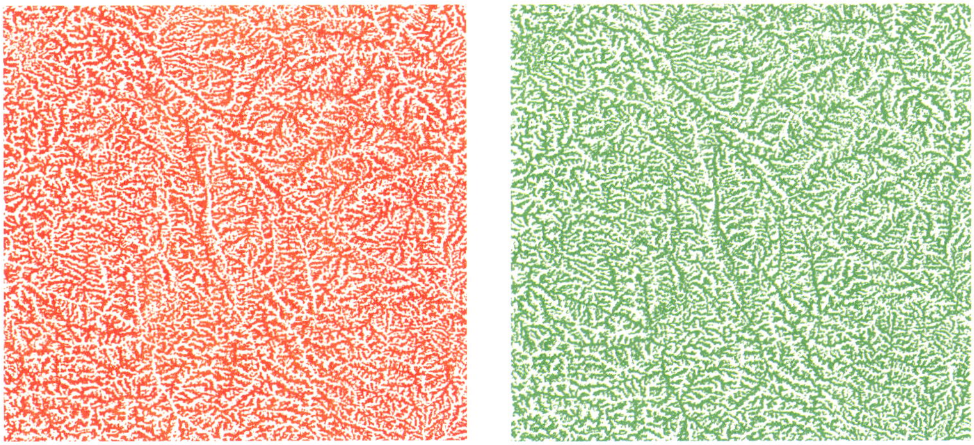

图 8-17　正负地形

提取正负地形：

1. 山脊

（1）洼地填充：双击 hydrology 工具集中的 fill 工具，进行原始 DEM 的洼地点填充。在 Input surface raster 文本框中选择原始 DEM 数据 dem，将输出数据命名为 filldem。因为选择的是将所有洼地全部填充，所有填充容限 Z limit 为默认值。

（2）基于无洼地的水流方向的计算：双击 hydrology 工具集中的 flow direction 工具，在 Input surface raster 文本框中选择填充过的无洼地 DEM 数据 filldem，将输出的水流方向数据命名为 flowdirfill，如图 8-18 所示。

（3）汇流累积量的计算：双击 hydrology 工具集中的 flow accumulation 工具。选择 flowdirfill 作为输入的水流方向数据；输出数据命名为 flowacc1，如图 8-19 所示。

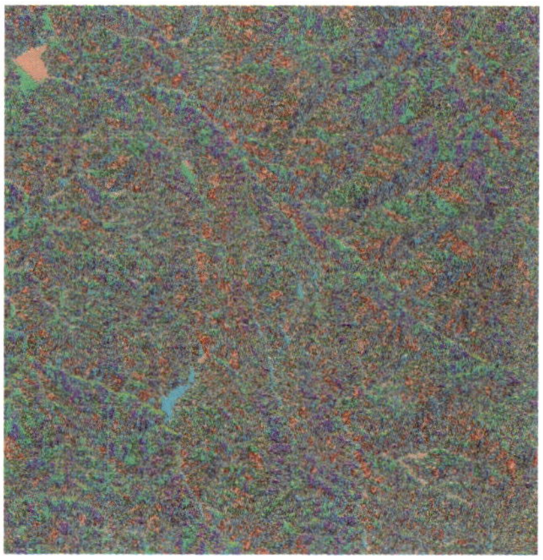

图 8-18　提取流向

图 8-19　提取流量

（4）汇流累积量零值的提取：加载 Spatial Analyst 模块，单击 Spatial Analyst 模块的下拉箭头，然后单击 raster calculator 菜单，打开栅格计算对话框，在文本框中填写汇流累积量零值的提取公式：facc0 = (flowacc = 0)，单击 evaluate 进行计算。计算结果为所有的汇流累积量为 0 的栅格，如图 8-20 所示。

（5）发现所提取出的栅格很乱，有很多的地方并不是山脊线的位置，因此，应对这个数据进行处理。处理过程可以利用邻域分析的方法，对提取出的汇流累积量等于零值的数据进行 3×3 邻域分析，并进行光滑处理，处理后的数据命名为 neiborfacc0，如图 8-21 所示。

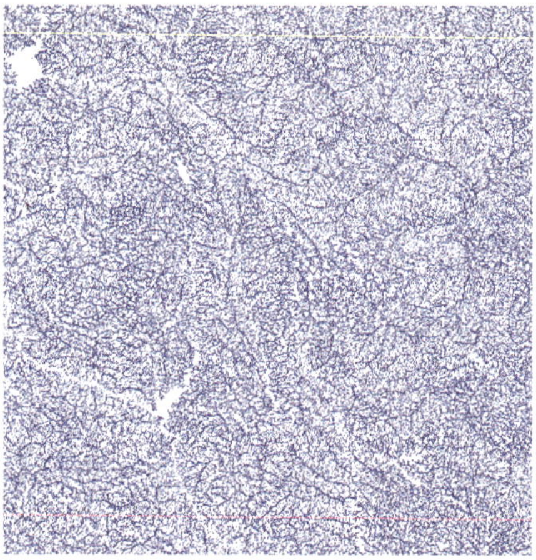

图 8-20　流量零值

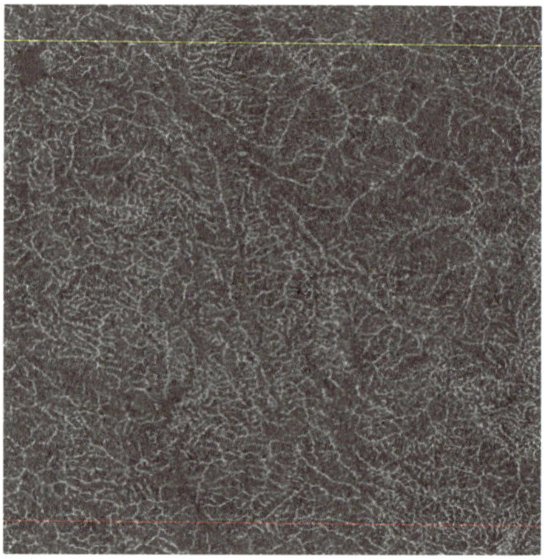

图 8-21　焦点统计

（6）打开 neiborfacc0 数据的属性信息，进行重新分类，将分类级别设置为两类，不断地调整分界数据大小，并以由 DEM 生成的等值线图和晕渲图为辅助判断数据。在 neiborfacc0 中，属性值越接近于 1 的栅格越有可能是山脊线的位置，这里确定的分界阈值为 0.554 1。

（7）将重分类过后的 neiborfacc0 数据与正地形数据 zhengdixing 利用 spatial analyst 菜单下的 raster calculator 进行相乘运算，这样就消除了那些存在负地形区域中的错误的山脊线。然后将计算结果进行重分类，所有属性不为 1 的栅格属性值赋为 NO DATA，就得到了山脊线，如图 8-22 所示。

图 8-22　山脊线

2. 山谷

（1）加载 Spatial Analyst 模块，单击 Spatial Analyst 模块的下拉箭头，单击 options raster calculator 菜单工具，打开栅格计算对话框；在文本框中填写反地形的计算公式：fandem =Abs (dem−2000)，单击 evaluate 进行计算。计算与原始 DEM 地形完全相反的反地形数据。

（2）反地形计算完毕之后，山谷线的提取和山脊线的提取步骤一样，直到最终利用重分类的方法将重新分级的邻域分析后的结果二值化为止。在这里，是不需要对反地形 DEM 进行洼地填充的。计算过程中的数据名称分别为：水流方向数据为 flowdirfan，汇流累积数据为 flowacc2，零值汇流累积量提取数据为 flowacc0fan，对 flowacc0fan 进行均值 3×3 邻域分析后的结果数据为 nbfacc0fan，并将其分级改为两级，分级阈值为 0.656 77。

（3）将重分类过后的数据与负地形数据 fudixing 利用 spatial analyst 菜单下的 raster calculator 进行相乘运算，这样就消除了那些存在在负地形区域中的错误的山脊线。然后将计算结果进行重分类，所有属性不为 1 的栅格属性值赋为 NO DATA，就得到了山谷线，如图 8-23 所示。

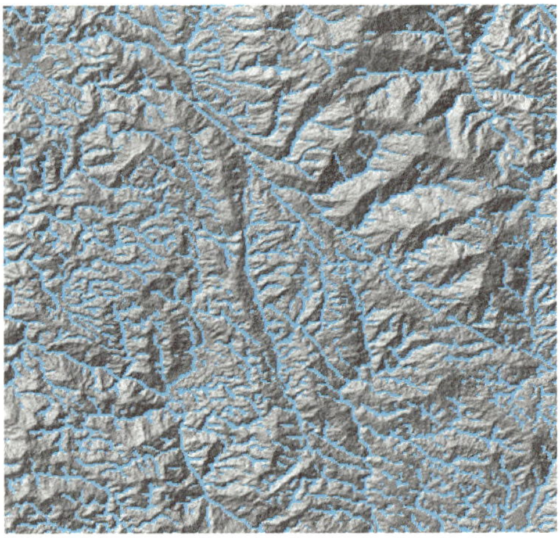

图 8-23　山谷线

3. 垭 口

（1）将提取出的山脊线数据和山谷线数据利用 spatial analyst 菜单下的 raster calculator 的工具进行相乘运算，运算结果命名为 anbuqu。

（2）将上一步中提取出的数据 anbuqu 和正地形数据 zhengdixing 利用 spatial analyst 菜单下的 raster calculator 工具进行相乘运算，得到垭口点的栅格形式数据。

（3）将栅格数据 rasteranbu 进行重分类，所有 0 值和 NO DATA 数据赋为 NO DATA 数据，属性为 1 的值保持不变，重分类之后数据为 rasteranbu2，如图 8-24 所示。

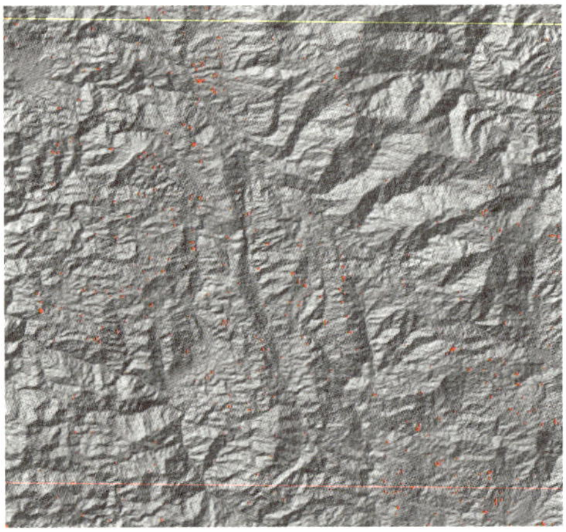

图 8-24　垭口

4. 迎风坡

提取每个待识别的山坡单元，循环计算每个山坡单元的坡向，对于每个待分山坡单元，搜索该栅格单元位置最邻近气象站，计算该气象站的多年夏季平均风向，对比坡向和夏季风向，将坡向和风向夹角在 90°以内的元划分为迎风坡，如图 8-25 所示。

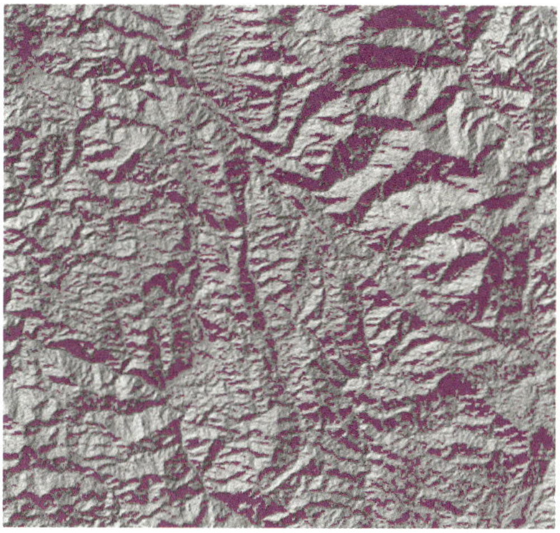

图 8-25 迎风坡

5. 背风坡

对比坡向和夏季风向，将坡向和风向夹角大于 90°的单元划分为背风坡，如图 8-26 所示。

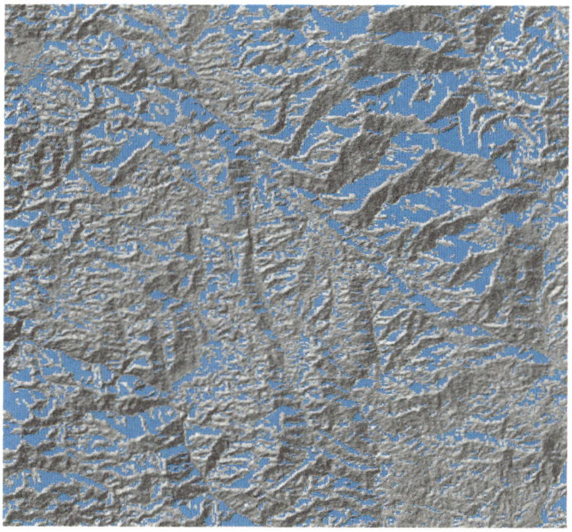

图 8-26 背风坡

8.1.4.4 微地形自动识别准确度验证

选取 200 基杆塔作为样本点，将杆塔导入地理信息处理软件，肉眼识别每一基杆塔位于哪种地形，结果如表 8-1 所示，其中山坡包括迎风坡和背风坡。

表 8-1 人工识别杆塔所处地形

地形	杆塔数量
总共	200
山脊	79
山谷	7
山坡	111
平地	3

将杆塔导入 ArcGIS 并与提取的山脊线相交，提取每一基杆塔位于哪种地形，结果如表 8-2 所示。

表 8-2 ArcGIS 识别杆塔所处地形

地形	杆塔数量
总共	200
山脊	103
山谷	6
山坡	86
平地	5

统计 ArcGIS 山脊、山谷、山坡、平地识别情况，包括漏报率与误报率。漏报率=漏报数/样本点总数，如表 8-3 所示。

对于山脊，共有 0 基位于山脊的杆塔被漏报；

对于山谷，共有 1 基位于山谷的杆塔被漏报，识别为平地；

对于山坡，共有 25 基位于山坡的杆塔被漏报，24 基识别为山脊，1 基识别为平地；

对于平地，共有 0 基位于平地的杆塔被漏报。

误报率=误识数（实际为其他地形）/样本点总数，如表 8-4 所示。

对于山脊，共有 24 基非山脊杆塔被误识别为山脊，24 基为山坡；

对于山谷，共有 0 基位于山谷的杆塔被误报；

对于山坡，共有 0 基位于山坡的杆塔被误报；

对于平地，共有 2 基位于平地的杆塔被误报，1 基位于山谷，1 基位于山坡。

共有 1 基位于山谷的杆塔被误识别为山脊，共有 24 基位于山坡的杆塔被误识别为山脊，如图 8-27 所示。

表 8-3 漏报率

地形	漏报数量	漏报率
合计	26	13.0%
山脊	0	0%
山谷	1	14.3%
山坡	25	22.5%
平地	0	0%

表 8-4 误报率

地形	误报数量	误报率
合计	26	13.0%
山脊	24	30.3%
山谷	0	0%
山坡	0	0%
平地	2	66.7%

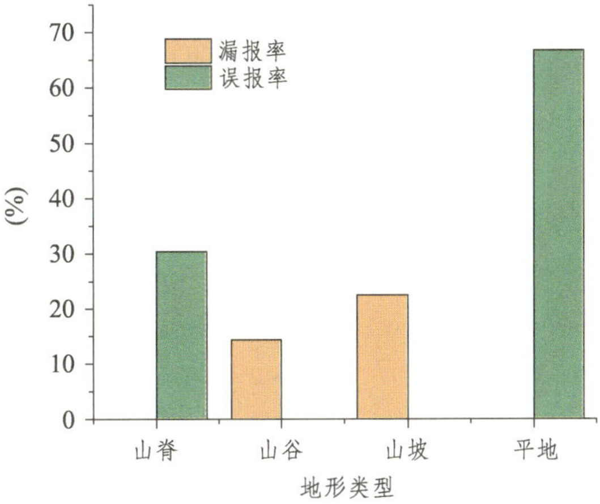

图 8-27 漏报率与误报率

平地误报率较高的原因在于样本点分布不均，平地较少。图 8-28~8-30 为具体识别情况。

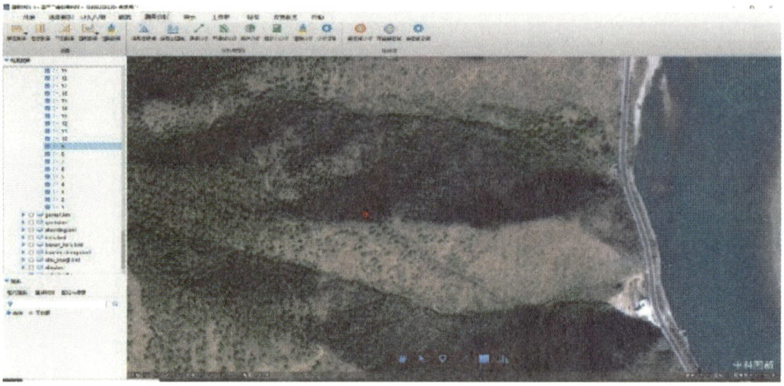

图 8-28　山脊杆塔 GIS 图

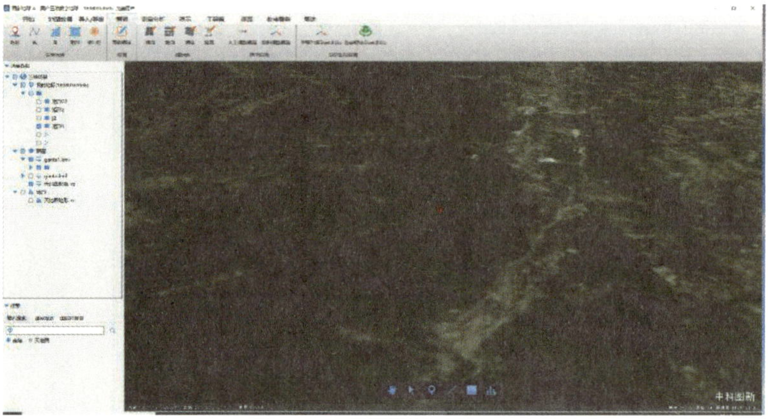

图 8-29　山坡杆塔 GIS 图

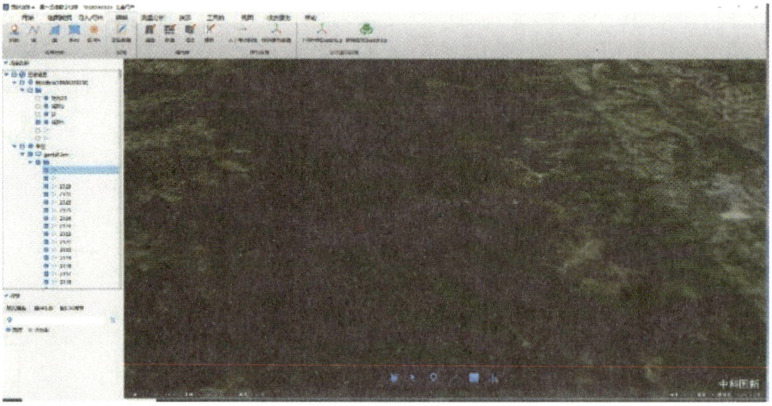

图 8-30　山坡杆塔 GIS 图

8.2　线路杆塔参数数据库建立方法

为了后续计算线路及杆塔的跳闸率，本节决定采取电气几何模型法作为计算方法。该方法需要线路空间排列的几何参数，参数的获取主要是通过查询南方电网资产管理系统中的输电线路台账获取。对于台账数据空缺的，考虑到实际杆塔几何参数收资困难，采取 110 kV、220 kV、500 kV 的共 6 种典型杆塔作为代替进行计算。

据上所述，共有 6 种固定的塔头： 110 kV 的单回酒杯塔，记为 d110jiubei；110 kV 的双回鼓型塔，记为 s110guxing；220 kV 的单回酒杯塔，记为 d220jiubei；220 kV 的双回鼓形塔，记为 s220guxing；500 kV 的单回酒杯塔，记为 d500jiubei；500 kV 的双回鼓型塔，记为 s500guxing。由以上 6 种塔头和台账数据中记录的杆塔呼高与线路类型相结合，共同建立了线路参数数据库。

上述提及的 6 种塔头具体参数如下所示。

（1）110 kV 单回酒杯塔，如图 8-31 所示。

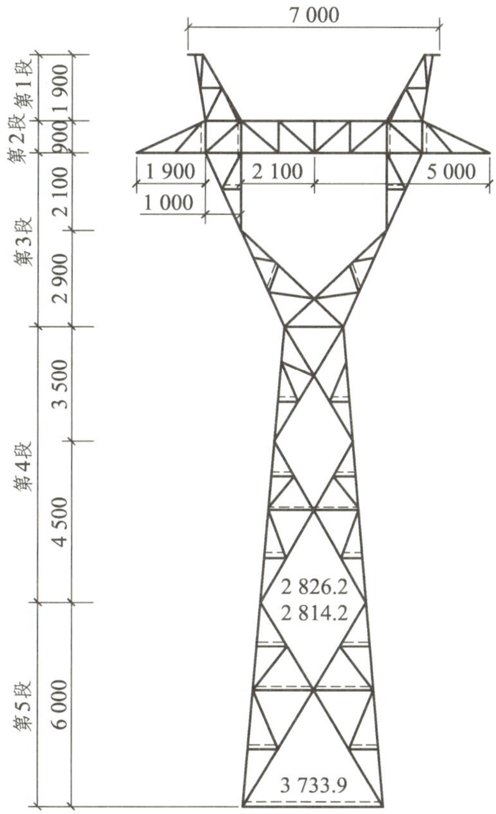

图 8-31　110 kV 单回酒杯塔

其导地线挂点参数如下所示：
左相中距 5 m，左相高度 5 m；
中相中距 0 m，中相高度 5 m；
右相中距 5 m，右相高度 5 m；
避雷线中距 3.5 m，避雷线高度 7.8 m。
（2）110 kV 双回鼓型塔，如图 8-32 所示。

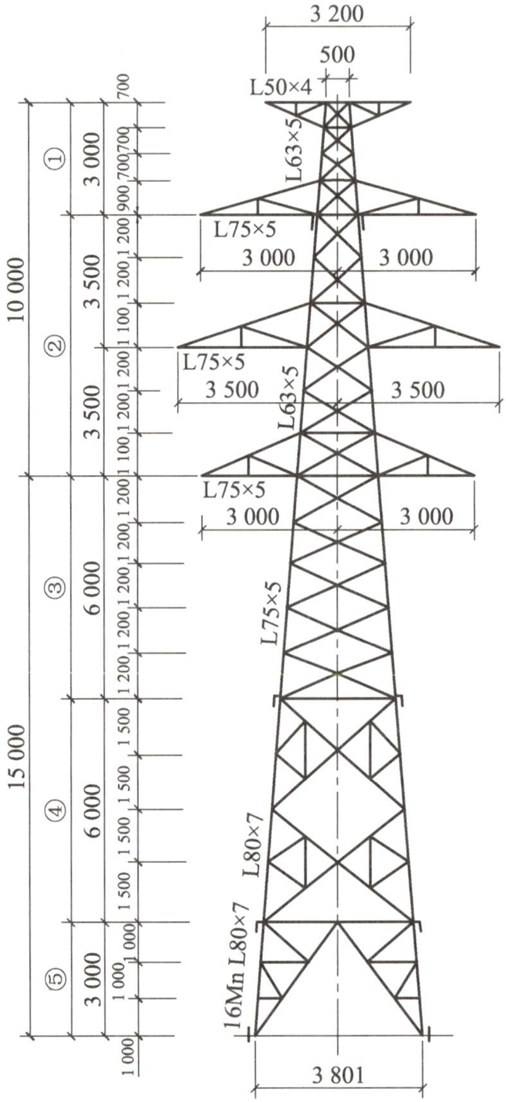

图 8-32　110 kV 双回鼓型塔

其导地线挂点参数如下所示：

下相中距 3 m，下相高度 0 m；

中相中距 3.5 m，中相高度 3.5 m；

上相中距 3 m，上相高度 7 m；

避雷线中距 1.6 m，避雷线高度 10 m。

（3）220 kV 单回酒杯塔，如图 8-33 所示。

其导地线挂点参数如下所示：

左相中距 11 m，左相高度 10 m；

中相中距 0 m，中相高度 10 m；

右相中距 11 m，右相高度 10 m；

避雷线中距 8.65 m，避雷线高度 13.5 m。

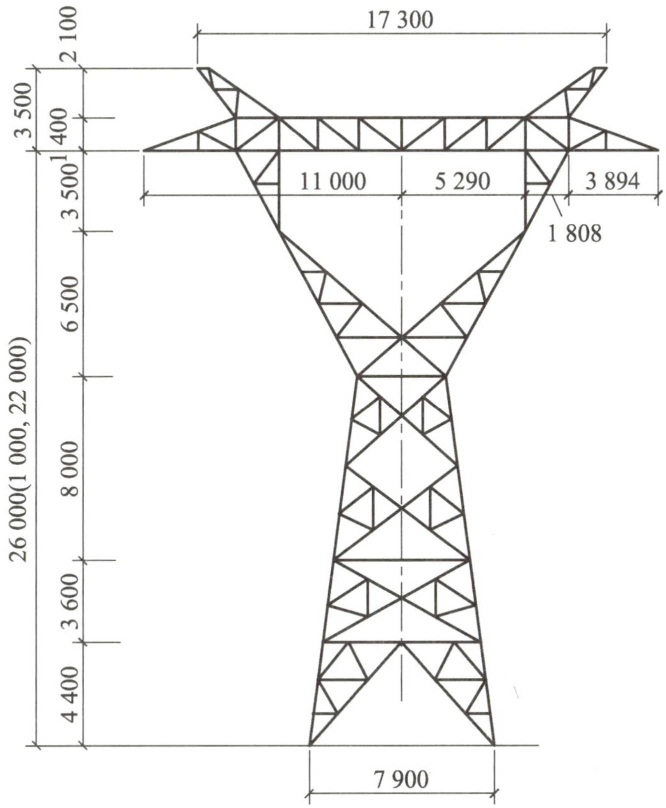

图 8-33　220 kV 单回酒杯塔

（4）220 kV 双回鼓型塔，如图 8-34 所示。

其导地线挂点参数如下所示：

下相中距 5 m，下相高度 0 m；

中相中距 6.5 m，中相高度 6 m；

上相中距 4.25 m，上相高度 12.6 m；

避雷线中距 3 m，避雷线高度 15.6 m。

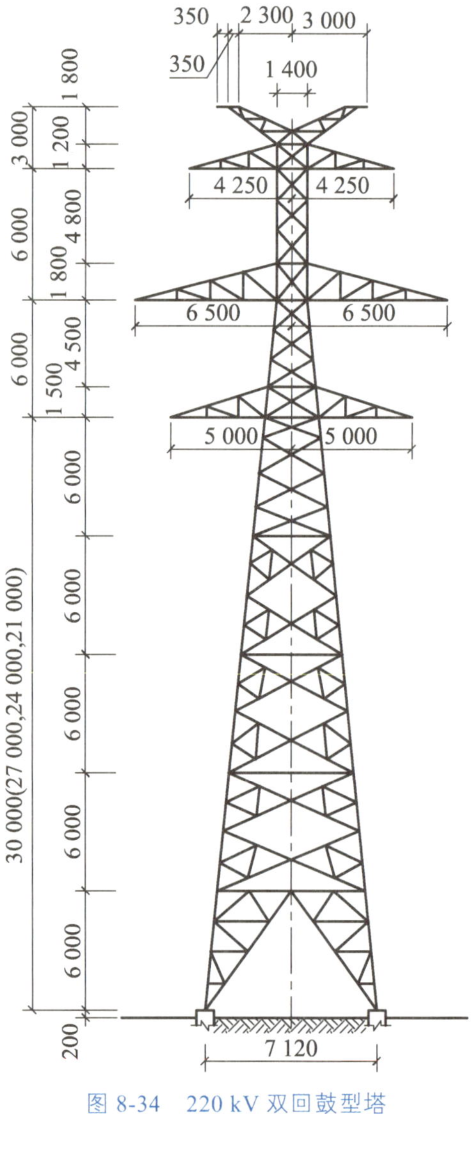

图 8-34　220 kV 双回鼓型塔

（5）500 kV 单回酒杯塔，如图 8-35 所示。

其导地线挂点参数如下所示：

左相中距 12.5 m，左相高度 15 m；

中相中距 0 m，中相高度 15 m；

右相中距 12.5 m，右相高度 15 m；

避雷线中距 10.75 m，避雷线高度 19.5 m。

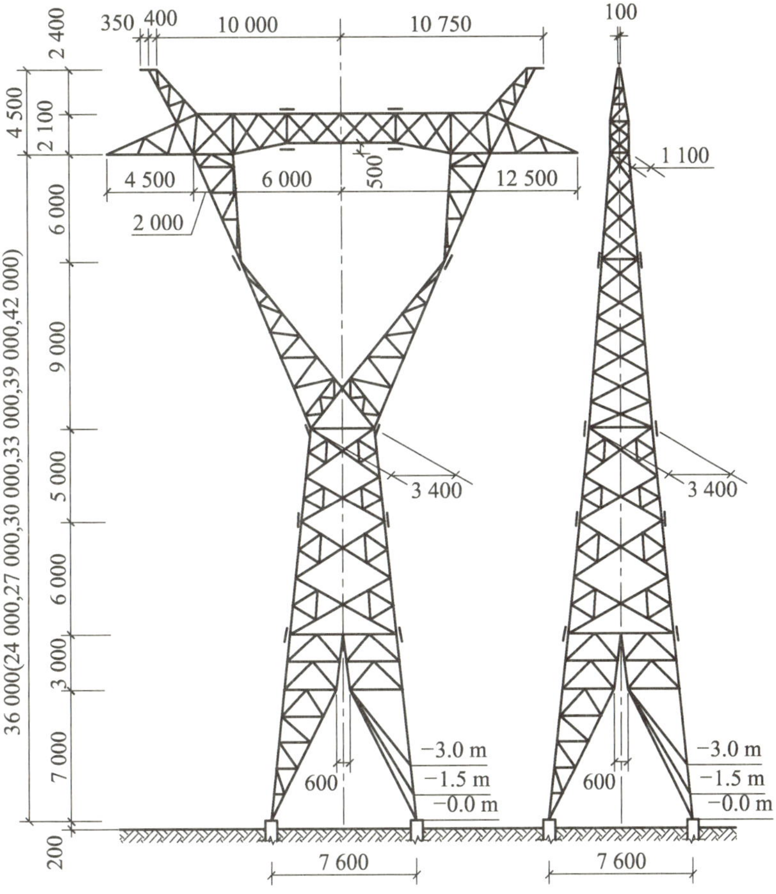

图 8-35　500 kV 单回酒杯塔

（6）500 kV 双回鼓型塔，如图 8-36 所示。

其导地线挂点参数如下所示：

下相中距 9.9 m，下相高度 0 m；

中相中距 11.8 m，中相高度 11 m；

上相中距 8.5 m，上相高度 22.5 m；
避雷线中距 12 m，避雷线高度 29.5 m。

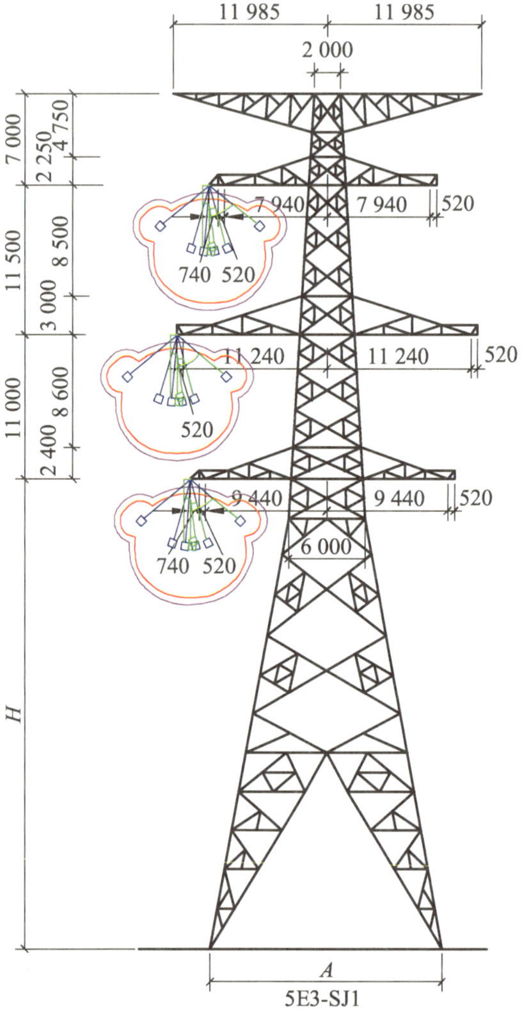

图 8-36　500 kV 双回鼓型塔

根据台账中导出的线路回数和杆塔呼高，再配合上述塔头的具体几何参数，即可得到对应的电气几何模型法所需求的输入参数。

8.3　本章小结

本章首先介绍了圆域统计法作为雷电活动参数的统计方法在统计特定位置及周边的

地闪活动参数时的优势，介绍了基于数字高程数据和地表覆盖类型数据，并利用 ArcGIS 软件进行地形地貌分析以及地形地貌特征参数提取。

此外，本章梳理出近 10 年云南省典型雷害输电线路雷击跳闸杆塔，首先统计每基杆塔基本信息，如经纬度、塔高、雷击跳闸次数、前后各 1 基杆塔档距等。基于地理信息系统和雷电定位系统，获取杆塔处地闪活动参数，包括地闪密度与雷电流幅值；再利用 ArcGIS 软件提取杆塔所处地形参数，包括海拔、坡度、坡向、地表覆盖类型等，结合线路走廊单档距法雷电参数统计模型对线路途经的地理区域进行微地形（如山脊、山谷、垭口等）、微气象杆塔区段的划分，建立了线路杆塔参数数据库，为之后雷击跳闸率的修正做了准备。

第 9 章　基于智能算法的典型雷害特征场景下线路雷击跳闸率修正系数计算

本章建立了基于改进 BP 神经网络的雷击跳闸率修正模型，以包括雷击跳闸率实际值、雷击跳闸率的计算仿真值、部分杆塔参数、微地形统计参数在内的 13 个特征参数组成的特征向量作为 BP 神经网络。

9.1　考虑微地形影响的改进 BP 神经网络雷击跳闸率修正模型

9.1.1　BP 神经网络结构

BP（Back Propagation）神经网络是一种依据误差逆向传播进行训练学习的多层前馈网络，是应用最广泛的人工神经网络之一。BP 神经网络依次计算输出层、隐含层、输入层的误差，然后根据误差与各层神经元权值和阈值的数学关系不断调整权值与阈值，使 BP 神经网络的误差逐渐降低，从而提高网络的精度。BP 神经网络为多层神经网络，由输入层、隐层和输出层构成，其拓扑结构如图 9-1 所示。BP 神经元与其他神经元结构类似，不同的是 BP 神经网络在每层之后会添加激活函数以强化网络的非线性。常用的激活函数有 Sigmoid 函数和 ReLU 函数等。

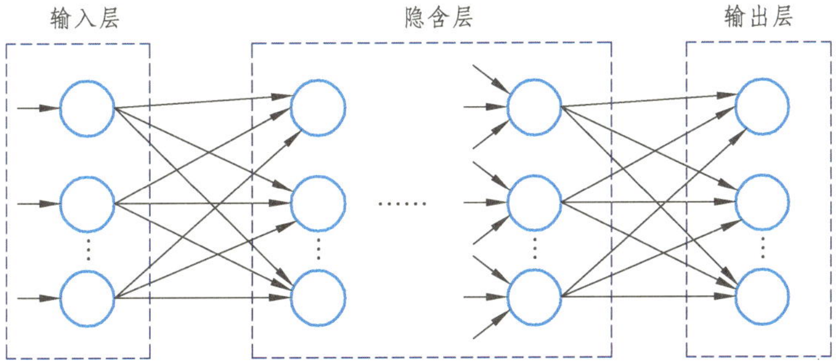

图 9-1　BP 神经网络拓扑结构

9.1.2　BP 神经网络训练方法

传统 BP 神经网络学习算法使用梯度下降法，在每一步权值调整时，都追寻误差下降最快，即权值调整量与该点误差梯度严格成正比。

当 BP 神经网络输出 $[O_1,O_2,\cdots,O_k]^T$ 与期望输出 $[d_1,d_2,\cdots,d_k]^T$ 不相等时，定义输出误差 E 如下式所示：

$$E=\frac{1}{2}\sum_{k=1}^{l}(d_k-O_k)^2$$

设各层神经元阈值为 0，将误差展开至隐含层，有：

$$E=\frac{1}{2}\sum_{k=1}^{l}\left[d_k-f\left(\sum_{j=0}^{m}w_{jk}y_j\right)\right]^2$$

进一步将误差展开至输入层，有：

$$E=\frac{1}{2}\sum_{k=1}^{l}\left\{d_k-f\left[\sum_{j=0}^{m}w_{jk}f\left(\sum_{i=0}^{n}w_{ij}x_i\right)\right]\right\}^2$$

由上式可以看出，输出误差与 w_{ij} 和 w_{jk} 有关，因此，改变 w_{ij} 和 w_{jk} 就可以降低输出误差 E。BP 算法中使权值的改变量与误差的梯度成正比，即梯度下降算法。

$$\Delta w_{jk}=-\eta\frac{\partial E}{\partial w_{jk}},\quad j=0,1,2,\cdots,m;\quad k=0,1,2,\cdots,l;$$

$$\Delta w_{ij}=-\eta\frac{\partial E}{\partial w_{ij}},\quad i=0,1,2,\cdots,n;\quad j=0,1,2,\cdots,m$$

式中，Δw_{ij} 表示梯度下降；n 为输入层神经元的个数；m 为隐含层神经元的个数；l 为输出层神经元的个数；η 为学习速率，是属于（0, 1）的常数。

因此，当网络训练进入误差曲面平坦区域时，误差梯度极小，权值调整量也极小，从而导致网络训练速度大大降低；而当网络陷入误差曲面的局部极小点时，误差梯度为 0，权值调整量为 0，导致训练停滞，网络不能收敛。

以全训练集代入的方法为例，Batch Gradient Descent（BGD）是在一次更新中，就对整个数据集计算梯度，面对大量数据集计算时会非常耗时，且在遇到鞍点时，因每次都将全数据集代入，鞍点附近的梯度为 0，导致其难以跳出。

其次是随机梯度下降法，即 Stochastic Gradient Descent（SGD）方法，这种方法每次随机选择一个样本来进行梯度更新，没有冗余且计算较快。但是，当遇到噪声较多的样本时，随机梯度下降可能并不是每次都朝着整体最优的方向进行迭代，在遇到鞍点比 BGD 更容易跳出的同时，其找寻全局最优的过程中因振荡太大有可能收敛较慢。

在以上两种梯度下降方法的基础上又有 Mini-Batch Gradient Descent（MBGD）的方法。这种方法每次随机选取一组小样本进行参数更新，这样可以降低参数更新时的方差，收敛更稳定。然而，MBGD 的方法对学习率较敏感，学习率若选取较大，损失函数可能会在极小值处振荡甚至偏离；若学习率选取较小，收敛速度又会很慢。

因此，若能有合适的优化方法，可以对梯度下降过程中的参数更新方式进行优化，例如在合适的时刻调整其学习率等，可能会对模型的收敛速度、准确性等有较大提升。常用的优化器有 Momentum、Adagrad (Adaptive Gradient Algorithm)、Adam (Adaptive Moment Estimation)等。

9.1.3　雷击跳闸率修正模型的 BP 神经网络设计

9.1.3.1　BP 神经网络的输入参数确定

由前面章节分析，各微地形参数均对雷电活动有一定的影响，而线路的电压等级和杆塔的绝缘子串长代表了杆塔的绝缘水平，杆塔的地面倾角与杆塔呼高均对杆塔的雷击概率有一定影响。故 BP 神经网络的输入由雷击跳闸率计算值、微地形参数和部分杆塔参数构成。其形成的特征参数如下：

（1）仿真雷击跳闸率。

（2）地形参数：海拔、坡向、坡度、水域密度、地形类型、地表覆盖类型。

（3）杆塔参数：电压等级、左侧地面倾角、右侧地面倾角、杆塔呼高、绝缘子串长。

（4）地闪密度值。

其中，地形类型被分为山脊、背风坡、迎风坡、山谷、垭口、平地 6 类，而地表覆盖类型被分为林地、草地、耕地、城镇用地 4 类。在神经网络的训练过程中需要量化两种特征参数的值以参与神经网络的权重调整过程，故按照上述顺序将地形类型设为 1~6 六个标签，代表 6 种地形类型；同样地，将地表覆盖类型设为 1~4 四类标签，以区分 4 种地表覆盖类型。

综合以上包括 6 个地形参数和 5 个杆塔参数、地闪密度值仿真计算的雷击跳闸率在内的 13 个特征参数构成的特征向量作为神经网络的输入参数，综合考虑了微地形、线路本身参数配置对雷击跳闸率的修正作用。

9.1.3.2　改进 BP 神经网络的优化方法

BP 神经网络在梯度下降过程中容易产生两个问题：

（1）容易陷入局部极小点无法跳出。

（2）BP 神经网络训练过程收敛速度较慢。

针对上述两个问题提出两种优化方法以改善 BP 神经网络的学习效果。

1. 使用归一化参数优化神经网络输入

在 BP 神经网络开始训练之前需要对各特征参数进行归一化。因为各特征参数的单位不同，各特征参数的数量级很有可能不同，小尺度的特征参数往往会因大尺度的特征参数的存在而被忽略。所以，为消除特征间单位和尺度差异的影响，以对每个维度的特征同等看待，特征参数的归一化很有必要。本模型采用的是 0 均值归一化的方法，对于每个维度的特征参数，其归一化公式如下：

$$z = \frac{x-\mu}{\sigma}$$

其中，μ和σ分别为每个维度的原始特征参数的均值和方差。

2. 使用优化器改善 BP 神经网络梯度下降效果

如图 9-2 所示，BP 神经网络为三层全连接层，输入向量维度为 13，对应 13 个特征量；输出向量维度为 1，表示雷击跳闸率修正值，输出向量的真实值即各杆塔雷击跳闸率的实际值；隐藏层神经元个数一般小于输入维度的 2 倍，本模型设置其个数为 22。训练所采用的损失函数为均方误差 MSE（Mean Squared Error），其计算方式见下式，y_i 为预测值，y_i^* 为目标真实值。

$$MSE=\frac{1}{n}\sum_{i=1}^{n}(y_i-y_i^*)^2$$

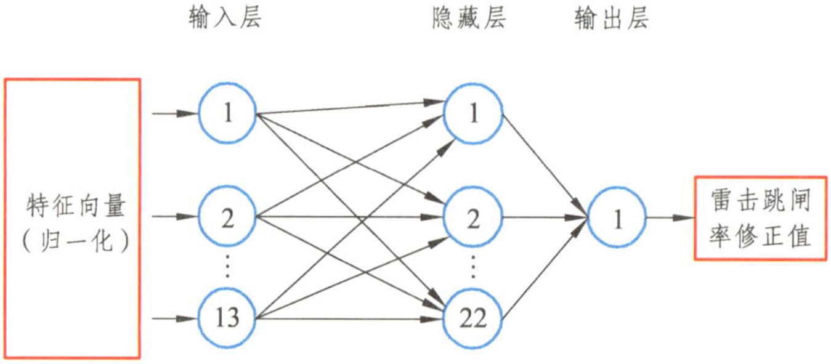

图 9-2　雷击跳闸率修正模型

为优化 BP 神经网络的性能，训练过程中可采用不同的优化器（optimizer）优化神经网络的梯度下降效果。下面将对不同的优化器和不同优化方法下的神经网络优化效果进行介绍。

（1）随机梯度下降法（SGD，Stochastic Gradient Descent）。

SGD 将样本分为多组，在每组每次随机取一个样本，这样更新速度更快。下式为 SGD 算法的网络参数更新公式，其中 W_t 为当前时刻的网络参数，η_t 为学习率，g_t 为单个样本对权重等参数的偏导。

$$W_{t+1}=W_t-\eta_t g_t$$

SGD 算法在于每次只去拟合一个训练样本，这使得在梯度下降过程中不需去用所有训练样更新 Theta。BGD 每次迭代都会朝着最优解逼近，而由于 SGD 噪声比 BGD 多，所以 SGD 并不是每次迭代都朝着最优解逼近，但大体方向是朝着最优解，SGD 要遍历 1~10 次数据来获取最优解。虽然 SGD 需要走很多步，但是对梯度的要求很低（计算梯度快）。而对于引入噪声，大量的理论和实践工作证明，只要噪声不是特别大，SGD 都能很好地收敛。应用大型数据集时，训练速度很快。比如每次从百万数据样本中，取几百个数据点，算一个 SGD 梯度，更新一下模型参数。相比于标准梯度下降法的遍历全部样本，每输入一个样本更新一次参数，要快得多。但 SGD 在随机选择梯度的同时会引入噪声，使得权值更新的方向不一定正确。此外，SGD 也没能单独克服局部最优解的问题。

（2）自适应学习率优化算法——AdaGrad 算法。

AdaGrad 算法的思想是：独立地适应所有模型参数的学习率，缩放每个参数反比于其所有梯度历史平均值总和的平方根。具有代价函数最大梯度的参数相应地有个快速下降的学习率，而具有小梯度的参数在学习率上有相对较小的下降。下式为 AdaGrad 算法的网络参数更新公式：

$$W_{t+1}=W_t-\frac{\eta_0}{\sqrt{\sum_{i=1}^{t}(g_{i,i})+\epsilon}}\odot g_{t,i}$$

假定一个多分类问题，i 表示第 i 个分类；t 表示第 t 迭代同时也表示分类 i 累计出现的次数；η_0 表示初始的学习率取值一般 0.01；ϵ 是一个取值很小的数（一般为 1e-8），为了避免分母为 0；W_t 表示 t 时刻即第 t 迭代模型的参数；$g_{t,i}=\Delta J(W_{t,i})$，表示 t 时刻、指定分类 i、代价函数 $J(\cdot)$ 关于 W 的梯度。从表达式可以看出，对出现比较多的类别数据，Adagrad 给予越来越小的学习率；而对于比较少的类别数据，会给予较大的学习率。因此，Adagrad 适用于数据稀疏或者分布不平衡的数据集。Adagrad 的主要优势在于不需要人为地调节学习率，它可以自动调节；缺点在于，随着迭代次数的增多，学习率会越来越小，最终会趋近于 0。

（3）RMSProp 算法。

RMSProp 算法修改了 AdaGrad 的梯度积累为指数加权的移动平均，使得其在非凸设定下效果更好。其策略如下式：

$$\begin{cases}E[g^2]_t=\alpha E[g^2]_{t-1}+(1-\alpha)g_t^2\\ W_{t+1}=W_t-\dfrac{\eta_0}{\sqrt{E[g^2]_t+\epsilon}}\odot g_t\end{cases}$$

其中，W_t 表示 t 时刻即第 t 迭代模型的参数；$g_t=\Delta J(W_t)$ 表示 t 次迭代代价函数关于 W 的梯度大小；$E[g^2]_t$ 表示前 t 次的梯度平方的均值；α 表示动力（通常设置为 0.9）；η_0 表示全局初始学习率。ϵ 是一个取值很小的数（一般为 1e-8），为了避免分母为 0。

RMSProp 借鉴了 Adagrad 的思想，表达式分母为 $\sqrt{E[g^2]_t+\epsilon}$。由于取了加权平均，故避免了学习率越来越低的问题，而且能自适应地调节学习率。

（4）AdaDelta 算法。

AdaGrad 算法和 RMSProp 算法都需要指定全局学习率。AdaDelta 算法结合两种算法每次参数的更新步长，即：

$$\Delta W_{\mathrm{AdaGrad},t}=-\frac{\eta_0}{\sqrt{\sum_{t=1}^{t}(g_{t,i})+\epsilon}}\odot g_t$$

$$\Delta W_{\text{RMSProp},t} = -\frac{\eta_0}{\sqrt{E[g^2]t+\epsilon}} \odot g_t$$

AdaDelta 算法的策略可以表示为：

$$\begin{cases} E[g^2]_t = \alpha E[g^2]_{t-1} + (1-\alpha)g_t^2 \\ \Delta W_t = -\dfrac{\sqrt{\sum\limits_{i=1}^{t-1} \Delta W_i}}{\sqrt{E[g^2]_t + \epsilon}} \\ W_{t+1} = W_t + \Delta W_t \end{cases}$$

其中，W_t 为第 t 次迭代的模型参数；$g_t = \Delta J(W_t)$ 为代价函数关于 W 的梯度；$E[g^2]_t$ 表示前 t 次的梯度平方的均值；$\mu_j = \dfrac{1-E_j}{\sum\limits_{j=1}^{n}(1-E_j)}$ 表示前 t-1 次模型参数每次的更新步长累加求根。从表达式可以看出，AdaDelta 不需要设置一个默认的全局学习率。在模型训练的初期和中期，AdaDelta 表现很好，加速效果不错，训练速度快；在模型训练的后期，模型会反复地在局部最小值附近抖动。

（5）Adam 算法。

Adam 算法是一种自适应学习率且效果优秀的算法，Adam 优化器是深度学习中最流行的优化器之一。它适用于很多种问题，包括带稀疏或带噪声梯度的模型。其易于精调的特性使得它能够快速获得很好的结果，实际上，默认的参数配置通常就能实现很好的效果。Adam 优化器结合了 AdaGrad 和 RMSProp 的优点。Adam 对每个参数使用相同的学习率，并随着学习的进行而独立地适应。此外，Adam 是基于动量的算法，利用了梯度的历史信息。基于这些特征，在选择优化算法时，Adam 往往是被默认最优的优化方法。

9.1.3.3 BP 神经网络的优化方法选取

根据前面章节各 BP 神经网络的优化方法介绍，采取不同的优化方法对 BP 神经网络的训练方法进行优化，并对比不同优化方案的训练效果。

将没有参数归一化且没有采用优化器的训练效果作为对照，加上 5 组分别采用不同优化器且参数归一化的优化方案，共 6 组。图 9-3 为 6 种方案下的 BP 神经网络训练效果。

观察上述曲线，无参数归一化时的训练损失下降在最后会发生损失函数的振荡，这将导致训练模型效果不稳定；SGD 法在 2 000 迭代周期以内收敛但下降速度不如 RMSProp 和 Adam 优化方法；而 AdaGrad 方法和 AdaDelta 方法收敛速度均较慢，8 000 次迭代周期内仍没有收敛；RMSProp 法在 1 000 次迭代周期内收敛，但在末尾仍出现小幅度振荡，而 Adam 法训练损失曲线下降较快且下降曲线平滑。

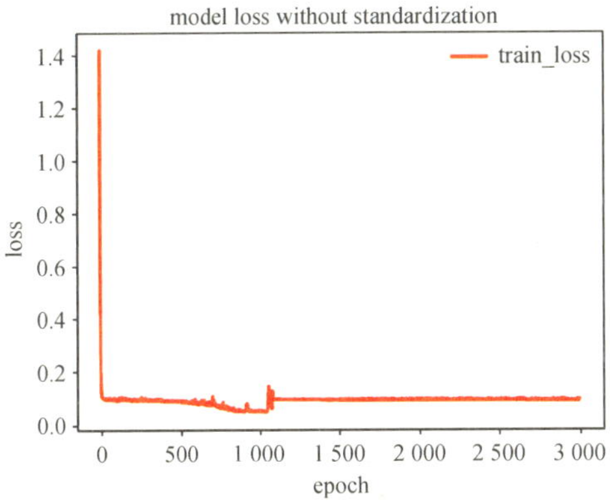

（a）无归一化

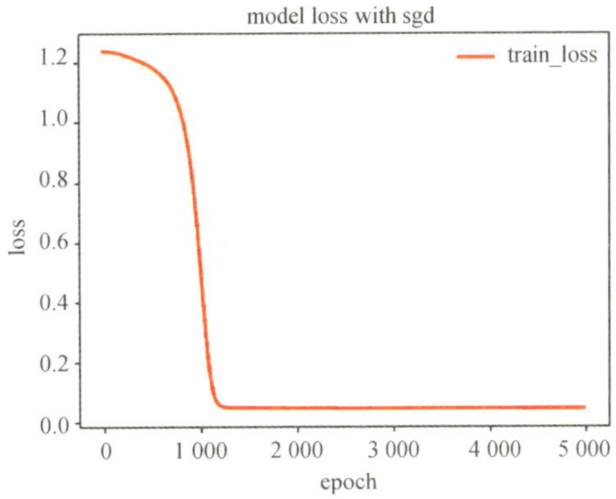

（b）SGD 法

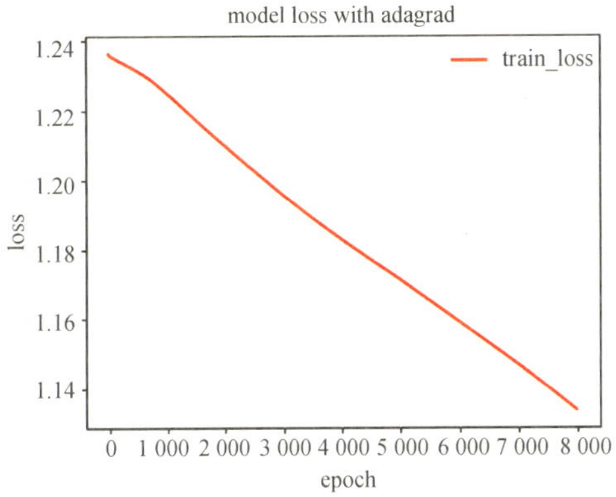

（c）AdaGrad 法

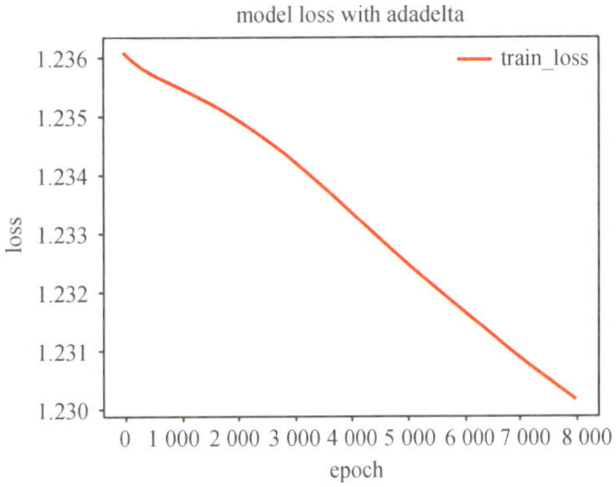

（d）AdaDelta 法

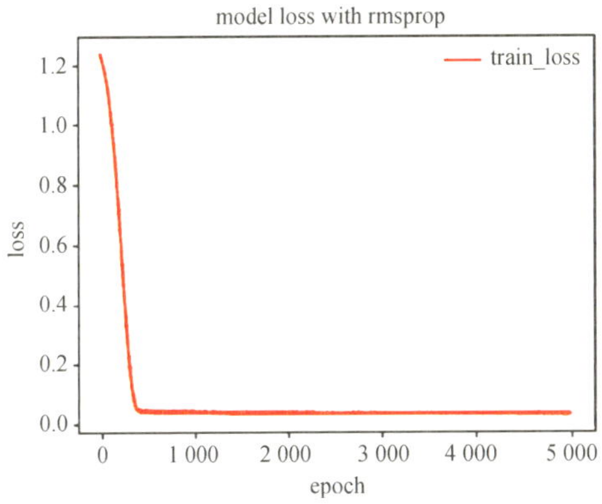

（e）RMSProp 法

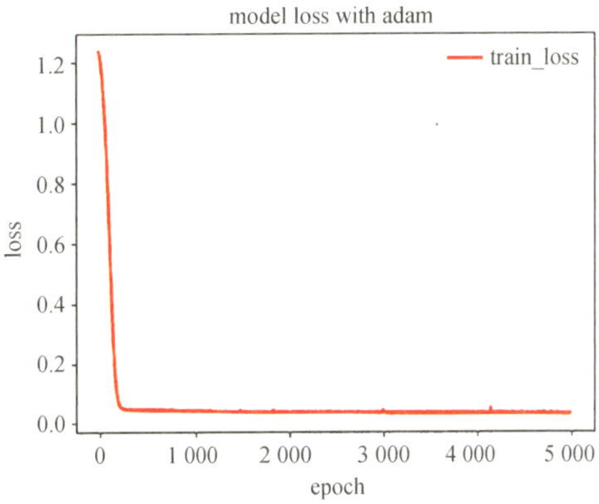

（f）Adam 法

图 9-3　不同方案下的训练损失下降曲线

下面将对不同优化方案下的模型修正准确率进行对比，允许的预测误差为 20%。

图 9-4~9-6 所示的柱状图，从左到右依次为没有参数归一化且没有优化器、AdaGrad 优化器、AdaDelata 优化器、RMSProp 优化器、SGD 法、Adam 优化器下的雷击跳闸率预测准确率。可以发现，当输入特征参数没有归一化时，其预测准确率最低，而参数归一化且有 Adam 优化算法加持的 BP 神经网络模型修正效果最好。

根据上述分析，经过参数归一化且采用 Adam 优化算法的 BP 神经网络雷击跳闸率修正模型训练损失下降速度最快，损失下降曲线较平滑，且预测效果在各优化方案中最优。

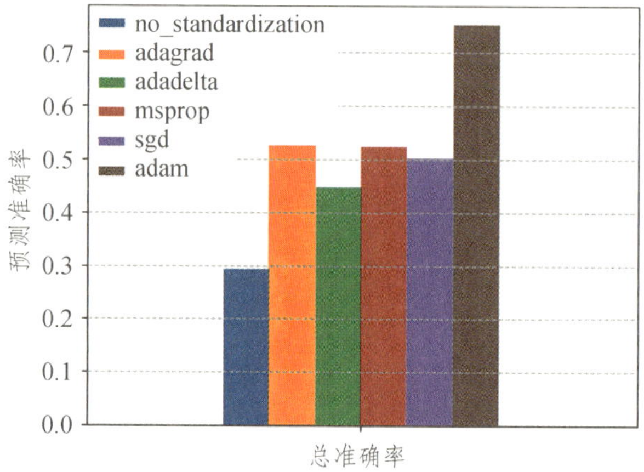

图 9-4　不同优化方案下雷击跳闸率预测准确率

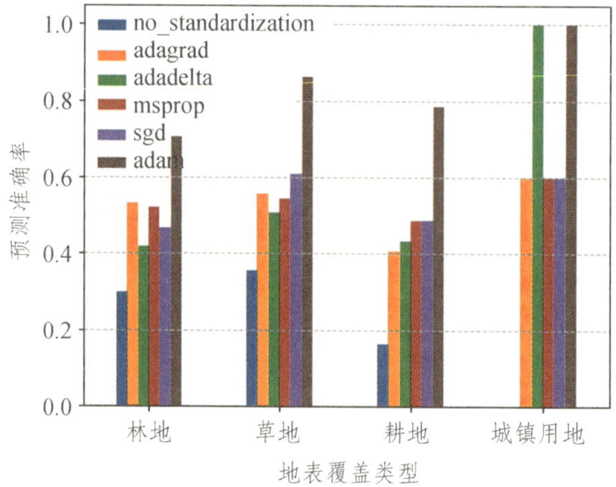

图 9-5　不同优化方案在不同地表覆盖类型下的雷击跳闸率预测准确率

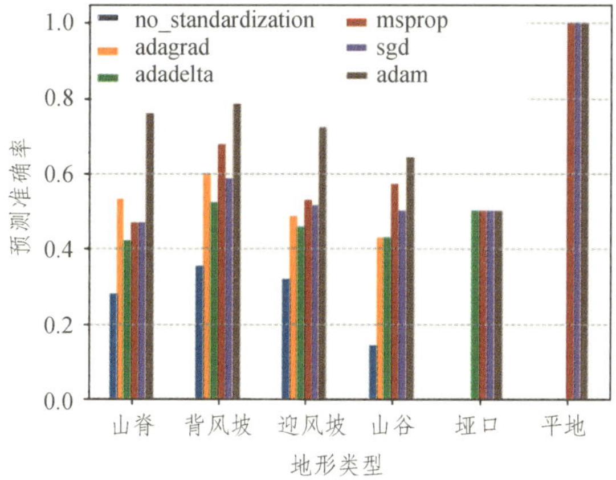

图 9-6 不同优化方案在不同地形类型下的雷击跳闸率预测准确率

9.1.4 BP 神经网络修正效果分析

在完成 BP 神经网络的设计后，读取训练集进行网络的学习训练。神经网络的最大迭代次数设置为 2 000 次。网络均方误差随迭代次数变化如图 9-7 所示。网络迭代次数达到迭代上限而停止，此时网络输出均方根误差为 0.030 9。此时的误差梯度已经为一个很小的值，即使进一步增加训练步长，每次训练权值的调整量也已经十分微小，对于降低网络误差的收益也很小。

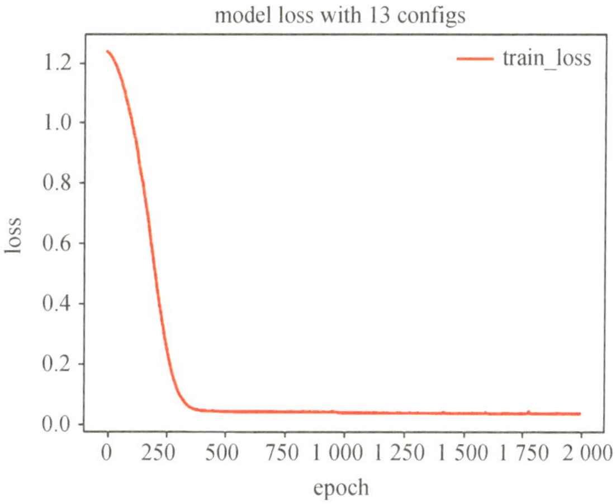

图 9-7 损失下降曲线

9.1.4.1 雷击跳闸率修正部分样例展示

如图 9-8、9-9 所示，读取测试集对训练完成之后的 BP 神经网络的性能进行验证。

将测试集的输入参数输入 BP 神经网络，BP 神经网络将依据训练完成后的网络权重输出其修正值。其中，BP 神经网络的部分修正结果如表 9-1 所示。

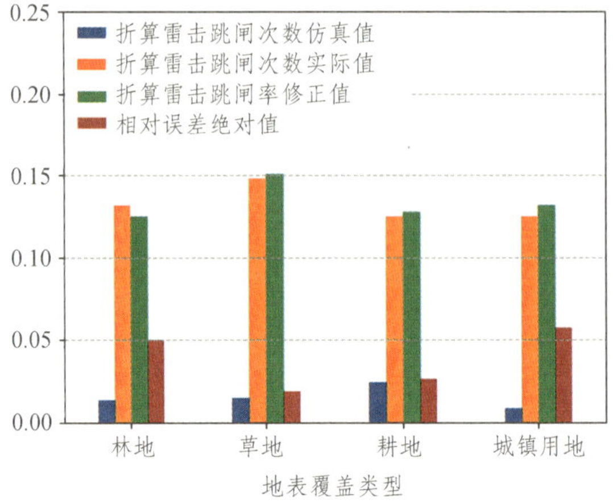

图 9-8　不同地表覆盖类型雷击跳闸率修正样例

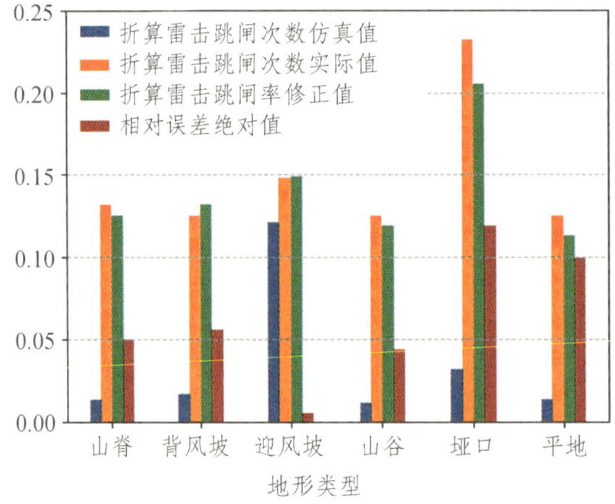

图 9-9　不同地形类型雷击跳闸率修正样例

注：其中的折算雷击跳闸次数是雷击跳闸率（次/百公里/年）经 6.4.1 节折算后得到的值（次/年）。

可以看到，修正前的雷击跳闸次数计算值均比历史统计值偏小，而修正后的值更接近历史统计的真实值，且上述实例中的相对误差绝对值均小于 20%。

本章建立了基于改进 BP 神经网络的雷击跳闸率修正模型，以包括雷击跳闸率实际值、雷击跳闸率的计算仿真值、部分杆塔参数、微地形统计参数在内的 13 个特征参数组成的特征向量作为 BP 神经网络。

表 9-1　BP 神经网络修正效果示例

电压等级	地面倾角左	地面倾角右	地闪密度值	海拔	坡度	坡向	地表覆盖类型	地形类型	水域密度	绝缘子串长度	杆塔呼高	雷击跳闸次数仿真值	雷击跳闸次数实际值	雷击跳闸次数预测值	相对误差绝对值
110	19.805	−14.885	6.49	1 207.87	21.993	270.591	草地	山脊	0	1 168	16	0.000 95	0.125	0.132 59	0.060 74
110	−34.607	26.572	1.39	4 164.94	26.833	322.301	林地	背风坡	0	1 606	24	0.005 99	0.125	0.142 89	0.143 11
110	−16.673	23.061	2.781	2 294.054	19.372	179.967	草地	迎风坡	0	1 168	21	0.004 52	0.125	0.136 24	0.089 90
110	26.58	−13.604	2.39	1 001.748	22.724	251.246	草地	迎风坡	1.45E−07	1 168	33	0.004 27	0.157 463	0.142 05	0.097 88
110	−3.864	8.543	3.89	1 751.273	9.561	302.026	草地	山脊	1.08E−05	1 314	15	0.000 75	0.125	0.136 80	0.094 40
110	−0.801	0.268	3.89	542.227 5	0.592	351.313	耕地	平地	3.99E−06	1 168	24	0.004 29	0.125	0.141 00	0.128 01
110	7.59	4.767	3.89	1 939.202	1.997	263.231	草地	平地	1.16E−06	1 168	18	0.001 54	0.125	0.148 11	0.184 91
110	2.936	−3.932	3.89	2 025.248	5.132	176.326	耕地	山谷	1.03E−05	1 314	21	0.001 17	0.134 637	0.140 87	0.046 33
110	9.935	−15.697	1.39	1 041.74	11.895	252.934	耕地	山脊	0	1 314	15.	0.001 05	0.125	0.131 20	0.049 60
110	8.159	29.112	1.39	993.135 9	18.805	72.098	林地	山脊	6.57E−05	1 168	12	0.002 65	0.125	0.125 93	0.007 44
110	10.169	−2.978	2.39	1 983.723	25.711	198.132	林地	背风坡	0	1 314	30	0.011 99	0.156 787	0.146 49	0.065 67
110	−16.122	7.946	5.001	2 042.066	14.478	155.649	林地	垭口	0	1 314	21	0.008 81	0.594 463	0.607 77	0.022 39
110	21.056	−5.864	9.49	1 461.953	11.526	97.506	林地	背风坡	0	1 168	16.5	0.009 02	0.125	0.138 32	0.106 56
110	−2.678	7.401	1.39	3 608.741	2.618	63.771	林地	迎风坡	6.1E−06	1 314	15	0.000 64	0.125	0.146 10	0.168 83
110	5.957	−9.918	2.781	2 164.912	17.232	154.034	草地	山脊	0	1 168	15	0.001 08	0.125	0.139 66	0.117 29
110	7.289	7.642	2.39	2 253.418	11.199	150.834	林地	山脊	8.71E−07	1 168	13.5	0.001 77	0.125	0.142 23	0.137 84
110	15.247	−7.987	2.39	1 321.683	11.890	329.636	耕地	山脊	0	1 314	18	0.005 48	0.125	0.133 73	0.069 82
110	−1.831	−1.331	3.89	1 327.618	5.130	254.025	林地	背风坡	0	1 314	16.5	0.001 11	0.125	0.141 51	0.132 08
110	−15.688	8.962	3.89	2 242.546	11.677	238.037	草地	背风坡	0	1 168	21	0.001 01	0.125	0.140 89	0.127 15
110	3.438	−11.63	1.39	1 594.859	13.047	259.570	耕地	山脊	0	1 168	21	0.001 77	0.125	0.135 31	0.082 47
110	44.268	−19.728	3.89	1 531.991	33.481	114.680	草地	背风坡	8.06E−06	1 168	16	0.055 13	0.125	0.139 09	0.112 69

续表

电压等级	地面倾角左	地面倾角右	地闪密度值	海拔	坡度	坡向	地表覆盖类型	地形类型	水域密度	绝缘子串长度	杆塔呼高	雷击跳闸次数仿真值	雷击跳闸次数实际值	雷击跳闸次数预测值	相对误差绝对值
110	−29.32	11.338	3.89	1 627.36	20.106	33.566	林地	背风坡	0	1 314	23	0.001 93	0.125	0.137 62	0.100 99
110	3.115	2.561	2.39	893.534 5	2.161	106.822	草地	山脊	1.47E−05	1 314	21	0.000 36	0.125	0.131 35	0.050 77
110	−10.24	14.263	3.89	2 032.565	16.934	108.142	耕地	迎风坡	3.56E−06	1 168	18	0.001 53	0.125	0.133 63	0.069 04
110	32.234	−19.174	6.49	1 520.239	32.217	315.803	耕地	山谷	0	2 336	24	0.008 16	0.125	0.139 37	0.114 96
110	−20.519	20.203	2.39	1 358.64	21.735	147.562	林地	山谷	0	1 314	12.5	0.004 35	0.125	0.135 92	0.087 35
110	−11.5	19.099	2.779	1 719.837	15.107	29.386	草地	背风坡	1.45E−06	1 168	24	0.006 21	0.125	0.134 62	0.077 00
110	−1.708	1.254	6.49	1 430.613	1.566	92.741	耕地	平地	1.02E−06	1 168	16.5	0.001 17	0.125	0.142 98	0.143 82
110	−9.687	22.314	3.89	1 860.579	17.475	155.958	草地	山脊	7.26E−08	1 314	27	0.010 22	0.125	0.135 02	0.080 20
110	2.998	8.96	3.89	2 442.96	5.301	169.716	林地	山脊	1.74E−06	1 314	36	0.005 57	0.141 418	0.146 89	0.038 68
110	15.357	−2.267	3.89	2 192.682	9.310	109.157	草地	山脊	0	1 168	24	0.004 94	0.125	0.140 46	0.123 70
110	11.983	−11.165	1.39	1 396.374	10.337	188.356	林地	山脊	5.59E−06	1 168	18	0.001 41	0.125	0.142 21	0.137 64
110	−10.562	11.235	2.39	790.791 1	14.890	292.011	林地	背风坡	0	1 168	30	0.010 09	0.125	0.135 17	0.081 38
110	15.079	5.023	3.89	1 565.491	5.744	61.618	草地	背风坡	6.54E−07	1 168	21	0.000 27	0.125	0.140 17	0.121 36
110	−3.574	0.68	1.39	1 679.862	0.740	46.515	草地	平地	1.38E−06	1 168	11.5	0.000 33	0.125	0.145 30	0.162 40
110	−14.425	13.947	13.25	382.748	19.500	183.769	林地	山脊	4.59E−05	1 168	21	0.048 98	0.125	0.122 27	0.021 80
110	26.083	−28.37	3.89	1 560.337	23.485	312.806	草地	背风坡	0	1 168	24	0.004 94	0.125	0.144 17	0.153 35
110	14.949	−19.845	3.89	1 804.716	25.713	155.250	草地	山脊	0	1 168	28.5	0.006 88	0.131 626	0.139 47	0.059 58
110	5.397	0.837	1.39	817.904 5	2.705	139.300	耕地	背风坡	0.000177	1 550	21	0.001 26	0.125	0.122 63	0.018 99
110	1.265	5.931	3.89	975.304 9	12.910	274.632	草地	山脊	1.67E−06	1 314	15.5	0.001 58	0.125	0.130 21	0.041 67
110	18.584	−38.977	1.39	2 023.817	29.038	325.316	林地	背风坡	5.08E−07	1 314	15	0.002 53	0.125	0.148 42	0.187 39
110	−8.642	6.963	2.39	2 041.899	9.740	76.408	林地	山脊	1.09E−06	1 168	21	0.000 43	0.125	0.14231	0.138 49

续表

电压等级	地面倾角左	地面倾角右	地闪密度值	海拔	坡度	坡向	地表覆盖类型	地形类型	水域密度	绝缘子串长度	杆塔呼高	雷击跳闸次数仿真值	雷击跳闸次数实际值	雷击跳闸次数预测值	相对误差绝对值
110	1.874	8.38	3.89	1 815.693	7.100	168.164	耕地	山谷	0	1 168	16.5	0.001 29	0.125	0.139 10	0.112 82
110	14.825	−13.561	2.39	1 062.459	17.207	94.424	林地	迎风坡	4.65E−06	1 168	24	0.007 99	0.125	0.142 72	0.141 78
110	−16.66	24.126	3.89	1 679.913	20.004	283.996	林地	背风坡	2.08E−05	1 168	15	0.000 42	0.125	0.132 15	0.057 18
110	40.527	−19.825	2.781	1 918.831	31.736	159.866	草地	迎风坡	0	1 314	13.5	0.024 26	0.125	0.142 49	0.139 95
110	29.178	−12.647	2.8	1 963.385	32.778	170.525	林地	背风坡	2.01E−05	1 314	19	0.002 80	0.125	0.138 00	0.103 97
110	1.677	9.529	3.89	1 851.987	2.671	167.977	草地	山脊	9.3E−06	1 168	13	0.003 08	0.125	0.136 51	0.092 12
110	−25.663	11.159	6.49	1 691.747	18.158	166.670	耕地	迎风坡	8.28E−06	1 168	23	0.009 94	0.125	0.130 32	0.042 55
110	5.285	7.123	3.89	903.967 5	5.096	292.648	耕地	山脊	1.76E−05	1 314	33	0.027 53	0.213 326	0.214 25	0.004 34
110	−6.647	−11.109	6.49	1 397.457	4.538	211.235	草地	山谷	0	1 168	15	0.000 30	0.125	0.139 96	0.119 66
110	−11.493	8.701	6.49	585.097 7	7.335	43.038	耕地	背风坡	2.6E−05	1 168	36	0.039 54	0.125	0.131 24	0.049 89
110	2.979	1.482	1.39	823.737 9	3.924	183.959	林地	山脊	0	1 200	27	0.006 70	0.125	0.141 18	0.129 40
110	8.168	10.184	3.89	1 250.646	3.393	323.803	林地	迎风坡	8.21E−06	1 314	15	0.002 18	0.125	0.137 78	0.102 24
110	12.044	−22.752	1.39	1 516.897	14.492	131.067	草地	迎风坡	0	1 314	15	0.002 61	0.168 981	0.142 11	0.159 05
110	0.754	0.628	6.49	1 461.162	0.703	10.903	耕地	平地	0	1 460	18	0.004 14	0.125	0.143 46	0.147 70
110	−2.854	11.404	2.39	1 588.94	14.835	110.518	耕地	山脊	0	1 314	21	0.007 98	0.125	0.129 55	0.036 37
110	−29.11	17.049	6.49	1 166.949	22.742	198.993	林地	迎风坡	0	1 314	21	0.014 44	0.125	0.135 24	0.081 89
110	2.345	−13.101	2.39	1 422.84	21.976	299.680	林地	山脊	5.08E−07	1 168	21	0.004 34	0.161 006	0.141 38	0.121 90
110	24.396	−18.45	3.89	1 222.522	20.760	310.513	耕地	背风坡	0	1 168	30	0.020 52	0.125	0.135 91	0.087 26
110	4.306	−8.457	6.49	1 352.55	11.974	185.736	林地	迎风坡	7.26E−08	1 168	13.5	0.002 16	0.125	0.140 62	0.124 92
110	18.201	−13.789	2.8	1 476.083	18.034	99.413	草地	迎风坡	5.3E−06	1 168	30	0.002 69	0.125	0.142 80	0.142 44
110	20.21	−13.411	2.779	1 176.731	23.097	33.851	林地	山脊	3.49E−06	1 168	24	0.011 92	0.125	0.139 29	0.114 34

续表

电压等级	地面倾角左	地面倾角右	地闪密度值	海拔	坡度	坡向	地表覆盖类型	地形类型	水域密度	绝缘子串长度	杆塔呼高	雷击跳闸次数仿真值	雷击跳闸次数实际值	雷击跳闸次数预测值	相对误差绝对值
110	-4.296	18.87	3.89	291.988 5	7.748	180.700	草地	山脊	1.57E-05	1 168	18	0.006 74	0.125	0.129 63	0.037 07
110	6.213	27.473	3.89	228.833 8	3.087	223.144	林地	迎风坡	0	1 168	15	0.021 58	0.125	0.147 80	0.182 41
110	-20.764	14.229	3.89	1 530.554	15.885	145.290	林地	背风坡	7.26E-08	1 314	27	0.023 90	0.125	0.141 33	0.130 67
110	-13.7	14.602	3.89	1 699.624	15.020	240.997	林地	迎风坡	6.68E-06	1 168	24	0.016 06	0.131 769	0.141 78	0.076 00
110	-23.825	24.777	1.39	2 009.736	25.808	56.521	林地	迎风坡	8.18E-05	1 168	23	0.009 95	0.125	0.126 88	0.015 07
110	17.648	-6.602	6.49	1 997.306	25.647	243.666	林地	山脊	2.83E-06	1 314	24	0.003 32	0.125	0.139 60	0.116 79
110	-13.608	6.139	2.39	1 884.833	16.475	111.801	耕地	迎风坡	0.000594	1 314	20	0.000 99	0.157 667	0.151 60	0.038 46
110	13.002	-1.927	3.89	1 267.699	17.590	156.971	林地	山脊	7.26E-08	1 314	15	0.003 14	0.125	0.138 38	0.107 04
110	20.394	-24.763	6.49	2 203.33	20.283	174.324	林地	迎风坡	0	1 314	18	0.002 27	0.125	0.146 20	0.169 62
110	-34.028	17.878	3.89	1 137.606	26.538	273.243	草地	山脊	1.82E-06	1 314	24	0.014 28	0.125	0.132 73	0.061 87
110	27.359	-3.533	3.89	1 125.056	11.504	200.625	草地	山谷	2.18E-07	1 314	18	0.012 91	0.125	0.141 53	0.132 25
110	-5.559	13.096	3.89	2 008.983	16.957	304.472	草地	山脊	6.46E-06	1 168	15	0.000 12	0.125	0.135 07	0.080 52
110	-19.078	12.497	3.89	2 068.064	18.931	208.796	耕地	背风坡	1.06E-05	1 314	29.8	0.023 58	0.125	0.135 66	0.085 29
110	13.99	-8.504	3.89	2 046.235	15.894	293.513	林地	山脊	5.45E-06	1 314	27	0.014 43	0.134 637	0.146 75	0.089 98
110	-24.85	21.426	1.39	1 868.224	23.383	346.889	林地	山脊	0	1 314	18	0.000 10	0.125	0.134 19	0.073 52
110	19.48	-21.027	3.89	1 457.375	19.303	281.558	林地	山脊	2.47E-06	1 314	37	0.019 27	0.125	0.147 46	0.179 66
110	10.346	20.949	1.39	1 776.712	6.447	282.884	林地	山脊	1.16E-06	1 314	15	0.004 73	0.125	0.138 95	0.111 63
110	4.414	-4.27	3.89	2 072.331	14.209	127.027	林地	迎风坡	3.25E-05	1 168	18	0.001 79	0.125	0.137 94	0.103 50
110	17.245	9.906	3.89	2 123.232	15.568	332.397	草地	山脊	0	1 460	24	0.020 23	0.125	0.144 21	0.153 71
110	-1.291	0.65	3.89	879.355 5	1.473	184.348	耕地	平地	3.37E-05	1 314	15	0.001 52	0.125	0.133 74	0.069 94
110	1.391	-6.711	6.49	2 503.287	2.525	182.981	林地	山脊	0	1 168	21	0.001 25	0.125	0.143 87	0.150 95

续表

电压等级	地面倾角左	地面倾角右	地闪密度值	海拔	坡度	坡向	地表覆盖类型	地形类型	水域密度	绝缘子串长度	杆塔呼高	雷击跳闸次数仿真值	雷击跳闸次数实际值	雷击跳闸次数预测值	相对误差绝对值
110	0.23	−0.531	3.89	1 378.827	0.677	210.323	耕地	平地	2.44E−05	1 168	33	0.022 68	0.125	0.143 35	0.146 81
110	9.959	−23.426	1.999	1 963.731	16.108	140.854	耕地	背风坡	4.39E−05	1 168	15	0.000 35	0.125	0.129 00	0.031 99
110	8.713	−6.375	1.39	2 015.697	8.875	343.424	草地	山脊	0	1 314	12	0.000 65	0.125	0.140 98	0.127 87
110	32.633	−3.528	6.49	1 819.131	18.854	253.507	林地	山脊	0	2 336	19	0.008 20	0.125	0.137 68	0.101 42
110	0.329	−3.293	1.999	1 213.599	2.682	111.544	耕地	山脊	6.46E−05	1 168	27	0.001 46	0.125 386	0.132 39	0.055 88
110	1.261	3.767	2.39	2 076.979	1.335	124.550	草地	平地	0.000103	1 168	15	0.001 05	0.125	0.130 06	0.040 44
110	7.695	22.194	3.89	1 522.289	17.101	314.496	林地	山脊	3.12E−06	1 168	24	0.017 03	0.125	0.140 93	0.127 42
110	21.642	−8.744	3.89	1 636.665	15.641	185.026	草地	迎风坡	2.18E−07	1 314	20	0.006 06	0.125	0.142 76	0.142 08
110	−8.835	9.549	2.39	2 995.895	13.344	111.162	林地	迎风坡	1.7E−05	1 314	21	0.003 13	0.125	0.142 39	0.139 11
110	8.543	−3.324	5.001	1 749.604	10.583	184.035	林地	山谷	0	1 168	16.5	0.000 11	0.125	0.145 76	0.166 05
110	12.139	17.259	3.89	1 600.806	21.654	122.144	草地	山脊	5.88E−06	1 314	18	0.011 70	0.125	0.132 90	0.063 21
110	−26.055	22.127	3.89	1 574.987	23.918	155.857	林地	山脊	0	1 314	18	0.019 34	0.125	0.145 56	0.164 50
110	−24.568	22.595	6.49	1 540.442	21.239	145.795	耕地	背风坡	0	1 168	12	0.009 05	0.125	0.127 87	0.022 94
110	12.975	−7.301	2.39	1 435.317	15.701	214.080	林地	山谷	0	1 168	19	0.003 40	0.125	0.146 31	0.170 45
110	−35.06	17.867	2.39	1 417.318	29.776	216.496	耕地	山脊	1.02E−06	1 168	19.5	0.005 72	0.125	0.126 66	0.013 31
110	−1.657	13.097	2.39	1 530.848	5.364	298.981	草地	山脊	0	1 168	27	0.006 44	0.125	0.142 95	0.143 61
110	−26.726	19.636	2.39	947.295 8	27.566	341.117	林地	背风坡	7.48E−06	1 168	24	0.009 66	0.125	0.132 19	0.057 52
110	−0.231	0.287	1.39	820.691 3	0.202	144.722	城镇用地	平地	7.26E−08	1 440	27	0.001 25	0.125	0.138 34	0.106 70
110	−2.543	1.563	1.39	1 126.155	6.490	208.969	耕地	迎风坡	2.4E−06	1 168	27	0.001 30	0.136 551	0.135 49	0.007 79
110	−5.93	−3.944	3.89	2 076.916	7.137	119.009	草地	迎风坡	3.63E−07	1 314	15	0.001 65	0.125	0.143 01	0.144 08

续表

电压等级	地面倾角左	地面倾角右	地闪密度值	海拔	坡度	坡向	地表覆盖类型	地形类型	水域密度	绝缘子串长度	杆塔呼高	雷击跳闸次数仿真值	雷击跳闸次数实际值	雷击跳闸次数预测值	相对误差绝对值
110	16.13	−4.767	3.89	2 429.781	8.588	212.529	草地	山脊	7.63E−06	1 314	15	0.001 59	0.134 637	0.140 53	0.043 80
110	11.44	−2.264	2.39	655.992 8	8.688	134.763	林地	山脊	0.000138	1 314	30	0.016 94	0.125	0.124 09	0.007 31
110	−12.938	12.974	3.89	1 344.048	18.013	105.231	耕地	迎风坡	0	1 168	30	0.025 72	0.125	0.131 15	0.049 23
110	13.88	−11.587	3.89	1 319.821	21.250	220.392	耕地	迎风坡	1.09E−06	1 168	21	0.003 18	0.125	0.137 11	0.096 89
110	−6.62	8.776	1.39	2 186.853	9.536	210.114	草地	山脊	0	1 314	18	0.006 54	0.125	0.142 23	0.137 80
110	−2.972	8.215	1.39	3 243.088	7.116	304.290	草地	背风坡	0	1 314	10	0.000 02	0.148 073	0.142 42	0.038 20
110	8.519	−10.928	1.39	3 253.765	10.573	285.591	林地	山脊	0	1 314	13.6	0.000 84	0.153 749	0.147 88	0.038 20
110	−2.049	3.084	1.39	884.143 6	3.340	254.131	耕地	山谷	7.4E−05	1 168	21	0.004 98	0.125	0.131 87	0.054 93
110	32.01	19.798	1.39	980.723 3	31.204	24.770	草地	山脊	0	1 168	24	0.004 04	0.133 945	0.131 04	0.021 70
110	11.143	−7.118	2.39	1 952.675	7.769	240.592	耕地	山脊	0.00012	1 168	30	0.015 28	0.125	0.135 14	0.081 14
110	1.555	9.775	1.999	922.556 9	0.458	242.791	草地	平地	3.05E−06	1 168	24	0.001 93	0.125	0.141 93	0.135 45
110	−5.546	33.215	2.39	2 248.027	14.756	196.817	草地	山脊	2.18E−07	1 168	21	0.005 27	0.125	0.134 40	0.075 23
110	16.934	−14.725	3.89	1 986.666	17.130	117.635	耕地	山脊	0	1 168	24	0.007 75	0.125	0.132 19	0.057 49
110	−31.064	−8.783	2.39	1 281.083	23.162	277.626	耕地	山脊	1.45E−07	1 314	30	0.002 88	0.125	0.130 54	0.044 32
110	8.113	16.91	3.89	1 559.982	5.068	182.186	耕地	山脊	1.03E−05	1 168	18	0.004 41	0.125	0.131 45	0.051 57
110	−4.41	−1.41	2.781	989.681 6	12.065	277.240	草地	山脊	2.18E−07	1 314	18	0.001 78	0.125	0.131 88	0.055 05
110	−23.942	27.893	5.001	1 950.372	24.440	227.049	草地	背风坡	0	1 168	27	0.039 94	0.125	0.141 10	0.128 82
110	16.399	2.886	3.89	1 664.576	11.177	253.579	林地	山脊	5.74E−06	1 314	39	0.051 19	0.134 637	0.157 66	0.171 00
110	8.521	−5.502	3.89	1 842.698	10.493	218.956	耕地	背风坡	1.09E−05	1 168	36	0.026 45	0.141 418	0.141 57	0.001 05
110	−17.027	12	3.89	685.535 3	13.268	341.975	草地	背风坡	1.31E−06	1 168	30	0.015 16	0.125	0.140 26	0.122 10
110	2.914	−9.229	3.89	2 006.449	15.523	342.190	林地	山脊	7.99E−06	1 314	42	0.009 33	0.125	0.149 81	0.198 50

续表

电压等级	地面倾角左	地面倾角右	地闪密度值	海拔	坡度	坡向	地表覆盖类型	地形类型	水域密度	绝缘子串长度	杆塔呼高	雷击跳闸次数仿真值	雷击跳闸次数实际值	雷击跳闸次数预测值	相对误差绝对值
110	−11.238	8.297	3.89	2 048.354	17.355	303.444	草地	山脊	3.27E−06	1 168	16.5	0.005 20	0.125	0.149 78	0.198 25
110	4.893	−14.485	3.89	3 142.447	17.841	253.488	林地	背风坡	0	1 168	33	0.024 29	0.157 872	0.154 96	0.018 46
110	−1.341	21.654	2.781	2 178.563	28.670	150.480	耕地	迎风坡	0	1 168	21	0.000 56	0.125	0.130 79	0.046 32
110	7.393	−2.078	3.89	1 643.527	9.154	142.356	草地	山谷	0	1 314	27.8	0.000 97	0.125	0.145 76	0.166 08
110	7.968	−0.765	1.39	1 550.237	1.369	61.185	林地	平地	2.9E−07	1 168	15	0.000 91	0.125	0.149 23	0.193 86
110	9.039	−12.266	2.39	1 624.776	10.270	100.179	林地	迎风坡	0	1 314	18	0.003 56	0.125	0.146 86	0.174 91
110	11.216	−4.493	3.89	1 606.226	12.948	209.443	草地	山脊	1.38E−06	1 168	16	0.002 34	0.140 655	0.137 88	0.019 75
110	−21.887	27.793	3.89	2 121.713	23.773	214.922	林地	山脊	0	1 168	30	0.019 89	0.125	0.143 52	0.148 14
110	17.013	−8.652	3.89	969.289 6	31.016	164.830	草地	背风坡	5.25E−05	1 168	15	0.001 04	0.125	0.127 29	0.018 32
110	9.866	−7.588	3.89	1 218.819	36.498	285.511	耕地	山脊	2.11E−06	2 920	24	0.001 80	0.125	0.127 66	0.021 28
110	8.151	−9.538	3.89	1 394.586	12.933	300.688	林地	迎风坡	7.19E−06	1 314	21	0.004 82	0.125	0.143 52	0.148 18
110	17.516	3.49	3.89	2 046.383	17.497	36.466	耕地	背风坡	0	1 168	18.11	0.009 32	0.125	0.131 87	0.054 93
110	−46.762	43.515	2.781	2 408.669	40.749	202.867	草地	迎风坡	0	1 314	24.1	0.015 73	0.125	0.129 02	0.032 18
110	−7.432	11.216	1.39	3 080.862	12.291	354.134	草地	迎风坡	1.3E−05	1 314	21	0.004 15	0.125	0.143 08	0.144 66
110	5.526	−3.589	6.49	1 047.827	11.894	208.574	林地	山脊	0	1 168	28.5	0.018 91	0.125	0.136 88	0.095 03
110	−33.242	8.901	3.89	1 433.208	20.225	148.072	林地	迎风坡	0	1 168	24	0.008 97	0.125	0.138 07	0.104 58
110	11.15	11.717	1.999	535.664	6.685	84.644	林地	山脊	1.16E−06	1 168	15	0.000 89	0.125	0.134 00	0.072 03
110	8.453	−7.585	2.39	923.567 3	20.383	190.600	耕地	背风坡	3.59E−05	1 440	15	0.000 74	0.125	0.129 10	0.032 82
110	17.566	−37.01	3.89	1 466.309	31.019	304.606	林地	背风坡	2.9E−06	1 168	21	0.007 30	0.125	0.144 20	0.153 64
110	6.574	−7.223	3.89	2 311.917	16.949	323.745	林地	山脊	0	1 314	24	0.006 99	0.157 599	0.146 05	0.073 30
110	9.265	−2.947	6.49	260.229 2	7.052	103.326	草地	山脊	8.64E−06	1 314	27	0.013 14	0.328 533	0.338 75	0.031 09

续表

电压等级	地面倾角左	地面倾角右	地闪密度值	海拔	坡度	坡向	地表覆盖类型	地形类型	水域密度	绝缘子串长度	杆塔呼高	雷击跳闸次数仿真值	雷击跳闸次数实际值	雷击跳闸次数预测值	相对误差绝对值
110	1.874	−3.886	4.999	1 414.934	2.923	326.769	林地	山脊	0	2 628	15	0.000 04	0.125	0.136 60	0.092 77
110	15.604	−26.23	2.39	2 472.255	19.752	176.691	草地	迎风坡	0	1 168	18	0.001 29	0.165 158	0.148 18	0.102 82
110	8.024	−8.972	3.89	1 880.441	7.843	260.756	城镇用地	背风坡	2.12E−05	1 314	15	0.000 31	0.125	0.131 67	0.053 34
110	−3.759	9.112	2.39	937.493 1	12.176	274.199	耕地	山脊	4.36E−07	1 168	36	0.013 67	0.151 83	0.135 14	0.109 94
110	−2.234	15.264	2.39	1 403.797	11.850	60.131	林地	背风坡	1.09E−06	1 168	33	0.015 62	0.125	0.142 58	0.140 63
110	−2.13	−11.859	3.89	723.913 1	22.200	178.918	草地	背风坡	6.54E−07	1 168	39	0.024 19	0.132 969	0.131 67	0.009 77
110	−1.365	14.138	3.89	1 806.262	11.149	326.410	林地	山脊	0	1 168	24	0.010 25	0.131 769	0.143 85	0.091 69
110	14.447	5.563	1.39	1 030.573	15.366	124.155	耕地	山脊	0	1 314	24	0.004 14	0.133 945	0.130 06	0.028 98
110	15.45	−3.937	3.89	517.320 4	9.799	229.746	耕地	背风坡	4.18E−05	1 314	16.5	0.003 18	0.148 073	0.128 89	0.129 53
110	−16.071	38.276	1.39	749.855 3	28.007	1.197	林地	背风坡	1.05E−05	1 168	30	0.003 65	0.125	0.128 66	0.029 31
110	25.615	−7.53	1.39	1 846.767	25.941	197.301	草地	山脊	8.71E−07	1 314	15	0.006 14	0.125	0.136 31	0.090 47
110	−2.437	−10.507	6.49	964.697 6	12.307	167.120	林地	山脊	0	1 168	18	0.007 24	0.125	0.135 97	0.087 75
110	25.631	9.079	3.89	896.565 3	9.792	307.305	林地	山脊	5.92E−05	1 168	15	0.019 02	0.125	0.130 77	0.046 13
110	16.208	−6.42	2.39	3 040.554	12.084	243.409	草地	背风坡	5.21E−05	1 168	24	0.000 61	0.25	0.253 31	0.013 23
110	21.544	−5.669	2.39	2 547.578	18.673	131.418	草地	迎风坡	4.46E−05	1 168	21	0.006 06	0.125	0.134 13	0.073 05
110	−8.429	2.24	2.001	1 762.012	14.308	137.806	林地	山脊	0	1 168	21	0.000 09	0.125	0.140 70	0.125 57
110	7.32	18.731	3.89	563.283 3	4.035	216.302	草地	山脊	0	1 168	33	0.010 64	0.483 017	0.511 67	0.059 33
110	7.462	−2.704	3.89	1 923.854	4.742	231.939	林地	山脊	0	1 168	33	0.002 53	0.125	0.147 58	0.180 64
110	−0.231	0.275	3.89	1 436.191	0.622	126.444	草地	平地	1E−05	1 314	18	0.000 16	0.125	0.142 77	0.142 18
110	11.595	−23.891	3.89	1 660.275	20.746	238.618	林地	山脊	0	1 168	30	0.002 47	0.125	0.147 01	0.176 12

续表

电压等级	地面倾角左	地面倾角右	地闪密度值	海拔	坡度	坡向	地表覆盖类型	地形类型	水域密度	绝缘子串长度	杆塔呼高	雷击跳闸次数仿真值	雷击跳闸次数实际值	雷击跳闸次数预测值	相对误差绝对值
110	31.337	−15.853	2.39	1 952.545	32.029	174.928	耕地	山脊	1.45E−07	1 168	21	0.009 41	0.125	0.129 85	0.038 84
110	−3.551	15.408	2.39	1 804.582	12.107	348.929	草地	背风坡	9.44E−07	1 314	18	0.002 50	0.158 834	0.138 10	0.130 53
110	25.323	−29.655	4.999	1 377.845	26.468	179.677	城镇用地	山谷	0	1 314	19	0.019 95	0.125	0.138 17	0.105 37
110	1.393	−1.588	1.39	996.420 9	1.630	99.316	草地	平地	3.14E−05	1 440	30	0.006 06	0.125	0.138 68	0.109 44
110	−26.117	8.696	1.39	2 094.938	19.047	143.838	草地	迎风坡	2.03E−05	1 314	12	0.000 28	0.125	0.130 64	0.045 12
110	−12.51	21.67	1.39	1 638.521	19.794	169.985	林地	迎风坡	0	1 314	18	0.002 83	0.125	0.134 26	0.074 12
110	−29.11	17.049	6.49	1 166.949	22.742	198.993	林地	迎风坡	0	1 314	21	0.014 20	0.125	0.135 25	0.082 03
110	−13.46	18.189	3.89	1 947.801	17.917	286.897	草地	山脊	2.9E−07	1 168	27	0.024 73	0.140 872	0.143 64	0.019 68
110	30.546	14.267	3.89	1 367.172	19.888	276.625	草地	山脊	4.21E−06	2 336	15	0.020 36	0.125	0.133 73	0.069 87
110	8.624	6.014	5.001	1 784.224	7.717	240.310	草地	背风坡	1.96E−06	1 168	13.5	0.000 10	0.125	0.138 36	0.106 90
110	7.03	−1.7	2.39	561.204	2.318	164.237	草地	迎风坡	3.56E−06	1 314	24	0.005 77	0.125	0.137 58	0.100 67
110	−12.14	21.768	3.89	1 515.272	22.142	122.425	耕地	迎风坡	7.26E−08	1 314	12.5	0.000 71	0.125	0.131 51	0.052 07
110	7.376	3.443	3.89	1 336.352	7.910	28.328	耕地	迎风坡	0	1 314	18	0.003 20	0.125	0.136 91	0.095 28
110	−6.21	−6.844	3.89	2 119.305	9.025	148.432	耕地	迎风坡	7.99E−07	1 314	18	0.003 82	0.125	0.139 42	0.115 36
110	18.107	−9.716	3.89	1 448.444	15.787	219.071	林地	山脊	0	1 168	30	0.003 66	0.125	0.145 35	0.162 80
110	10.122	−4.482	3.89	1 903.271	6.442	36.450	林地	山脊	8.21E−06	1 168	24	0.009 73	0.125	0.145 01	0.160 05
110	−15.287	−9.516	6.49	729.727 1	21.322	324.294	林地	山脊	0	1 314	24	0.007 51	0.125	0.130 28	0.042 22
110	13.764	11.81	3.89	1 675.809	2.901	65.137	林地	山脊	0	1 168	22	0.007 29	0.125	0.144 14	0.153 14
110	−11.266	14.79	3.89	1 170.921	19.609	301.713	林地	山脊	0	1 314	21	0.014 89	0.375	0.369 24	0.015 37
110	18.691	−39.032	1.39	1 718.857	36.350	305.399	林地	背风坡	0	1 168	18	0.004 70	0.125	0.145 61	0.164 84

续表

电压等级	地面倾角左	地面倾角右	地闪密度值	海拔	坡度	坡向	地表覆盖类型	地形类型	水域密度	绝缘子串长度	杆塔呼高	雷击跳闸次数仿真值	雷击跳闸次数实际值	雷击跳闸次数预测值	相对误差绝对值
110	22.404	7.773	6.49	2 103.314	3.619	129.786	草地	山脊	0	1 168	27.5	0.015 50	0.125	0.137 78	0.102 27
110	0.255	−0.296	2.39	1 838.371	0.340	168.873	耕地	平地	0	1 168	30	0.010 26	0.125	0.148 84	0.190 74
110	3.884	−31.052	1.39	1 107.939	26.117	22.603	林地	迎风坡	0	1 314	18	0.001 30	0.125	0.140 68	0.125 42
110	−18.935	9.585	3.89	1 495.471	15.525	134.179	林地	迎风坡	0	1 168	39	0.026 80	0.125	0.143 96	0.151 65
110	1.883	−3.734	3.89	1 593.358	12.750	189.602	耕地	山脊	7.41E−06	1 168	24	0.003 27	0.125	0.130 94	0.047 52
110	2.829	5.436	3.89	676.287 1	2.594	267.233	草地	山脊	0	1 168	35.3	0.012 58	0.132 969	0.139 96	0.052 54
110	17.353	−4.735	2.39	917.544 6	9.724	145.852	林地	山脊	0	1 168	16.5	0.001 56	0.125	0.139 19	0.113 48
110	17.932	−35.457	2.39	1 160.838	29.499	235.499	林地	山脊	0	1 168	18	0.004 94	0.125	0.140 83	0.126 67
110	13.375	12.879	1.39	2 426.088	16.430	295.348	林地	山脊	0	1 168	22.6	0.008 20	0.148 073	0.142 07	0.040 54
110	33.992	−13.369	3.89	1 206.244	31.502	151.776	林地	山脊	7.26E−08	2 336	30	0.001 71	0.125	0.138 25	0.106 03
110	28.366	−8.901	6.49	2 438.657	20.951	166.695	草地	迎风坡	0	1 168	15	0.000 55	0.125	0.139 50	0.116 03
110	6.312	10.17	3.89	864.835 3	19.710	321.048	耕地	背风坡	0	1 314	33	0.003 97	0.157 872	0.132 47	0.160 92
110	2.171	−0.951	3.89	1 496.449	2.973	269.606	耕地	山脊	2.59E−05	1 168	13	0.000 67	0.125	0.132 70	0.061 61
110	5.044	8.323	3.89	982.272 5	7.564	74.646	林地	迎风坡	0	1 168	18	0.002 00	0.125	0.139 99	0.119 95
110	−15.647	16.896	1.39	1 238.736	7.658	200.331	草地	山脊	3.24E−05	1 168	35.7	0.003 16	0.125	0.139 18	0.113 47
110	2.889	−8.504	5.001	1 952.864	11.006	306.608	林地	山脊	3.78E−06	1 168	12	0.002 96	0.125	0.140 89	0.127 09
110	2.28	−3.35	1.39	810.120 9	3.950	178.158	耕地	迎风坡	2.26E−05	1 314	15	0.000 33	0.125	0.130 92	0.047 35
110	−5.035	4.356	3.89	1 582.336	18.463	310.658	林地	山脊	0	1 168	35.7	0.025 28	0.125	0.148 10	0.184 80
110	−1.381	13.524	3.89	1 893.927	7.556	283.964	草地	山脊	1.31E−05	1 314	27	0.000 65	0.140 872	0.141 44	0.004 01
110	29.391	−10.366	3.89	2 175.196	16.411	292.863	林地	迎风坡	0	2 628	16.6	0.004 51	0.125	0.146 06	0.168 50
110	−3.256	17.01	2.39	2 069.934	9.872	213.314	林地	山脊	8.71E−07	1 168	36	0.003 44	0.156 787	0.145 15	0.074 24

续表

电压等级	地面倾角左	地面倾角右	地闪密度值	海拔	坡度	坡向	地表覆盖类型	地形类型	水域密度	绝缘子串长度	杆塔呼高	雷击跳闸次数仿真值	雷击跳闸次数实际值	雷击跳闸次数预测值	相对误差绝对值
110	12.382	−13.017	3.89	1 652.382	12.979	29.482	林地	山脊	5.01E−06	1 168	27	0.010 66	0.125	0.144 60	0.156 77
110	13.835	16.892	6.49	1 398.956	8.610	44.237	草地	山脊	0	1 168	24	0.023 76	0.125	0.143 90	0.151 18
110	20.689	−32.614	4.999	1 509.479	34.830	265.112	林地	山脊	0	2 336	18	0.000 61	0.125	0.137 21	0.097 68
110	17.484	−32.092	1.39	2 624.311	34.841	219.268	林地	山脊	0	1 168	18	0.000 18	0.125	0.147 06	0.176 49
110	9.981	16.887	6.49	901.429	17.380	339.764	林地	山脊	4.88E−05	1 120	18	0.019 98	0.125	0.131 13	0.049 04
110	16.159	−6.719	1.39	2 078.439	16.712	327.894	草地	山脊	0	1 168	18	0.000 39	0.125	0.140 79	0.126 35
110	10.101	6.678	5.001	2 089.526	13.132	139.788	草地	迎风坡	2.11E−06	1 314	18	0.003 03	0.125	0.141 10	0.128 82
110	9.16	−4.451	3.89	1 835.658	9.762	223.249	耕地	山脊	1.83E−05	1 168	15	0.001 87	0.125	0.131 48	0.051 83
110	4.877	−3.929	3.89	1 579.323	19.869	337.626	草地	背风坡	0	1 314	15.5	0.001 82	0.136 909	0.137 00	0.000 64
110	−26.466	26.274	2.39	810.209 4	23.955	14.825	林地	迎风坡	0	1 168	30	0.018 49	0.125	0.132 11	0.056 84
110	−18.525	24.651	1.39	2 685.157	30.406	237.171	林地	背风坡	0	1 314	18	0.006 48	0.125	0.134 05	0.072 40
110	−9.05	23.716	1.999	950.636 1	19.405	293.116	草地	山脊	0	1 168	27	0.000 53	0.125	0.131 70	0.053 64
110	16.954	28.315	3.89	1 983.772	16.102	133.482	林地	山脊	9.95E−06	1 168	24	0.021 35	0.125	0.14075	0.125 97
110	−17.064	18.92	1.39	651.548 3	17.760	307.162	草地	背风坡	2.1E−05	1 314	21	0.007 25	0.125	0.131 11	0.048 91
110	4.427	−4.811	3.89	1 932.431	6.131	309.012	草地	山脊	2.77E−05	1 168	13.5	0.000 08	0.154 399	0.137 91	0.106 80
110	1.432	9.488	3.89	1 256.873	4.619	51.505	草地	山脊	7.26E−07	1 168	21	0.002 34	0.125	0.133 39	0.067 09
110	−3.74	−10.326	2.39	2 966.508	15.829	150.047	林地	山脊	0	1 168	24	0.001 76	0.125	0.146 94	0.175 51
110	−20.834	5.646	2.39	1 132.482	19.841	285.531	林地	背风坡	0	1 314	21	0.005 15	0.125	0.134 21	0.073 70
110	4.674	−9.441	3.89	1 861.734	11.668	128.788	草地	山脊	0	1 168	27	0.002 44	0.131 626	0.140 27	0.065 68
110	23.149	−12.301	3.89	2 275.848	14.536	180.441	耕地	山脊	5.73E−05	1 168	33	0.023 66	0.157 463	0.135 02	0.142 50

续表

电压等级	地面倾角左	地面倾角右	地闪密度值	海拔	坡度	坡向	地表覆盖类型	地形类型	水域密度	绝缘子串长度	杆塔呼高	雷击跳闸次数仿真值	雷击跳闸次数实际值	雷击跳闸次数预测值	相对误差绝对值
110	11.984	−9.861	3.89	1 858.011	4.541	177.117	城镇用地	山谷	1.31E−06	1 568	21	0.006 26	0.125	0.138 78	0.110 26
110	−14.238	23.369	3.89	1 493.313	16.512	302.539	林地	山脊	1.45E−07	1 168	30	0.017 27	0.125	0.142 85	0.142 77
110	−17.477	19.89	1.39	2 024.282	19.122	209.613	耕地	背风坡	0.000114	1 460	27	0.005 71	0.125	0.134 44	0.075 52
110	−9.063	8.198	3.89	2 181.971	10.442	259.653	林地	山脊	7.26E−08	1 314	21	0.003 14	0.125	0.143 53	0.148 28
110	−15.406	−2.989	3.89	1 361.884	19.683	179.780	林地	迎风坡	6.54E−07	1 314	30	0.006 93	0.125	0.142 67	0.141 38
110	−11.265	35.698	1.39	1 259.674	23.264	49.715	耕地	山脊	2.18E−07	1 314	15.5	0.000 74	0.25	0.260 87	0.043 49
110	−4.94	29.64	3.89	1 416.721	17.283	296.508	林地	背风坡	3.2E−05	1 314	23	0.013 28	0.125	0.144 82	0.158 59
110	−8.995	23.217	1.39	764.112 7	19.912	309.417	草地	背风坡	4.36E−07	1 314	24	0.008 80	0.125	0.130 34	0.042 72
110	−9.237	23.243	3.89	1 495.41	20.101	42.604	林地	山脊	0	1 314	30	0.021 82	0.125	0.138 44	0.107 49
110	5.419	12.148	2.8	2 460.663	14.083	34.742	林地	迎风坡	4.01E−05	1 314	16	0.001 57	0.125	0.133 93	0.071 43
110	−30.96	30.129	3.89	1 912.1	27.859	5.737	林地	迎风坡	2.18E−07	1 168	21	0.001 35	0.125	0.137 64	0.101 12
110	−5.999	14.088	2.781	1 194.669	6.194	313.377	林地	山脊	0	1 314	18	0.004 67	0.125	0.138 99	0.111 94
110	−29.943	37.683	2.001	2 581.472	32.298	208.393	林地	背风坡	0	1 314	14.5	0.005 47	0.125	0.130 44	0.043 55
110	19.832	−14.849	2.39	2 204.303	15.648	171.036	草地	迎风坡	3.63E−07	1 168	18.11	0.004 76	0.125	0.146 88	0.175 07
110	−6.851	40.992	2.8	2 088.405	26.420	226.450	林地	背风坡	5.03E−05	1 460	24	0.014 00	0.125	0.146 50	0.172 01
110	9.385	8.409	2.39	2 300.542	7.518	171.167	草地	迎风坡	0	1 168	13.5	0.000 80	0.158 834	0.143 06	0.099 32
110	1.161	−3.884	3.89	1 635.805	2.455	276.374	耕地	背风坡	0	1 168	24	0.002 07	0.125	0.140 21	0.121 65
110	−2.018	−2.598	2.39	928.656 9	4.695	224.316	城镇用地	背风坡	1.34E−05	1 168	21	0.003 36	0.125	0.130 75	0.045 96
110	12.917	−15.167	3.89	1 612.667	17.879	47.239	耕地	迎风坡	0	1 168	21	0.001 52	0.125	0.138 64	0.109 11

续表

电压等级	地面倾角左	地面倾角右	地闪密度值	海拔	坡度	坡向	地表覆盖类型	地形类型	水域密度	绝缘子串长度	杆塔呼高	雷击跳闸次数仿真值	雷击跳闸次数实际值	雷击跳闸次数预测值	相对误差绝对值
110	19.959	−6.014	2.39	1 846.335	17.698	298.301	耕地	山脊	0	1 168	18	0.006 97	0.125	0.134 06	0.072 44
110	7.764	−1.776	1.39	2 151.72	8.319	221.303	草地	山脊	6.33E−05	1 168	21	0.001 08	0.125	0.135 15	0.081 20
110	4.034	2.23	3.89	2 036.464	8.469	180.804	耕地	迎风坡	0	1 168	30	0.005 75	0.125	0.139 11	0.112 86
110	10.174	−5.749	2.39	1 748.3	20.387	240.782	草地	背风坡	1.45E−07	1 168	20	0.001 50	0.125	0.139 68	0.117 44
110	−0.189	−0.122	3.89	543.565 7	0.239	232.026	耕地	平地	0.000174	1 168	30	0.007 49	0.125	0.125 63	0.005 03
110	1.563	19.046	3.89	2 025.978	9.750	7.863	林地	迎风坡	0	1 168	33	0.002 49	0.125	0.144 15	0.153 18
110	12.818	2.722	2.781	1 718.08	5.537	4.779	耕地	山脊	1.85E−05	1 460	15	0.000 38	0.125	0.128 76	0.030 10
110	16.279	−10.206	1.39	2 307.078	13.848	64.056	林地	山脊	1.53E−06	1 168	14	0.000 62	0.125	0.145 27	0.162 16
110	6.782	−6.753	3.89	1 211.234	8.837	106.427	耕地	山脊	1.92E−05	2 628	16	0.000 69	0.125	0.127 70	0.021 61
110	−5.429	10.917	3.89	2 166.626	21.428	212.599	林地	山脊	1.02E−06	1 314	15	0.012 17	0.125	0.141 06	0.128 49
110	25.036	−12.054	3.89	3 093.899	19.544	245.138	林地	山脊	0	1 168	15	0.011 80	0.158 489	0.146 57	0.075 19
110	8.087	−2.91	3.89	1 793.532	5.739	141.828	草地	山脊	1.15E−05	1 168	27	0.006 36	0.125	0.140 01	0.120 07
110	7.826	8.033	1.39	1 738.969	3.625	317.019	林地	山脊	1.23E−06	1 168	18	0.001 34	0.125	0.141 89	0.135 09
110	18.733	−13.178	3.89	876.621 8	13.209	104.630	林地	迎风坡	7.99E−07	1 606	36	0.053 96	0.125	0.149 03	0.192 25
110	−15.906	15.763	2.39	1 453.325	18.133	119.662	林地	山脊	7.26E−08	1 168	30	0.001 25	0.125	0.135 91	0.087 24
110	14.432	−1.696	3.89	2 004.038	6.862	264.242	草地	山脊	1.45E−07	1 168	25	0.008 18	0.125	0.145 41	0.163 25
220	−21.856	26.138	3.89	2 365.83	23.403	105.737	耕地	迎风坡	0	5 256	33	0.013 03	0.232 484	0.234 93	0.010 51
220	12.886	−10.052	3.89	1 371.847	20.413	61.156	林地	山脊	0	2 482	36	0.046 84	0.125	0.146 58	0.172 64
220	−0.32	0.397	1.39	804.932 4	0.207	153.557	耕地	平地	0	876	21	0.000 00	0.125	0.14292	0.143 36
220	−14.998	18.522	3.89	1 333.46	23.924	304.200	草地	山脊	0	2 628	21	0.022 04	0.455 112	0.477 92	0.050 11
220	11.925	7.535	1.39	1 421.37	24.076	310.288	林地	背风坡	8.5E−06	2 190	42	0.021 90	0.125	0.141 06	0.128 52

续表

电压等级	地面倾角左	地面倾角右	地闪密度值	海拔	坡度	坡向	地表覆盖类型	地形类型	水域密度	绝缘子串长度	杆塔呼高	雷击跳闸次数仿真值	雷击跳闸次数实际值	雷击跳闸次数预测值	相对误差绝对值
220	−3.586	15.199	1.39	835.637 6	12.727	210.885	草地	背风坡	8.7E−05	2 336	30	0.024 34	0.129 204	0.139 81	0.082 13
220	−12.72	16.9	1.39	3 059.392	22.704	220.709	林地	山谷	0	2 482	48	0.016 21	0.125	0.142 88	0.143 03
220	−6.321	8.781	3.89	1 783.061	8.418	256.491	草地	山脊	7.48E−06	4 672	30	0.015 19	8.295 455	8.316 22	0.002 50
220	6.857	−8.024	6.49	881.349 5	28.722	183.889	林地	山脊	0	2 190	30	0.024 80	0.226 427	0.227 55	0.004 97
220	−8.181	18.697	2.39	2 145.857	11.792	30.570	林地	山脊	5.81E−07	4 672	30	0.006 14	0.149 897	0.158 57	0.057 88
220	−16.273	28.186	6.49	2 122.112	18.807	141.106	林地	山脊	0	2 190	29.7	0.031 35	0.161 006	0.144 02	0.105 51
220	10.843	10.317	1.999	1 382.484	8.270	315.685	林地	迎风坡	0	2 628	24	0.014 83	0.125	0.141 54	0.132 30
220	−12.868	8.374	1.39	1 907.92	18.592	290.904	草地	山脊	0	2 482	21	0.000 53	0.25	0.246 74	0.013 04
220	−4.144	10.256	6.49	960.237 7	11.782	226.137	草地	山脊	7.26E−08	2 190	27	0.019 61	0.227 556	0.219 14	0.036 96
220	0.796	−0.481	3.89	1 332.136	1.169	146.873	林地	平地	3E−05	2 190	21.11	0.000 57	0.125	0.140 26	0.122 06
220	8.769	−3.02	3.89	1 478.343	20.916	252.942	草地	山脊	3.63E−07	2 190	30	0.018 98	0.228 697	0.240 99	0.053 75
220	24.029	−15.252	2.001	1 558.858	20.435	169.874	林地	山脊	0	2 190	39	0.024 22	0.164 34	0.145 65	0.113 71
220	4.213	0.765	3.89	2 116.711	3.294	129.732	林地	山谷	3.41E−06	2 190	33	0.000 57	0.125	0.147 62	0.180 93
220	14.22	−9.063	2.39	1 959.795	22.033	143.341	耕地	迎风坡	7.26E−08	2 190	27	0.004 58	0.125	0.136 48	0.091 84
220	−19.92	27.735	1.39	3 538.073	16.714	303.091	草地	背风坡	1.45E−07	2 628	21	0.010 44	0.125	0.140 62	0.124 97
220	8.272	4.219	3.89	2 043.263	11.697	212.607	林地	背风坡	6.54E−07	2 190	30	0.014 21	0.134 587	0.144 96	0.077 04
220	6.645	13.144	3.89	1 157.957	21.692	226.339	草地	迎风坡	0	2 190	33	0.028 70	0.591 572	0.613 70	0.037 40
220	−3.17	−2.337	3.89	1 827.003	16.956	237.032	林地	山脊	1.89E−06	2 190	24	0.004 47	0.125	0.140 24	0.121 92
220	21.425	−15.488	2.39	2 193.772	23.859	228.847	耕地	山脊	0	2 628	33	0.008 63	0.125	0.133 29	0.066 29
220	11.823	−3.075	2.39	2 010.561	9.737	253.737	草地	山脊	5.66E−06	2 628	33	0.012 49	0.177 962	0.145 21	0.184 05
220	25.743	−13.905	2.39	2 015.529	23.494	72.030	草地	山谷	0	2 190	18	0.001 30	0.125	0.144 24	0.153 94

续表

电压等级	地面倾角左	地面倾角右	地闪密度值	海拔	坡度	坡向	地表覆盖类型	地形类型	水域密度	绝缘子串长度	杆塔呼高	雷击跳闸次数仿真值	雷击跳闸次数实际值	雷击跳闸次数预测值	相对误差绝对值
220	18.939	−1.947	2.39	1 371.051	13.121	214.289	林地	山脊	3.92E−06	2 190	20	0.006 18	0.164 266	0.140 28	0.146 02
220	−8.707	12.366	2.39	2 394.419	14.694	137.785	草地	山脊	0	2 628	48	0.011 02	0.125	0.138 11	0.104 86
220	−35.855	10.319	6.49	1 764.377	37.923	178.140	林地	迎风坡	0	2 336	21	0.022 83	0.125	0.136 22	0.089 78
220	9.565	5.191	3.89	1 483.127	6.607	313.831	草地	山脊	6.61E−06	2 190	15	0.001 64	0.125	0.135 96	0.087 69
220	6.465	−8.493	1.39	2 194.86	4.911	298.122	林地	山脊	0	2 190	15	0.000 45	0.125	0.145 55	0.164 40
220	−11.995	−10.443	1.39	1 998.631	29.918	255.044	草地	山脊	2.33E−05	2 190	21	0.000 68	0.125	0.133 47	0.067 78
220	6.561	2.246	2.39	2 067.377	3.149	331.269	林地	山脊	0	2 628	39	0.013 89	0.177 962	0.152 16	0.145 01
220	21.741	−15.127	2.39	862.152 2	22.596	198.494	林地	背风坡	0	2 336	33	0.033 79	0.164 34	0.142 29	0.134 17
220	−9.44	−5.607	2.39	1 582.793	12.100	355.688	林地	山谷	3.2E−06	2 482	36	0.005 45	0.125	0.143 07	0.144 55
220	−13.028	33.122	3.89	1 891.523	21.870	234.276	林地	背风坡	0	2 482	36	0.027 64	0.125	0.141 07	0.128 55
220	9.394	−23.731	3.89	1 730.685	20.005	199.161	耕地	迎风坡	2.03E−06	2 190	42	0.031 63	0.125	0.139 47	0.115 78
220	−10.951	19.728	2.001	1 657.952	15.063	312.044	林地	山脊	0	2 190	39	0.022 14	0.164 34	0.177 07	0.077 49
220	−1.873	32.269	1.39	1 261.715	13.942	268.366	林地	山脊	0	2 628	18	0.012 58	0.125	0.136 24	0.089 93
220	6.703	1.447	1.39	756.139 3	6.132	88.411	耕地	山脊	0	2 336	36	0.037 10	0.164 34	0.134 83	0.179 59
220	−16.33	5.936	3.89	1 410.744	12.701	161.031	林地	山脊	3.92E−06	2 336	27	0.014 96	0.125	0.140 72	0.125 77
220	−1.757	18.381	3.89	2 216.251	14.054	128.240	草地	山脊	7.26E−08	2 774	21	0.011 97	0.125	0.137 38	0.099 07
220	−7.793	21.136	3.89	1 760.202	19.704	198.886	林地	山脊	0	2 482	32	0.014 92	0.125	0.139 18	0.113 47
220	−15.986	4.43	3.89	2 126.165	12.517	199.903	林地	山脊	0	2 482	24	0.001 55	0.125	0.142 07	0.136 58
220	23.849	−3.026	1.39	2 029.079	11.179	238.030	林地	山脊	0	2 482	24.3	0.005 68	0.125	0.143 32	0.146 53
220	11.373	−13.183	3.89	1 760.802	19.461	13.249	林地	山谷	7.26E−08	2 336	18	0.004 49	0.125	0.146 05	0.168 40
220	15.094	−7.673	1.39	2 852.882	16.045	276.040	林地	山脊	1.69E−05	2 336	30	0.005 33	0.213 825	0.211 76	0.009 65

续表

电压等级	地面倾角左	地面倾角右	地闪密度值	海拔	坡度	坡向	地表覆盖类型	地形类型	水域密度	绝缘子串长度	杆塔呼高	雷击跳闸次数仿真值	雷击跳闸次数实际值	雷击跳闸次数预测值	相对误差绝对值
220	−28.506	15.734	1.39	1 822.607	25.498	319.750	林地	背风坡	7.92E−06	2 190	27	0.006 82	0.125	0.135 08	0.080 67
220	−10.314	18.214	1.39	949.173 8	13.581	23.918	林地	山脊	0	2 336	33	0.016 01	0.129 066	0.133 61	0.035 17
220	−24.996	6.699	3.89	1 838.83	17.480	128.469	林地	迎风坡	1.76E−05	2 190	27	0.003 19	0.125	0.136 89	0.095 13
220	−6.814	6.961	6.49	1 446.077	7.287	186.139	耕地	山谷	0	2 482	30	0.046 99	0.732 932	0.721 73	0.015 28
220	22.117	−6.932	1.39	1 867.679	14.536	212.738	草地	山脊	9.16E−05	2 336	18	0.017 53	0.125	0.130 72	0.045 77
220	−7.986	12.563	1.39	1 796.531	16.239	305.398	林地	山脊	0	2 190	29	0.005 20	0.125	0.141 01	0.128 12
220	41.188	11.013	2.8	2 581.341	25.211	199.669	林地	山脊	0	2 336	33	0.038 42	0.125	0.145 87	0.167 00
220	28.355	−13.349	1.39	2 052.208	22.776	199.909	林地	山脊	1.02E−06	2 482	53	0.009 74	0.125	0.143 41	0.147 27
220	5.452	−0.7	2.781	1 704.579	13.808	200.300	草地	山脊	5.22E−05	2 190	18.11	0.000 54	0.125	0.133 07	0.064 52
220	−11.444	22.49	2.39	2 558.412	20.451	123.790	林地	迎风坡	0	2 628	24	0.016 84	0.148 073	0.138 84	0.062 38
220	−11.182	14.706	2.39	1 941.781	11.131	80.084	耕地	迎风坡	1.45E−07	2 190	39	0.028 77	0.125	0.135 39	0.083 09
220	14.471	6.013	2.001	1 156.312	11.934	215.513	草地	山脊	3.41E−06	2 336	33	0.045 46	0.129 066	0.143 64	0.112 90
220	−9.928	−8.854	3.89	1 733.161	24.055	252.426	林地	山脊	0	2 190	15	0.000 64	0.164 266	0.138 25	0.158 40
220	24.28	−12.105	3.89	2 112.573	21.325	215.474	耕地	山谷	1.5E−05	2 190	27	0.016 38	0.125	0.139 34	0.114 69
220	−6.044	−1.803	3.89	1 308.68	10.139	241.677	林地	山脊	0	2 190	18.3	0.000 12	0.125	0.136 57	0.092 57
220	15.432	−16.543	3.89	1 747.085	16.834	175.300	草地	山脊	6.39E−06	2 628	24	0.014 16	0.125	0.13774	0.101 92
220	−3.314	12.067	3.89	1 508.269	8.718	97.574	耕地	山脊	5.08E−07	2 482	24	0.020 29	0.155 385	0.149 60	0.037 25
220	−36.649	9.57	1.39	3 835.242	20.391	39.698	草地	山谷	0	2 336	15	0.000 84	0.125	0.134 37	0.074 97
220	−13.159	26.36	6.49	976.312 5	33.067	177.509	草地	迎风坡	1.65E−05	2 336	18	0.035 38	0.125	0.134 03	0.072 21
220	−22.288	15.079	3.89	882.794 1	22.229	240.494	草地	山脊	3.86E−05	2 482	28	0.019 91	0.125	0.140 11	0.120 88
220	8.024	−16.137	3.89	2 085.66	16.879	243.954	耕地	山脊	1.23E−06	2 190	15	0.003 00	0.125	0.133 90	0.071 18

续表

电压等级	地面倾角左	地面倾角右	地闪密度值	海拔	坡度	坡向	地表覆盖类型	地形类型	水域密度	绝缘子串长度	杆塔呼高	雷击跳闸次数仿真值	雷击跳闸次数实际值	雷击跳闸次数预测值	相对误差绝对值
220	−2.723	19.25	1.39	2 675.13	13.112	21.989	草地	迎风坡	1.82E−06	2 482	30	0.006 16	0.146 527	0.132 86	0.093 28
220	−25.401	46.113	6.49	1 556.696	34.780	157.148	耕地	迎风坡	1.89E−06	2 336	15	0.078 11	0.125	0.139 04	0.112 31
220	17.118	3.597	4.999	1 685.964	12.185	224.905	草地	山脊	0	2 336	18	0.021 01	0.125	0.139 64	0.117 14
220	22.695	−9.836	3.89	686.855 6	16.120	173.932	草地	山脊	1.38E−05	2 482	30	0.012 34	0.125	0.145 52	0.164 16
220	−9.478	10.892	1.39	2 800.877	7.607	179.850	耕地	山脊	8.71E−07	2 628	30	0.005 14	0.148 073	0.137 55	0.071 05
220	−2.385	17.899	3.89	2 229.625	16.248	234.281	草地	山脊	1.6E−06	2 190	21	0.007 79	0.125	0.136 26	0.090 06
220	−10.927	38.698	3.89	1 257.211	6.699	41.795	林地	山脊	0	2 482	27	0.013 40	0.894 608	0.899 06	0.004 97
220	−6.784	−4.165	5.001	2 285.491	11.781	355.368	草地	山脊	2.25E−06	2 336	18	0.001 53	0.125	0.140 78	0.126 25
220	−19.661	37.741	5.001	2 185.708	30.691	188.303	林地	迎风坡	0	2 336	39	0.061 91	0.125	0.147 48	0.179 81
220	13.013	−11.685	3.89	690.104 1	17.914	63.693	草地	山脊	1.6E−06	2 482	25.5	0.025 87	0.125	0.133 89	0.071 11
220	28.117	13.39	1.39	2 118.558	21.060	228.770	草地	山脊	0	2 482	30	0.018 49	0.176 329	0.164 39	0.067 71
220	−26.943	7.52	1.39	2 770.478	25.131	216.085	林地	背风坡	0	2 482	24	0.005 82	0.125	0.137 08	0.096 65
220	16.032	7.462	3.89	1 980.532	20.843	357.975	林地	山脊	2.44E−05	2 190	39	0.046 31	0.290 605	0.266 76	0.082 06
220	−3.578	11.159	3.89	1 306.303	16.960	36.006	林地	山脊	0	2 482	27	0.017 89	0.894 608	0.899 81	0.005 82
220	34.897	−11.899	2.39	1 652.082	23.608	213.424	草地	背风坡	0	2 190	15	0.004 64	0.125	0.140 57	0.124 58
220	14.987	−11.059	2.39	1 585.157	17.564	209.454	草地	背风坡	0	2 190	30	0.008 43	0.125	0.141 14	0.129 12
220	13.551	−15.414	1.39	2 121.506	16.834	182.996	林地	山脊	0	2 336	25.5	0.005 58	0.125	0.145 15	0.161 18
220	23.618	10.567	3.89	1 857.756	12.286	191.452	草地	山脊	7.26E−08	2 482	21	0.018 08	0.137 632	0.138 85	0.008 87
220	−10.214	12.685	3.89	1 915.344	18.495	259.544	耕地	山脊	0	2 628	18	0.013 69	0.125	0.138 19	0.105 52
220	14.367	−9.539	5.001	2 036.712	8.967	183.814	草地	山脊	1.38E−05	2 336	18	0.004 94	0.132 921	0.134 82	0.014 26
220	−16.92	6.098	0.779	3 351.645	11.512	254.201	林地	背风坡	0	2 482	26	0.000 79	0.133 798	0.145 67	0.088 71

续表

电压等级	地面倾角左	地面倾角右	地闪密度值	海拔	坡度	坡向	地表覆盖类型	地形类型	水域密度	绝缘子串长度	杆塔呼高	雷击跳闸次数仿真值	雷击跳闸次数实际值	雷击跳闸次数预测值	相对误差绝对值
220	−6.229	10.903	3.89	2 076.614	6.396	64.733	草地	背风坡	0	2 482	45	0.016 37	0.125	0.142 86	0.142 86
220	17.811	−9.254	3.89	2 133.657	15.044	334.022	草地	山脊	6.54E−07	1 460	14	0.002 09	0.125	0.138 86	0.110 85
220	−0.468	18.625	3.89	2 090.538	6.773	214.636	林地	山脊	2.18E−07	3 212	27	0.024 69	0.125	0.149 57	0.196 54
220	−1.674	21.318	1.39	2 888.747	7.887	183.984	林地	山脊	0	2 482	33	0.010 88	0.146 527	0.145 87	0.004 47
220	−49.902	26.85	3.89	1 722.01	42.237	238.116	林地	背风坡	2.18E−07	2 628	24	0.009 44	0.25	0.251 86	0.007 43
220	−6.896	17.133	1.39	2 689.817	10.134	132.792	草地	山脊	2.01E−05	2 774	15	0.001 99	0.296 146	0.293 01	0.010 58
220	−33.643	13.329	3.89	1 794.125	30.560	263.578	林地	山脊	5.81E−07	2 482	36	0.026 27	0.125	0.141 24	0.129 91
220	13.364	−16.797	1.39	2 696.391	19.384	212.930	林地	背风坡	0	2 190	36	0.007 04	0.125	0.147 09	0.176 70
220	26.085	−22.9	2.8	4 091.816	21.734	358.176	林地	背风坡	0	2 628	27	0.011 30	0.125	0.146 49	0.171 91
220	−1.352	2.443	3.89	2 079.915	2.781	194.039	草地	背风坡	1.45E−06	2 336	21	0.008 05	0.125	0.144 44	0.155 53
220	13.314	−18.177	3.89	1 366.634	24.217	201.801	耕地	背风坡	0	2 190	27	0.004 89	0.125	0.135 31	0.082 48
220	18.267	−13.185	1.39	2 429.194	17.244	352.886	林地	迎风坡	0	2 628	33	0.004 54	0.125	0.147 44	0.179 51
220	27.13	−21.685	3.89	898.733 6	24.369	335.559	林地	山脊	7.26E−08	2 190	45	0.018 55	0.319 335	0.325 74	0.020 06
220	6.91	−1.784	1.39	3 145.099	0.572	152.239	林地	平地	0	2 336	36	0.006 15	0.152 083	0.154 83	0.018 09
220	−3.827	13.411	6.49	1 159.217	14.636	24.272	草地	山脊	3.14E−05	2 920	18.2	0.014 71	0.125	0.131 50	0.052 00
220	37.213	−4.152	2.39	836.417 4	19.887	204.714	林地	迎风坡	4.07E−05	2 190	42	0.022 01	0.164 34	0.164 89	0.003 34
220	9.757	−14.582	3.89	2 367.134	15.644	96.928	林地	山脊	3.34E−06	2 190	27	0.017 17	0.161 006	0.145 51	0.096 26
220	31.866	−30.509	2.8	1 756.028	29.601	227.874	林地	背风坡	1.38E−05	1 622	30	0.022 70	0.198 154	0.202 79	0.023 40
220	18.111	9.252	1.39	2 264.642	25.070	54.022	林地	山脊	0	2 482	42.5	0.015 09	0.125	0.135 83	0.086 63
220	8.325	12.271	1.39	1 157.109	4.781	323.669	林地	山脊	0	2 482	24	0.014 79	0.129 066	0.154 26	0.195 22
220	3.617	−0.884	2.39	1 870.099	4.308	203.045	耕地	山脊	0	2 628	24	0.005 78	0.125	0.139 08	0.112 65

续表

电压等级	地面倾角左	地面倾角右	地闪密度值	海拔	坡度	坡向	地表覆盖类型	地形类型	水域密度	绝缘子串长度	杆塔呼高	雷击跳闸次数仿真值	雷击跳闸次数实际值	雷击跳闸次数预测值	相对误差绝对值
220	−23.737	10.392	1.39	1 774.622	27.849	271.056	草地	背风坡	9.51E−05	2 190	24	0.001 12	0.125	0.133 57	0.068 57
500	13.479	−6.526	6.49	1 404.182	16.552	233.411	耕地	山脊	0	3 796	54	0.038 14	0.125	0.132 90	0.063 20
500	20.812	−7.159	1.39	1 594.791	26.465	284.518	草地	山脊	7.26E−08	4 672	36	0.008 67	0.125	0.129 91	0.039 25
500	8.307	−5.513	1.39	2 207.83	13.502	269.932	林地	山脊	3.63E−07	4 964	36	0.002 17	0.125	0.131 76	0.054 08
500	4.952	−10.301	1.39	2 174.771	16.309	4.682	林地	背风坡	3.63E−07	4 672	45	0.001 55	0.305 695	0.294 12	0.037 87
500	11.61	16.75	3.89	1 703.154	7.914	152.886	草地	山脊	0	4 672	24	0.004 72	0.125	0.131 81	0.054 49
500	−3.541	1.485	6.49	548.4708	7.861	170.374	耕地	背风坡	0	4 964	32	0.003 54	0.135 085	0.137 18	0.015 54
500	15.261	−3.21	3.89	1 560.145	15.859	50.085	林地	迎风坡	0.000267	3 358	59	0.029 30	0.125	0.138 53	0.108 28
500	−7.009	−8.577	3.89	1 600.929	16.145	189.716	林地	山脊	3.34E−06	4 672	44	0.002 55	0.125	0.131 21	0.049 68
500	5.927	7.687	1.39	1 159.523	20.955	130.906	草地	山脊	2.96E−05	4 818	44	0.005 61	0.125	0.134 74	0.077 90
500	4.635	−9.897	3.89	1 775.871	27.843	22.991	林地	背风坡	0	4 380	28.5	0.002 38	0.125	0.134 68	0.077 45
500	−16.61	−9.501	3.89	1 529.247	14.013	251.976	林地	山脊	0	3 358	27.5	0.000 99	0.125	0.133 61	0.068 92
500	23.956	−9.931	1.39	2 227.419	20.027	290.418	林地	背风坡	0	4 234	67	0.009 86	0.125	0.132 57	0.060 53
500	34.439	−29.991	2.39	2 218.817	36.920	285.178	林地	山脊	0	4 672	45	0.005 46	0.125	0.126 59	0.012 74
500	−5.599	10.307	3.89	1 039.488	16.597	358.484	林地	山脊	2.11E−05	4 672	51	0.015 83	0.125	0.140 66	0.125 30
500	−13.131	24.526	2.39	1 903.938	18.710	227.416	林地	山脊	2.9E−07	4 964	27	0.002 32	0.125	0.132 81	0.062 49
500	26.709	−6.192	3.89	1 062.228	21.771	122.717	草地	背风坡	0	5 110	42	0.037 89	0.134 686	0.137 04	0.017 44
500	10.72	−14.915	3.89	1 975.335	21.831	259.404	林地	背风坡	0	4 380	48	0.008 26	0.125	0.130 09	0.040 75
500	−9.741	12.527	4.999	1 835.225	12.976	322.057	林地	山脊	0	3 650	36	0.015 43	0.125	0.134 82	0.078 56
500	−31.073	15.905	3.89	1 340.502	29.828	160.459	草地	迎风坡	0	4 234	65	0.013 92	0.125	0.127 19	0.017 53
500	5.508	22.925	3.89	2 039.236	15.042	257.584	林地	山脊	1.19E−05	4 964	33	0.015 87	0.125	0.134 34	0.074 70

续表

电压等级	地面倾角左	地面倾角右	地闪密度值	海拔	坡度	坡向	地表覆盖类型	地形类型	水域密度	绝缘子串长度	杆塔呼高	雷击跳闸次数仿真值	雷击跳闸次数实际值	雷击跳闸次数预测值	相对误差绝对值
500	3.846	17.59	6.49	2 122.883	7.867	214.079	耕地	迎风坡	0	4 964	39	0.018 29	0.125	0.134 54	0.076 30
500	2.499	7.649	1.39	1 824.679	13.186	185.960	草地	山脊	2.18E−07	3 796	46	0.007 34	0.125	0.12741	0.019 25
500	−10.433	11.614	2.001	1 831.63	12.319	157.912	林地	山脊	0	4 818	30	0.006 73	0.125	0.133 64	0.069 15
500	−13.249	19.26	2.39	1 744.301	15.025	201.982	林地	迎风坡	7.26E−08	4 964	48	0.002 73	0.125	0.129 30	0.034 42
500	24.3	−29.232	6.49	1 363.482	21.498	16.698	林地	山脊	0	4 234	45	0.017 24	0.135 085	0.131 02	0.030 11
500	−22.971	23.407	2.39	2 778.088	22.921	113.723	林地	迎风坡	4.65E−06	4 672	45	0.004 49	0.125	0.125 81	0.006 46
500	7.073	−6.508	3.89	2 308.528	3.707	224.368	草地	背风坡	0	4 380	56	0.014 58	0.125	0.136 34	0.090 75
500	−23.056	15.213	2.39	1 572.465	20.278	234.718	林地	背风坡	7.26E−08	4 380	60	0.003 71	0.125	0.127 85	0.022 80
500	−5.483	33.472	3.89	2 212.907	19.836	186.316	林地	山脊	5.45E−06	4 818	42	0.009 20	0.125	0.128 25	0.026 04
500	−26.156	7.302	2.779	1 327.126	20.805	182.978	草地	山脊	1.23E−06	4 672	47	0.004 48	0.125	0.132 83	0.062 65
500	26.887	−2.842	2.39	2 490.316	14.494	257.695	林地	山脊	0	4 380	40	0.006 06	0.125	0.130 89	0.047 10
500	−3.823	26.205	6.49	1 658.986	15.213	249.521	草地	背风坡	2.98E−06	4 234	30	0.012 46	0.125	0.133 29	0.066 32
500	−3.834	3.581	3.89	1 617.568	10.886	252.410	草地	山脊	4.14E−06	4 672	39	0.006 85	0.125	0.134 86	0.078 91
500	2.683	8.181	3.89	1 607.903	5.617	267.853	林地	山脊	1.45E−07	4 088	24	0.000 44	0.125	0.132 69	0.061 52
500	4.298	−1.491	2.39	2 375.363	17.117	196.179	林地	迎风坡	7.26E−07	4 234	54	0.008 57	0.125	0.131 34	0.050 74
500	−9.757	8.435	1.39	1 491.239	6.888	186.640	林地	山脊	0	4 234	37	0.003 16	0.125	0.133 08	0.064 63
500	−9.61	13.55	3.89	1 851.256	14.967	34.740	林地	山脊	7.26E−08	4 672	45	0.011 19	0.125	0.129 97	0.039 79
500	11.506	3.516	3.89	2 101.797	8.402	229.478	草地	山脊	0	3 796	42	0.016 36	0.125	0.132 46	0.059 66
500	13.804	−10.747	5.001	1 721.183	9.520	253.708	林地	山脊	2.18E−07	4 234	42	0.009 11	0.125	0.133 63	0.069 05
500	−28.077	23.171	1.999	1 921.274	26.449	177.859	耕地	迎风坡	2.76E−06	4 964	48	0.002 75	0.125	0.127 37	0.018 96
500	19.307	−25.701	1.39	2 497.745	25.003	337.371	林地	山脊	2.9E−07	3 796	48	0.007 03	0.125	0.134 20	0.073 64

续表

电压等级	地面倾角左	地面倾角右	地闪密度值	海拔	坡度	坡向	地表覆盖类型	地形类型	水域密度	绝缘子串长度	杆塔呼高	雷击跳闸次数仿真值	雷击跳闸次数实际值	雷击跳闸次数预测值	相对误差绝对值
500	0.689	38.416	6.49	1 225.85	11.249	218.992	林地	山脊	0	4 672	34	0.050 92	0.135 085	0.143 87	0.065 01
500	12.624	6.408	3.89	2 165.477	8.492	159.539	林地	山脊	0	4 380	44	0.021 52	0.125	0.135 64	0.085 12
500	−1.215	9.851	2.39	1 503.256	5.988	92.361	林地	山脊	6.54E−07	4 234	65	0.021 32	0.125	0.133 51	0.068 05
500	14.22	−6.745	3.89	2 214.375	12.909	209.699	林地	背风坡	0	4 672	63	0.022 46	0.125	0.136 21	0.089 69
500	−8.103	13.231	3.89	2 088.198	9.795	70.984	耕地	山脊	0	5 110	25.5	0.002 34	0.125	0.131 52	0.052 14
500	1.737	16.464	4.999	1 382.976	16.624	338.814	耕地	山脊	0	4 964	30	0.004 45	0.125	0.135 58	0.084 67
500	−19.712	23.334	3.89	2 182.861	20.766	202.015	林地	山脊	2.11E−06	4 380	31.5	0.015 23	0.125	0.133 12	0.064 92
500	32.798	−13.851	2.001	2 605.132	23.277	357.347	林地	山脊	0	4 234	47	0.007 44	0.125	0.131 86	0.054 89
500	−25.807	8.768	6.49	1 165.584	19.933	57.665	耕地	背风坡	0	4 964	30	0.006 75	0.125	0.133 42	0.067 34
500	16.113	−10.022	3.89	1 595.375	13.997	306.049	林地	背风坡	0	4 672	54	0.005 67	0.125	0.130 56	0.044 47
500	5.586	−14.067	5.001	2 102.337	9.603	196.043	草地	迎风坡	8.71E−07	4 380	39	0.007 37	0.125	0.133 22	0.065 76
500	18.712	−5.378	1.39	1 060.618	21.288	273.126	林地	山谷	0	4 964	33	0.005 04	0.125	0.135 18	0.081 41
500	33.829	−15.665	6.49	1 010.294	24.994	176.804	耕地	山脊	2.32E−05	4 964	48	0.072 48	0.125	0.139 22	0.113 77
500	−13.447	18.021	3.89	1 917.45	15.772	207.355	草地	山脊	0	4 964	45	0.022 20	0.125	0.134 59	0.076 75
500	−11.734	−14.845	2.39	1 924.529	24.165	144.329	草地	迎风坡	5.81E−07	4 964	27	0.000 25	0.125	0.132 68	0.061 41

9.1.4.2 雷击跳闸率平均相对误差分析

对于测试集，根据雷击跳闸率修正模型的结果，得到雷击跳闸率修正模型测试集的相对误差绝对值的平均值为 0.167，方差为 0.131。相对误差平均值的分布情况如图 9-10 所示。

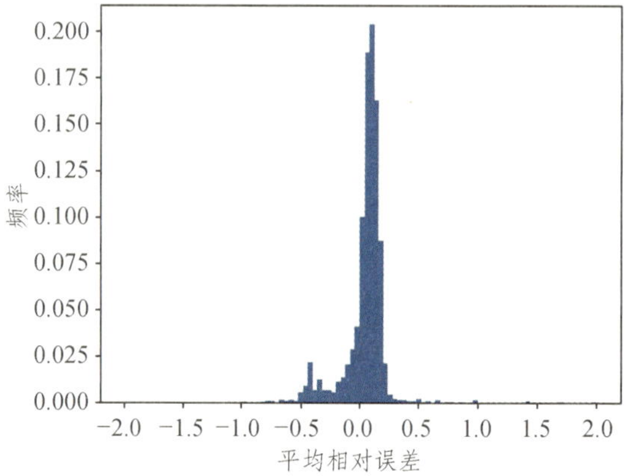

图 9-10 平均相对误差分布图

由图 9-10 可知，测试集总的修正雷击跳闸率相对误差绝对值分布范围基本在-0.5~0.5，且测试集上，修正雷击跳闸率相对误差绝对值分布在-0.2~0.2 的频率为 70.1%，修正雷击跳闸率相对误差绝对值分布在-0.3~0.3 的频率为 82.5%。

不同地表覆盖类型和地形类型的雷击跳闸率修正相对误差绝对值的平均值与其方差结果如表 9-2、表 9-3 所示。

表 9-2 不同地表覆盖类型杆塔修正后的平均相对误差与方差

	林地	草地	耕地	城镇用地
平均相对误差（%，绝对值）	0.170	0.162	0.155	0.172
方差	0.103	0.225	0.113	0.105

表 9-3 不同地形类型杆塔修正后平均相对误差与方差

	山脊	背风坡	迎风坡	山谷	垭口	平地
平均相对误差（%，绝对值）	0.177	0.13	0.166	0.193	0.167	0.081
方差	0.195	0.016	0.071	0.048	0.035	0.003

根据上述表格，在测试集中可按照地表覆盖类型和地形类型将其进行分类，并画出不同地表覆盖类型及地形类型的平均相对误差散点图，如图 9-11~9-12 所示。

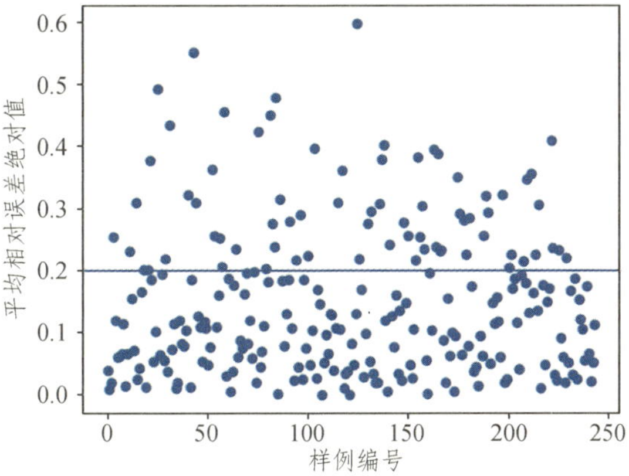

（a）测试集林地平均相对误差分布

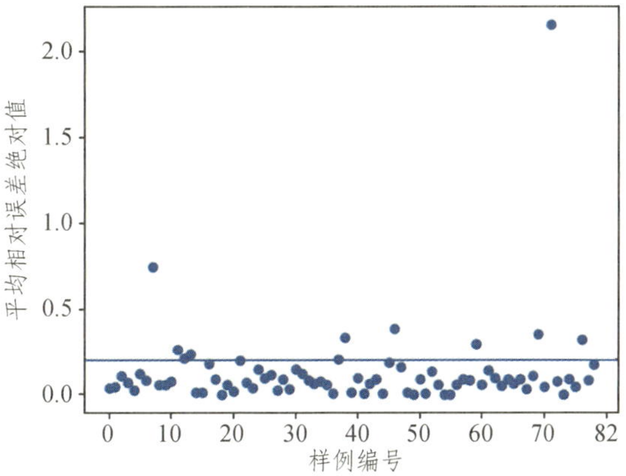

（b）测试集草地平均相对误差分布

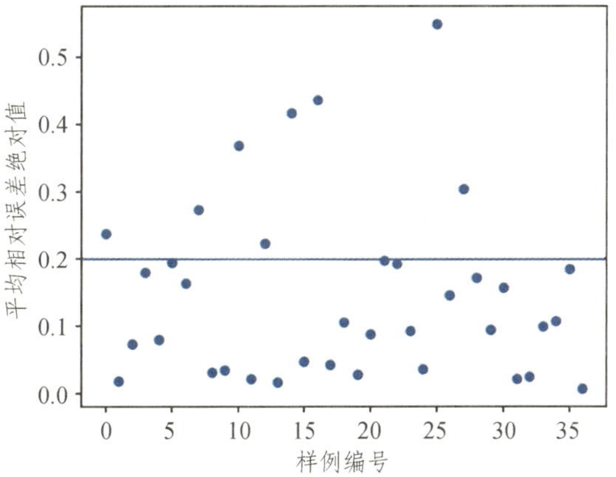

（c）测试集林地平均相对误差分布

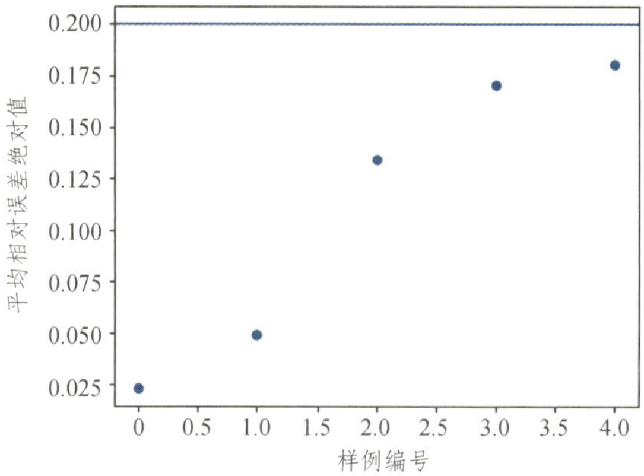

（d）测试集草地平均相对误差分布

图 9-11　不同地表覆盖类型平均相对误差分布

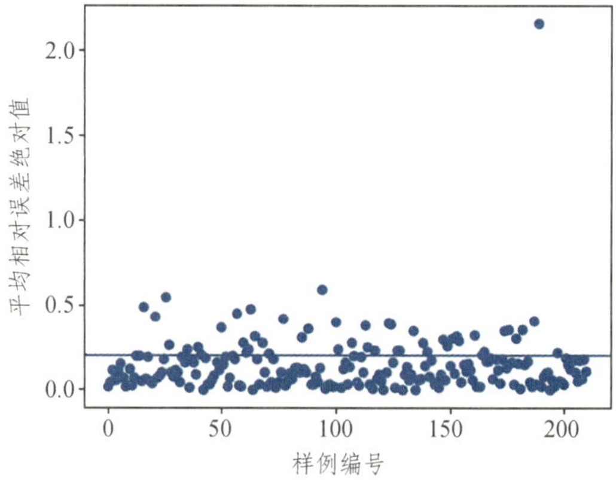

（a）测试集山脊平均相对误差分布

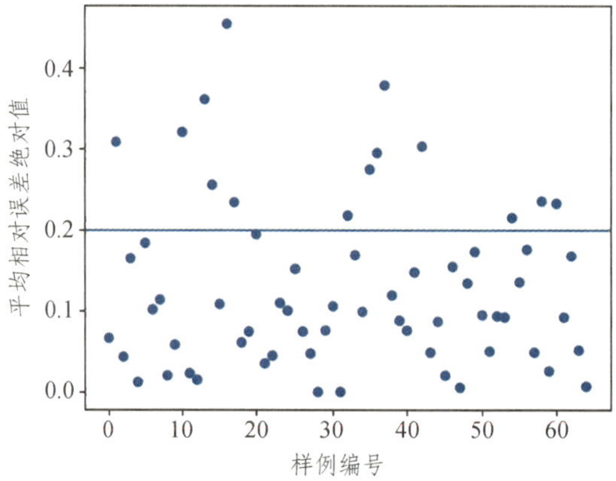

（b）测试集背风坡平均相对误差分布

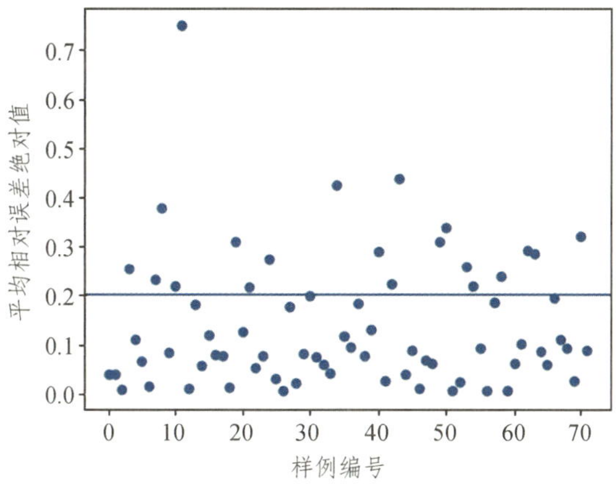

(c) 测试集迎风坡平均相对误差分布

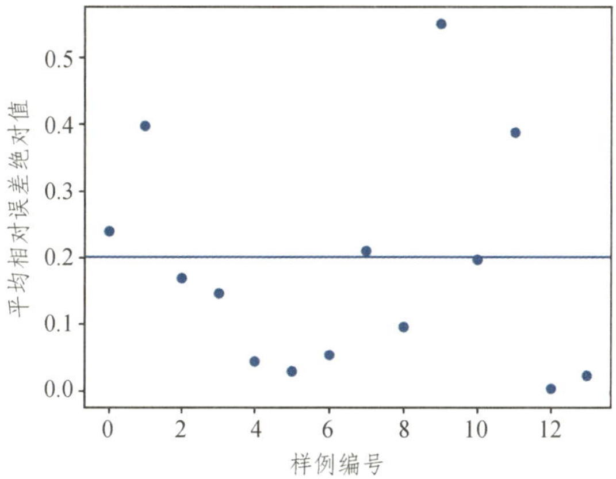

(d) 测试集山谷平均相对误差分布

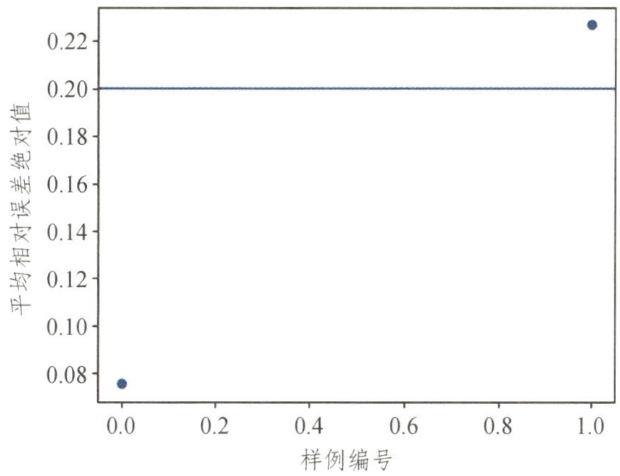

(e) 测试集垭口平均相对误差分布

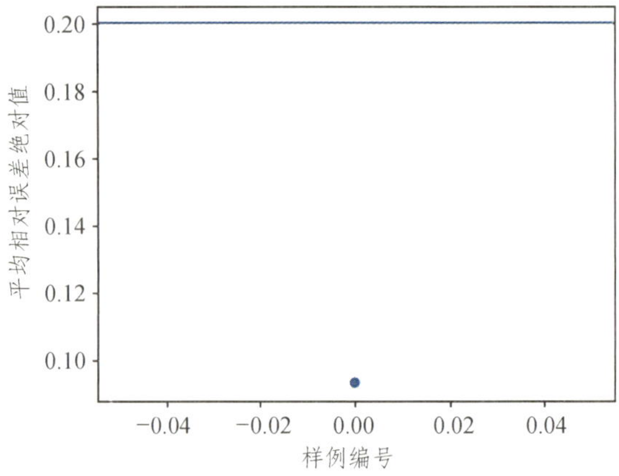

（f）测试集平地平均相对误差分布

图 9-12　不同地形类型平均相对误差分布

观察总的雷击跳闸率修正平均相对误差绝对值以及各地表覆盖类型和地形类型下的平均相对误差绝对值，发现均小于 20%。

统计不同地表覆盖类型及不同地形类型下 2000 基杆塔的实际雷击跳闸次数平均值，统计结果如表 9-4~9-5 所示。可以发现，不同地表覆盖类型中，城镇用地的雷击跳闸率次数较其他类型更高，达到 0.437，草地最小，为 0.140；不同地形类型中，垭口的雷击跳闸率次数较其他类型更高，为 0.238，平地最小，为 0.126。

表 9-4　不同地表覆盖类型下杆塔实际雷击跳闸次数平均值

	林地	草地	耕地	城镇用地
实际雷击跳闸次数平均值/（次/年）	0.160	0.140	0.154	0.437

表 9-5　不同地形类型下杆塔实际雷击跳闸次数平均值

	山脊	背风坡	迎风坡	山谷	垭口	平地
实际雷击跳闸次数平均值/（次/年）	0.161	0.171	0.148	0.148	0.238	0.126

9.1.4.3　雷击跳闸率预测准确率结果分析

若认为修正值与实际值的相对误差小于 0.2 时修正准确，那么修正准确率为 70.1%。测试集中不同地表覆盖类型的修正准确率以及不同地形类型的修正准确率如图 9-13 所示。

若认为修正值与实际值的相对误差小于 0.3 时修正准确，那么修正准确率为 82.5%。测试集中不同地表覆盖类型的修正准确率以及不同地形类型的修正准确率如图 9-14 所示。

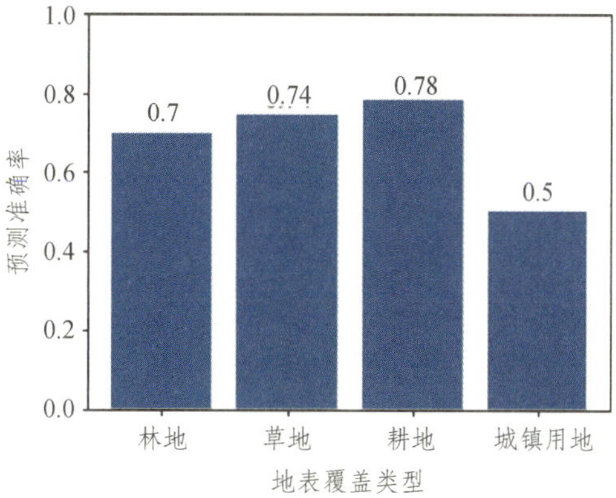

（a）20%相对误差下各地表覆盖类型修正准确率

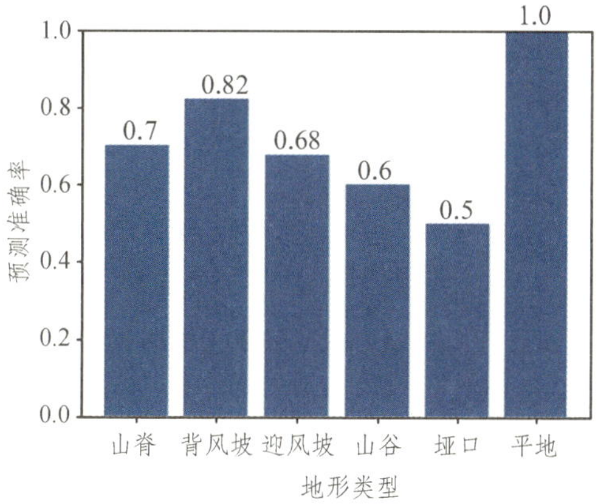

（b）20%相对各地形类型修正准确率

图 9-13　20%相对误差下测试集不同微地形类型的修正准确率

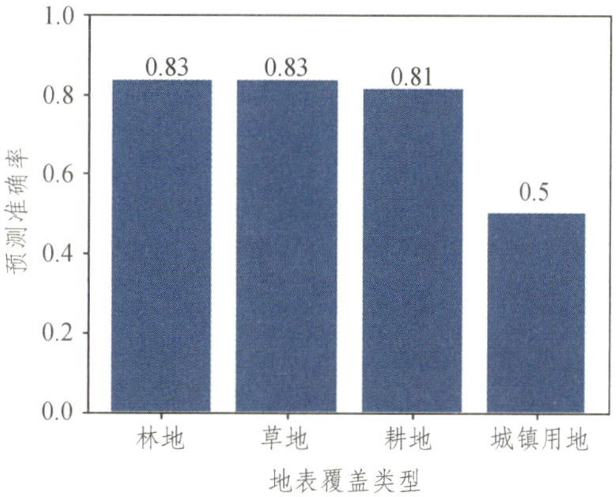

（a）30%相对误差下各地表覆盖类型修正准确率

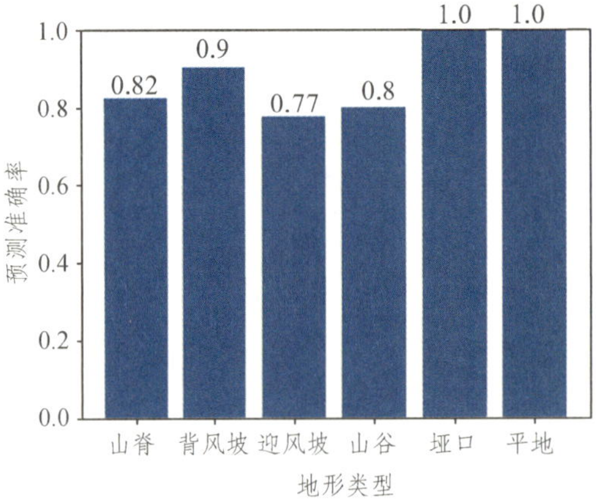

（b）30%相对误差下各地形类型修正准确率

图 9-14　30%相对误差下测试集不同微地形类型的修正准确率

观察基于 BP 神经网络的雷击跳闸率修正模型的修正准确率，地表覆盖类型中的“城镇用地”和地形类型中的“垭口”修正准确率出现反常，达到 100%。这是因为该两种类型的样本数量较少，在测试集中“城镇用地”样本共 4 个，“垭口”类样本仅有 1 个，而 BP 神经网络的训练过程具有随机性，故在每次训练结束后这两种类型的修正准确率将产生较大的波动，统计学意义不大。当允许的误差在 20%以内时，其修正准确率并不理想，分析其原因如下：

1. 样本数据本身的局限性

部分杆塔台账信息不全，其杆塔参数中的几何参数不完整，在前面章节利用电气几何模型法计算雷击跳闸率时只能取典型值进行计算，故 BP 神经网络的输入特征参数中，部分杆塔的雷击跳闸率的计算值和杆塔参数均存在不准确性，这些数据本身的噪声和干扰将大大限制 BP 神经网络的训练效果。

2. 样本不平衡问题

2 000 基杆塔中各地表覆盖类型和各地形类型的样本占比如图 9-15 所示。可以观察到，在各地表覆盖类型中，“林地”占比最大，而“城镇用地”占比最小，两者比例接近 44∶1；在各地形类型中，“山脊”占比最大，“垭口”占比最小，两者比例接近 147∶1。两种特征维度下，都存在不同类型的样本比例严重不均衡的问题，而样本不均严重影响了模型的效果，因为样本比例较高的类型在模型训练过程中对权重的影响较大，这也将导致模型对样本比例较低的模型预估偏差很大。

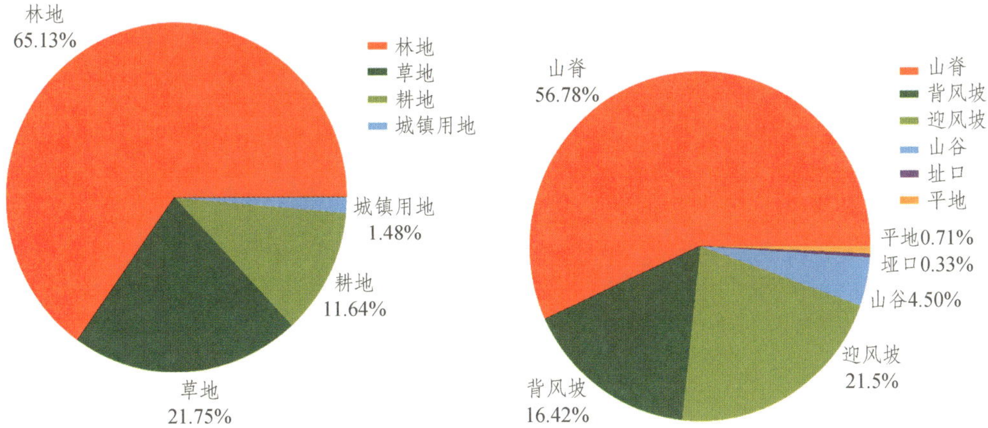

（a）各地表覆盖类型样本数占比　　（b）各地形类型样本数占比

图 9-15　不同微地形类型的样本数占比

3. 算法有待优化

（1）神经网络的超参数包括：学习率、正则化参数、神经网络的层数、每层神经元数、学习回合数、小批量数据的大小、损失函数的选择、输出神经元的编码方式、权重初始化的方法、神经元激活函数的种类等。而这些超参数对于 BP 神经网络的训练效果起着决定性的作用。进化算法能够模拟大自然生物进化的过程，优胜劣汰，个体不断进化，只有高质量的个体[目标函数最小（大）]才能进入下一代的繁殖。如此往复，最终找到全局最优值。利用进化算法优化 BP 神经网络的超参数有可能大大提升神经网络的训练效果。

（2）前面提到现有的样本数据存在样本分布不均衡的问题会使训练效果大打折扣，这个时候也可以通过一些采样方法去构造新的训练数据集，比如通过过采样的方法，降低样本的不平衡度，以期改善最后的训练效果。

9.2　本章小结

本章通过抽象图形化模型和计算机编程的方法，实现了输入对应参数后的耐雷水平自动计算。在后续工作中更进一步采取 BP 神经网络的工具导出各输入参数和计算仿真值与实际统计值之间的映射关系。

根据所建成数据库的相关参数分析了其对计算结果的影响，综合其内容可以发现很多因素会影响到计算得到的仿真值，且由于台账数据的缺失，部分仿真结果和实际统计值之间的对应关系会变得不够明确，甚至出现仿真结果成为 BP 神经网络中的计算噪点这种情况发生。除此之外，大部分计算参数对于仿真结果的影响都是非线性的。本节只能对其进行定性的分析，但不能对其定量表达，这就造成了本工作只能对已有数据和已发生的事故进行回顾，而不能对新建成线路和未雨绸缪的防雷工作进行指导。基于此，需要采用 BP 神经网络的方法，将输入参数和输出结果对应起来。

依据雷击跳闸率实际值、雷击跳闸率的计算仿真值、部分杆塔参数、微地形统计参数建立了基于 BP 神经网络的雷击跳闸率修正模型，可得出结论如下：

（1）以包括雷击跳闸率实际值、雷击跳闸率的计算仿真值、部分杆塔参数、微地形统计参数在内的 13 个特征参数组成的特征向量作为改进 BP 神经网络的输入向量，输入参数在正态归一化后经过一个三层 BP 神经网络后输出雷击跳闸率修正值。建立了基于 Adam 自适应学习率优化算法的 BP 神经网络雷击跳闸率修正模型，大幅提升了网络的收敛速度与精度。

（2）将 2 000 基杆塔的参数样本分为训练集和测试集，其中的 80%作为训练集进行网络的训练，20%作为测试集进行训练效果的测试。训练完成后，在测试集上，改进 BP 神经网络修正的平均相对误差为 0.167，方差为 0.131。此外还得到了不同地表覆盖类型和地形类型下的平均相对误差与方差。因此得出结论：对于所有 400 个测试集样例，整体的雷击跳闸率相对误差绝对值的均值小于 20%；对于不同地表覆盖类型或地形类型下杆塔雷击跳闸率相对误差绝对值的均值也均小于 20%。

（3）地表覆盖类型中，城镇用地的雷击跳闸率次数较其他类型更高，达到 0.437，草地最小，为 0.140；地形类型中，垭口的雷击跳闸率次数较其他类型更高，为 0.238，平地最小，为 0.126。

（4）统计测试集总的雷击跳闸率相对误差绝对值的均值以及各地表覆盖类型或地形类型下的相对误差绝对值均值，修正雷击跳闸率相对误差绝对值分布在−0.2~0.2 的频数占总数的 70.1%，修正雷击跳闸率相对误差绝对值分布在−0.3~0.3 的频数占总数的 82.5%。

（5）根据修正准确率，分析训练效果不理想的原因，可得出如下结论：

①因线路台账信息不全，部分杆塔雷击跳闸率取典型值计算，将会给输入参数引入噪声和干扰，这将限制 BP 神经网络的训练效果。

②观察样本在地表覆盖类型和地形类型的分布，发现同特征维度下，不同类型的样本分布严重不平衡，因样本比例较高的类型在模型训练过程中对权重的影响较大，这也将导致模型对样本比例较低的模型预估偏差很大。

③BP 神经网络的超参数选取决定了神经网络的性能，若能找到合适的 BP 神经网络的超参数寻优算法，将大大提升 BP 神经网络性能；对于 BP 神经网络的样本不均衡问题，可以通过一些采样方法去构造新的训练数据集，比如通过过采样的方法，降低样本的不平衡度，以期改善最后的训练效果。

第 10 章　输电线路雷击跳闸智能评估模型建立研究

10.1 耐雷水平计算基本原理及借助的相关软件工具

10.1.1 耐雷水平计算基本算法

计算雷电过电压和操作过电压，需要计算快速的暂态过程，特别需要较精确地计算分布参数线路上的暂态过程，即计算线路上的电磁波传播过程。往往因计算线路波过程的方法不同而有不同的暂态计算方法。目前已有的线路波过程计算方法很多，比较常用的建立在流动波基础上的基本上属于两种类型：即 Bewley 的网格法（用等值线段代替储能的集中参数元件）及 Bergeron 特征线方法。本次计算采用的是 Bergeron 特征线方法。此法的原理很早就已经提出，但是由于其应用在复杂网络中的暂态计算时人工计算很费时间，直到后来 Dommel 等人的研究和完善，电磁暂态计算程序（EMTP）的出现，现在已经成为国际上普遍采用的数值计算方法。它的实质是用特征线方程求解线路上的波过程，而用梯形积分法求解集中参数电路中的暂态过程，把包括分布参数线路在内的网络等值为电阻性的暂态计算网络。

EMTP/ATP 的基本计算过程：根据元件的不同特性，建立相应的代数方程，常用微分方程和偏微分方程，利用梯形积分法将电感、电容、电源等集中参数元件化成电阻性网络，对于传输线等分布性参数利用其上的线路波过程的特征线方程，经过一定的转换，把分布参数的线段也等效为电阻性网络，则其相应的方程也变为代数方程，进一步形成节点导纳矩阵；然后采用优化结点编号技术和稀疏矩阵算法，以节点电压为未知量，利用矩阵三角分解求解，最后求得各支路的电流、电压和所有消耗的功率、能量。在稳态计算中应将非线性元件线性化，包括利用简单的迭代进行潮流计算。在暂态计算中非线性特性可以用分线段线性化来处理，也可进行迭代求解（即补偿法，就是将线性网络部分和非线性网络部分分开处理，使求解非线性电路的迭代计算限制在小部分网络中）。

10.1.2 借助的软件工具

本节在计算初期使用了工具软件 ATPDraw 帮助建立 atp 源文件，下面对 ATPDraw 进行简要介绍。

ATPDraw 是用 Windows 图像和鼠标对 EMTP 的 ATP 版做预处理的程序[8]，协助创建和编辑电力网的交互式仿真模型。该程序于 1996—1997 年由挪威的 SINTEF Energy Research 创建，由 Hanks Kr.Høidalen 教授用 Borland Pascal 语言编写，有标准的视窗层，用户通过选择元件组成电路，ATP 根据电路图及确定的相关参数对 ATP 文件进行运算，通过计算可以直接得到与电路图相对应的 ATP-EMTP 卡片，其内部运算充分满足“所见即所得”的原则。

ATPDraw 目前支持大约 70 个标准组件和 28 个 TACS 对象。如图 10-1 所示，ATPDraw

程序有标准的视窗平台，用户可以任意选择已经定义好的组件的模型（图形）来构造需要的电路，也可以自己定义不同的组件。然后由处理器自动生成相应的、正确的 ATP 输入文件。支路的节点名可以由程序给定，用户也可以按照自己的要求给出重要的节点名称。因此，基于图形化界面的 ATPDraw 在使用中是极其方便和准确的。

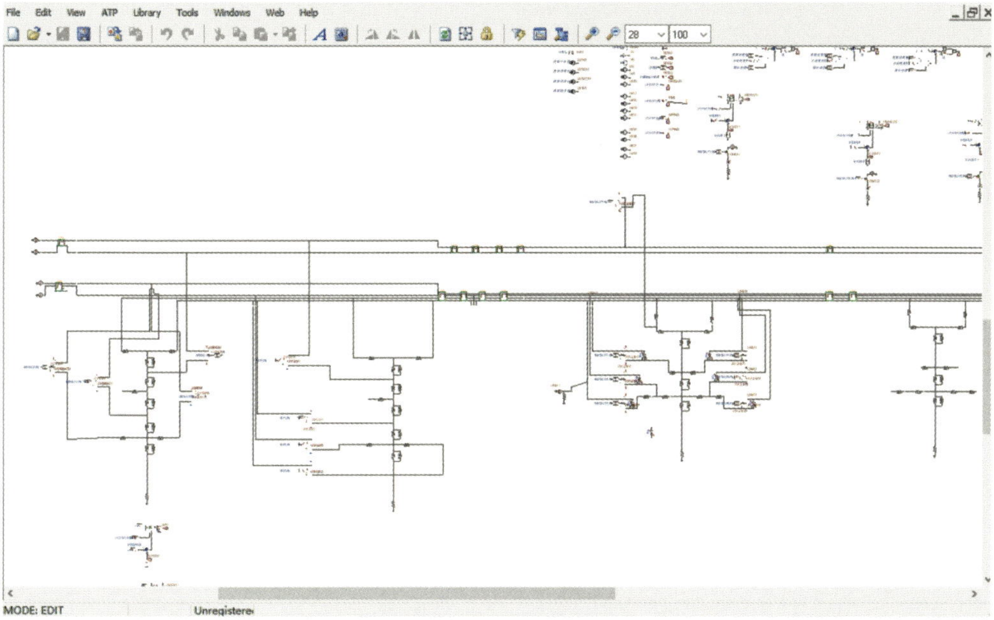

图 10-1　ATPDraw 界面

ATP 程序和 ATPDraw 程序的综合运用，使得计算电磁暂态现象方面的问题更加方便、准确。其权威性和通用性强，求解速度快；精度能满足工程计算的要求；Windows 人机对话界面，计算模型图形化输入，操作方便，计算结果得到业界普遍认可。

10.1.3　基于 ATP 电磁暂态软件的输电线路杆塔耐雷水平求取步骤

反击计算基于国际通用电磁暂态计算程序 EMTP/ATP 进行。在 ATPDraw 界面下，用 ATP 计算输电线路杆塔耐雷水平需要进行如下工作：

1. 建立线路模型

具体实现过程即借助 ATPDraw，生成线路模型 atp 文件，通过调用 ATP 计算内核，生成结果 pch 文件，然后 ATPDraw 会根据 pch 文件生成相应的 lib 文件。生成的 lib 文件即是在后面的耐雷水平计算中需要的数据。

ATPDraw 建立线路模型的界面如图 10-2 所示。

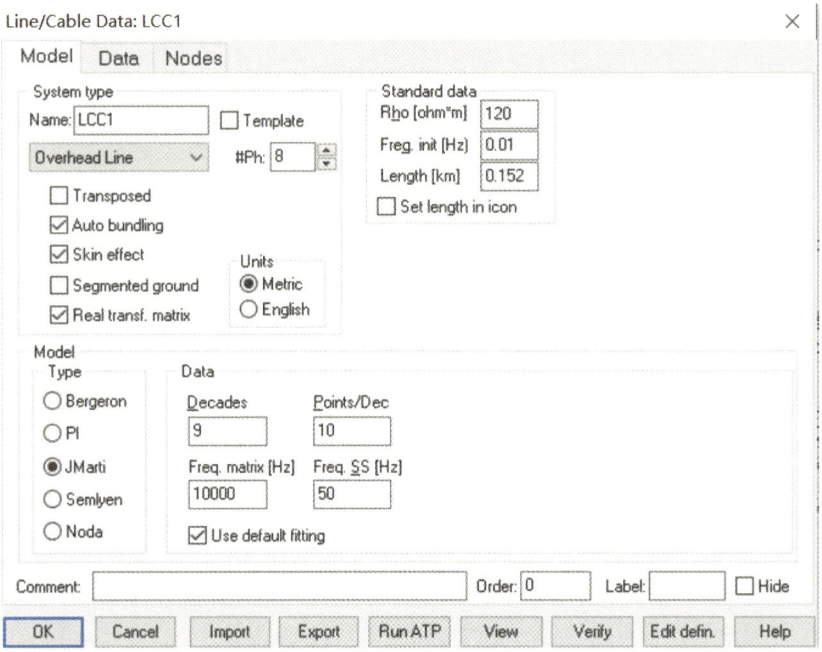

（a）

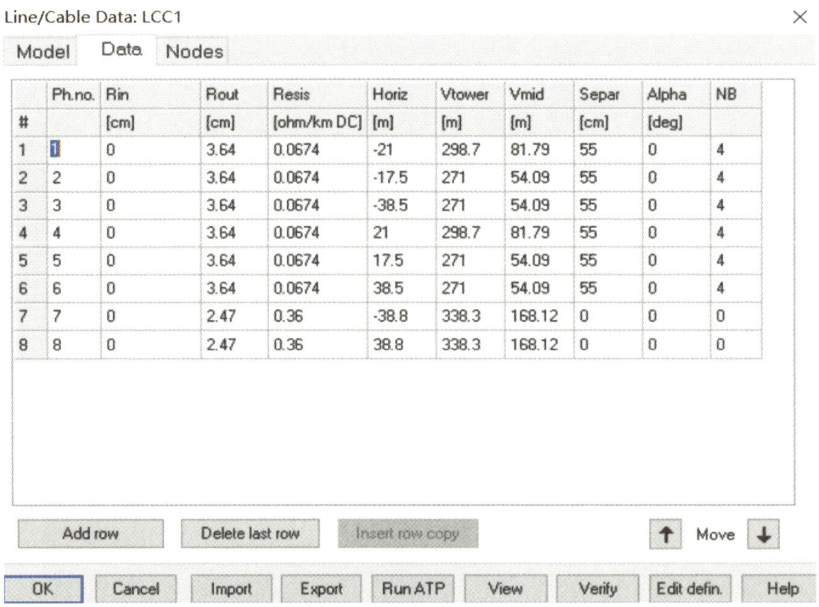

#	Ph.no.	Rin [cm]	Rout [cm]	Resis [ohm/km DC]	Horiz [m]	Vtower [m]	Vmid [m]	Separ [cm]	Alpha [deg]	NB
1	1	0	3.64	0.0674	-21	298.7	81.79	55	0	4
2	2	0	3.64	0.0674	-17.5	271	54.09	55	0	4
3	3	0	3.64	0.0674	-38.5	271	54.09	55	0	4
4	4	0	3.64	0.0674	21	298.7	81.79	55	0	4
5	5	0	3.64	0.0674	17.5	271	54.09	55	0	4
6	6	0	3.64	0.0674	38.5	271	54.09	55	0	4
7	7	0	2.47	0.36	-38.8	338.3	168.12	0	0	0
8	8	0	2.47	0.36	38.8	338.3	168.12	0	0	0

（b）

图 10-2　ATPDraw 线路模型建立界面

在界面输入线路参数后，ATPDraw 生成线路模型 atp 源文件，如图 10-3 所示。

```
FD3(2) - 记事本
文件(F) 编辑(E) 格式(O) 查看(V) 帮助(H)
BEGIN NEW DATA CASE
C --------------------------------------------------------
C Generated by ATPDRAW 八月, 星期五 20, 2021
C A Bonneville Power Administration program
C by H. K. H鴜dalen at SEfAS/NTNU - NORWAY 1994-2015
C --------------------------------------------------------
$DUMMY, XYZ000
C  dT  >< Tmax >< Xopt >< Copt ><Epsiln>
  3.E-9  5.E-5
    500     1     1     1     1     0     0     1     0
/TACS
TACS HYBRID
98VGAN2   = XX0002 * XX0003
98XX0004  =HG
C 判断结果输入
98XX0005  =REOUT4
90XXJUE4                                    1.
90LINE2A                                    1.
C 判断结果输入
98XX0006  =REOUT5
90XXJUE5                                    1.
90LINE2B                                    1.
C 判断结果输入
```

图 10-3　线路 ATP 源文件

ATPDraw 调用 ATP 计算内核，生成 pch 结果文件，如图 10-4 所示。

```
文件(F) 编辑(E) 格式(O) 查看(V) 帮助(H)
C  <+++++++>  Cards punched by support routine on  07-May-21  12:11:11  <+++++++>
C     ***** UNTRANSPOSED JMARTI line segment ******
C JMARTI SETUP
C $ERASE
C BRANCH  IN__AOUT_AIN__BOUT_B
C LINE CONSTANTS
C METRIC
C   1  0.5  0.0674 4          7.28    31.4   334.5  117.59     55.   0.0
C   2  0.5  0.0674 4          7.28   -31.4   334.5  117.59     55.   0.0
C BLANK CARD ENDING CONDUCTOR CARDS
C     120.      1.E4                         0.152            1
C     120.       50.                         0.152            1
C     120.      0.01                         0.152        9 10    1
C BLANK CARD ENDING FREQUENCY CARDS
C BLANK CARD ENDING LINE CONSTANT
C DEFAULT
-1IN__AOUT_A              2.  0.00             -2 2
    15       2.92497858050703480000E+02
  1.70920555850974730E+03  -1.39669075026312340E+03   6.86798516056430510E+01
  2.12643929146301840E+02   2.34378222369200700E+02   2.97472483815436080E+02
  2.56087991932281170E+02   4.99867295625761870E+01   6.57814314528370260E+01
  9.08627262266547010E+01   8.15873780492094060E+01   3.39583106100045670E+01
  5.96734597007143610E+01   7.70039800684742490E+01   1.68414315459026070E+04
```

图 10-4　线路模型 pch 结果文件

ATPDraw 根据 pch 文件内容，创建线路模型库文件——lib 文件，如图 10-5 所示。

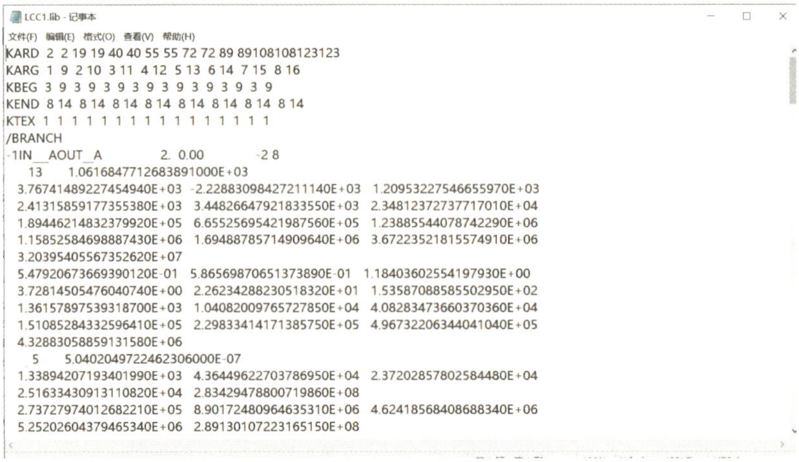

LCC1.lib - 记事本

文件(F) 编辑(E) 格式(O) 查看(V) 帮助(H)

```
KARD  2  2 19 19 40 40 55 55 72 72 89 89108108123123
KARG  1  9  2 10  3 11  4 12  5 13  6 14  7 15  8 16
KBEG  3  9  3  9  3  9  3  9  3  9  3  9  3  9  3  9
KEND  8 14  8 14  8 14  8 14  8 14  8 14  8 14  8 14
KTEX  1  1  1  1  1  1  1  1  1  1  1  1  1  1  1  1
/BRANCH
-1IN___AOUT__A              2.  0.00             -2 8
    13      1.061684771268389100OE+03
  3.76741489227454940E+03  -2.22883098427211140E+03   1.20953227546655970E+03
  2.41315859177355380E+03   3.44826647921833550E+03   2.34812372737717010E+04
  1.89446214832379920E+05   6.65525695421987560E+05   1.23885544078742290E+06
  1.15852584698887430E+06   1.69488785714909640E+06   3.67223521815574910E+06
  3.20395405567352620E+07
  5.47920673669390120E-01   5.86569870651373890E-01   1.18403602554197930E+00
  3.72814505476040740E+00   2.26234288230518320E+01   1.53587088585502950E+02
  1.36157897539318700E+03   1.04082009765727850E+04   4.08283473660370360E+04
  1.51085284332596410E+05   2.29833414171385750E+05   4.96732206344041040E+05
  4.32883058859131580E+06
     5      5.04020497224623060OOE-07
  1.33894207193401990E+03   4.36449622703786950E+04   2.37202857802584480E+04
  2.51633430913110820E+04   2.83429478800719860E+08
  2.73727974012682210E+05   8.90172480964635310E+06   4.62418568408688340E+06
  5.25202604379465340E+06   2.89130107223165150E+08
```

图 10-5　线路模型库文件

2. 建立耐雷水平计算模型

在 ATPDraw 中对雷电流、杆塔、绝缘子串等建模，包含前面建立的线路模型 lib 库文件，建立计算耐雷水平的图元文件。ATPDraw 根据图元文件生成相应的 atp 源文件，ATPDraw 再调用 ATP 计算内核，相应的计算结果保存在同文件名的 pl4 文件中。

计算耐雷水平的 ATPDraw 图元文件如图 10-6 所示，生成的 atp 源文件如图 10-7 所示。

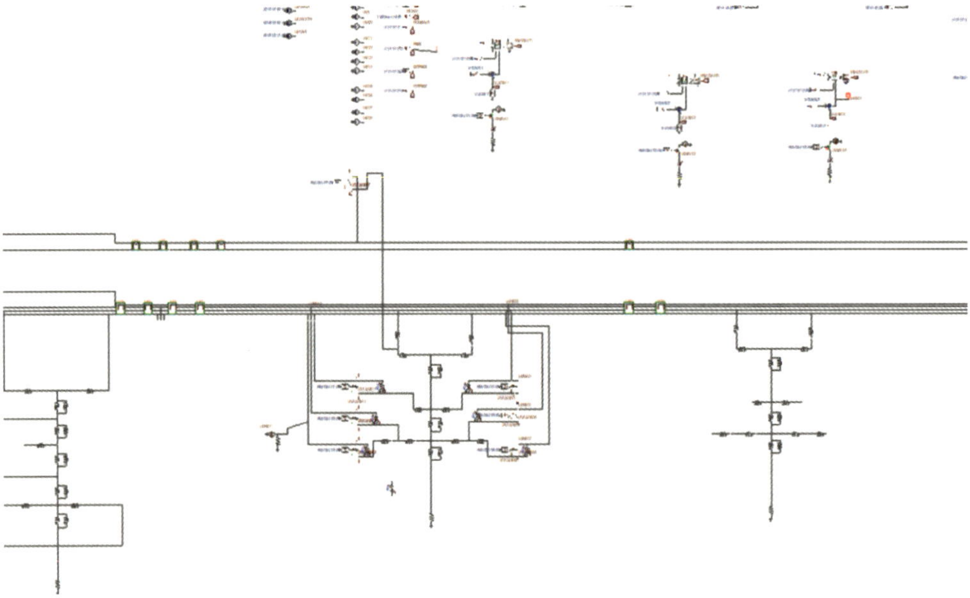

图 10-6　计算耐雷水平的 ATPDraw 图源文件

经 ATP 程序计算后，生成的 pl4 结果文件是二进制的，可用专用软件工具 PlotXY 读出，如图 10-8 所示，并绘出在 ATPDraw 图元文件中加了探测器(Probe)处的波形，如图 10-9 所示。

```
C 2相绝缘子串电压
98VJUE2   =ABS(XXJUE2-LINE1B)
98XX0018  =UNITY*10
98XX001952       +XX0018                 1.          XX0421XX0422
C 绝缘子1 判断结果输出
98REOUT264             +XX0019                 1.
C 分段函数2作用用时间段
11T2             1.                         2.6E-6     5.E-5
C 2相
98XX0423  =VGAN2
98XX0015  =HC3
C 绝缘子串伏秒特性曲线
98FUMIAO  =(400+710*(timex*1e6)**(-0.75))*LENS*1E3
C 1相绝缘子串电压
98VJUE1   =ABS(XXJUE1-LINE1A)
C 判断结果输入
98XX0030  =REOUT2
98XX0031  =UNITY*10
98XX003252       +XX0031                 1.          XX0435XX0436
C 绝缘子1 判断结果输出
98REOUT164             +XX0032                 1.
```

图 10-7　计算耐雷水平的 ATP 源文件

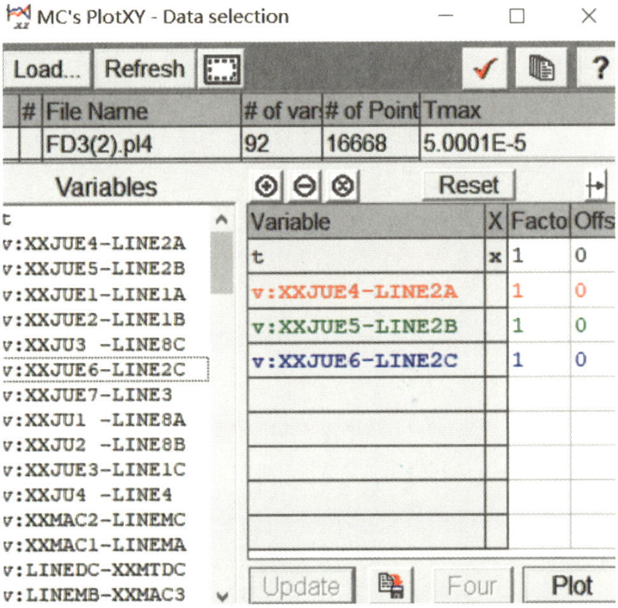

图 10-8　软件工具 PlotXY 读出 pl4 结果文件

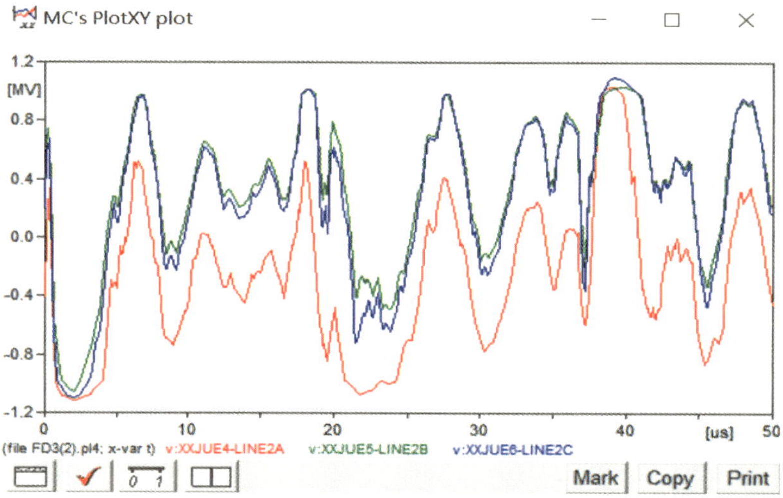

图 10-9　软件工具 PlotXY 绘制波形图

3. 求取耐雷水平

从图 10-9 所示的用软件工具 PlotXY 绘制的结果波形图中可以观察绝缘子串闪络与否，没有闪络则增大雷电流幅值，闪络了则减小雷电流幅值，多次试探，直至求出临界闪络雷电流幅值，即耐雷水平。

10.1.4　基于 ATP 内核的耐雷水平自动计算总体思路

上一节叙述了在 ATPDraw 环境下人工计算耐雷水平的步骤，本次开发的软件需要脱离 ATPDraw 环境运行，故需要编程完成 ATPDraw 的工作。即需要创建线路模型，创建耐雷水平计算模型，并根据计算结果自动调整雷电流幅值，求取耐雷水平。

线路模型建立模块根据输入的线路参数，自动生成线路模型的 ATP 源文件，调用 ATP 计算内核程序对源文件进行计算，ATP 计算完成后生成线路模型 pch 文件，本程序读取 pch 文件信息，生成需要的 lib 库文件。

本程序开发前期在 ATPDraw 环境下对典型杆塔进行反击计算，将生成的 ATP 源文件作为模板源文件，提供给后面程序开发时使用。在计算程序中，根据具体计算参数在前面生成的模板源文件的基础上做相应修改，生成需要的 ATP 源文件，这样就可以脱离 ATPDraw 的环境。生成需要的 ATP 源文件后，调用 ATP 计算内核程序，对源文件进行计算，ATP 内核程序计算完成后会自动生成结果 pl4 文件。本程序再通过读取 pl4 文件，得到计算结果。在计算过程中，程序自动改变雷电流幅值，以找出临界闪络时的雷电流幅值，即反击耐雷水平。得出反击耐雷水平后，根据规程可算出反击跳闸率。

10.2　耐雷水平计算 ATP 仿真模型

本节基于 ATP-Draw 电磁暂态仿真程序，建立耐雷水平计算所需要的 ATP 仿真模型。本节所述的仿真模型考虑了雷电流、杆塔波阻抗、输电线路、绝缘子、感应电压、系统运行电压、接地电阻和避雷器使用等主要参量。

10.2.1　雷电流模型

雷电流的大小是影响输电线路闪络的重要因素。雷电流的波形常具有很大的不确定性。目前，在实际工程和科学研究中，对于雷电流的测量方法，主要有以下三种方法：

（1）直接测量法。此法测量结果真实、准确、可测波形，但要得到样本很困难，自然雷击正好打到测量设备上的概率微乎其微，且测量系统复杂。

（2）火箭引雷法。此法样本相对可控，测量结果真实、准确、可测波形，但现场测试任务艰巨，测量系统复杂。

（3）雷电定位系统遥测法。此法需要大样本，时间长，误差不确定，且不能测陡度。除了测量手段和测量技术水平的原因外，雷电放电本身存在一定的随机性，并受气象、地形和地质等因素的影响，因而各种实测数据都具有一定的分散性和误差。

由于实际雷电流波形的采集和测量工作任务繁巨，在实际工程中，常采用简单的数学表达式来描述雷电流波形，从而有助于定量分析。雷电流主要有三个波形参数——幅值、波头和波尾时间，对于雷电流而言，其具体波形具有不确定性。在 ATP 中，主要有以下几种模型来模拟雷电流波形。

1. Surge 双指数模型

双指数表达式由 Stekolnikov 与 Bruce 和 Golde 在 1941 年同时提出。这种模型公式简单，公式中的参数容易确定，所以被广泛应用，这也是 GB 50057—94 中所采用的波形。

用双指数波描述，模拟表达式为：

$$u = Amp\cdot[\exp(At)-\exp(Bt)]$$

其中，$A=-1/T_1$，$B=-1/T_2$，T_1、T_2分别为波尾时间常数和波头时间常数，决定电流上升和衰减的时间，对于常用的雷电流波形，有 $T_1 \geqslant T_2$。

但是后来人们通过试验发现，这种模型也存在不足。H.Motoyama 指出，双指数函数模型在塔顶的最大电压比其他模型要大得多，所以该雷电流模型还需进一步改进和完善。

2. Heidler 模型

对于雷电流的 Heidler 模型，其模拟表达式为：

$$u = Amp * (t / T_f)^n / [1 + (t / T_f)^n] * \exp(t / t_{au})$$

其中，n 为电流陡度因子；T_f 为波前时间，即电流从零到达到峰值的时间；t_{au} 为波长时间，即电流从零到下降为峰值的 37%所经过的时间。

IEC（国际电工委员会）于 1995 年在其 IEC1312-1 中推荐采用此雷电流解析表达式。本节采用的是 Heidler 模型，波形取 2.6/50μs，如图 10-10 所示。

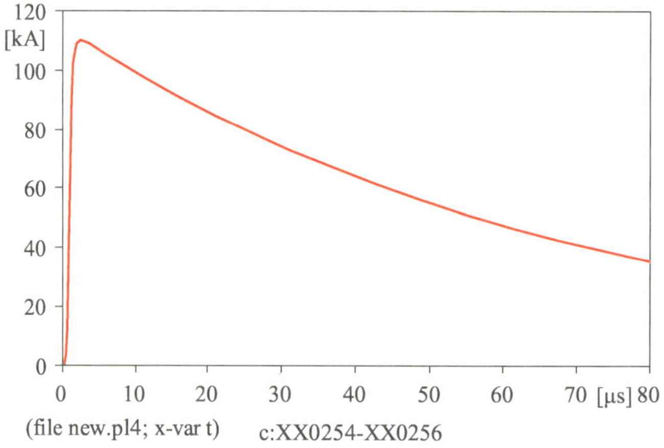

图 10-10　Heidler 模型雷电流波形

其模型在 ATP 软件中表现如图 10-11 所示。

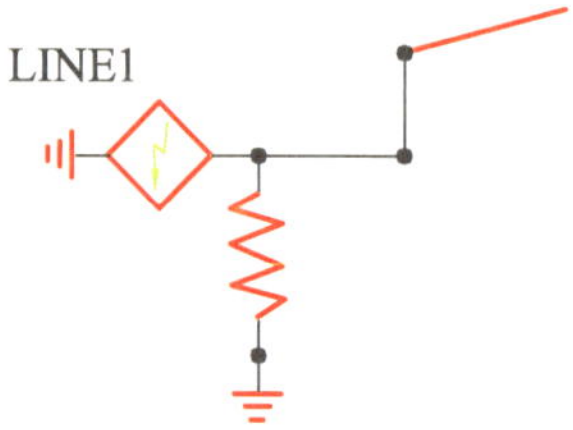

图 10-11　雷电流模块示意图

10.2.2　杆塔模型

杆塔模型及参数对反击耐雷水平的影响很大，但国内外对杆塔模型的研究没有得出比较统一的结论。目前，在国内的输电线防雷计算中，杆塔的模拟通常有两种模型：第一种是采用集中电感进行模拟，忽略杆塔上的波过程；第二种是当杆塔高度较高时，根据杆塔结构，把杆塔看作均匀参数，用一个波阻抗来模拟。考虑到雷电波从塔的顶部运动到塔基是需要时间的，第二种模型显然要优于第一种。

实际上，波沿杆塔传播时，不同高度的杆塔部分由于 L_0、C_0 都不同，这使沿杆塔分布的波阻抗是变化的，即不同位置杆塔的波阻抗不同。本节采用以下方法，对于某杆塔，采用多波阻抗模型来模拟杆塔，如图 10-12 所示：

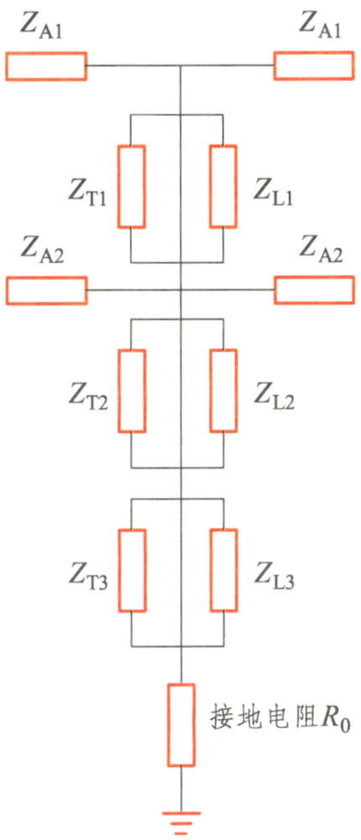

图 10-12　某杆塔多波阻抗模型

有支架情况下的波阻抗值通常比无支架情况下的波阻抗约小 10%，支架每部分波阻抗为对应主体部分的 9 倍，即：

$$Z_{Lk}=9Z_{Tk}$$

实测表明，电磁波通过含有支架的多导体系统时需要更长时间，仿真中，模型支架部分的长度可取为对应主体部分的 1.5 倍。

对于横担的波阻抗采用，有文献提出了一种精确计算方法，如下所示：

$$Z_{Ak}=60\ln\frac{2h_k}{r_{Ak}}$$

本节基于多次测试结果，对于横担波阻抗取值 200 Ω，主材波阻抗取值 150 Ω，能够得到较好的计算结果。

杆塔波速计算公式一般取：

$$v = c\frac{H}{H+L}$$

式中，c 为光速，3×10^{8} m/s；H 为杆塔高度，m；L 为最长横担长度，m。

在本节中，主要针对于酒杯型塔、猫头型塔、双回型塔、干字型塔以及门型塔，对于不同的塔型，初期建模均选用《国家电网公司输变电工程通用设计 110 kV 输电线路分册》《国家电网公司输变电工程通用设计 220 kV 输电线路分册》和《国家电网公司输变电工程通用设计 500 kV 输电线路分册》。以 110 kV 为例，其选用的塔型及其对应建立的 ATP 仿真模型如图 10-13~10-22 所示。

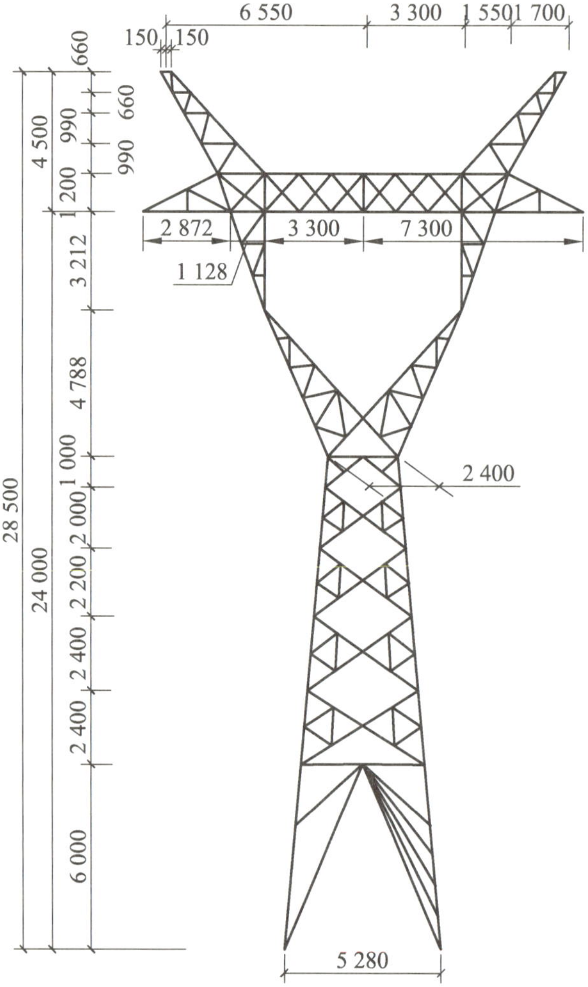

图 10-13　110 kV 1X1-JBC1 酒杯型塔

1. 酒杯型塔

对于酒杯型塔，其原始参照塔型如图 10-13 所示，其对应建立的 ATP 仿真模型如图 10-14 所示。

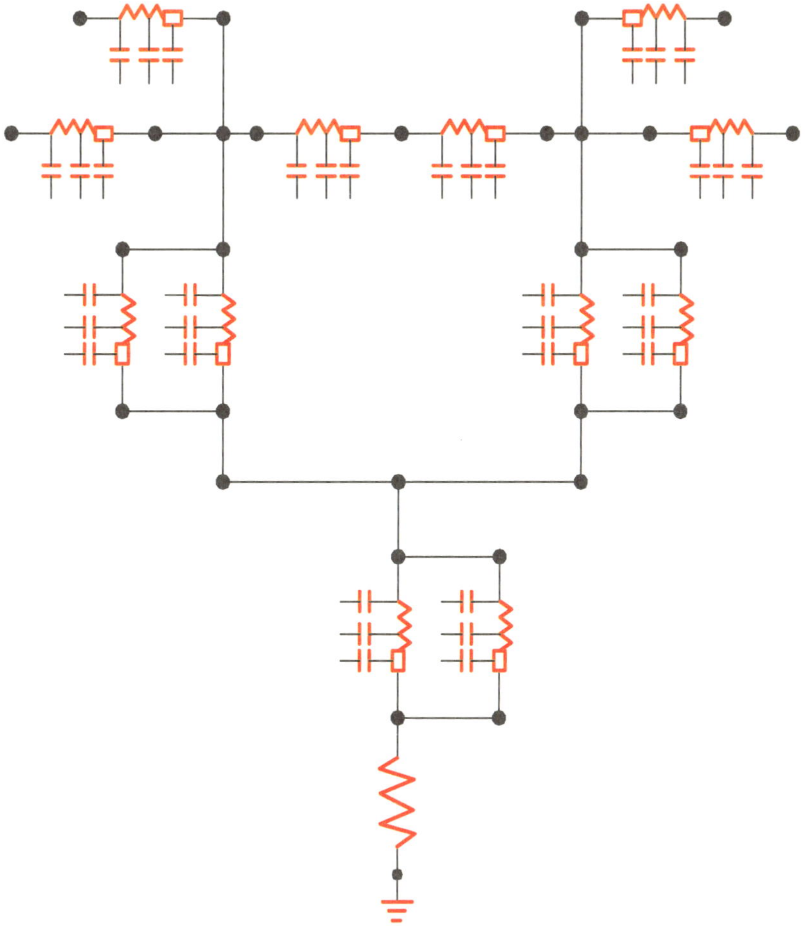

图 10-14　110 kV 酒杯型铁塔对应杆塔波阻抗图

2. 鼓型塔

对于鼓型塔，其原始参照塔型如图 10-15 所示，其对应建立的 ATP 仿真模型如图 10-16 所示。

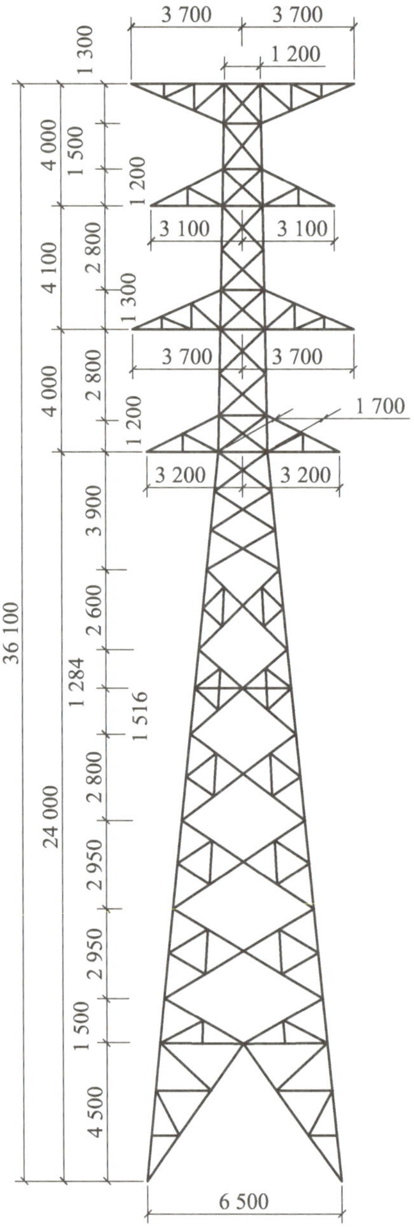

图 10-15　110 kV 1D8-SJ1 鼓型塔

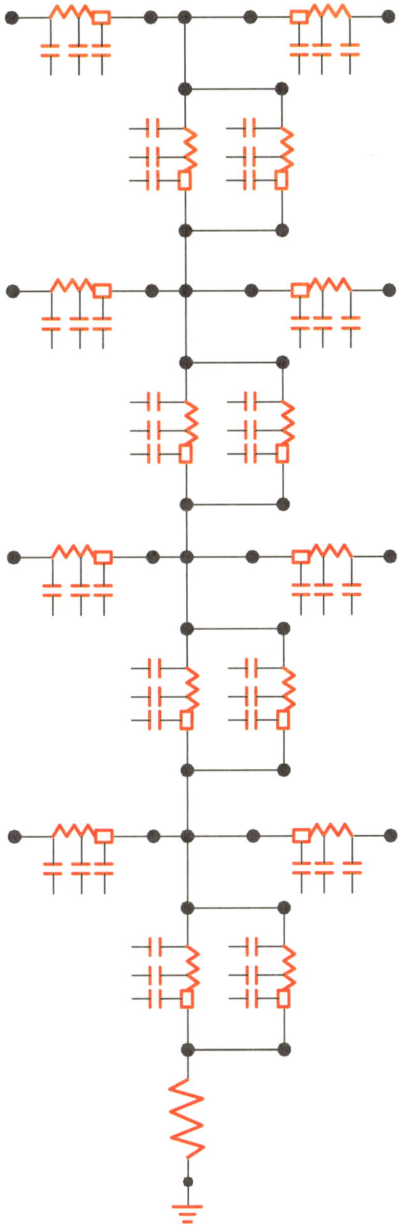

图 10-16　110 kV 鼓型铁塔对应杆塔波阻抗图

3. 猫头型塔

对于猫头型塔，其原始参照塔型和其对应建立的 ATP 仿真模型如图 10-17~10-18 所示。

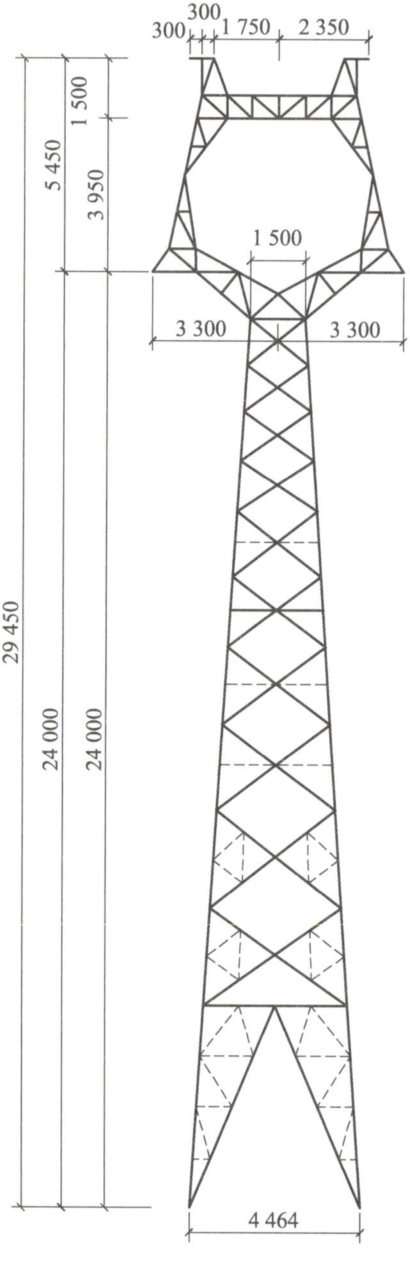

图 10-17　110 kV 1A2-ZM1 猫头型塔

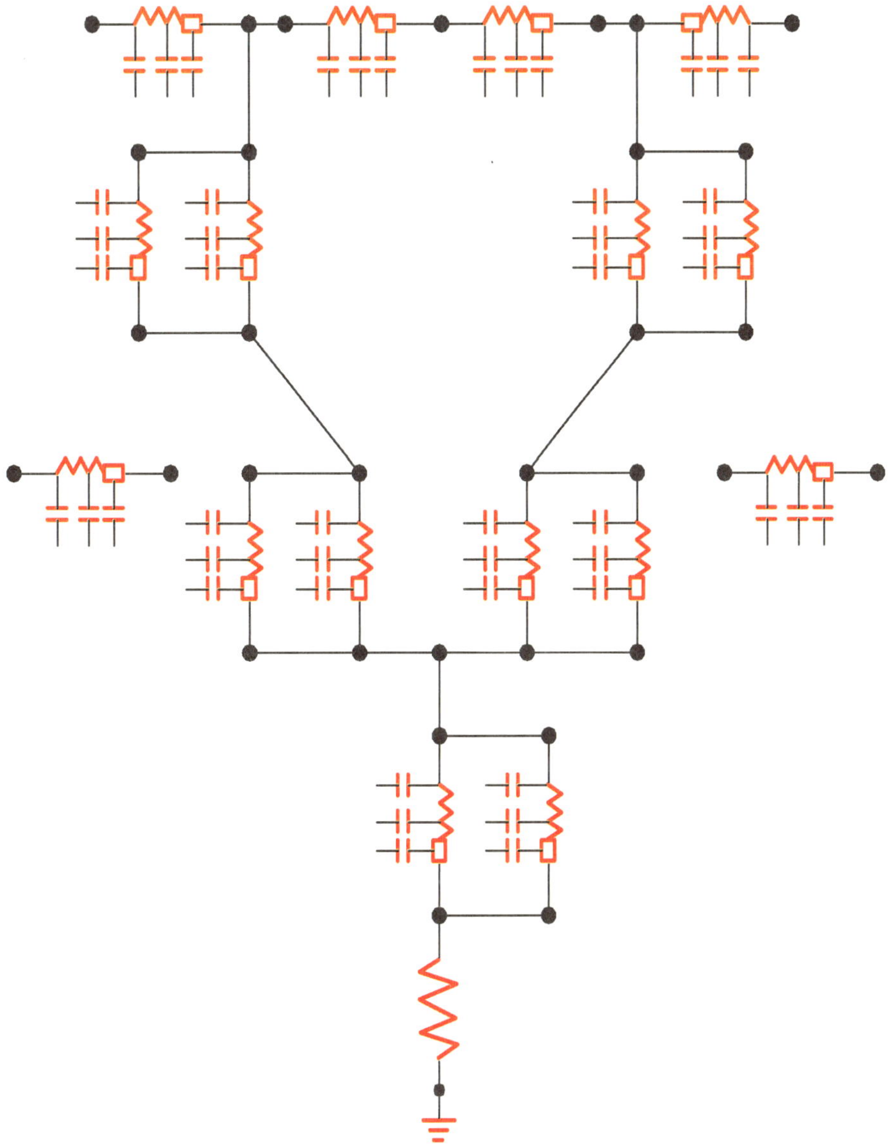

图 10-18　110 kV 猫头型铁塔对应杆塔波阻抗图

4. 干字型塔

对于干字型塔，其原始参照塔型及其对应建立的 ATP 仿真模型如图 10-19~10-20 所示。

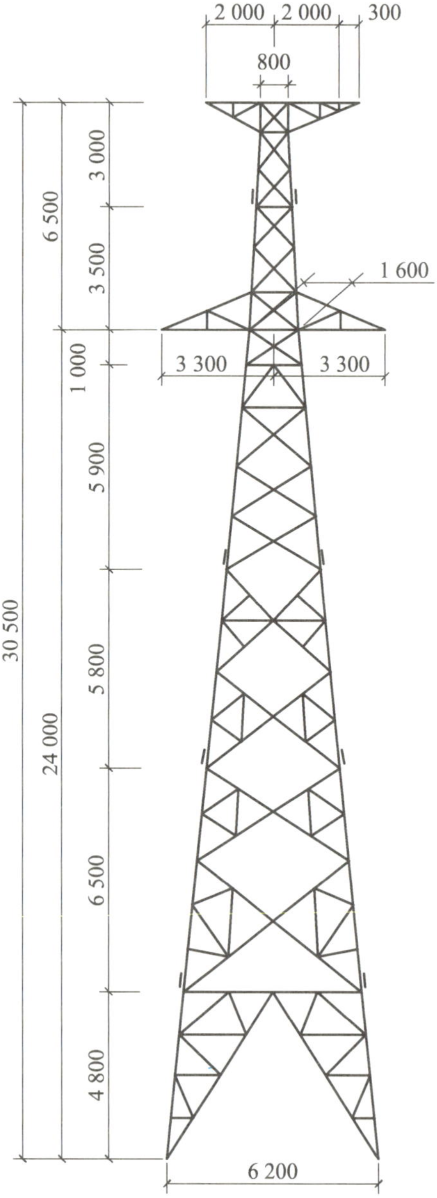

图 10-19　110 kV 1A3-J1 干字型塔

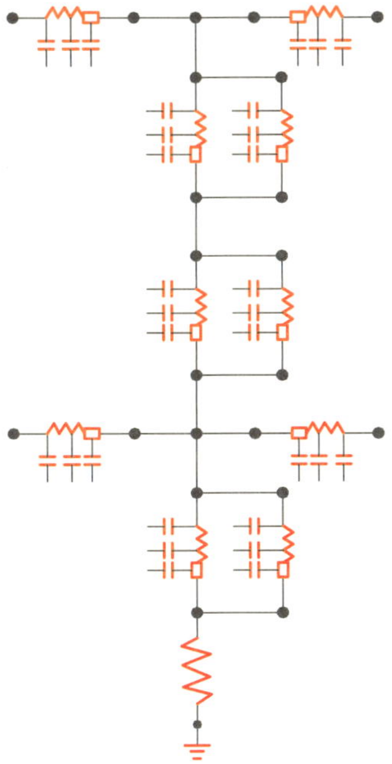

图 10-20　110 kV 干字型铁塔对应杆塔波阻抗图

5. 门型塔

对于门型塔，其原始参照塔型及其对应建立的 ATP 仿真模型如图 10-21~10-22 所示。

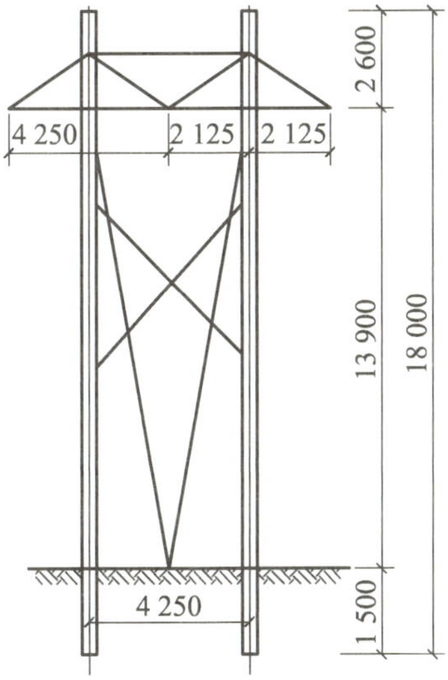

图 10-21　110 kV 门型塔模型

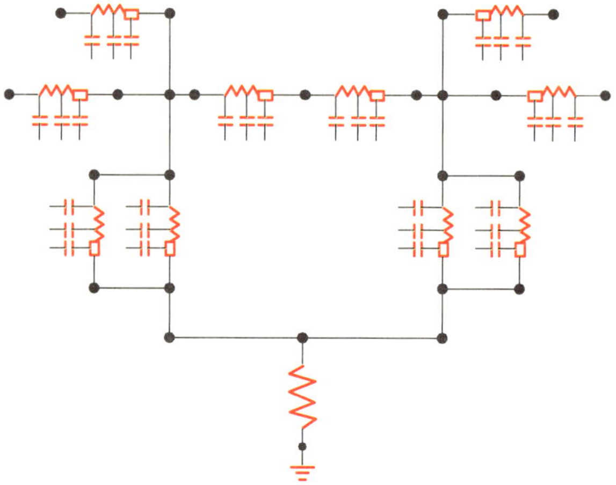

图 10-22　110 kV 门型塔对应杆塔波阻抗图

10.2.3　输电线路模型

对于输电线路模型而言，主要需要考虑波过程。波传播的两个重要参数是特征阻抗和传播速度，这两个参数都是频率的函数（无损线和无畸变线除外），因此，不同频率下输电线路参数是不相同的。由于雷击作用下，输电线路上的电压电流频率范围都很广，故在研究输电线路雷电过电压时，应采用参数随频率变化的线路模型，如图 10-23 所示。

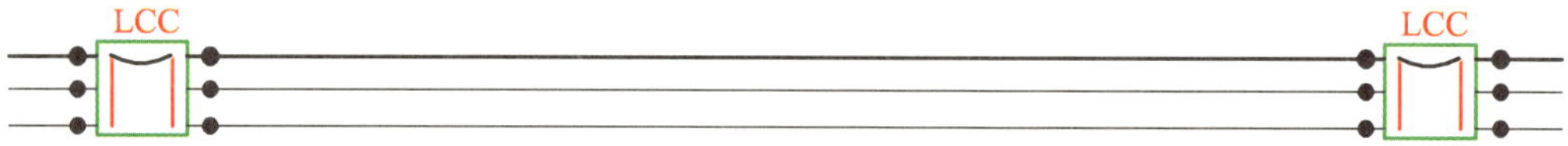

图 10-23　ATP-Draw 中的输电线路建模

在 ATP 中，线路的集中参数模型有 RLPI 型、RL 耦合型、RL 对称型；分布参数模型有连续换位（Clarke）和不换位线路（KCLee）模型；还有一个专门用于模拟架空线、电缆的元件库 LCC，其中包括 Bergeron、PI、JMarti、Semlyen 和 Noda 模型。JMarti、Semlyen 和 Noda 这三种模型参数与频率相关，相互之间区别不是太大。

本节研究输电线路模型采用的是参数随频率变化的 JMarti 频率特性架空线模型，对于单回线路而言，为三条导线和两条地线的模型；对于双回线路而言，即为六条导线和两条地线的模型。对于 JMarti 模型，如图 10-24 所示，在计算中，该模型直接计算了地线与导线之间的耦合系数，所以在计算过程中（尤指绝缘子串闪络过程）就不必再考虑被击避雷线与已闪络导线对未闪络导线的耦合电压，这样简化了计算，提高了计算的准确度。JMarti 模型也是目前常用的输电线路仿真模型。

JMarti 模型实质上就是将模拟滤波技术应用于求解频变参数线路，据此建立的线路模型（如图 10-25 所示）仍具有 Bergeron 线路模型的基本形式。该模型考虑了频率的相关性，忽略了对地电导，采用一个所有频率响应与线路波阻抗相匹配的网络来近似，故不需要对权函数尾部进行精确计算，使计算速度大大加快。各文献的计算表明，运用参数随频率变化的架空线模型，其计算的结果与实际的结果比较接近，精度满足计算要求。

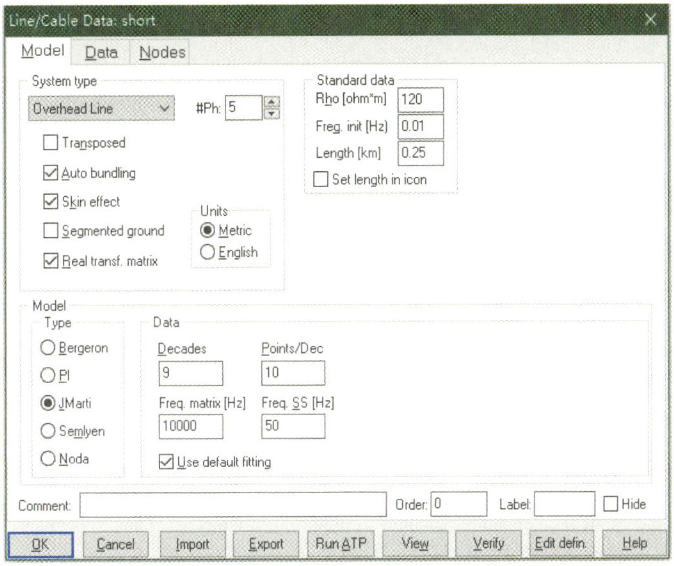

图 10-24　ATP 建模选用 JMarti 模型

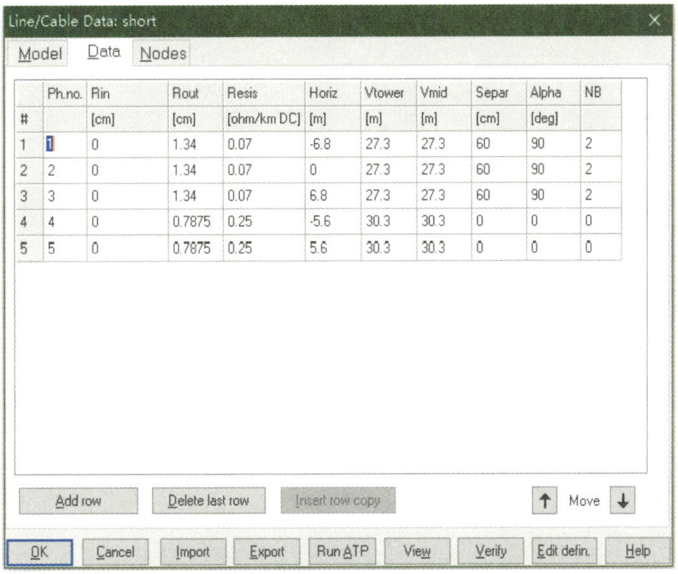

图 10-25　line 模型中输入线路数据

我国规程常用电晕修正系数来反映电晕对耐雷水平的影响。本节中，在计算感应电压时，也是通过电晕修正系数来计入电晕对耐雷水平的影响。在计算反击耐雷水平时，根据《电力工程高压送电线路设计手册》规定，导线上产生的雷电感应电压引入电晕修正系数取 1.25。

10.2.4　绝缘子串的闪络模型

在本节研究中，采用相交法判断绝缘子串闪络与否。如图 10-26 所示，绝缘子串两端电压较高，与其伏秒特性曲线相交时，绝缘子串闪络，相交时刻即为闪络时刻。

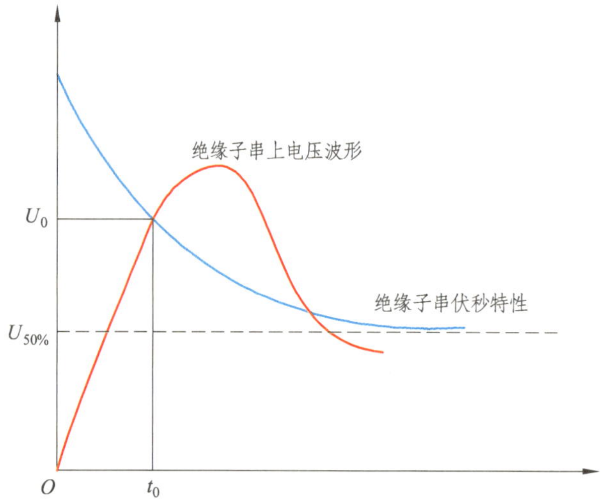

图 10-26　相交法判断绝缘子串闪络

ATP-EMTP 支持用户根据需要灵活自定义各种特定元件。其子程序 TACS 可将电网络电压源、电流源、节电电压、开关电流、开关状态和一些内部变量作为输入量，可以以 TACS 的输出信号作为电压源或电流源（TACS 控制电源）输入，或作为打开或闭合开关（可控硅或 TACS 控制开关）的命令。此次研究中正是采用 TACS 组合模型模拟绝缘子串闪络特性。模拟模型如图 10-27 所示。

如图 10-28 所示，用到的主要 TACS 模块有：

（1）求和模块 SUM2，用于电压函数的求和，以完成对绝缘子串两端电压的计算模拟。

（2）FORTRAN 表达式 F，用近似于 FORTRAN-IV 语句来模拟绝缘子串上感应电压和绝缘子串伏秒特性等函数。

（3）52#电平触发开关，用于模拟绝缘子串闪络判据。

（4）64#装置是最小/最大值跟踪器，用于控制绝缘子串等效控制开关。

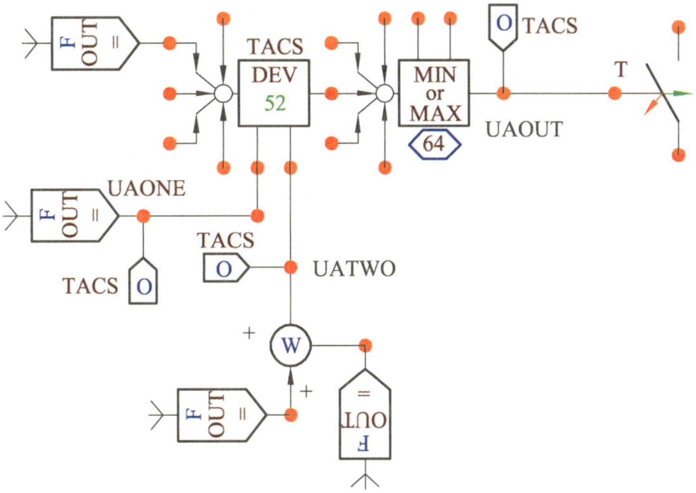

图 10-27　TACS 组合模型模拟绝缘子串闪络特性

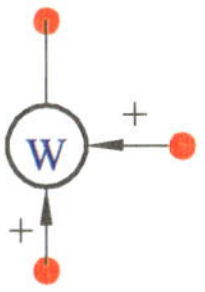

（a）求和模块

用于计算绝缘子串两端电压

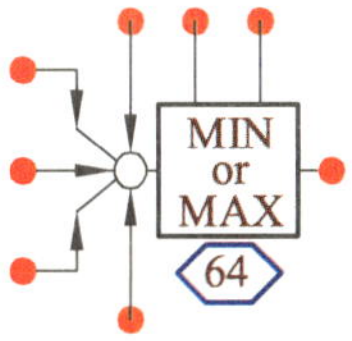

（b）64#最小值/最大值跟踪器

用于控制绝缘子串等效控制开关

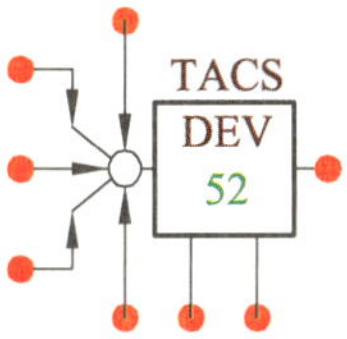

（c）52#电平触发开关

用于判断绝缘子串闪络与否

（d）Fortran 表达式

用于模拟感应电压和绝缘子串伏秒特性等

（e）13#TACS 控制开关

用于模拟绝缘子串闪络

（f）TACS 探测器

用于探测 TACS 信号

图 10-28　用到的主要 TACS 模块

（5）TACS 开关 T，接入电路中，用于模拟绝缘子串，断开状态表示绝缘子串正常工作，闭合则表示绝缘子串闪络，不考虑绝缘子串的绝缘恢复过程。

（6）TACS 探测器，用于探测 TACS 信号，检测计算结果。

模拟机理为：绝缘子串两端的电压及其伏秒特性均为时间函数，分别作为 52#开关的两个输入，当某时刻绝缘子串上电压≥伏秒特性电压值，52#内部开关闭合，并输出一个正数，则受其输出控制的 TACS 开关闭合(模拟绝缘子串闪络)；在 52#开关及被它控制的 TACS 开关之间有一个 64#装置，64#装置用于在 52#输出为正数时将其锁定，避免 13#开关时闭时开，从而正确模拟绝缘子串的闪络特性。

10.2.5　绝缘子串的伏秒特性

绝缘子串的伏秒特性采用绝缘子串模型有两种常用的形式。

（1）参考国际标准 IEEE 绝缘子串闪络电压计算公式。

根据文献，国际标准 IEEE 绝缘子串闪络电压 $V_{\mathrm{fl}}(t)$的计算公式如下所示：

$$V_{\mathrm{fl}}(t)=L_{\mathrm{ie}}\left(400+\frac{710}{t^{0.75}}\right)$$

式中，$V_{\mathrm{fl}}(t)$为绝缘子的伏秒特性，kV；L_{ie} 为绝缘子串有效长度，m；t 为雷电冲击发生时到绝缘子串闪络的时间，μs。

（2）根据生产厂家提供的绝缘子串伏秒特性值拟合成表达式。

如武汉高压研究所提供的 220 kV 绝缘子串伏秒特性公式为：

$$U(t)=1350+598\mathrm{e}^{-t/4}+2256\mathrm{e}^{-t/0.83}$$

式中，$U(t)$为绝缘子串闪络电压，V；t 为闪络时间，μs。

对于 500 kV 线路，标准绝缘强度采用 25 片 XP-160 绝缘子，其雷电冲击 50%放电电压（正极性）为 2 138 kV。伏秒特性见表 10-1，表中 14 μs 的数据近似为 $U_{50\%}$。

表 10-1　25×XP-160 绝缘子串的伏秒特性

t/μs	2	3	4	5	7	10	14
U/kV	3 330	2 830	2 630	2 500	2 330	2 260	2 200

对这些数据进行拟合，即可得到 25 片 XP-160 绝缘子的伏秒特性曲线。借助 MATLAB 得到的拟合曲线表达式为：

$$u(t)=2.168\times10^{6}+1.023\times10^{6}\times\mathrm{e}^{-t/4}+6.08\times10^{5}\times\mathrm{e}^{-t/1.5}+4.628\times10^{6}\times\mathrm{e}^{-t/0.8}$$

其中，时间 t 的单位为 μs。

当绝缘子片数不足 25 时，在上述表达式基础上乘以修正系数 k。考虑到绝缘子片数增加时，它的伏秒特性并非成比例增加，修正系数 k 表达式为：

$$k = \frac{3.5 - 0.02N}{3}$$

式中，N 为实际采用的绝缘子片数。

对比两种模型，考虑到本节所涉及的杆塔电压等级较多，不同线路采用的绝缘子类型差别很大，难以一一研究其伏秒特性。因此，本节选择参考国际标准 IEEE 绝缘子串闪络电压公式，只需要统计绝缘子串长度信息，方便线路运行部分进行统计分析与仿真计算。

10.2.6 感应电压

雷闪直击杆塔时在绝缘子串上形成的过电压可分为两部分：

（1）注入杆塔、地线的雷电流所引起的电压降（简称注入电流分量）。

（2）雷闪通道中电荷、电流波所感应的电压（简称感应电压分量）。注入电流分量 ATP 中可以自动计算，感应电压分量需要另外计算。

对于感应电压分量，规程规定雷击杆塔时导线上的感应过电压（见图 10-29）用下式计算：

$$U_{\text{i}} = 2.2I^{0.4}h_{\text{c}}\left(1 - \frac{h_{\text{g}}}{h_{\text{c}}}k_0\right)$$

其中，U_{i} 为感应过电压，kV；I 为雷电流幅值，kA；h_{c} 为导线平均高度，m；h_{g} 为地线平均高度，m；k_0 为导线与避雷线之间的几何耦合系数，取值 1.25。

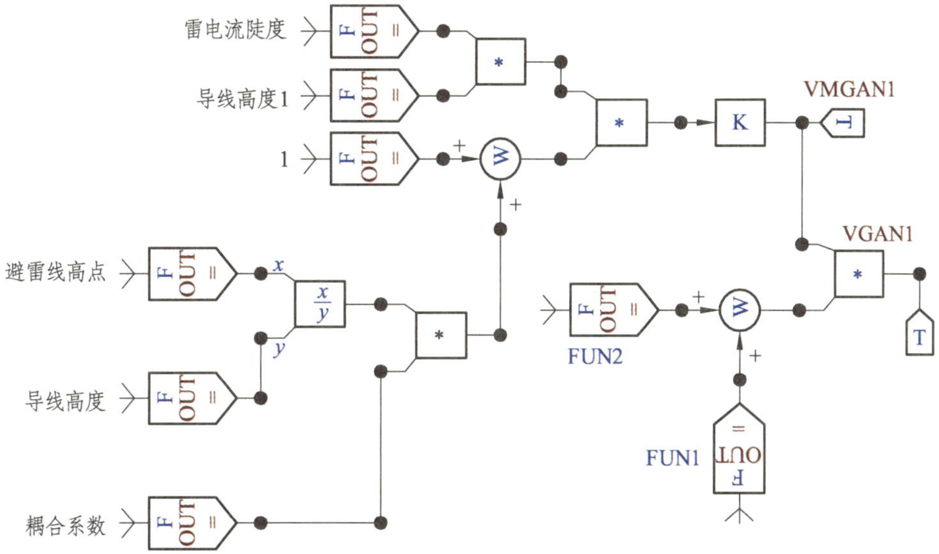

图 10-29 ATP 感应过电压计算部分

10.2.7 系统运行电压

系统运行电压是绝缘子串两端电压的组成部分，忽略系统运行电压会对结果带来误差。对某 500 kV 杆塔在不同相位角条件下进行反击耐雷水平计算，得到耐雷水平与相位角关系如图 10-30 所示。

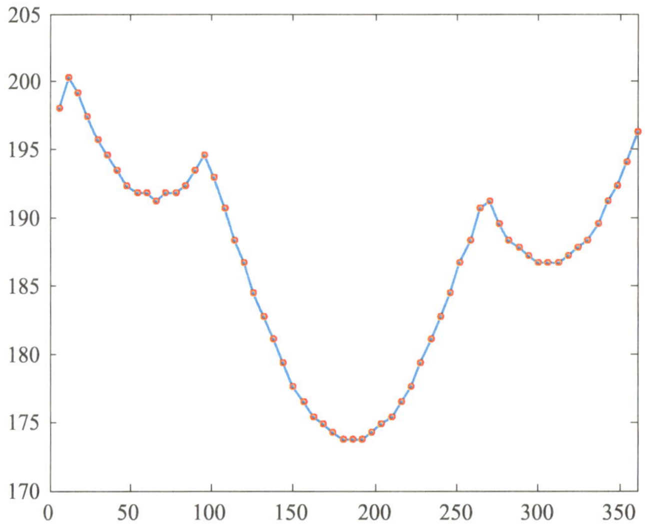

图 10-30 耐雷水平与系统相位角关系

雷击发生时，系统相位角是随机的，故而系统运行电压也是随机的，由于系统运行电压占绝缘子串两端电压较大比例，耐雷水平随相位角变化较大。故在本节研究中，考虑了系统运行电压，定义相角参数，可供计算调整。

10.2.8 氧化锌避雷器模型

氧化锌避雷器作为一种过电压限制器，线路避雷器安装在绝缘子串两端，与绝缘子串并联。其需要有良好的非线性电阻特性：正常运行时，避雷器处于高阻态，泄漏电流很小；当绝缘子串两端过电压超过避雷器动作电压时，避雷器动作，将绝缘子串两端电压限制在残压水平上，从而使绝缘子串免于发生闪络；过电压消失后，避雷器又恢复高阻态，切断工频电流，从而避免跳闸。本节采用的氧化锌避雷器伏安特性曲线如图 10-31~10-35 所示。

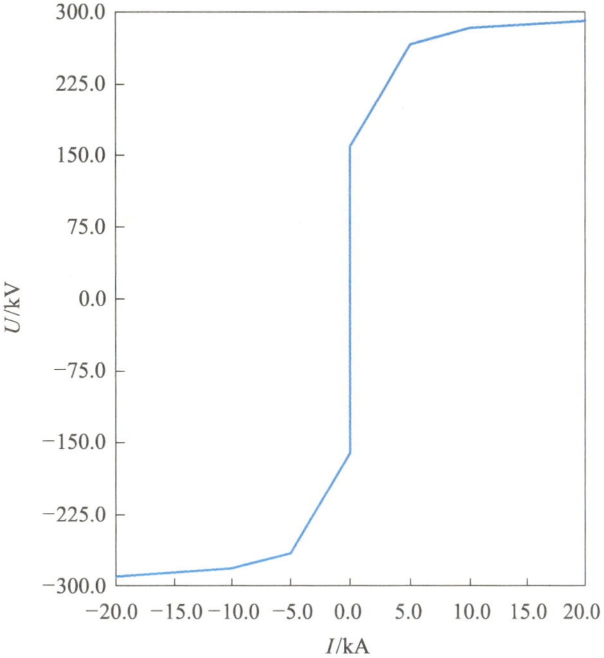

图 10-31　110 kV 线路避雷器伏安特性

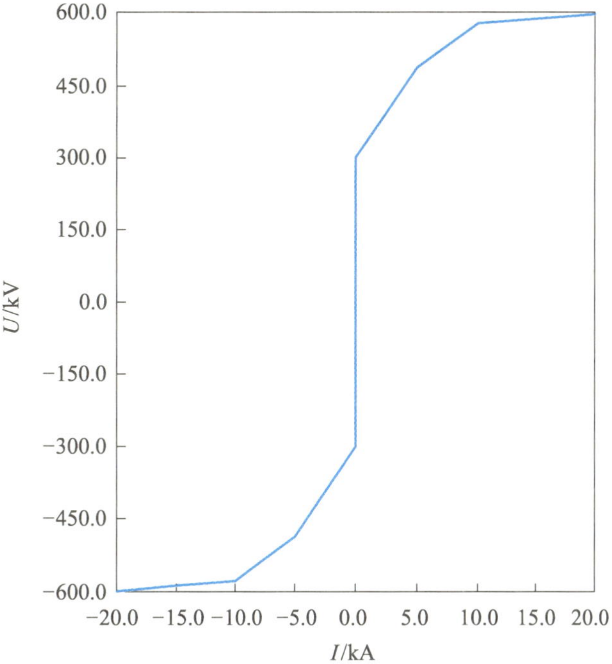

图 10-32　220 kV 线路避雷器伏安特性

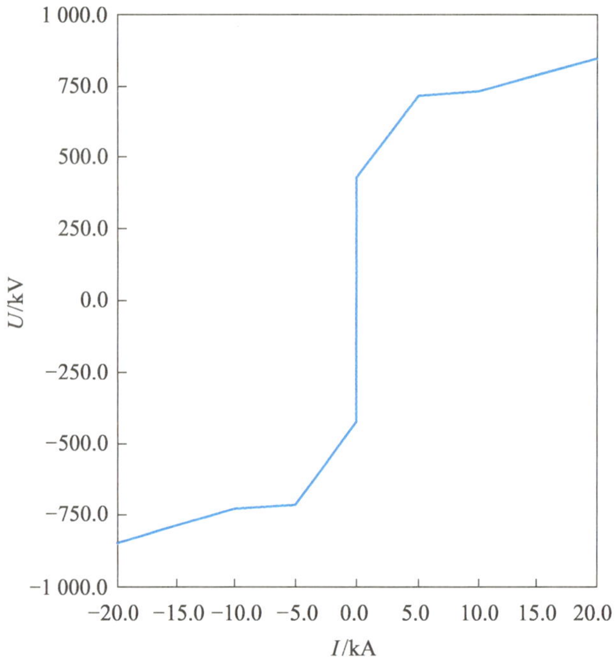

图 10-33　330 kV 线路避雷器伏安特性

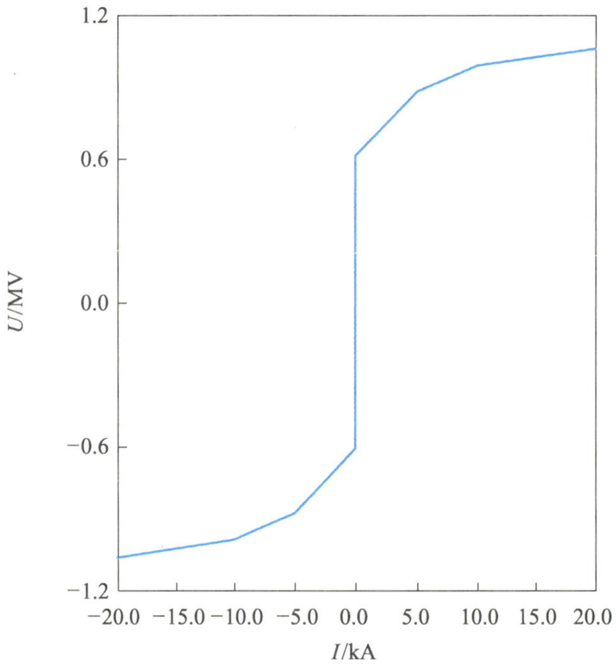

图 10-34　500 kV 线路避雷器伏安特性

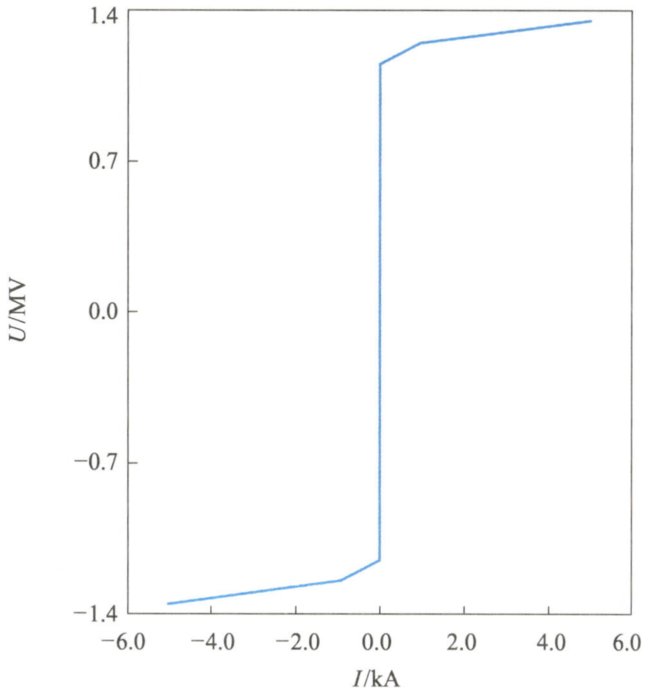

图 10-35　750 kV 线路避雷器伏安特性

10.2.9　反击耐雷水平计算整体仿真模型

基于本章所述的 ATP 反击耐雷水平计算各部分仿真模型，建立 110 kV、220 kV、330 kV、500 kV 和 750 kV 线路的反击耐雷水平计算 ATP 模型。如图 10-36 所示为某 220 kV 酒杯型杆塔 ATP 反击耐雷水平计算模型。

10.2.10　绕击耐雷水平计算整体仿真模型

基于本章所述的 ATP 绕击耐雷水平计算各部分仿真模型，建立 110 kV、220 kV 和 500 kV 线路的绕击耐雷水平计算 ATP 模型。如图 10-37 所示为某 220 kV 酒杯型杆塔 ATP 绕击耐雷水平计算模型。

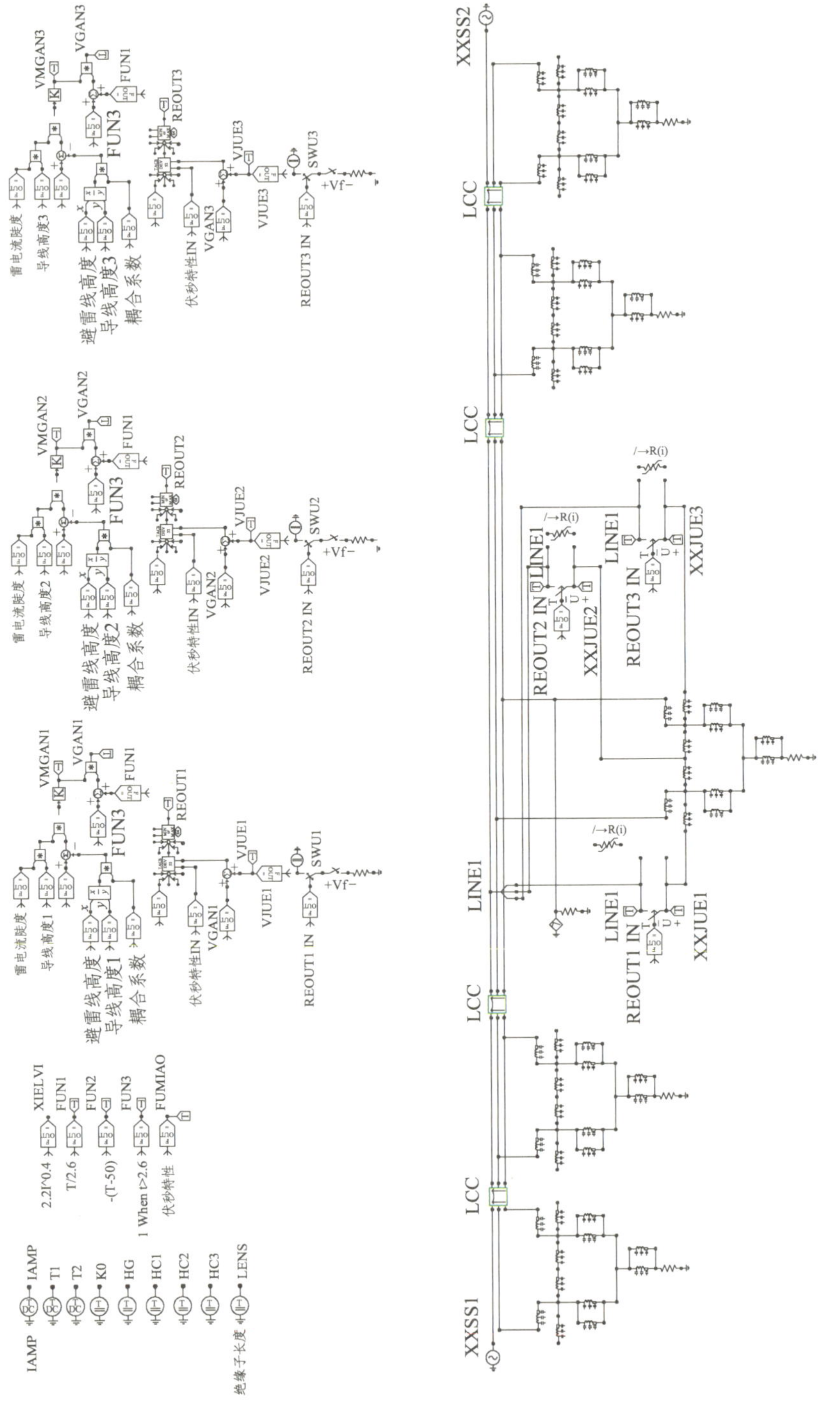

图 10-36　某 220 kV 酒杯型杆塔 ATP 反击耐雷水平计算模型

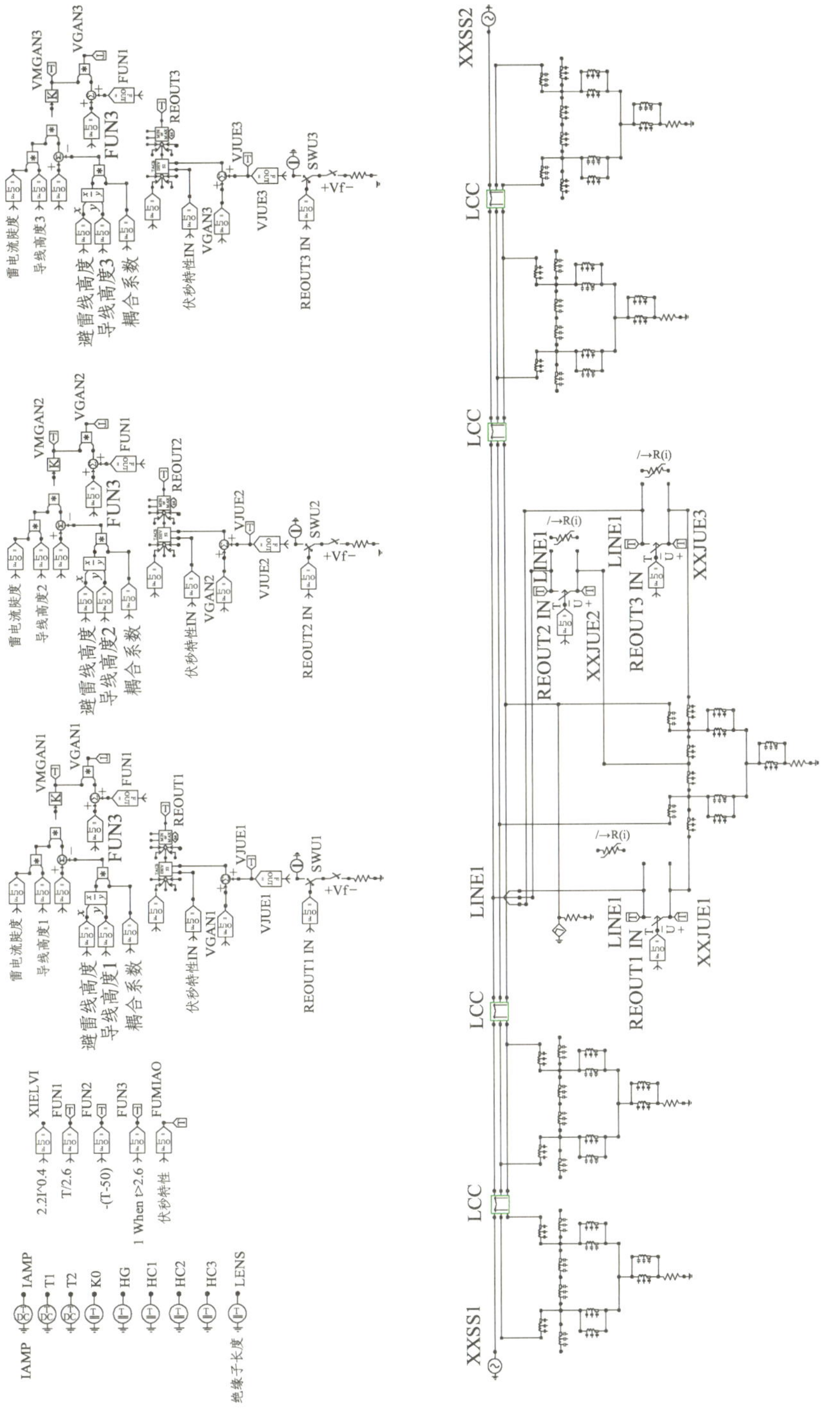

图 10-37　某 220 kV 酒杯型杆塔 ATP 绕击耐雷水平计算模型

10.3 基于 model.atp 仿真模板 ATP 文本模型的参数导入

用户在图形化界面编辑各电气元件参数，建立基本仿真模型，随即会生成 model.atp 文本文件。ATP 基于特定规则来匹配电路图，对每个节点命名，如图 10-38 所示。基于 ATPDraw 基本规则，利用程序对 model.atp 文本文件进行对应修改，实现参数修改和自动仿真。

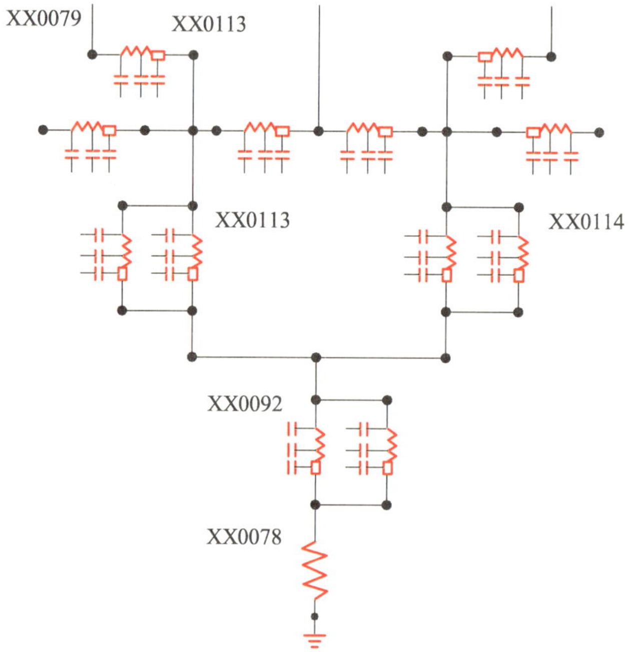

图 10-38 杆塔节点命名

10.3.1 雷电流幅值文本参数修改

雷电流节点命名为“XXIAMP”，在 model.atp 仿真文本文件中，其基本格式如图 10-39 所示，“15XXIAMP”包含雷电流节点名“XXIAMP”，在 Ampl 对应部分为雷电流幅值，仿真计算中，程序自动修改雷电流幅值，采用二分法求得对应情况下的耐雷水平值。

10.3.2 系统电源初始相位设置

线路运行中的工频电压对耐雷水平有着重要影响，因此，计算中需考虑电源初始相位。计算程序中，设置两端线路电源节点名为“XXSS1”和“XXSS2”，通过程序改变电源各相电角度，将工作电压对耐雷水平的影响考虑在内。

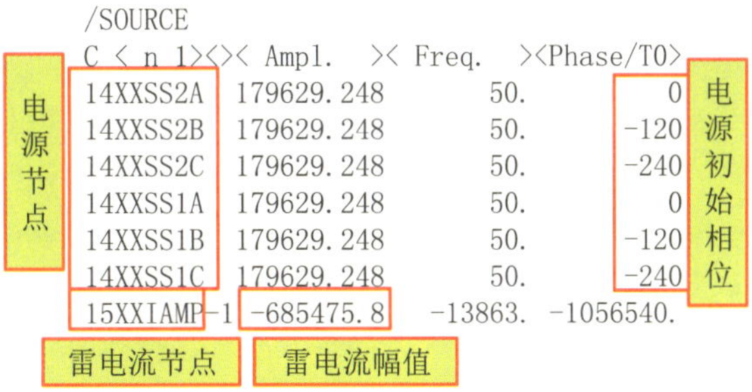

图 10-39　model.atp 电源节点及其参数

10.3.3　杆塔接地电阻修改

在文本文件 model.atp 中，如图 10-40 所示，接地电阻节点名为“XX0078”，接地电阻值可由根据线路信息进行对应修改。

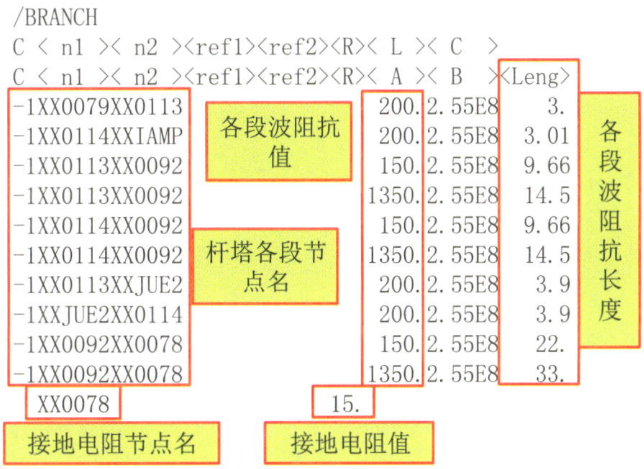

图 10-40　model.atp 阻抗节点及其参数

10.3.4　杆塔参数修改

对于整条线路而言，杆塔类型较多，同时在同一种塔型下，各基杆塔参数不同，需要针对具体塔型和参数进行仿真计算。本节以酒杯型杆塔为例，建立酒杯型杆塔波阻抗模型，如图 10-41 所示，对于几何参数不同的酒杯型杆塔，求得各段波阻抗长度后，写入 model.atp 文本文件，从而实现对不同几何尺寸的杆塔进行耐雷水平仿真计算。计算程序中，同时包含了如猫头型、门型、干字型和鼓字型等常见塔型，从而实现对不同类型的杆塔进行仿真计算。

RELE08=左相中距→##左侧导线对应波阻抗
RELE07=右相中距→##右侧导线对应波阻抗
RELE06=左避雷线中距→##左侧避雷线对应波阻抗
RELE05=右避雷线中距→##右侧避雷线对应波阻抗
RELE04=（避雷线高度-杆塔呼高）*1.5→##第二节斜材长度
RELE03=避雷线高度-杆塔呼高→####第二节主材长度
RELE02=杆塔呼高*1.5→##第一节斜材长度
RELE01=杆塔呼高→##第一节主材长度

图 10-41　杆塔参数修改示意图

10.3.5　LCC 模型修改

各基杆塔几何参数不同，导地线几何位置关系也不相同，同时各基杆塔两侧档距也不同，在程序计算中，将档距和导地线几何参数考虑在内。在 ATPDraw 5.7 中，LCC 线路参数存放在 line.dat 文件中，其内容如图 10-42 所示，包括导地线参数和档距两部分。如图 10-43 所示，line.dat 文件导地线参数与 ATPDraw 中 LCC 参数设置 Data 选项卡一一对应。

导地线参数

```
LINE CONSTANTS
METRIC
1  0.5   0.07 4    2.68 -6.8  28.6  23.6  60.   90.   2
2  0.5   0.07 4    2.68  0.0  28.6  23.6  60.   90.   2
3  0.5   0.07 4    2.68  6.8  28.6  23.6  60.   90.   2
4  0.5   1.79 4   1.575 -5.6  33.5  26.5  0.0   0.0   0
5  0.5   1.79 4   1.575  5.6  33.5  26.5  0.0   0.0   0
BLANK CARD ENDING CONDUCTOR CARDS
   120.      1.E4              0.8                    1
   120.      50.               0.8                    1
   120.      0.01              0.8            9 10    1
```

档距

图 10-42　line.dat 线路参数信息

Model　Data　Nodes

#	Ph.no.	Rin [cm]	Rout [cm]	Resis [ohm/km DC]	Horiz [m]	Vtower [m]	Vmid [m]	Separ [cm]	Alpha [deg]	NB
1	1	0	1.34	0.07	-6.8	27.3	27.3	60	90	2
2	2	0	1.34	0.07	0	27.3	27.3	60	90	2
3	3	0	1.34	0.07	6.8	27.3	27.3	60	90	2
4	4	0	0.7875	1.79	-5.6	30.3	30.3	0	0	0
5	5	0	0.7875	1.79	5.6	30.3	30.3	0	0	0

图 10-43　ATPDraw 中 LCC 参数信息

10.4　程序基本结构及其计算流程

10.4.1　Tpbig.exe 内核调用计算

Tpbig.exe 是一个可执行程序，是 ATP 程序的计算内核，基于文本模型.atp 文件进行仿真计算，并生成输出结果.pl4 文件以供进一步分析。在调用 Tpbig.exe 之前，需根据实际线路信息，对 model.atp 模型文件和 LCC.dat 线路文件进行修改，然后分配输入文件，在 ATP 中调用计算。

10.4.2　基于 ATP 耐雷水平自动计算基本步骤

1. 建立耐雷水平计算模型

基于已有线路信息，在 ATPDraw 中建立起 500 kV 线路耐雷水平计算模型，并生成仿真模型 model.atp 文本文件以及 LCC 线路 line.dat 模型文件。计算过程中，需调用 ATP 程序处理 line.dat 文件，随后生成 pch 文件 line.pch，并将 pch 文件转换为 lib 文件，建立线路模型 line.lib 文件。该文件中包含计算时所需的线路模型计算矩阵，留以后期 model.atp 主模型文件调用。

2. 修改仿真模板

根据各基杆塔的具体线路信息，如塔型、导地线几何位置、绝缘子串长以及接地电阻等，基于所生成的文本模型文件，在相应位置进行对应修改，从而得到所需的线路模型文件，并利用计算内核 Tibig.exe 程序，脱离 ATPdraw 环境，对源文件进行计算。

3. 耐雷水平计算及其计算精度

在计算耐雷水平时，需要多次重复计算，直到恰好找到使绝缘子发生闪络的雷电流大小，即耐雷水平值。本节通过二分法，不断缩小雷电流闪络区间，直至两次闪络雷电流差满足：

$$\left|I_{\mathrm{no}} - I_{\mathrm{flash}}\right| < 0.5\ \mathrm{kA}$$

其中，I_{no}是绝缘子未闪络时的雷电流，kA；I_{flash}是绝缘子闪络时的雷电流，kA。

此时闪络雷电流值即为耐雷水平值。分别用 ATP-EMTP 软件和计算软件计算雷击 220 kV 酒杯型杆塔避雷线、A 相导线、B 相导线、C 相导线的耐雷水平数值酒杯型杆塔计算参数见表 10-2。

表 10-2　220 kV 酒杯型杆塔计算参数

参数	数值
导线水平位置/m	±7.4
导线高度/m	32
地线水平位置/m	±6.2
地线高度/m	35.5
绝缘子串长/m	1.9
杆塔接地电阻/Ω	15
雷击系统相位/度	0
导线型号	LGJ-400/35
地线型号	JLB-150

由表 10-3 可得，当两次闪络雷电流差取值为 0.5 kA 时，可以满足计算软件的计算值与手动计算值的误差在 5%范围内。

表 10-3　ATP-EMTP 软件和计算软件计算结果对比

雷击位置	耐雷水平/kA		计算偏差
	程序计算	手动计算	
避雷线	64.31	65.25	-1.4%
A 相导线	7.81	7.95	-1.8%
B 相导线	5.98	6.05	-1.2%
C 相导线	7.88	7.95	-0.9%

10.5　整体计算流程

本节基于所建立的 ATP-Draw 图形模型以及文本替换方法，建立基于 JAVA 平台的输电线路反击耐雷水平计算内核程序，程序计算方法以及计算流程如下所示。

10.5.1　创建线路模型

创建线路模型流程如图 10-44 所示，首先在 ATP-Draw 中，建立相应塔型的 ATP 图形文件，定义相关参数；随后得到对应图形文件的.atp 文本文件；基于所制定的规则，调用.atp 文本文件，生成相应的线路模型.pch 文件，并编写相关程序，转化.pch 文件到.lib 文件。

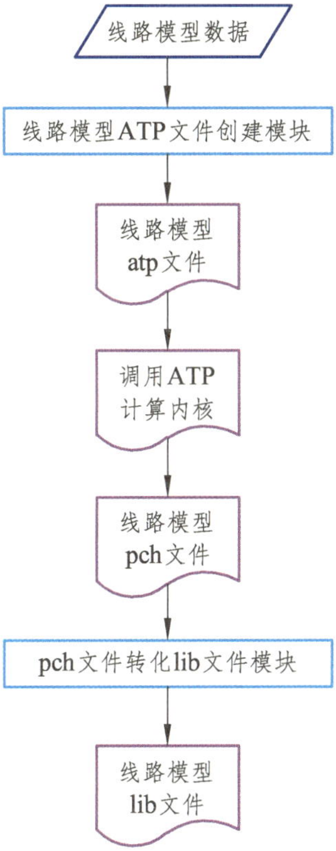

图 10-44　创建线路模型流程

10.5.2　耐雷水平计算流程

计算耐雷水平程序流程如图 10-45 所示。首先在 ATP-Draw 中，建立相应塔型的 ATP 图形文件，并按照文中所示的方法定义相关参数；随后得到对应图形文件的.atp 文本文件；基于所制定的规则，调用.atp 文本文件，生成相应的线路模型.pch 文件，随后利用二分法不断逼近耐雷水平值。

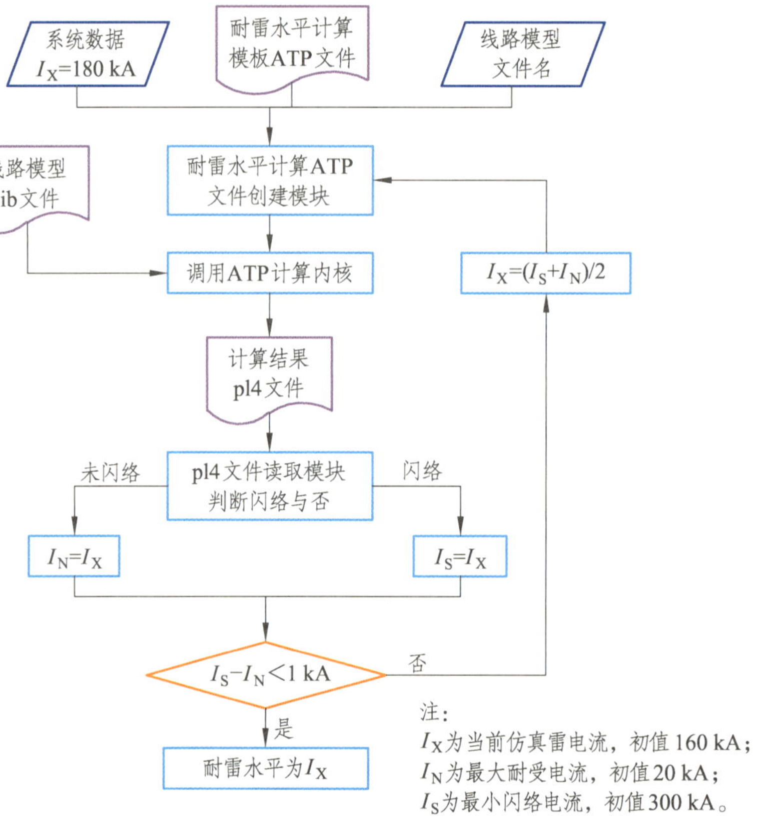

图 10-45　计算耐雷水平程序流程图

10.6　雷击跳闸率的计算原理及所需额外参数

10.6.1　雷击跳闸率的计算原理

目前，工程上主要采用电气几何模型法(EGM)对输电线路的雷电屏蔽作用进行计算，该方法的主要思想是根据雷电流幅值和先导入射角的变化，绘制导线、地线的击距圆，由击距圆的位置关系（相交、相离、相切）计算暴露弧及其在地面投影距离。然而，经典的 EGM 算法中，由于仅考虑单基杆塔输电线路的情况，击距圆的位置关系尚易处理；而在密集输电通道多基杆塔线路并架的情况下，导线、地线击距圆的数量迅速增加，圆的位置关系变得十分复杂，分类讨论击距圆的位置关系难免有重复或遗漏情况，传统的基于几何关系的绕击计算方法变得异常复杂。因此，在输电通道内并行架设多条线路屏蔽作用的研究方面，提出一种基于 EGM 计算原理、通过计算机扫描遍历求解的绕击计算方法，该方法基于电气几何模型的计算原理，但考虑到密集通道断面的邻近线路的影响，关于暴露弧投影的计算方式并没有采用传统的几何算法。该方法中击距和击距系数等仍采用电气几何模型相关参数，如下：

$$r_c = 10 \times I^{0.65}$$
$$r_{gw} = k_{gw} \times r_c$$
$$r_g = k_g \times r_c$$

其中，r_c, r_{gw}, r_g 分别对应导线、避雷线和大地击距；k_{gw} 和 k_g 分别为避雷线击距系数和大地击距系数，其中 $k_{gw}=1, k_g=0.9$；I 为雷电流幅值。

对左右侧杆塔的所有导地线击距圆进行编号，并根据当前雷电流入射角和雷电流幅值，确定扫描范围和雷电流先导方程，其中扫描范围的求法如下：

（1）根据雷电流幅值计算所有击距圆的击距，并作图画出所有击距圆。

（2）获取所有击距圆的横坐标最小值 x_{min}、纵坐标最小值 y_{min}、横坐标最大值 x_{max}、纵坐标最大值 y_{max}，并以$(x_{min}, y_{min}), (x_{min}, y_{max}), (x_{max}, y_{min}), (x_{max}, y_{max})$四点作矩形。

（3）先导入射角为正角度时，以先导入射角正切值为斜率，分别过矩形左上点（x_{min}, y_{max}）和右下点（x_{max}, y_{min}）作两条平行线，其分别与 x 轴交于$(a_{min}, 0)$和$(a_{max}, 0)$两点。这两点之间的部分即为当前雷电流入射角和雷电流幅值下的扫描范围，如图 10-46 所示。

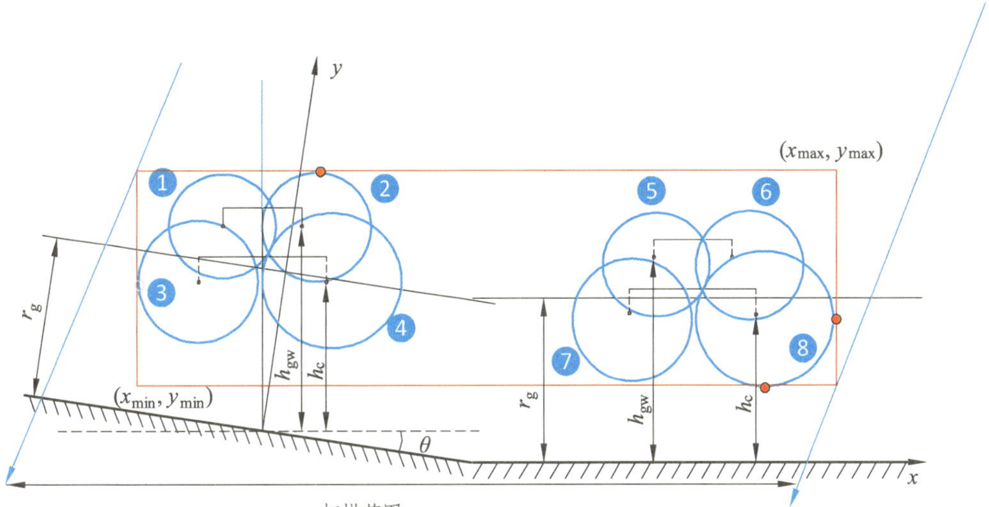

图 10-46　雷电先导方程直线方程的扫描范围

（4）先导入射角为负角度时，以先导入射角正切值为斜率，分别过矩形左下点（x_{min}, y_{min}）和右上点（x_{max}, y_{max}）作两条平行线，其分别于 x 轴交于$(a_{min}, 0)$和$(a_{max}, 0)$两点，这两点之间的部分即为当前雷电流入射角和雷电流幅值下的扫描范围，如图 10-46 所示。

雷电先导方程用直线方程表示，表达式如下：

$$x = ky + a$$

其中，k 为直线方程的斜率，$k=\tan\psi$，ψ 为先导入射角，a 为直线方程与 x 轴的交点，其数值处于 a_{min} 和 a_{max} 之间。

通过改变雷电流先导方程在 x 轴的横截距进行扫描，获取当前扫描方程与各个击距圆的交点坐标，其中纵坐标最高的交点确定为当前扫描点，并判断当前扫描点从属的击距圆编号。扫描点的选取示意图参见图 10-47。

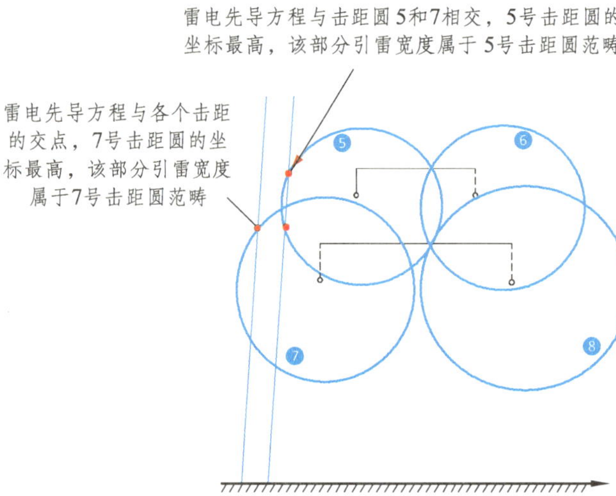

图 10-47　扫描过程中雷电先导方程雷击目标物的确定

根据当前扫描点的击距圆编号，判断该点是属于左、右侧的哪一基杆塔，并根据交点坐标信息和相应杆塔的地面倾角进行坐标变换。坐标变换公式如下：

$$\begin{cases} x' = x\cos\theta - y\sin\theta \\ y' = x\sin\theta + y\cos\theta \end{cases}$$

其中，θ 为所属杆塔的地面倾角，(x, y)为当前扫描点的坐标，(x', y')为扫描点坐标变换后的坐标。

取当前扫描点距离地面的垂直距离即为变换后的纵坐标 y'，与地面击距比较，如果 $y' \geqslant r_g$，表示当前扫描点没有被地面屏蔽，该点在 x 轴的投影点属于当前扫描圆的引雷宽度；如果当 $y' < r_g$ 时，当前扫描点被地面屏蔽，该点在 x 轴的投影点不在当前扫描圆的引雷宽度内，计算当前扫描圆的引雷宽度时不考虑该点的影响。

当扫描点所属的击距圆编号发生变化时，表示前一个击距圆在先导方程下扫描完毕，获取前一个击距圆在当前雷电先导方程下的引雷宽度，并依据此方法在雷电先导的扫描过程中依次确定所有击距圆的引雷宽度。扫描法确定击距圆引雷宽度的示意图如图 10-48 所示。

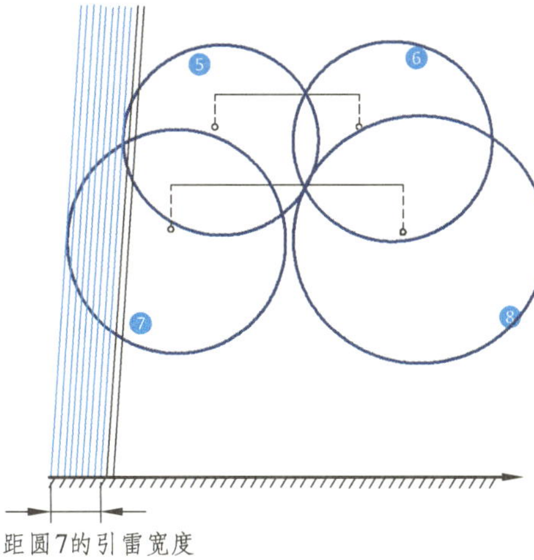

图 10-48　导线暴露弧引雷宽度的求解

循环考虑不同雷电入射角和雷电流幅值下，所有击距圆的引雷宽度，以导线 A 为例，其在雷电流幅值为 I、雷电先导入射角为 ψ 下的引雷宽度为 W_1（I, ψ）。考虑先导入射角分布函数 $p(\psi)$和雷电流幅值分布函数 $p(I)$，则导线 A 绕击率 W 的计算式为：

$$W=\int_{I_c}^{I_{\max}}\int_{-\pi/2}^{\pi/2}\frac{W_1(I,\psi)}{W_{\text{all}}(I,\psi)}p(\psi)p(I)\mathrm{d}\psi\mathrm{d}I$$

式中，I_c 为导线的绕击耐雷水平；$W_{\text{all}}(I,\psi)$ 为该导线所在杆塔的所有避雷线和导线的引雷宽度之和，计算表达式如下：

$$W_{\text{all}}(I,\psi)=\sum_i W_i(I,\psi)$$

基于雷电先导入射角分布函数计算不同击距圆对应导线的跳闸率。

最后，根据线路落雷次数 N_L，得到该导线的绕击跳闸率 $SFFOR$ 为：

$$SFFOR=N_L\eta W$$

其中，$SFFOR$ 为绕击次数，次/(100 km · a)；线路落雷次数 N_L 可以通过规程推荐公式计算，表达式如下：

$$N_L=0.1N_g(28h_T^{0.6}+b)$$

式中，h_T 为杆塔高度，m；b 为两根地线之间的距离，m；N_g 为地闪密度，次/(km^2·a)。

算法的流程如图 10-49 所示。

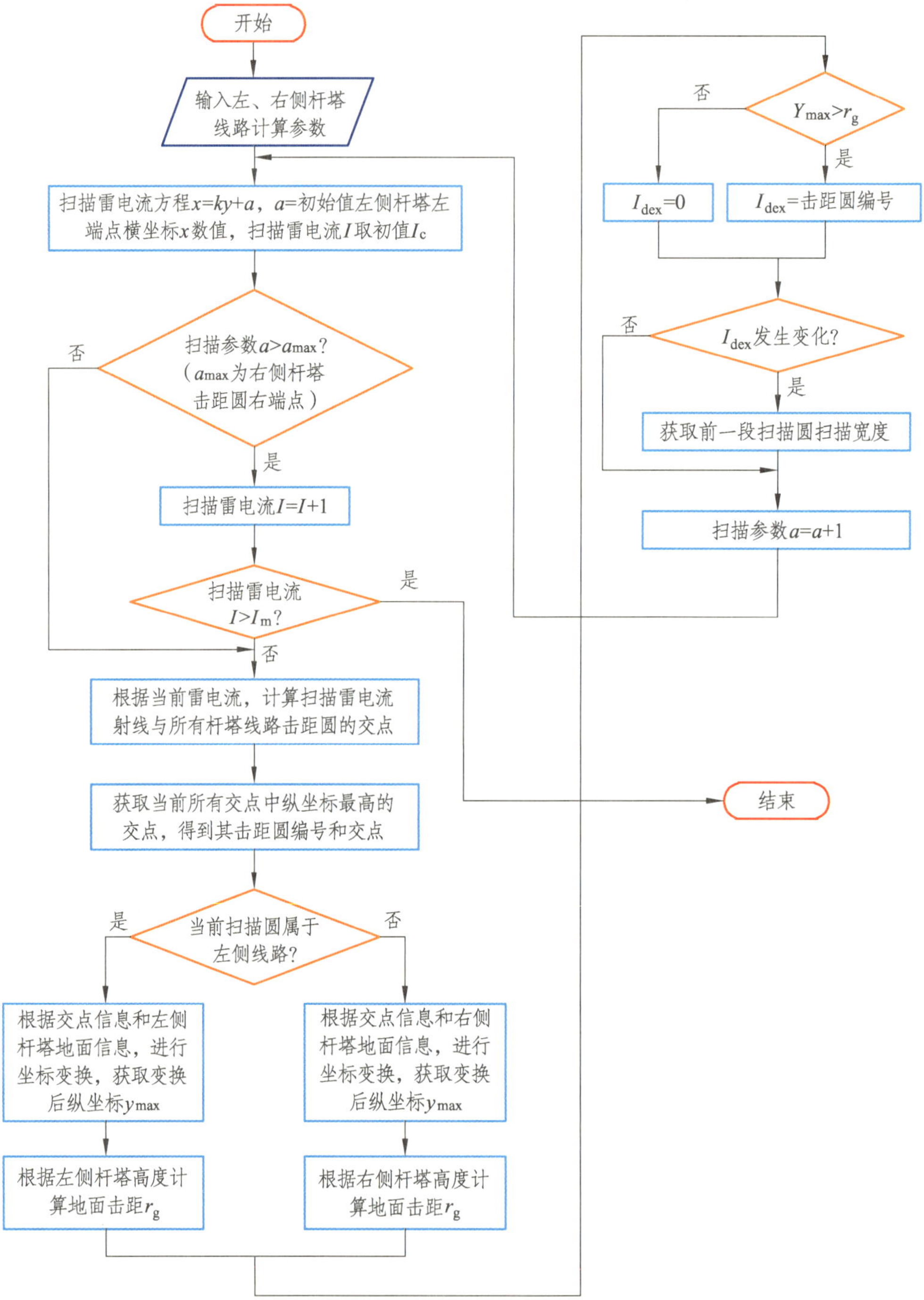
开始
输入左、右侧杆塔线路计算参数
扫描雷电流方程x=ky+a，a=初始值左侧杆塔左端点横坐标x数值，扫描雷电流I取初值Ic
扫描参数a>amax?（amax为右侧杆塔击距圆右端点）
否
是
扫描雷电流I=I+1
扫描雷电流I>Im?
是
否
根据当前雷电流，计算扫描雷电流射线与所有杆塔线路击距圆的交点
获取当前所有交点中纵坐标最高的交点，得到其击距圆编号和交点
当前扫描圆属于左侧线路?
是
否
根据交点信息和左侧杆塔地面信息，进行坐标变换，获取变换后纵坐标ymax
根据交点信息和右侧杆塔地面信息，进行坐标变换，获取变换后纵坐标ymax
根据左侧杆塔高度计算地面击距rg
根据右侧杆塔高度计算地面击距rg
Ymax>rg
否
是
Idex=0
Idex=击距圆编号
Idex发生变化?
否
是
获取前一段扫描圆扫描宽度
扫描参数a=a+1
结束

图 10-49　算法的流程

10.6.2　基于耐雷水平计算程序运算的额外参数

如前面章节所示，已通过 JAVA 平台实现了以 ATP 软件为内核的杆塔耐雷水平的自动计算，在实现自动计算的过程中，已在计算过程中和参数输入中得到了杆塔的几何参数，包括各相导线的挂点横担位置和离地高度以及避雷线的横担位置和离地高度。这些数据也满足了部分跳闸率计算时所需。但除此之外，要先完成跳闸率的自动计算，还需要考虑地面倾角参数和地闪密度参数，需要进行额外的输入。为实现计算的自动化和简洁性，在进行耐雷水平的计算环节时，将该额外参数一同输入储存，但根据运算逻辑，其仅对后续的跳闸率计算有用。跳闸率计算逻辑如下所示，其中反击部分采取规程法计算：

如果输入参数地面倾角<20°，认为地形为平地，反击跳闸率=0.1×地闪密度×(28×避雷线高度 0.6+避雷线中距×2)/6×1×10−I/88。

如果输入参数地面倾角>20°，认为地形为山地，反击跳闸率=0.1×地闪密度×(28×避雷线高度 0.6+避雷线中距×2)/4×1×10−I/88。

绕击部分则采取 10.6 节所述计算方法，根据输入的几何参数建立杆塔模型，并利用提前准备的地面倾角以及地闪密度，对绕击跳闸率进行计算，如图 10-50 所示。

```
  circleCrosspoint_initialize();
/*需要修改的参数*/
double Ng=2.8;//地闪密度
double dqdelta=0;//地面倾角
double Ic=15;//绕击耐雷水平
double e=1;//建弧率，110取0.85，220取0.91
double cic[10];//交流线路几何尺寸
cic[0]=-5.5;//-左避雷线中距
cic[5]=46.5;//左避雷线高度
cic[1]=5.5;//右避雷线中距
cic[6]=46.5;//右避雷线高度
cic[2]=-9.5;//-左相中距
cic[7]=29.8;//左相高度
cic[3]=0;//中相中距
cic[8]=29.8;//中相高度
cic[4]=9.5;//右相中距
cic[9]=29.8;//右相高度
/*需要修改的参数*/
```

图 10-50　绕击跳闸率计算的参数输入

10.6.3　实现自动计算所需参数总览

以 500 kV 干字塔为例，满足其计算所需参数输入如下所示：

（1）"塔型：SJTD451"。

（2）"相序：ABC" %分别为左中右三相。

（3）"A 相是否安装避雷器：是"或者"A 相是否安装避雷器：否"。

"B 相是否安装避雷器：是"或者"B 相是否安装避雷器：否"。
"C 相是否安装避雷器：是"或者"C 相是否安装避雷器：否"。
（4）接地电阻 Ω：15。
（5）左避雷线中距 m：5.5。
（6）右避雷线中距 m：5.5。
（7）避雷线高度 m：46.5。
（8）绝缘子串长度 mm：3 200。
（9）杆塔呼高 m：33。
（10）A 相中距 m：9.5。
（11）B 相中距 m：0。
（12）C 相中距 m：9.5。
（13）A 相高度 m：33。
（14）B 相高度 m：33。
（15）C 相高度 m：33。
（16）小号侧档距 m：500。
（17）大号侧档距 m：550。
（18）电角度：0 ##角度制。
跳闸率计算所需额外输入参数：
（19）地面倾角，度。
（20）地闪密度。

10.7 雷击跳闸率计算示例

10.7.1 计算参数的选取

计算所选择的反击耐雷水平和绕击耐雷水平均按照规程 DLT 620—1997 进行选择，如表 10-4、10-5 所示。海拔不超过 1 000 m 地区架空送电线路绝缘子串及空气间隙不应小于表 10-5 所列数值。在进行绝缘配合时，考虑塔杆尺寸误差、横担变形和拉线施工误差等不利因素，空气间隙应留有一定裕度。

表 10-4 反击耐雷水平选取

标称电压/kV		35	66	110	220	330	500
耐雷水平/kA	一般线路	20~30	30~60	40~75	75~110	100~150	125~175
	大跨越档中央和发电厂，变电所进线保护段	30	60	75	110	150	175

表 10-5　绕击耐雷水平选取

电压/kV	20	35	66	110	220	330	500
雷电过电压间隙	35	45	65	100	190	230（260）	330（370）
操作过电压间隙	12	25	50	70	145	195	270
工频电压间隙	5	10	20	25	55	90	130
悬垂绝缘子串的最少片数	2	3	5	7	13	17（19）	25（28）

反击耐雷水平如下所示：

110 kV 反击耐雷水平 75 kA，220 kV 反击耐雷水平 110 kA，500 kV 反击耐雷水平 175 kA。

绕击耐雷水平如下所示：

110 kV 绝缘子 7 片 X-4.5，长度 1.2 m，绕击耐雷水平 7 kA。

220 kV 绝缘子 13 片 X-4.5，长度 2.2 m，绕击耐雷水平 12 kA。

500 kV 避雷线 25 片，每片 160 mm，长度 4.38 m，绕击耐雷水平 21.4 kA。

弧垂参数选取如下所示：

110 kV 避雷线弧垂 2.8 m，导线弧垂 5.3 m。

220 kV 避雷线弧垂 7 m，导线弧垂 12 m。

500 kV 避雷线弧垂 9 m，导线弧垂 12 m。

建弧率选取如下所示：

110 kV　0.85；

220 kV　0.8；

500 kV　1。

10.7.2　雷击跳闸率计算结果

（1）110 kV 下 1D1Y1-J4 杆塔，呼高为 30 m。

避雷线平均高度 36.5−2/3×2.8=34.63。

A 相平均高度 36.5−0.9−1.2−2/3×5.3=30.87。

B、C 相平均高度 30−1.2−2/3×5.3=25.27。

绕击耐雷水平 7 kA，绕击跳闸率 0.530 8 次/(100 km·a)：

A 相：0.479 2 次/(100 km·a)　B 相：0.051 6 次/(100 km·a)；C 相：0 次/(100 km·a)；

反击耐雷水平 75 kA，反击跳闸率 1.335 2 次/(100 km·a)。

总雷击跳闸率：1.866 次/(100 km·a)。

（2）110 kV 下 1D1Y1ZM1 杆塔，呼高 36 m。

避雷线平均高度 42.2−2/3×2.8=40.33。

A 相平均高度 40.4−1.2−2/3×5.3=35.67。

B、C 相平均高度 36−1.2−2/3×5.3=31.27。

绕击耐雷水平 7 kA，绕击跳闸率 0.439 0 次/(100 km·a)：

A 相：0 次/(100 km·a)　B 相：0.219 5 次/(100 km·a)；C 相：0.219 5 次/(100 km·a)；

反击耐雷水平 75 kA，反击跳闸率 1.452 0 次/(100 km·a)。

总雷击跳闸率：1.891 次/(100 km·a)。

（3）220 kV 下 2E1X2-JD 杆塔，呼高取 35 m。

避雷线平均高度 44.5−2/3×7=39.83。

A 相平均高度 44.5−4.5−2.2−2/3×12=29.8。

B、C 相平均高度 44.5−4.5−5−2.2−2/3×12=24.8。

绕击耐雷水平 12 kA，绕击跳闸率 0.061 0 次/(100 km·a)：

A 相：0 次/(100 km·a)　B 相：0.050 2 次/(100 km·a)；C 相：0.010 7 次/(100 km·a)；

反击耐雷水平 110 kA，反击跳闸率 0.553 9 次/(100 km·a)。

总雷击跳闸率：0.614 9 次/(100 km·a)。

（4）220 kV 下 2E1X2-JD 杆塔，呼高取 45 m。

避雷线平均高度 54.5−2/3×7=49.83。

A 相平均高度 54.5−4.5−2.2−2/3×12=39.8。

B、C 相平均高度 54.5−4.5−5−2.2−2/3×12=34.8。

绕击耐雷水平 12 kA，绕击跳闸率 0.319 9 次/(100 km·a)：

A 相：0 次/(100 km·a)　B 相：0.213 8 次/(100 km·a)；C 相：0.106 1 次/(100 km·a)；

反击耐雷水平 110 kA，反击跳闸率 0.630 5 次/(100 km·a)。

总雷击跳闸率：0.950 4 次/(100 km·a)。

（5）220 kV 下 2E1X2-ZM1 杆塔，呼高取 35 m。

避雷线平均高度 43.8−0.5−2/3×7=38.63。

A 相平均高度 41.2−2.2−2/3×12=31。

B、C 相平均高度 35−2.2−2/3×12=24.8。

绕击耐雷水平 12 kA，绕击跳闸率 0.0371 次/(100 km·a)：

A 相：0 次/(100 km·a)　B 相：0.018 3 次/(100 km·a)；C 相：0.018 3 次/(100 km·a)；

反击耐雷水平 110 kA，反击跳闸率 0.536 1 次/(100 km·a)。

总雷击跳闸率：0.573 2 次/(100 km·a)。

（6）220 kV 下 2E1X2-ZM1 杆塔，呼高取 45 m。

避雷线平均高度 53.8−0.5−2/3×7=48.63。

A 相平均高度 51.2−2.2−2/3×12=41。

B、C 相平均高度 45−2.2−2/3×12=34.8。

绕击耐雷水平 12 kA，绕击跳闸率 0.4129 次/(100 km·a)：

A 相：0 次/(100 km·a)　B 相：0.206 3 次/(100 km·a)；C 相：0.206 7 次/(100 km·a)；

反击耐雷水平 110 kA，反击跳闸率 0.613 5 次/(100 km·a)。

总雷击跳闸率：1.026 4 次/(100 km·a)

（7）500 kV 下 5E1Y2-ZMH1-总图-01 杆塔，呼高 40 m。

避雷线平均高度 55.1−2/3×9=49.1。

A 相平均高度 53.1−4.38−2/3×12=40.72。

B、C 相平均高度 40−4.38−2/3×12=27.62。

绕击耐雷水平 21.4 kA，绕击跳闸率 0.0341 次/(100 km·a)：

A 相：0 次/(100 km·a)　B 相：0.017 0 次/(100 km·a)；C 相：0.017 1 次/(100 km·a)；

反击耐雷水平 175 kA，反击跳闸率 0.143 9 次/(100 km·a)。

总雷击跳闸率：0.178 次/(100 km·a)。

（8）500 kV 下 5E1Y2-ZMH1-总图-01 杆塔，呼高 60 m。

避雷线平均高度 75.1−2/3×9=69.1。

A 相平均高度 73.1−4.38−2/3×12=60.72。

B、C 相平均高度 60−4.38−2/3×12=47.62。

绕击耐雷水平 21.4 kA，绕击跳闸率 0.659 0 次/(100 km·a)：

A 相：0 次/(100 km·a)　B 相：0.329 5 次/(100 km·a)；C 相：0.329 5 次/(100 km·a)；

反击耐雷水平 175 kA，反击跳闸率 0.175 2 次/(100 km·a)。

总雷击跳闸率：0.834 2 次/(100 km·a)。

10.8　考虑微地形影响的改进 BP 神经网络雷击跳闸率修正模型

10.8.1　BP 神经网络的输入参数

各微地形参数均对雷电活动有一定的影响，而线路的电压等级和杆塔的绝缘子串长代表了杆塔的绝缘水平，杆塔的地面倾角与杆塔呼高均对杆塔的雷击概率有一定影响。故 BP 神经网络的输入由雷击跳闸率计算值、微地形参数和部分杆塔参数构成。其形成的特征参数如下：

（1）仿真雷击跳闸率。

（2）地形参数：海拔、坡向、坡度、水域密度、地形类型和地表覆盖类型。

（3）杆塔参数：电压等级、左侧地面倾角、右侧地面倾角、杆塔呼高和绝缘子串长。

（4）地闪密度值。

其中，地形类型被分为山脊、背风坡、迎风坡、山谷、垭口和平地 6 类，而地表覆盖类型被分为林地、草地、耕地、城镇用地 4 类。在神经网络的训练过程中需要量化两种特征参数的值以参与神经网络的权重调整过程，故按照上述顺序将地形类型设为 1~6 六个标签，代表 6 种地形类型，同样地，将地表覆盖类型设为 1~4 四类标签以区分 4 种地表覆盖类型。

10.8.2 改进 BP 神经网络结构设计

如图 10-51 所示，BP 神经网络为三层全连接层，输入向量维度为 12，对应 12 个特征量；输出向量维度为 1，表示雷击跳闸率修正值，输出向量的真实值即各杆塔雷击跳闸率的实际值；隐藏层神经元个数一般小于输入维度的 2 倍，本节设置其个数为 22。训练所采用的损失函数为均方误差 MSE（Mean Squared Error），其计算方式见式（5-7），y_i 为预测值，y_i^* 为目标真实值。

$$MSE=\frac{1}{n}\sum_{i=1}^{n}(y_i-y_i^*)^2 \tag{5-7}$$

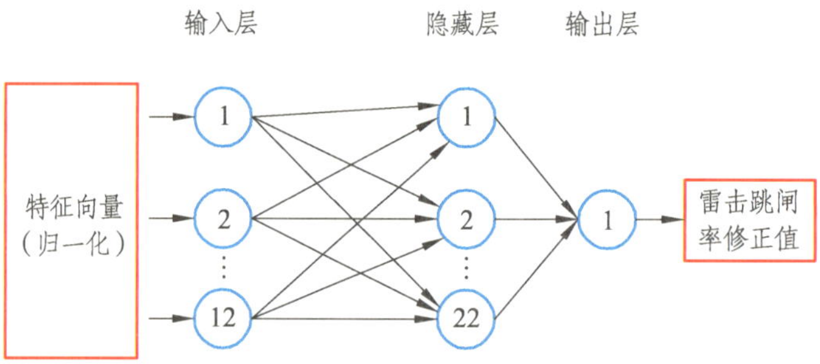

图 10-51 雷击跳闸率修正模型

为提高 BP 神经网络的优化效果，训练过程采用的优化方案为：将输入参数进行正态归一化，并利用自适应学习率的 Adam 优化算法进行神经网络的训练效果优化。

10.8.3 BP 神经网络训练源码展示

1. BP 神经网络的训练

```
import numpy as np
import matplotlib.pyplot as plt
from keras.models import Sequential, load_model
from keras.layers.core import Dense, Activation
```

```
# 建立一个 BP 神经网络模型
def train_model(x_train_file, y_train_file, nb_epoch, batch_size, model_file, k, verbose=1, pt=True):
    x_train = np.load(x_train_file)
    y_train = np.load(y_train_file)
    model = Sequential()  # 层次模型
    model.add(Dense(k, input_dim=k, kernel_initializer='uniform'))  # 输入层，Dense 表示 BP 层
    model.add(Activation('relu'))  # 添加激活函数
    model.add(Dense(23, input_dim=k, kernel_initializer='uniform'))  # 隐藏层，Dense 表示 BP 层
    model.add(Activation('relu'))  # 添加激活函数
    model.add(Dense(1, input_dim=23))  # 输出层
    # model.load_weights(model_file)
    # Adam = tf.keras.optimizers.Adam(learning_rate=0.001)
    optimizer = 'adam'
    model.compile(loss='mean_squared_error', optimizer=optimizer)  # 编译模型
    hist = model.fit(x_train, y_train, epochs=nb_epoch, batch_size=batch_size, verbose=verbose)  # 训练模型 1000 次, verbose=0
    model.save(model_file)  # 保存模型
    if pt == True:
        plt.plot(hist.history['loss'], color='r')
        plt.title(f'model loss without standardization', fontsize=12)
        plt.ylabel('loss')
        plt.xlabel('epoch')
        plt.legend(['train_loss'], fontsize=12, loc='upper right')
        plt.show()


if __name__ == '__main__':
    # 定义超参数
    feature = ['电压等级', '地面倾角左', '地面倾角右', '地闪密度值', '海拔', '坡度', '坡向', '地表覆盖类型',
               '地形类型', '水域密度', '绝缘子串长度', '杆塔呼高', '雷击跳闸率仿真值']  # 影响因素
```

```
    modelfile = 'model_hc.h5'   # 神经网络权重保存
    k = len(feature)
    nb_epoch = 30000
    batch_size = 256
    x_file = 'x_train.npy'
    y_file = 'y_train.npy'
    train_model(x_file, y_file, nb_epoch, batch_size, modelfile, k)
```

2. BP 神经网络的测试

```
import matplotlib.pyplot as plt
import numpy as np
from keras.models import load_model


def test_model(x_test_file, y_test_file, model_file, opt1, opt2,
               featurein=None, pt=True):
    if featurein is None:
        featurein = ['电压等级', '地面倾角左', '地面倾角右', '地闪密度值', '海拔', '坡度', '坡向', '地表覆盖类型',
                     '地形类型', '水域密度', '绝缘子串长度', '杆塔呼高', '雷击跳闸率仿真值']
    model = load_model(model_file)
    x_test = np.load(x_test_file)
    y_test = np.load(y_test_file)   # 载入测试集
    data_mean = np.load('data_mean.npy')
    data_std = np.load('data_std.npy')
    y_predict = model.predict(x_test)

    r_y_test = y_test * data_std[-1] + data_mean[-1]   # 还原为归一化之前
    r_y_predict = y_predict * data_std[-1] + data_mean[-1]   # 还原为归一化之前

    l = list(range(len(r_y_test)))   # 数据集行数

    # 将地表覆盖类型和地形类型的种类存入列表 d1、d2
```

```
d1 = np.unique(x_test[:, featurein.index('地表覆盖类型')])
d2 = np.unique(x_test[:, featurein.index('地形类型')])
print(d1, d2)
# for i in l:
#       if x_test[i, featurein.index('地表覆盖类型')] not in d1:
#            d1.append(x_test[i, featurein.index('地表覆盖类型')])
#       if x_test[i, featurein.index('地形类型')] not in d2:
#            d2.append(x_test[i, featurein.index('地形类型')])

# 整理顺序
# d1.sort()
# d2.sort()
# print(d2)
# 存储每个类型预测正确的个数
acc_dic = {'acc_Tc1': 0,
           'acc_Tc2': 0,
           'acc_Tc3': 0,
           'acc_Tc4': 0,
           'acc_Tt1': 0,
           'acc_Tt2': 0,
           'acc_Tt3': 0,
           'acc_Tt4': 0,
           'acc_Tt5': 0,
           'acc_Tt6': 0,
           'acc_total': 0
           }
# 存储每个类型的样本总数
num_dic = {'num_Tc1': 0,
           'num_Tc2': 0,
           'num_Tc3': 0,
           'num_Tc4': 0,
           'num_Tt1': 0,
           'num_Tt2': 0,
           'num_Tt3': 0,
```

```
                    'num_Tt4': 0,
                    'num_Tt5': 0,
                    'num_Tt6': 0,
                    'num_total': 0
                    }
z = 0
for i in l:
    # 规定相对误差小于 0.2 或 0.3 时预测准确
    if (abs(r_y_predict[i] - r_y_test[i]) / r_y_test[i]) < 0.2:
        z = z + 1
        if x_test[i, featurein.index('地表覆盖类型')] == d1[0]:
            acc_dic['acc_Tc1'] = acc_dic['acc_Tc1'] + 1
        if x_test[i, featurein.index('地表覆盖类型')] == d1[1]:
            acc_dic['acc_Tc2'] = acc_dic['acc_Tc2'] + 1
        if x_test[i, featurein.index('地表覆盖类型')] == d1[2]:
            acc_dic['acc_Tc3'] = acc_dic['acc_Tc3'] + 1
        if x_test[i, featurein.index('地表覆盖类型')] == d1[3]:
            acc_dic['acc_Tc4'] = acc_dic['acc_Tc4'] + 1
        if x_test[i, featurein.index('地形类型')] == d2[0]:
            acc_dic['acc_Tt1'] = acc_dic['acc_Tt1'] + 1
        if x_test[i, featurein.index('地形类型')] == d2[1]:
            acc_dic['acc_Tt2'] = acc_dic['acc_Tt2'] + 1
        if x_test[i, featurein.index('地形类型')] == d2[2]:
            acc_dic['acc_Tt3'] = acc_dic['acc_Tt3'] + 1
        if x_test[i, featurein.index('地形类型')] == d2[3]:
            acc_dic['acc_Tt4'] = acc_dic['acc_Tt4'] + 1
        if x_test[i, featurein.index('地形类型')] == d2[4]:
            acc_dic['acc_Tt5'] = acc_dic['acc_Tt5'] + 1
        if x_test[i, featurein.index('地形类型')] == d2[5]:
            acc_dic['acc_Tt6'] = acc_dic['acc_Tt6'] + 1
        acc_dic['acc_total'] = acc_dic['acc_total'] + 1

for i in l:
    num_dic['num_total'] = num_dic['num_total'] + 1
```

```
    if x_test[i, featurein.index('地表覆盖类型')] == d1[0]:
        num_dic['num_Tc1'] = num_dic['num_Tc1'] + 1
    if x_test[i, featurein.index('地表覆盖类型')] == d1[1]:
        num_dic['num_Tc2'] = num_dic['num_Tc2'] + 1
    if x_test[i, featurein.index('地表覆盖类型')] == d1[2]:
        num_dic['num_Tc3'] = num_dic['num_Tc3'] + 1
    if x_test[i, featurein.index('地表覆盖类型')] == d1[3]:
        num_dic['num_Tc4'] = num_dic['num_Tc4'] + 1
    if x_test[i, featurein.index('地形类型')] == d2[0]:
        num_dic['num_Tt1'] = num_dic['num_Tt1'] + 1
    if x_test[i, featurein.index('地形类型')] == d2[1]:
        num_dic['num_Tt2'] = num_dic['num_Tt2'] + 1
    if x_test[i, featurein.index('地形类型')] == d2[2]:
        num_dic['num_Tt3'] = num_dic['num_Tt3'] + 1
    if x_test[i, featurein.index('地形类型')] == d2[3]:
        num_dic['num_Tt4'] = num_dic['num_Tt4'] + 1
    if x_test[i, featurein.index('地形类型')] == d2[4]:
        num_dic['num_Tt5'] = num_dic['num_Tt5'] + 1
    if x_test[i, featurein.index('地形类型')] == d2[5]:
        num_dic['num_Tt6'] = num_dic['num_Tt6'] + 1
print(acc_dic)
list1 = []   # 标签
list2 = []   # 各类型正确预测的个数
list3 = []   # 各类型在测试集中的总数
for k, v in acc_dic.items():
    list1.append(k)
    list2.append(v)
for v in num_dic.values():
    list3.append(v)
list1 = np.array(list1)
list2 = np.array(list2)
list3 = np.array(list3)
list4 = list2 / list3
np.save(r'F:\All_projects\Correction_lightning\comparion\adam.npy',
```

```
np.array(list4))
        # print(list1)
        # print(list2)
        # df_acc = pd.DataFrame(acc_dic, index=[0])
        # df_num = pd.DataFrame(num_dic, index=[0])
        # df_acc_rate = df_acc.values / df_num.values
        # df_acc_rateT = df_acc_rate.T

        if pt == True:
            plt.bar(range(len(list4[0:4])), list4[0:4])
            plt.ylim(0, 1)
            font1 = {'family': 'SimSun',
                     'weight': 'normal',
                     'size': 18
                     }  # 横纵坐标标注
            font2 = {'family': 'Microsoft YaHei',
                     'weight': 'normal',
                     'size': 10}  # 标签名
            plt.xticks(range(len(list4[0:4])), opt1, rotation=0, fontproperties=font2)
            plt.xlabel('地表覆盖类型', font1)
            plt.ylabel('预测准确率', font1)
            for a, b in zip(range(len(list4[0:4])), list4[0:4]):
                plt.text(a, b + 0.01, str(round(b, 2)), ha='center', va='bottom', fontsize=15)
            plt.show()

            plt.bar(range(len(list4[4:10])), list4[4:10], tick_label=opt2)
            plt.ylim(0, 1)
            plt.xticks(range(len(list4[4:10])), opt2, rotation=0, fontproperties=font2)
            plt.xlabel('地形类型', font1)
            plt.ylabel('预测准确率', font1)
            for a, b in zip(range(len(list4[4:10])), list4[4:10]):
                plt.text(a, b + 0.01, str(round(b, 2)), ha='center', va='bottom', fontsize=15)
            plt.show()
```

```
        # print(acc_dic)
        # print(num_dic)
        # print(list4)
        total_acc = list2.sum() / list3.sum()
        # print(x_test.shape[0])
        # print(z)
        # total_acc = z / x_test.shape[0]
        # print(list4)
        print('accuracy: ' + str(list4[-1]))
        return total_acc


    # print(np.hstack((r_y_test, r_y_predict)))
    # A = np.hstack((r_y_test, r_y_predict))
    # data = pd.DataFrame(A)
    # data.to_excel('predict.xls')
    if __name__ == '__main__':
        # modelfile = r'./model_save/model_79.h5'
        modelfile = r'F:\All_projects\Correction_lightning\model_save\version2\model3.h5'
        x_test_file = 'x_test.npy'
        y_test_file = 'y_test.npy'
        feature = ['电压等级', '地面倾角左', '地面倾角右', '地闪密度值', '海拔', '坡度', '坡
向', '地表覆盖类型',
                   '地形类型', '水域密度', '绝缘子串长度', '杆塔呼高', '雷击跳闸率仿
真值']
        opt_Tc = ['林地', '草地', '耕地', '城镇用地']
        opt_Tt = ['山脊', '背风坡', '迎风坡', '山谷', '垭口', '平地']
        test_model(x_test_file,  y_test_file,  modelfile,  opt1=opt_Tc,  opt2=opt_Tt,
featurein=feature)
```

10.9　本章小结

（1）本章详细介绍了输电线路耐雷水平、输电线路跳闸率的计算方法。在此基础上，

通过抽象图形化模型和计算机编程的方法，实现了输入对应参数后的耐雷水平自动计算。根据规程的相关规定，本章在电气几何模型法的基础上进行了改进，实现了考虑两侧地面倾角、导线击距系数等参数的跳闸率自动计算，并根据得到的计算结果进行分析和数据处理。

（2）本章介绍了工作中所采取的电磁暂态模型计算软件及对应的在该软件中所搭建的用于计算耐雷水平的计算模型，对其中所用到的模块化可编辑元件进行了介绍，将该模型抽象为计算机可识别的代码，通过架设对应的结构，完成基于 ATP 软件内核的自动化耐雷水平计算程序的编写。

（3）本章在求得耐雷水平的基础上，通过规程法和电气几何模型法对线路的跳闸率进行计算。为了考虑杆塔两侧的地面倾角对跳闸率的影响，需要对每基杆塔计算多次，因此需要提高计算程序的效率。此外，为了实现从耐雷水平到跳闸率的自动计算，也需要对电气几何模型法进行改进。基于上述原因，本章在原有方法的基础上，提出了基于扫描迭代并积分的改良方法，并通过部分实例验证其可行性。

（4）包括雷击跳闸率实际值、雷击跳闸率的计算仿真值、部分杆塔参数、微地形统计参数在内的 13 个特征参数组成的特征向量作为 BP 神经网络的输入向量，经过一个三层 BP 神经网络后输出雷击跳闸率修正值。训练中利用输入参数归一化以及 Adam 自适应学习率的 BP 神经网络训练优化方法对模型进行了优化，大幅提升了网络性能。

第 11 章　典型微地形条件下输电走廊逐基杆塔雷击跳闸率分析计算

11.1 220 kV 普松 I 回线结果分析

11.1.1 耐雷水平及跳闸率分析

本节在第 2 章所展示并完成的雷击跳闸智能评估模型的基础上，结合雷电定位系统和线路台账中所收集的对应参数信息，对 220 kV 普松 I 回线进行了对应的防雷水平分析。由于普松线为双回线路，其杆塔塔形为鼓型塔，故计算结果分别对其左侧线路和右侧线路给出了对应的计算值。按照计算结果进行统计，展示如图 11-1~11-2 所示。其中，左侧风险等级为 4 的杆塔有 12 基，等级为 3 的有 25 基，右侧风险等级为 4 的有 4 基，风险等级为 3 的有 11 基。其中，左右两侧线路风险等级均在等级 3 以上的仅有两基，其杆塔号为 048#和 104#，根据台账查询其具体计算参数如表 11-1 所示。

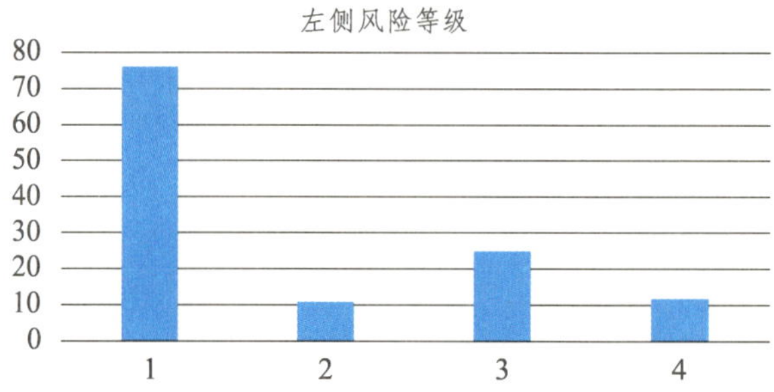

图 11-1 左侧风险等级统计图

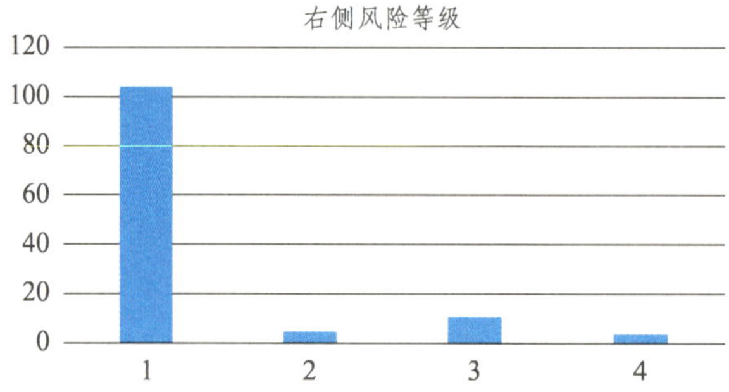

图 11-2 右侧风险等级统计图

表 11-1 杆塔部分计算参数

塔号	地面倾角 1	地面倾角 2	杆塔高度	避雷线中距	下相中距	接地电阻	绝缘串长
048#	18.404°	−2.470°	53.1 m	7.5 m	7.2 m	7.8 Ω	2 482 mm
104#	27.736°	−5.234°	59.1 m	7.5 m	7.2 m	7.74 Ω	2 482 mm

根据统计得到的结果可以看出，048#塔和 104#塔的反击跳闸率和绕击跳闸率都很高，这说明对于两侧雷击风险均在 3 以上的杆塔，其反击和绕击均有一定的超限情况发生。针对反击部分，其接地电阻值处于合理的区间，如果可行，进一步降低其值更好，但对于结果主要影响的部分不在于此。在绝缘子串为 2 482 mm 的情况下，计算求得该两塔的反击耐雷水平分别为 81 kA 和 74 kA，对照 50064 规程中的 81~95 kA 的计算值相对较低，主要是由于杆塔过高造成的。规程中给出的典型 220 kV 鼓型塔的高度为 45 m 左右，而 048#和 104#则分别达到了 53 m 和 59 m，杆塔过高在影响反击耐雷水平使其降低的同时也削弱了地面对于暴露弧的屏蔽作用，使得绕击跳闸率也有一定程度的升高。此外，由于云南地区山地丘陵地区较多，地形地貌复杂，其单侧地面倾角均超过了 10°，属于较为陡峭的地形，使得绕击跳闸率的结果变得十分危险。地面倾角的组合根据正负可以分为四组，如图 11-3 所示，杆塔 A 所处位置左右地面倾角分别为正负，杆塔 B 所处位置左右地面倾角分别为正正，杆塔 C 所处位置左右地面倾角分别为负负，杆塔 D 所处位置左右地面倾角分别为负正。在不考虑具体地面倾角大小的情况下，位于山顶时（即正-正组合）时是最危险的，修建杆塔时要尽量避免这种地形的出现。

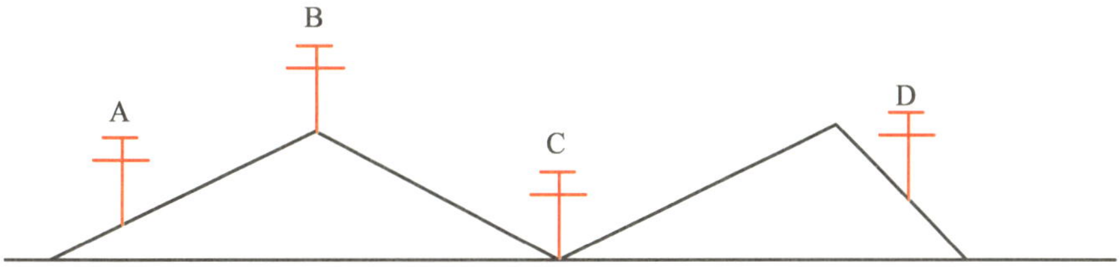

图 11-3　地形组合示意图

综上，对于普松 I 回线来说，其大部分杆塔所处的地形为坡地或平地，两侧线路中至少有一侧的结果是受到大地击距所保护的，也有例如 004#塔一般，处于山谷地形，两侧绕击结果均受到地面所保护的。这种条件下，普松线的大部分杆塔都是满足防雷要求的，但在 124 基杆塔中，由于山地地形，杆塔高度超限，避雷线保护角过大等因素，还是存在部分杆塔雷害风险等级很高，需要对其进行防雷改造。本节中以 048#和 104#杆塔为例，计算并分析不同措施下的耐雷水平计算结果，如后文所示。

11.1.2　防雷改造方案及结果分析

1. 048#杆塔

为方便统一进行分析与计算，本节的计算参数中雷电流幅值的概率分布函数 a、b 值采取实际值，即 a=17.67，b=2.51，而其地闪密度则取值为 2.8，是规程中规定的标准值，其余地闪密度下的计算也需要折算到该情景下进行分析。

采取台账中的杆塔参数和对应的地面倾角参数，对 048#杆塔进行计算，其反击耐雷水平为 81 kA，绕击耐雷水平为 8 kA，结果相对偏小，反击跳闸率为 0.311 6 次/(100 km·a)。绕击跳闸率对应地面倾角为 18.404° 时的结果为 1.079 次/(100 km·a)，对应地面倾角为 −2.47°时的结果为 0.2353 次/(100 km·a)，其雷害风险等级分别为 4 和 3。需要注意的是，等级 3 的下限是 1.5 倍的基准值，等级 3 的上限是 3 倍的基准值。右侧的计算值其雷击跳闸率为 0.235 3+0.311 6=0.546 9 次/(100 km·a)，是基准值的 1.73 倍，接近风险等级 3 的下限位置。由于杆塔塔形和地形地貌不能改变，因此，从改变避雷线保护角、提升耐雷水平、降低接地电阻几个方面进行改造和分析，若以上几种方式保护效果均不能达到要求，则只能采取加装线路避雷器的方式进行保护，如线路中 038#塔一致，反击和绕击耐雷水平均超过 300 kA，自然界中少有出现超过该幅值的雷击，可以认为不会发生跳闸事故。采取增长绝缘子串长的方式提升杆塔的耐雷水平，其计算结果如表 11-2 所示。其中，左侧线路的风险等级始终为 4，右侧的风险等级分别为 3、2、1，这说明，在提升杆塔的绝缘水平后，其反击部分的衡量已经达标，起到主导影响的部分是绕击跳闸率，特别是左侧线路的地面倾角很大，使得大地击距对其保护效果很小。

采取降低接地电阻的方式提升杆塔的防雷能力，其计算结果如表 11-3 所示。

表 11-2　提升绝缘水平

绝缘子串长/mm	反击耐雷水平/kA	反击跳闸率/[次/(100 km·a)]	绕击耐雷水平/kA	绕击跳闸率（左侧）/[次/(100 km·a)]	绕击跳闸率（右侧）/[次/(100 km·a)]
2 482	81	0.311 6	8	1.079 1	0.235 3
2 920	99	0.188 9	10	0.987 9	0.168 1
3 358	115	0.130 4	12	0.884 5	0.103 9

表 11-3　降低接地电阻

接地电阻/Ω	反击耐雷水平/kA	反击跳闸率/[次/(100 km·a)]	绕击耐雷水平/kA	绕击跳闸率（左侧）/[次/(100 km·a)]	绕击跳闸率（右侧）/[次/(100 km·a)]
7.8	81	0.311 6	8	1.079 1	0.235 3
5	85	0.270 8	8	1.079 1	0.235 3

从表 11-3 可以看出，降低接地电阻可以在一定程度上增加反击耐雷水平，但是本例中的接地电阻值已经处于一个较小值，因此对计算结果的改变不明显。该方法对于杆塔的防雷能力提升几乎没有。

采取改变避雷线保护角的方式降低绕击跳闸率，根据提升绝缘水平的计算结果，当增长绝缘子串长时，反击部分已经达标，占主导影响的就是绕击部分，因此需要通过一定的改造消除其影响。由于地形的确定性，地面倾角是无法改变的，且杆塔已经建成，另行择址进行改造也不具备可实施性，因此，采取上述措施，其计算结果如表 11-4 所示。其中，修改避雷线保护角后，左侧风险等级为 3，右侧风险等级为 2，说明在采取该措施后，尽管反击部分几乎没有发生改变，但有效降低了绕击跳闸率对于最终结果的影响，使得两侧的风险均下降了一个等级，虽然仍然处在较高的雷害风险下，但证明了该方案是有效的。

表 11-4　改变避雷线保护角

避雷线中距/m	反击耐雷水平/kA	反击跳闸率/[次/(100 km·a)]	绕击耐雷水平/kA	绕击跳闸率（左侧）/[次/(100 km·a)]	绕击跳闸率（右侧）/[次/(100 km·a)]
7.5	81	0.311 6	8	1.079 1	0.235 3
10.8	83	0.301 9	8	0.448 8	0.053 3

为了满足防雷要求，进一步降低雷害风险，将提升绝缘水平和改变避雷线保护角的方法进行结合，其计算结果如表 11-5 所示。

表 11-5　组合措施下的计算结果

避雷线中距/m	绝缘子串长/mm	反击耐雷水平/kA	反击跳闸率/[次/(100 km·a)]	绕击耐雷水平/kA	绕击跳闸率（左侧）/[次/(100 km·a)]	绕击跳闸率（右侧）/[次/(100 km·a)]
7.5	2 482	81	0.311 6	8	1.079 1	0.235 3
10.8	2 482	83	0.301 9	8	0.448 8	0.053 3
10.8	3 358	111	0.145 8	12	0.347 0	0.004 7

由表 11-5 可知，采取组合措施后，反击部分和绕击部分基本都可以达到对应的标准，虽然左侧的风险等级仍为 3，但其结果已经很接近该等级的下限，为标准值的 1.56 倍，其组合措施将绝缘子串长提升至 3.358 m，避雷线中距提升至 12.6 m。在双回线路中，对其左右两侧取平均值，单回线路的雷击跳闸率为 0.321 6 次/(100 km·a)，根据考核标准，其风险等级为 2，且很接近风险等级为 1 的阈值，符合线路的防雷要求。

2. 104#杆塔

采取台账中的杆塔参数和对应的地面倾角参数，对 104#杆塔进行计算，其反击耐雷水平为 75 kA，绕击耐雷水平为 8 kA，结果相对偏小，反击跳闸率为 0.409 9 次/(100 km·a)。绕击跳闸率对应地面倾角为 27.736°时的结果为 1.542 次/(100 km·a)，对应地面倾角为 −5.234°时的结果为 0.316 次/(100 km·a)，其雷害风险等级分别为 4 和 3。由于杆塔塔形和地形地貌不能改变，因此，从改变避雷线保护角、提升耐雷水平、降低接地电阻几个方面进行改造和分析，若以上几种方式保护效果均不能达到要求，则只能采取加装线路避雷器的方式进行保护，如线路中 038#塔一致，反击和绕击耐雷水平均超过 300 kA，自然界中少有出现超过该幅值的雷击，可以认为不会发生跳闸事故。

采取增长绝缘子串长的方式提升杆塔的耐雷水平，其计算结果如表 11-6 所示。其中，左侧线路的风险等级始终为 4，右侧的风险等级分别为 3、3、2。在提升杆塔的绝缘水平后，反击部分的结果降低至 0.18，起到主导影响的部分是绕击跳闸率，特别是左侧线路的地面倾角很大，使得大地击距对其保护效果很小。本例中仅当绝缘子串长提升至 3.358 m 时右侧线路风险等级才降低至等级 2，说明相比于 048#杆塔，本基杆塔的防雷能力更弱。

表 11-6 提升绝缘水平

绝缘子串长/mm	反击耐雷水平/kA	反击跳闸率/[次/(100 km · a)]	绕击耐雷水平/kA	绕击跳闸率（左侧）/[次/(100 km · a)]	绕击跳闸率（右侧）/[次/(100 km · a)]
2482	75	0.4099	8	1.5417	0.3160
2920	89	0.2701	10	1.4564	0.2384
3358	103	0.1876	12	1.3478	0.1673

采取降低接地电阻的方式提升杆塔的防雷能力，其计算结果如表 11-7 所示。

表 11-7 降低接地电阻

接地电阻/Ω	反击耐雷水平/kA	反击跳闸率/[次/(100 km·a)]	绕击耐雷水平/kA	绕击跳闸率（左侧）/[次/(100 km·a)]	绕击跳闸率（右侧）/[次/(100 km·a)]
7.74	75	0.409 9	8	1.541 7	0.316 0
5	78	0.371 3	8	1.541 7	0.316 0

从表 11-7 可以看出，降低接地电阻可以在一定程度上增加反击耐雷水平，但是本例中的接地电阻值已经处于一个较小值，因此对计算结果的改变不明显。该方法对于杆塔的防雷能力提升几乎没有。

采取改变避雷线保护角的方式降低绕击跳闸率，根据提升绝缘水平的计算结果，当增长绝缘子串长时，反击部分已经达标，占主导影响的就是绕击部分，因此需要通过一定的改造消除其影响。由于地形的确定性，地面倾角是无法改变的，且杆塔已经建成，另行择址进行改造也不具备可实施性，因此，采取上述措施，其计算结果如表 11-8 所示。其中，修改避雷线保护角后，左侧风险等级仍为 4，右侧风险等级为 3，虽然风险等级没有发生改变，但是从表 11-8 的计算数据中我们可以得出如下结论。首先在该绝缘水平下的反击耐雷水平较低，反击跳闸率计算值较高，已经超过该电压等级下的一倍标准值，分析造成该结果的原因主要是杆塔过高导致的。其次是，通过改变避雷线保护角的方式，可以有效降低绕击跳闸率的大小。可以看出，左侧的结算结果其值为不改变前的一半左右，虽然其结果仍然很大，但这主要是由于该侧地面倾角结果过大导致的不利影响。

表 11-8　改变避雷线保护角

避雷线中距/m	反击耐雷水平/kA	反击跳闸率/[次/(100 km·a)]	绕击耐雷水平/kA	绕击跳闸率（左侧）/[次/(100 km·a)]	绕击跳闸率（右侧）/[次/(100 km·a)]
7.5	75	0.409 9	8	1.541 7	0.316 0
10.8	74	0.432 5	8	0.806 2	0.090 4

为了满足防雷要求，进一步降低雷害风险，将提升绝缘水平和改变避雷线保护角的方法进行结合，其计算结果如表 11-9 所示。

表 11-9　组合措施下的计算结果

避雷线中距/m	绝缘子串长/mm	反击耐雷水平/kA	反击跳闸率/[次/(100 km·a)]	绕击耐雷水平/kA	绕击跳闸率（左侧）/[次/(100 km·a)]	绕击跳闸率（右侧）/[次/(100 km·a)]
7.5	2 482	75	0.409 9	8	1.541 7	0.316 0
10.8	2 482	74	0.432 5	8	0.806 2	0.090 4
10.8	3 358	102	0.197 1	12	0.709 3	0.022 4
12.6	3 358	102	0.203 1	12	0.467 0	0.002 8

由表 11-9 可知，采取组合措施后，反击部分和绕击部分基本都可以达到对应的标准，但是不同于 048#塔，所采取的组合措施更加严格，需要采取更大的负保护角，将绝缘子串长提升至 3.358 m，避雷线中距提升至 12.6 m，最终结果虽然左侧的风险等级仍为 3，但在双回线路的情况下，对其左右两侧取平均值，单回线路的雷击跳闸率为 0.438 次/(100 km·a)，根据考核标准，其风险等级为 2，符合线路的防雷要求。

11.2　220 kV 富松 I 回线结果分析

11.2.1　耐雷水平及跳闸率分析

本节在第 2 章所展示并完成的雷击跳闸智能评估模型的基础上，结合雷电定位系统和线路台账中所收集的对应参数信息，对 220 kV 富松 I 回线进行了对应的防雷水平分析。由于富松线为双回线路，其杆塔塔形为鼓型塔，故计算结果分别对其左侧线路和右侧线路给出了对应的计算值。按照计算结果进行统计，展示如图 11-4~11-5 所示。其中，左侧风险等级为 4 的杆塔有 19 基，等级为 3 的有 13 基，右侧风险等级为 4 的有 13 基，风险等级为 3 的有 10 基。其中，左右两侧线路风险等级均在等级 3 以上的有 10 基，排除其中台账错误导致的异常数据 3 组，共有 7 基杆塔处于高风险区域，本节选取其中两基杆塔其杆塔号分别为 007#和 088#，根据台账查询其具体计算参数如表 11-10 所示。此外，还选取了 027#杆塔，说明了其造成结果异常的台账错误原因。

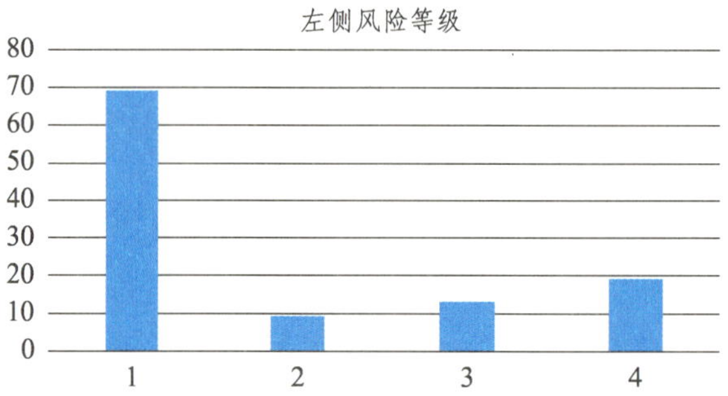

图 11-4　左侧风险等级统计图

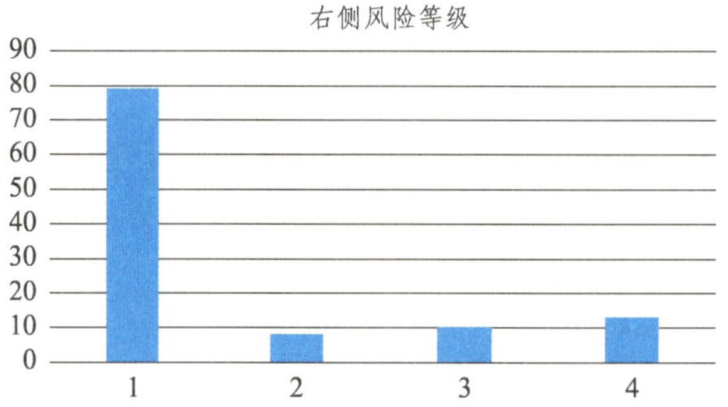

图 11-5　右侧风险等级统计图

表 11-10　杆塔部分计算参数

塔号	地面倾角 1	地面倾角 2	杆塔高度/m	避雷线中距/m	下相中距/m	接地电阻/Ω	绝缘串长/mm
007#	19.597°	10.070°	51.7	7.23	7.23	2.1	2 482
088#	11.128°	-7.103°	56.1	7.5	7.2	9.4	2 482

根据统计得到的结果，可以看出，007#塔的雷害风险主要是由绕击因素占主导部分，而 088#塔的反击跳闸率和绕击跳闸率都很高，说明其绝缘水平需要进一步提高。对于两侧雷击风险均在 3 以上的杆塔，其反击和绕击均有一定的超限情况发生。针对反击部分，其接地电阻值处于合理的区间，如果可行，进一步降低其值更好，但对于结果主要影响的部分不在于此。在绝缘子串为 2 482 mm 的情况下，计算求得该两塔的反击耐雷水平分别为 91 kA 和 73 kA，对照 50064 规程中的 81~95 kA 的计算值，前者基本符合要求，而后者则相对较低，其主要是由于杆塔过高造成的。规程中给出的典型 220 kV 鼓型塔的高度为 45 m 左右，而 048#和 104#则分别达到了 52 m 和 56 m，杆塔的过高在影响反击耐雷水平使其降低的同时也削弱了地面对于暴露弧的屏蔽作用，使得绕击跳闸率也有一定程度的升高。此外，由于云南地区山地丘陵地区较多，地形地貌复杂，其单侧地面倾角均

超过了 10°，属于较为陡峭的地形，使得绕击跳闸率的结果变得十分危险。地面倾角的组合根据正负可以分为四组，已在前面章节中进行过描述。本例中的 007#杆塔虽然杆塔高度有些超限，但其接地电阻值控制得很小，所以其耐雷水平值是合理的。但由于其位于山顶处（即两侧地面倾角均为正值），绕击对其的影响会变得十分大，因此，针对该塔更需要从该方向去进行防雷改造。

综上，对于富松 I 回线来说，其大部分杆塔所处的地形为坡地或平地，两侧线路中至少有一侧的结果是受到大地击距所保护的。这种条件下，富松线的大部分杆塔都是满足防雷要求的，但在 110 基杆塔中，由于山地地形，杆塔高度超限，避雷线保护角过大等因素，还是存在部分杆塔雷害风险等级很高的情况，需要对其进行防雷改造。本节中以 007#和 088#杆塔为例，计算并分析不同措施下的耐雷水平计算结果，如后文所示。

11.2.2　防雷改造方案及结果分析

1. 007#杆塔

为方便统一进行分析与计算，本节的计算参数中雷电流幅值的概率分布函数 a、b 值采取实际值，即 a=17.67，b=2.51，而其地闪密度则取值为 2.8，是规程中规定的标准值，其余地闪密度下的计算也需要折算到该情景下进行分析。

采取台账中的杆塔参数和对应的地面倾角参数，对 007#杆塔进行计算，其反击耐雷水平为 91 kA，绕击耐雷水平为 8 kA，结果相对合理，反击跳闸率为 0.227 7 次/(100 km·a)。绕击跳闸率对应地面倾角为 19.59 时的结果为 1.148 次/(100 km·a)，对应地面倾角为 10.07 时的结果为 0.745 9 次/(100 km·a)，其雷害风险等级分别为 4 和 4。由于杆塔塔形和地形地貌不能改变，且本杆塔的接地电阻已控制得十分优秀。因此，从改变避雷线保护角、提升绝缘子串长增加耐雷水平几个方面进行改造和分析，若以上几种方式保护效果均不能达到要求，则只能采取加装线路避雷器的方式进行保护，如线路中 008#塔一致，反击和绕击耐雷水平均超过 300 kA，自然界中少有出现超过该幅值的雷击，可以认为不会发生跳闸事故。

采取增长绝缘子串长的方式提升杆塔的耐雷水平，其计算结果如表 11-11 所示。

表 11-11　提升绝缘水平

绝缘子串长/mm	反击耐雷水平/kA	反击跳闸率/[次/(100 km·a)]	绕击耐雷水平/kA	绕击跳闸率（左侧）/[次/(100 km·a)]	绕击跳闸率（右侧）/[次/(100 km·a)]
2 482	91	0.227 7	8	1.148 0	0.745 9
2 920	106	0.155 6	10	1.057 9	0.661 7
3 358	121	0.111 8	12	0.954 0	0.569 7

其中，左侧线路的风险等级始终为 4，右侧的风险等级分别为 4、3、3，这说明，提升杆塔的绝缘水平后，反击部分的衡量已经达标，起到主导影响的部分是绕击跳闸率，这也和本塔所处的地理位置一致，其左右两侧均为正地面倾角，受到大地的保护效果很低，在后续分析中需要针对该问题进行改进。

采取改变避雷线保护角的方式降低绕击跳闸率，根据提升绝缘水平的计算结果，当增长绝缘子串长时，反击部分已经达标，占主导影响的就是绕击部分，因此需要通过一定的改造消除其影响。由于地形的确定性，地面倾角是无法改变的，且杆塔已经建成，另行择址进行改造也不具备可实施性，因此，采取上述措施，其计算结果如表 11-12 所示。

表 11-12　改变避雷线保护角

避雷线中距/m	反击耐雷水平/kA	反击跳闸率/[次/(100 km·a)]	绕击耐雷水平/kA	绕击跳闸率（左侧）/[次/(100 km·a)]	绕击跳闸率（右侧）/[次/(100 km·a)]
7.23	91	0.227 7	8	1.148 0	0.745 9
9.87	90	0.236 2	8	0.452 9	0.228 6

修改避雷线保护角后，左侧风险等级为 3，右侧风险等级为 2，说明在采取该措施后，尽管反击部分几乎没有发生改变，但有效降低了绕击跳闸率对于最终结果的影响，使得两侧的风险均有所下降，虽然仍然处在较高的雷害风险下，但证明了该方案是有效的。

为了满足防雷要求，进一步降低雷害风险，将提升绝缘水平和改变避雷线保护角的方法进行结合，其计算结果如表 11-13 所示。

表 11-13　组合措施下的计算结果

避雷线中距/m	绝缘子串长/mm	反击耐雷水平/kA	反击跳闸率/[次/(100 km·a)]	绕击耐雷水平/kA	绕击跳闸率（左侧）/[次/(100 km·a)]	绕击跳闸率（右侧）/[次/(100 km·a)]
7.5	2 482	91	0.227 7	8	1.148 0	0.745 9
9.87	2 482	90	0.236 2	8	0.452 9	0.228 6
9.87	3 358	121	0.115 0	12	0.360 2	0.149 6

由表 11-13 可知，采取组合措施后，反击部分和绕击部分都可以达到对应的标准，左侧的风险等级为 2，右侧的风险等级为 1，其组合措施为将绝缘子串长提升至 3.358 m，避雷线中距提升至 9.87 m，增长绝缘子进一步提高了线路的耐雷水平，改变避雷线中距影响避雷线保护角的方式则增强了避雷线对导线的屏蔽作用，降低了绕击跳闸率。在双回线路中，对其左右两侧取平均值，单回线路的雷击跳闸率为 0.369 9 次/(100 km·a)，根据考核标准，其风险等级为 2，且很接近风险等级为 1 的阈值，符合线路的防雷要求。

2. 088#杆塔

采取台账中的杆塔参数和对应的地面倾角参数，对 088#杆塔进行计算，其反击耐雷水平为 73 kA，绕击耐雷水平为 8 kA，结果相对较小，反击跳闸率为 0.422 1 次/(100 km·a)。绕击跳闸率对应地面倾角为 11.128°时的结果为 0.857 次/(100 km·a)，对应地面倾角为 −7.103°时的结果为 0.219 1 次/(100 km·a)，其雷害风险等级分别为 4 和 3。由于杆塔塔形和地形地貌不能改变，且本杆塔的耐雷水平较低，反击所占的比重较大。因此，从改变避雷线保护角、提升绝缘子串长增加耐雷水平、降低接地电阻几个方面进行改造和分析。若以上几种方式保护效果均不能达到要求，则只能采取加装线路避雷器的方式进行保护，如线路中 008#塔一致，反击和绕击耐雷水平均超过 300 kA，自然界中少有出现超过该幅值的雷击，可以认为不会发生跳闸事故。

采取增长绝缘子串长的方式提升杆塔的耐雷水平，其计算结果如表 11-14 所示。其中，左侧线路的风险等级在绝缘子串长增加至 3.358 m 时降低为 3，右侧的风险等级分别为 3、2、1。在提升杆塔的绝缘水平后，反击部分的结果降低至 0.19，起到主导影响的部分是绕击跳闸率，特别是左侧线路的地面倾角很大，使得大地击距对于其的保护效果很小，因此其风险等级居高不下。

表 11-14　提升绝缘水平

绝缘子串长/mm	反击耐雷水平/kA	反击跳闸率/[次/(100 km·a)]	绕击耐雷水平/kA	绕击跳闸率（左侧）/[次/(100 km·a)]	绕击跳闸率（右侧）/[次/(100 km·a)]
2 482	73	0.422 1	8	0.857 0	0.219 1
2 920	86	0.279 7	10	0.782 3	0.160 2
3 358	100	0.194 7	12	0.687 9	0.106 4

采取降低接地电阻的方式提升杆塔的防雷能力，其计算结果如表 11-15 所示。

表 11-15　降低接地电阻

接地电阻/欧姆	反击耐雷水平/kA	反击跳闸率/[次/(100 km·a)]	绕击耐雷水平/kA	绕击跳闸率（左侧）/[次/(100 km·a)]	绕击跳闸率（右侧）/[次/(100 km·a)]
9.4	73	0.422 1	8	0.857 0	0.219 1
5	81	0.321 5	8	0.857 0	0.219 1

从表 11-15 可以看出，降低接地电阻可以在一定程度上增加反击耐雷水平，但由于杆塔本身的耐雷水平结果较低，提升后的结果也相对于规程偏小，且在此时的绕击跳闸率结果仍然很大，因此对风险等级的改变不明显，该方法对于杆塔的防雷能力提升微乎其微。

采取改变避雷线保护角的方式降低绕击跳闸率，根据提升绝缘水平的计算结果，当增长绝缘子串长时，反击部分已经达标，占主导影响的就是绕击部分，因此需要通过一定的改造消除其影响。由于地形的确定性，地面倾角是无法改变的，且杆塔已经建成，另行择址进行改造也不具备可实施性，因此，采取上述措施，其计算结果如表 11-16 所示。其中，修改避雷线保护角后，左侧风险等级仍为 4，右侧风险等级仍为 3，虽然风险等级没有发生改变，但是从表 11-16 的计算数据中我们可以得出如下结论。首先在该绝缘水平下的反击耐雷水平较低，反击跳闸率计算值较高，已经超过该电压等级下的一倍标准值。其次是，通过改变避雷线保护角的方式，可以有效降低绕击跳闸率的大小。可以看出，左侧的结算结果其值接近改变前的一半左右，虽然其结果仍然很大，但这主要是由于该侧地面倾角结果过大导致的不利影响，右侧的绕击部分结果已经满足要求，对其产生影响的主要是反击部分。

表 11-16　改变避雷线保护角

避雷线中距/m	反击耐雷水平/kA	反击跳闸率/[次/(100 km·a)]	绕击耐雷水平/kA	绕击跳闸率（左侧）/[次/(100 km·a)]	绕击跳闸率（右侧）/[次/(100 km·a)]
7.5	73	0.422 1	8	0.857 0	0.219 1
8.09	73	0.425 0	8	0.545 9	0.095 2

为了满足防雷要求，进一步降低雷害风险，将提升绝缘水平和改变避雷线保护角的方法进行结合，其计算结果如表 11-17 所示。

表 11-17　组合措施下的计算结果

避雷线中距/m	绝缘子串长/mm	反击耐雷水平/kA	反击跳闸率/[次/(100 km·a)]	绕击耐雷水平/kA	绕击跳闸率（左侧）/[次/(100 km·a)]	绕击跳闸率（右侧）/[次/(100 km·a)]
7.5	248 2	73	0.422 1	8	0.857 0	0.219 1
8.09	248 2	73	0.425 0	8	0.545 9	0.095 2
8.09	335 8	100	0.195 9	12	0.408 7	0.025 4

由表 11-17 可知，采取组合措施后，反击部分和绕击部分基本都可以达到对应的标准，将绝缘子串长提升至 3.358 m，避雷线中距提升至 12.6 m，最终结果虽然左侧的风险等级仍为 3，但在双回线路的情况下，对其左右两侧取平均值，单回线路的雷击跳闸率为 0.413 次/(100 km·a)，根据考核标准，其风险等级为 2，符合线路的防雷要求。

3. 027#杆塔

在本线路中，计算结果存在有个别杆塔出现了反常升高的现象，绕击跳闸率部分达到了 30 以上，分析判断这不是一个正常的结果，仅是受到地形因素或者地闪密度因素的影响，并不会使结果达到这样的一个数量级。在分析了输入参数后，本节以 027#杆塔为例，说明出现该反常的原因。其中，027#杆塔的部分输入参数如表 11-18 所示。

表 11-18　027#杆塔的部分输入参数

避雷线中距/m	绝缘子串长/mm	避雷线高度/m	A 相高度/m	B 相高度/m	C 相高度/m
7.85	2 628	36.8	36	42.6	49.6

根据表 11-18 中的数据，可以看出，结果的反常是由于输入参数有误造成的。正常情况下，避雷线对于导线应该是起到保护作用，但在 027#杆塔中，避雷线的高度仅有 36.8 m，而 C 相导线的高度已经达到了 49.6 m 高，若根据输入参数，所得到的杆塔避雷线位于导线的下方，反而是导线对避雷线起到了保护作用，与实际中不符，且该杆塔较高，受到的地面保护作用不强，因此出现了极端反常的数据出错现象。

11.3　220 kV 草水线

11.3.1　耐雷水平及跳闸率分析

本节在第 2 章所展示并完成的雷击跳闸智能评估模型的基础上，结合雷电定位系统和线路台账中所收集的对应参数信息，对 220 kV 草水线进行了对应的防雷水平分析。由于草水线为双回线路，其杆塔塔形为鼓型塔，故计算结果分别对其左侧线路和右侧线路给出了对应的计算值。按照计算结果进行统计，展示如图 11-6~11-7 所示。其中，左侧风

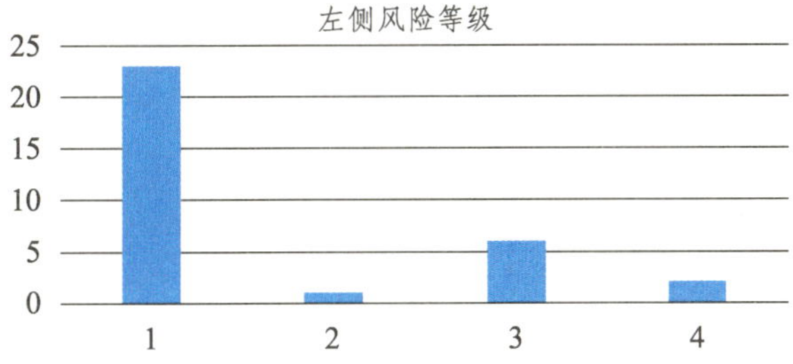

图 11-6　左侧风险等级统计图

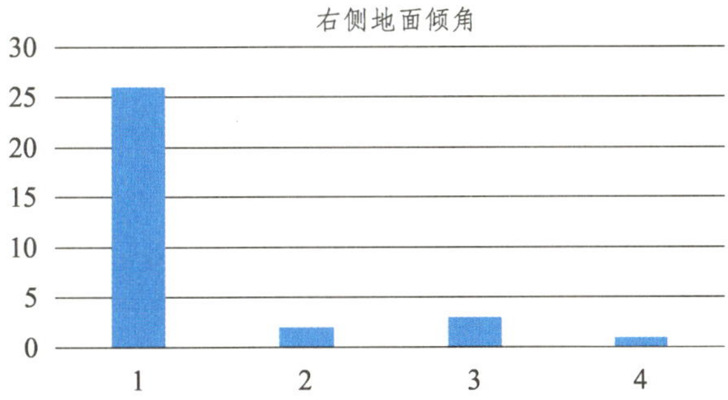

图 11-7　右侧风险等级统计图

险等级为 4 的杆塔有 2 基，等级为 3 的有 6 基，右侧风险等级为 4 的有 1 基，风险等级为 3 的有 3 基。其中，没有左右两侧线路风险等级均在等级 3 以上的杆塔，故选择出现风险等级 4 的杆塔 026#和 028#两基进行后续的分析，根据台账查询其具体计算参数如表 11-19 所示。

表 11-19 杆塔部分计算参数

塔号	地面倾角 1	地面倾角 2	杆塔高度/m	避雷线中距/m	下相中距/m	接地电阻/Ω	绝缘串长/mm
026#	−7.212°	23.559°	41	7.5	7	12	2 482
028#	22.882°	−28.110°	41	7.5	7	8.8	2 482

根据统计得到的结果，可以看出，026#塔和 028#塔的计算结果均为绕击部分占主导地位，反击部分在一定程度上已经满足要求。在绝缘子串为 2 482 mm 的情况下，计算求得该两塔的反击耐雷水平分别为 108 kA 和 104 kA，其耐雷水平已经符合要求。但是，由于云南地区山地丘陵地区较多，地形地貌复杂，其单侧地面倾角均超过了 20°，属于较为陡峭的地形，使得绕击跳闸率的结果变得十分危险。

综上，对于草水线来说，其大部分杆塔所处的地形为坡地或平地，两侧线路中至少有一侧的结果是受到大地击距所保护的，这种条件下，草水线的大部分杆塔都是满足防雷要求的，但在 32 基杆塔中，由于山地地形，杆塔高度超限，避雷线保护角过大等因素，还是存在部分杆塔雷害风险等级很高，需要对其进行防雷改造。本节中以 026#和 028#杆塔为例，计算并分析不同措施下的耐雷水平计算结果，如后文所示。

11.3.2 防雷改造方案及结果分析

1. 026#杆塔

为方便统一进行分析与计算，本节的计算参数中雷电流幅值的概率分布函数 a、b 值采取实际值，即 a=17.67，b=2.51，而其地闪密度则取值为 1.67，其考核标准需要折算到 2.8 地闪密度情景下进行分析。

采取台账中的杆塔参数和对应的地面倾角参数，对 026#杆塔进行计算，其反击耐雷水平为 108 kA，绕击耐雷水平为 9 kA，反击跳闸率为 0.071 9 次/(100 km·a)。绕击跳闸率对应地面倾角为−7.212°时的结果为 0 次/(100 km·a)，对应地面倾角为 23.559°时的结果为 0.514 4 次/(100 km·a)，其雷害风险等级分别为 1 和 4。由于杆塔塔形和地形地貌不能改变，因此，从改变避雷线保护角、提升耐雷水平、降低接地电阻几个方面进行改造和分析，若以上几种方式保护效果均不能达到要求，则只能采取加装线路避雷器的方式进行保护，加装避雷器后，反击和绕击耐雷水平均超过 300 kA，自然界中少有出现超过该幅值的雷击，可以认为不会发生跳闸事故。

采取增长绝缘子串长的方式提升杆塔的耐雷水平，其计算结果如表 11-20 所示。其中，左侧线路的风险等级始终为 1，右侧的风险等级分别为 4、3、3。这说明，在提升杆塔的绝缘水平后，其反击部分的衡量已经达标，起到主导影响的部分是绕击跳闸率，特别是右侧线路的地面倾角很大，使得大地击距对于其的保护效果很小。

表 11-20 提升绝缘水平

绝缘子串长/mm	反击耐雷水平/kA	反击跳闸率/[次/(100 km·a)]	绕击耐雷水平/kA	绕击跳闸率（左侧）/[次/(100 km·a)]	绕击跳闸率（右侧）/[次/(100 km·a)]
2 482	108	0.071 9	9	0	0.514 4
2 920	126	0.048 4	11	0	0.463 7
3 358	144	0.034 9	12	0	0.408 5

采取降低接地电阻的方式提升杆塔的防雷能力，其计算结果如表 11-21 所示。

表 11-21 降低接地电阻

接地电阻/欧姆	反击耐雷水平/kA	反击跳闸率/[次/(100 km·a)]	绕击耐雷水平/kA	绕击跳闸率（左侧）/[次/(100 km·a)]	绕击跳闸率（右侧）/[次/(100 km·a)]
12	108	0.071 9	9	0	0.514 4
5	111	0.066 8	9	0.	0.517 1

从表 11-21 可以看出，降低接地电阻可以在一定程度上增加反击耐雷水平，但是本例中的反击耐雷水平已经基本符合要求，因此对计算结果的改变不明显。该方法对于杆塔的防雷能力提升几乎没有。

采取改变避雷线保护角的方式降低绕击跳闸率，根据提升绝缘水平的计算结果，当增长绝缘子串长时，反击部分已经达标，占主导影响的就是绕击部分，因此需要通过一定的改造消除其影响。由于地形的确定性，地面倾角是无法改变的，且杆塔已经建成，另行择址进行改造也不具备可实施性，因此，采取上述措施，其计算结果如表 11-22 所示。其中修改避雷线保护角后，左侧风险等级为 1，右侧风险等级为 2，说明在采取该措施后，尽管反击部分几乎没有发生改变，但有效降低了绕击跳闸率对于最终结果的影响，使得两侧的风险均有所下降，证明了该方案是有效的。

表 11-22 改变避雷线保护角

避雷线中距/m	反击耐雷水平/kA	反击跳闸率/[次/(100 km·a)]	绕击耐雷水平/kA	绕击跳闸率（左侧）/[次/(100 km·a)]	绕击跳闸率（右侧）/[次/(100 km·a)]
7.5	108	0.071 9	9	0	0.514 4
10.5	107	0.076 4	9	0	0.185 7

由表 11-22 可知，采取负保护角保护输电线路后，反击部分和绕击部分基本都可以达到对应的标准，将避雷线中距提升至 10.5 m，左右侧的风险等级均满足要求，将双回线路的计算结果转为单回线路的雷击跳闸率为 0.169 3 次/(100 km·a)，转换为标准地闪密度下的结果为 0.283 9 次/(100 km·a)。根据考核标准，其风险等级为 1，符合线路的防雷要求。

2. 028#杆塔

为方便统一进行分析与计算，本节的计算参数中雷电流幅值的概率分布函数 a、b 值采取实际值，即 a=17.67，b=2.51，而其地闪密度则取值为 1.89，其考核标准需要折算到 2.8 次/(km^2·a)地闪密度情景下进行分析。

采取台账中的杆塔参数和对应的地面倾角参数，对 028#杆塔进行计算，其反击耐雷水平为 104 kA，绕击耐雷水平为 9 kA，反击跳闸率为 0.088 9 次/(100 km·a)。绕击跳闸率对应地面倾角为 22.882°时的结果为 0.560 9 次/(100 km·a)，对应地面倾角为−28.110°时的结果为 0 次/(100 km·a)，其雷害风险等级分别为 4 和 1。由于杆塔塔形和地形地貌不能改变，因此，从改变避雷线保护角、提升耐雷水平、降低接地电阻几个方面进行改造和分析。若以上几种方式保护效果均不能达到要求，则只能采取加装线路避雷器的方式进行保护，加装避雷器后，反击和绕击耐雷水平均超过 300 kA，自然界中少有出现超过该幅值的雷击，可以认为不会发生跳闸事故。

采取增长绝缘子串长的方式提升杆塔的耐雷水平，其计算结果如表 11-23 所示。其中，左侧线路的风险等级分别为 4、3、3，右侧的风险等级始终为 1，这说明，在提升杆塔的绝缘水平后，其反击部分的衡量已经达标，起到主导影响的部分是绕击跳闸率，特别是右侧线路的地面倾角很大，使得大地击距对于其的保护效果很小。

表 11-23　提升绝缘水平

绝缘子串长/mm	反击耐雷水平/kA	反击跳闸率/[次/(100 km·a)]	绕击耐雷水平/kA	绕击跳闸率（左侧）/[次/(100 km·a)]	绕击跳闸率（右侧）/[次/(100 km·a)]
2 482	104	0.088 9	9	0.560 9	0.000 0
2 920	124	0.057 6	11	0.501 5	0.000 0
3 358	143	0.040 3	12	0.437 7	0.000 0

采取降低接地电阻的方式提升杆塔的防雷能力，其计算结果如表 11-24 所示。

从表 11-24 可以看出，降低接地电阻可以在一定程度上增加反击耐雷水平，但是本例中的反击耐雷水平已经基本符合要求，因此对计算结果的改变不明显。该方法对于杆塔的防雷能力提升几乎没有。

表 11-24 降低接地电阻

接地电阻/欧姆	反击耐雷水平/kA	反击跳闸率/[次/(100 km·a)]	绕击耐雷水平/kA	绕击跳闸率（左侧）/[次/(100 km·a)]	绕击跳闸率（右侧）/[次/(100 km·a)]
8.8	104	0.088 9	9	0.560 9	0
5	111	0.075 6	9	0.560 9	0

采取改变避雷线保护角的方式降低绕击跳闸率，根据提升绝缘水平的计算结果，当增长绝缘子串长时，反击部分已经达标，占主导影响的就是绕击部分，因此需要通过一定的改造消除其影响。由于地形的确定性，地面倾角是无法改变的，且杆塔已经建成，另行择址进行改造也不具备可实施性，因此，采取上述措施，其计算结果如表 11-25 所示。其中，修改避雷线保护角后，左侧风险等级为 2，右侧风险等级为 1，说明在采取该措施后，尽管反击部分几乎没有发生改变，但有效降低了绕击跳闸率对于最终结果的影响，使得两侧的风险均有所下降，证明了该方案是有效的。

表 11-25 改变避雷线保护角

避雷线中距/m	反击耐雷水平/kA	反击跳闸率/[次/(100 km·a)]	绕击耐雷水平/kA	绕击跳闸率（左侧）/[次/(100 km·a)]	绕击跳闸率（右侧）/[次/(100 km·a)]
7.5	104	0.088 9	9	0.560 9	0.000 0
10.5	102	0.095 5	9	0.196 4	0.000 0

由表 11-25 可知，采取负保护角保护输电线路后，反击部分和绕击部分基本都可以达到对应的标准，将避雷线中距提升至 10.5 m，左右侧的风险等级均满足要求，将双回线路的计算结果转为单回线路的雷击跳闸率为 0.193 7 次/(100 km·a)，转换为标准地闪密度下的结果为 0.287 0 次/(100 km·a)。根据考核标准，其风险等级为 1，符合线路的防雷要求。

11.4 500 kV 天西甲、乙线结果分析

11.4.1 耐雷水平及跳闸率分析

本节在第 2 章所展示并完成的雷击跳闸智能评估模型的基础上，结合雷电定位系统和线路台账中所收集的对应参数信息，对 500 kV 天西甲、乙线进行了对应的防雷水平分析。天西甲、乙线中的杆塔均为 500 kV 酒杯塔，其所得的雷害风险等级绝大部分都在 4 级以上，因此，在对其进行防雷设计改造之前，需要分析其整条线路都处于高雷害风险的原因。目前的计算结果中，反击跳闸率部分是基本符合一般情况下人们对于 500 kV 的合理预估值的，而绕击计算的结果则很大，超出一般的认知。

根据其输入参数分析，主要由以下几点因素导致：

（1）杆塔类型，分为直线塔和耐张塔，在 EGM 计算中前者考虑了绝缘子串的高度，会有更多的暴露弧被大地所保护；后者则不考虑导线高度的下降，其结果更大。

（2）地面倾角造成的绕击跳闸率增高，在山地地形下，地面击距对于导线击距的保护作用会变得与平原地区不一致。

（3）避雷线保护角问题，500 kV 多采取接近 0 保护角或负保护角，若是正保护角，且保护角较大，则避雷线对于导线的屏蔽作用很小。

（4）杆塔高度，杆塔高度直接影响了耐雷水平的大小和地面击距对于导线的保护作用，如果出现高度超出一定范围的塔，则其跳闸率结果会出现一定反常。

针对上述所提出的四点原因，本小节借助 50064 规程中的 500 kV 典型杆塔进行计算对比，来验证上述诸多因素对于计算结果的影响。

首先验证杆塔塔形对于结果的影响，参照 50064 规程中的 500 kV 酒杯塔，其高约 38.6 m，绝缘子串长 4 340 mm。地面倾角均为 0，取平原地形进行计算，对于直线塔和耐张塔分别进行计算，如表 11-26 所示。

表 11-26　塔形对结果的影响

塔形	塔高/m	绝缘子串长/mm	反击耐雷水平/kA	反击跳闸率/[次/(100 km·a)]	绕击耐雷水平/kA	绕击跳闸率/[次/(100 km·a)]
直线	38.6	4 340	181	0.082 3	19	0.018 4
耐张	38.6	4 340	181	0.082 3	19	0.796 1

根据表 11-26 所得结果，直线塔风险为 1，耐张塔风险为 4，这主要是因为绕击部分带来的影响，在这个杆塔高度下，地面击距对于暴露弧的保护作用不可忽视，直线塔在计算时考虑绝缘子串的结构高度，导线位置相对于地面更近，而耐张塔则不考虑这部分高度，距离地面更远，受到的地面保护更小。

对应可能导致杆塔风险过高的原因 2，本节计算并对比了地面倾角对于计算结果的影响，如表 11-27 所示。

表 11-27　地面倾角对结果的影响

地面倾角	塔高/m	绝缘子串长/mm	反击耐雷水平/kA	反击跳闸率/[次/(100 km·a)]	绕击耐雷水平/kA	绕击跳闸率/[次/(100 km·a)]
5°	38.6	4 340	181	0.082 3	19	0.278 7
15°	38.6	4 340	181	0.123 5	19	2.014 6

所得的计算结果中，地面倾角为 5°时，风险等级为 3；地面倾角为 15°时，风险等级为 4。与上面章节中所分析的地面倾角带来的影响一致，随着地面倾角的增大，会影响到

地面对于导线的保护作用，此外，在本例中反击耐雷水平虽然没有发生变化，但是其跳闸率不完全一致。这是因为在程序中，当地面倾角超过 10°时，会换用山地地区的计算公式对其进行处理。

此外，考虑到避雷线保护角所带来的影响，将现在的正保护角修改为 0 保护角进行计算对比分析，因为直线塔本身就已经满足要求，故采取耐张塔进行计算，其对比结果如表 11-28 所示。

表 11-28　避雷线保护角对结果的影响

避雷线中距/m	塔高/m	绝缘子串长/mm	反击耐雷水平/kA	反击跳闸率/[次/(100 km·a)]	绕击耐雷水平/kA	绕击跳闸率/[次/(100 km·a)]
10.75	38.6	4 340	181	0.082 3	19	0.796 1
12.5	38.6	4 340	181	0.123 5	19	0

可以看出，甚至不需要采取负保护角的方式，0 保护角就可以满足对应的要求，采取 12.5 m 的避雷线中距后，其绕击部分，避雷线近似完全将导线的暴露弧所屏蔽。

综上所述，杆塔塔形、地面倾角、杆塔高度以及避雷线保护角对于计算结果的影响是十分大的。观察天西甲、乙线中的参数，其大部分都具有高度超限的特征，且有很大一部分属于耐张塔。除此之外，其避雷线保护角多为正保护角且保护角值较大，不利于对导线起到保护作用。在这些杆塔本身的参数之外，云南地区又属于丘陵山地繁多的多样性地理环境，因此，导致该线路上的杆塔多处于高风险中。对此，本节选取天西甲 038#塔和天西乙 072#塔为例，对其进行设计改造和分析。

11.4.2　防雷改造方案及结果分析

1. 天西甲 038#杆塔

为方便统一进行分析与计算，本节的计算参数中雷电流幅值的概率分布函数 ab 值采取实际值，即 a=17.67，b=2.51，而其地闪密度则取值为 5.72，其考核标准需要折算到 2.8 地闪密度情景下进行分析。

采取台账中的杆塔参数和对应的地面倾角参数，对 038#杆塔进行计算，其反击耐雷水平为 223 kA，绕击耐雷水平为 24 kA，反击跳闸率为 0.059 次/(100 km·a)。绕击跳闸率为 3.886 9 次/(100km·a)，其雷害风险等级为 4。由于杆塔塔形和地形地貌不能改变且其耐雷水平已经达到要求，反击跳闸率也满足考核标准，因此，从改变避雷线保护角降低绕击部分跳闸率这一方面进行改造和分析，若该方式保护效果仍然不能达到要求，则只能采取加装线路避雷器的方式进行保护，加装之后反击和绕击耐雷水平均超过 300 kA，自然界中少有出现超过该幅值的雷击，可以认为不会发生跳闸事故。

采取改变避雷线保护角的方式降低绕击跳闸率，本杆塔的反击耐雷水平和跳闸率已经基本达标，占主导影响的就是绕击部分，因此需要通过一定的改造消除其影响。由于地形的确定性，地面倾角是无法改变的，且杆塔已经建成，另行择址进行改造也不具备可实施性，因此，采取上述措施，其计算结果如表 11-29 所示。

表 11-29　改变避雷线保护角

避雷线中距/m	反击耐雷水平/kA	反击跳闸率/[次/(100 km·a)]	绕击耐雷水平/kA	绕击跳闸率/[次/(100 km·a)]	风险等级
7	223	0.059 0	24	3.886 9	4
11.4	225	0.060 1	24	1.449 5	4
14.04	226	0.060 3	24	0.597 0	3
15.42	227	0.060 4	24	0.322 3	2

由表 11-29 可知，采取改变避雷线保护角的措施后，反击部分和绕击部分基本都可以达到对应的标准，在避雷线中距修改为 15.42 m 时（即−15°保护角），该基杆塔的雷害风险等级降至 2，其对应的雷击跳闸率为 0.382 7 次/(100 km·a)。需要注意的是，这是地闪密度为 5.72 时的计算结果，将其折算至地闪密度为 2.8 时，其结果为 0.187 3 次/(100 km·a)，基本符合线路的防雷要求。

2. 天西乙 072#杆塔

为方便统一进行分析与计算，本节的计算参数中雷电流幅值的概率分布函数 a、b 值采取实际值，即 a=17.67，b=2.51，而其地闪密度则取值为 4.88，其考核标准需要折算到 2.8 地闪密度情景下进行分析。

采取台账中的杆塔参数和对应的地面倾角参数，对 072#杆塔进行计算，其反击耐雷水平为 239 kA，绕击耐雷水平为 21 kA，反击跳闸率为 0.04 次/(100 km·a)。绕击跳闸率为 2.207 5 次/(100 km·a)，其雷害风险等级为 4。由于杆塔塔形和地形地貌不能改变且其耐雷水平已经达到要求，反击跳闸率也满足考核标准，因此，从改变避雷线保护角降低绕击部分跳闸率这一方面进行改造和分析。若该方式保护效果仍然不能达到要求，则只能采取加装线路避雷器的方式进行保护，加装之后反击和绕击耐雷水平均超过 300 kA，自然界中少有出现超过该幅值的雷击，可以认为不会发生跳闸事故。

采取改变避雷线保护角的方式降低绕击跳闸率，本杆塔的反击耐雷水平和跳闸率已经基本达标，占主导影响的就是绕击部分，因此需要通过一定的改造消除其影响。由于地形的确定性，地面倾角是无法改变的，且杆塔已经建成，另行择址进行改造也不具备可实施性，因此，采取上述措施，其计算结果如表 11-30 所示。

表 11-30 改变避雷线保护角

避雷线中距/m	反击耐雷水平/kA	反击跳闸率/[次/(100 km·a)]	绕击耐雷水平/kA	绕击跳闸率/[次/(100 km·a)]	风险等级
11.5	239	0.040 0	21	2.207 5	4
13.5	239	0.040 7	21	1.564 7	4
17.03	238	0.042 4	21	0.713 5	4
18.86	238	0.043 1	21	0.411 9	3

由表 11-30 可知，采取改变避雷线保护角的措施后，反击部分和绕击部分基本都可以达到对应的标准，在避雷线中距修改为 18.86 m 时（即−15°保护角），该基杆塔的雷害风险等级降至 3，但该值已经接近临界阈值，因此，在改变避雷线保护角的基础上，适当增加绝缘子串长，提升耐雷水平，其计算结果如表 11-31 所示。

表 11-31 提升耐雷水平

避雷线中距/m	绝缘子串长/mm	反击耐雷水平/kA	反击跳闸率次/(100km.a)	绕击耐雷水平/kA	绕击跳闸率/次/(100km.a)	风险等级
18.86	5070	238	0.0431	21	0.4119	3
18.86	5740	279	0.0290	25	0.3128	2

由表 11-31 的计算结果可知，在避雷线保护角采取−15°保护时，将绝缘子串长增加至 5.74 m，可以提高线路的耐雷水平，同时也增大了地面对导线的保护作用。在该情况下，该基杆塔的雷害风险等级降至 2，其对应的雷击跳闸率为 0.341 8 次/(100 km·a)，需要注意的是，这是地闪密度为 4.88 时的计算结果，将其折算至地闪密度为 2.8 时，其结果为 0.196 1 次/(100 km·a)，基本符合线路的防雷要求。

11.5 本章小结

本章计算并分析了五条典型输电线路的雷害风险及跳闸率，并根据计算的结果提出了对应的防雷改造措施，在此基础上对比了不同措施带来的影响。其中，造成杆塔雷害风险等级较高的因素主要有以下几点：

（1）杆塔类型的不同，杆塔分为直线塔和耐张塔，在 EGM 计算中前者考虑了绝缘子串的高度，会有更多的暴露弧被大地所保护，后者则不考虑导线高度的下降，其结果更大。不考虑其他参数的情况下耐张塔的雷害风险一般高于直线塔。

（2）地面倾角的影响。云南地区多山地丘陵地形，导致线路的绕击跳闸率增高，在山地地形下，地面击距对于导线击距的保护作用会变得与平原地区不一致。

（3）避雷线保护角过大，在输入参数中，有部分杆塔的避雷线保护角是正保护角，且该保护角较大会导致避雷线对于导线的屏蔽作用很小，造成绕击部分结果过大，降低了该段的防雷能力。

（4）杆塔高度，杆塔高度直接影响了耐雷水平的大小和地面击距对于导线的保护作用，如果出现高度超出一定限制的塔，则其跳闸率结果一定会出现反常。

针对上述几点问题，本章提出了以下几种防雷措施并根据不同实例进行具体分析。

（1）提高绝缘子串提升耐雷水平。耐雷水平直接影响了跳闸率的大小，且在针对直线塔计算时，更长的绝缘子串意味着导线距离大地更近，受到的地面保护更多。

（2）增大避雷线中距，减小避雷线保护角。避雷线保护角越小（考虑其值的正负），说明避雷线对于导线的保护作用更好，会有更多的屏蔽弧将暴露弧保护起来，降低了杆塔的绕击跳闸率。

（3）降低接地电阻。降低接地电阻可以提升杆塔的耐雷水平，但在以绕击作为主导的山地地形下，该防雷措施的效果一般。

（4）加装线路避雷器。若上述几种方法均不能有效控制杆塔的雷击跳闸率和风险等级，则可以考虑加装线路避雷器的方法，在采取该措施后，耐雷水平往往会达到 300 kA 以上，自然界中几乎不会出现该等级的雷电流，可以认为输电线路不会发生跳闸事故。

第 12 章　输电线路多端口雷害风险评估系统研究

12.1 系统总体设计思想

输电线路雷击风险评估系统建设的总体设计原则是必须考虑系统功能需求和非功能需求，需要考虑软件开发和实施、部署、安全等因素。

1. 系统设计采用的技术线路

（1）采用平面 GIS 和 WebGis（注：基于浏览器客户端的地理信息系统）技术相结合用来开发系统核心应用和展示数据，用桌面 GIS 引擎 ArcGIS Engine 来开发图形应用，采用成熟的基于 Geoserver+Openlayers 的 WebGIS 技术来构建浏览和展示应用。ArcGIS Engine 框架是一套完备的嵌入式 GIS 组件库和工具库，是一个用于开发新应用程序的二次开发功能组件包。ArcEngine 框架提供了丰富的功能，如地图制图、输出打印、空间分析等，开发者利用 ArcEngine 框架可建立一个面向 GIS 的应用系统。

（2）采用 PostgreSQL+Postgis 组合构建空间数据库，便于项目存储大容量的雷电和图数据，PostgreSQL+Postgis 组合是非常优秀开源的空间数据库组合，使用方便，速度快捷。采用本地 Geodatabase 文件地理数据存储相关地理数据，加快数据存储速度。

（3）总体上系统可独立部署应用，可安全接入内网，给内网用户使用，最大限度地方便用户操作和使用。

2. 系统设计原则

（1）高内聚，松耦合原则：实现模块独立性，例如系统将防雷工作计算与防雷工作查询分离，这样设计的好处是查询和展示速度快，分析和计算工作不影响前台数据的展示和查询。

（2）避免跨层通信原则：实现分层单向通信，例如将系统设计为四个层次，分为操作系统层、基础框架支撑层、数据层、功能层。各个层之间层层向上支撑，层与层之间单向通信，形成系统的层次框架。

（3）灵活部署原则：实现雷击风险展示、计算、接口分开独立部署，将系统分为 3 个子系统，并将各个子系统和模块独立设计、独立开发，以达到灵活部署的目的。

12.2 系统总体设计方案

12.2.1 子系统设计

如图 12-1 所示，输电线路雷击风险评估系统所包含的子系统有三个：雷击风险评估子系统 CS，后台数据分析服务程序，数据同步与外部接口程序。

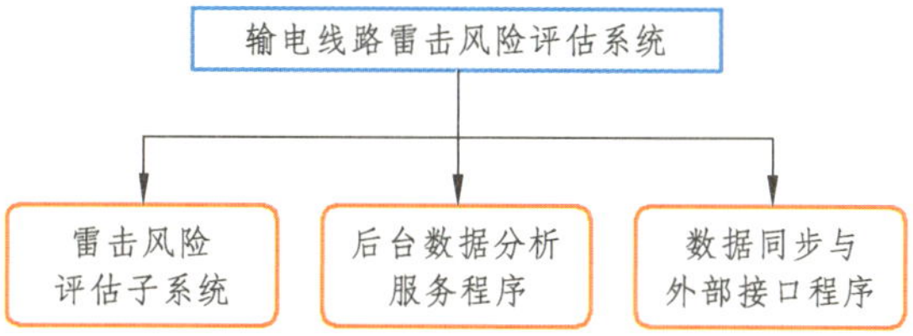

图 12-1　系统功能模块设计

输电线路雷击风险评估系统所包含的子系统总体设计如下：

（1）雷击风险评估子系统（C/S+B/S），有如下功能：基础数据管理功能、数据挖掘功能、雷电活动绘制功能、雷击跳闸率计算功能、雷害风险评估功能，采用 C/S+B/S 架构模式开发，最大限度地便用户操作。

（2）后台数据分析服务程序，这个系统主要是接收 CS 客户端提交的地闪密度图计算、线路微地形提取、反击绕击雷击跳闸率计算、雷害风险分析计算任务、工作流程提醒等功能，可以不让用户在客户端等待，计算完毕后通知客户端用户，采用 C/S 架构 Windows 常驻内存程序模式开发。

（3）数据同步与接口子系统，提供系统与雷电定位系统数据的同步接口，与其他矢量图和表格文件的导入导出接口，采用 C/S 架构 Windows 常驻内存程序模式开发。

12.2.2　软件架构设计

1. 设计原则

（1）在通用架构方面：充分重视非功能性需求，对非功能性需求应该与功能性需求一样进行认真地设计、开发、测试和管理。

（2）在业务逻辑方面—重视技术风险，在一个业务系统的生命周期内，其稳定性很大程度上取决于所采用的技术是否可控、可管理。

（3）在发展趋势方面注重开放标准尽可能采用业界成熟的开放标准，如系统使用成熟的 GIS 平台 ArcGIS Engine 和基于 Geoserver+Openlayers 的 WebGIS 方案。

（4）在安全性方面接受受控的风险，根据业务目标，风险与安全性之间应该达到一种平衡：不为无谓的风险强化安全性，也不为实在的风险弱化安全性。系统安全程度与系统构建维护成本总是成正比，在系统设计时就需要考虑如何达到一种适度的安全。

2. 系统技术架构

输电线路雷击风险评估系统从系统技术结构上，根据系统分担的任务和特点，分别采取不同的技术架构模式。总体架构模式如图 12-2 所示。

（1）系统采用集中式的数据库系统设计：PostGreSQL Server。PostGreSQL Server 存储基础数据、业务数据、在线监测数据，并特别存储图形和空间以及影像数据；另外一部分静态的电子地图数据则采用 GeoDatabase 方式存储在硬盘加快数据存储速度。

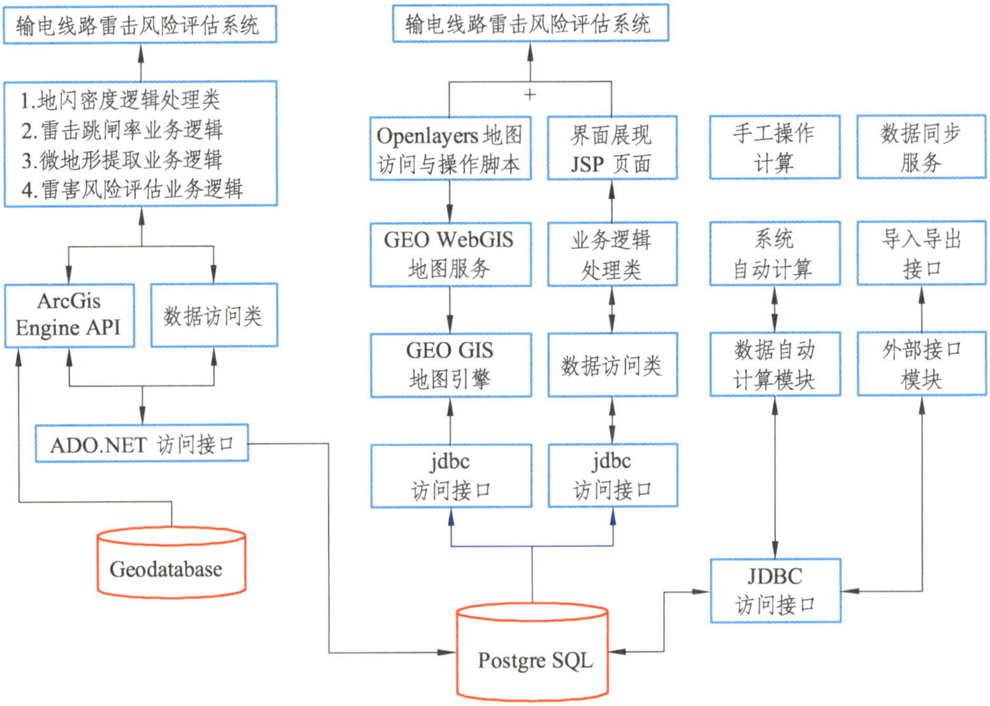

图 12-2　系统技术架构图

（2）输电线路雷击风险评估系统 C/S 系统采用 ArcGIS Engine 开发，基于 OpenLayers 来访问 GeoServer 提供的 WMS 平面地图服务，实现对地图的操作与控制。数据库系统采用的是 PostgreSQL 数据库，使用 ADO.NET 和 JDBC 数据访问接口与数据库进行数据交互。

12.2.3　软件功能设计与人机界面交互描述

表 12-1　软件功能设计与人机界面交互描述

子模块	功能项	功能项描述
数据挖掘模块	微地形提取	根据线路走廊地形数据可自动提取线路走廊附近的微地形结果数据
	地形关系分析	可对雷电活动数据、线路绝缘配置数据、线路走廊地形数据进行挖掘，得出隐藏的相应关系
雷害统计模块	雷电活动数据提取	雷电数据库是由雷电定位系统通过将雷电探测站监测到的地闪信息优化筛选后形成的数据库文件，它通常包含了一次地闪活动的位置、时间、雷电流幅值、极性、探测站定位数等。数据经过提取后分类为各种需要分析统计的数据，方便接下来的分析统计

续表

子模块	功能项	功能项描述
	区域地闪密度分布统计	基于雷电参数统计样本数据库，采用网格法绘制。将统计对象区域划分成一系列网格，统计各个网格中的地闪密度值，对多个网格中的地闪密度按地闪密度等级划分原则进行等级划分，对不同等级采用不同的颜色渲染，形成地闪密度分布图。区域地闪密度是指统计区域里每平方千米一年的地面雷击次数，一般用年平均地闪密度表示（N/km^2·年）。软件采用的地闪密度统计方法是网格法，它是对被统计区域进行等面积（如$0.1°\times0.1°$）划分，每个网格为一个统计单元，每个网格一年的雷击总数除以网格面积即可得到年地闪密度。能够根据任意的时间段、区域和指定的格点精度来绘制
	区域地闪活动次数统计	区域地闪活动次数统计是指对用户所选择的区域进行地闪活动在时间概念内的分布情况。软件中提供了地闪活动的年分布、月分布、小时分布和雷电流幅值累积概率分布四种统计功能。用户先选择分析的区域，再通过工具栏的“区域统计”进入区域地闪活动统计模块
	线路杆塔地闪密度分布统计	线路地闪密度分布统计是通过线路网格法对某一条输电线路所在缓冲区的地闪密度统计。缓冲区是在输电线路周围建立的一定宽度的多边形区域，该宽度即为缓冲半径。进行地闪密度统计时，将缓冲区沿输电线路分割成若干段，通过对雷电数据库的统计得到每个分割段的地闪密度值。能够根据任意的时间段、任意的线路、变电站和指定的格点精度绘制
防雷计算模块	反击雷击分析	采用电气几何模型法进行输电线路绕击防雷分析；采用规程法、电磁暂态分析法进行输电线路反击防雷分析；采用 Web 地图+表格直观方式展示输电线路绕击反击耐雷水平计算结果，并可以导出到 excel 文件中
	绕击雷击分析	系统能够根据云南电网实际情况固化绕击反击耐雷水平分析模型，使得供电局人员只需要提供输电线路杆塔参数即可进行耐雷水平计算
	线路雷害风险评估	系统提供雷害风险评估功能，根据系统大数据模块收集的数据分析雷害风险

续表

子模块	功能项	功能项描述
数据管理模块	线路管理	线路基本信息管理，增删改查导入等功能
	杆塔管理	杆塔基本参数管理，增删改查导入等功能
	杆塔详细参数管理	杆塔详细参数管理，增删改查导入等功能
	雷电活动数据	雷电活动数据管理，查询导入功能
	线路绝缘配置数据	线路绝缘配置管理，增删改查等功能
	线路走廊微地形	线路走廊微地形管理，增删改查导入等功能
	防雷配置台账数据	线路防雷配置台账数据管理，增删改查导入等功能
后台分析模块	地闪密度图计算	接收地闪密度图计算任务，算完后通知客户端
	线路微地形提取	接收线路微地形提取任务，算完后通知客户端
	反击绕击雷击跳闸率计算	接收反击绕击雷击跳闸率计算任务，算完后通知客户端
	害风险分析计算任务	接收害风险分析计算任务，算完后通知客户端
数据接口模块	雷电数据同步接口	同步雷电、线路、杆塔等数据
	文件数据交换接口	交换文件参数

12.3 系统支撑软件和硬件配置

12.3.1 支撑软件配置

1. 网络操作系统

网络操作系统使用 Windows 架构，按 C/S 模式。
数据库服务器操作系统平台采用 Windows 系统。

2. 地理信息系统

地理信息系统即 ArcGIS Engine。

3. 数据库系统

数据库系统采用 PostgresSQL Server。使用 PostgresSQL 数据库存储、管理系统数据，并构建系统数据仓库。

4. 安全防护

安全防护包括网络安全、防病毒、PKI/CA、冗灾备份等。

12.3.2　系统运行支撑设备性能参数配置

CPU：3.2 GHz 以上主频。
内存：64 GB。
硬盘：256 GB SSD 固态硬盘+4 TB7200 转机械硬盘。
显卡：6 GB 以上显存的专业显卡。
显示器：24 寸以上显示器两台。

12.4　接口设计方案

各软件系统与本系统之间的接口关系如图 12-3 所示。

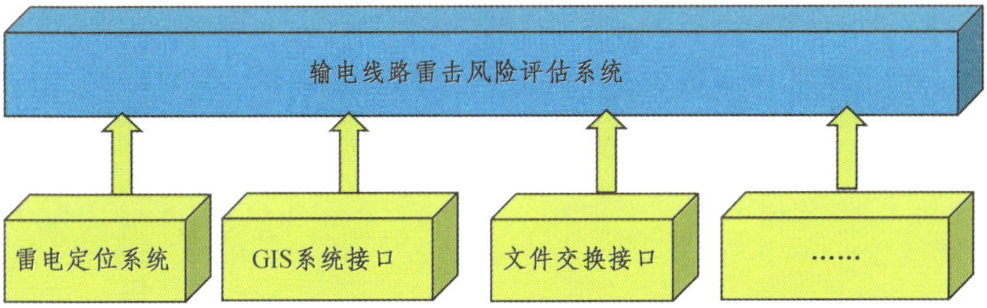

图 12-3　系统与其他部分的接口

12.4.1　与雷电定位系统接口

系统与雷电定位系统采用数据库直接访问或者 excel 数据交换的方式进行交互，也可以采用 Webservice 等方式交换，从雷电定位系统获取杆塔 GPS 坐标数据还有全网落雷数据。

12.4.2　与 GIS 系统数据接口

系统需要专题图及云南省电子地图测绘数据如 DEM，需要将这些数据整理成 excel 数据表或者 shape 格式、栅格格式导入系统中。

12.4.3　与其他文件数据交换接口

与线路参数等 excel 文件交换接口。

12.5 系统数据库设计

12.5.1 数据库设计约定

表 12-2 数据库设计约定协议

<table>
<tr><td rowspan="2">网络要求</td><td>通信协议</td><td>TCP/IP 协议</td></tr>
<tr><td>IP</td><td></td></tr>
<tr><td colspan="2">支持软件</td><td>需要安装的软件：
（1）PostgreSQL 9.6 数据库+Postgis2.3。
（2）访问 PostgreSQL 9.6 数据库的 ODBC 驱动：PostgreSQL Unicode</td></tr>
</table>

12.5.2 数据库表清单

表 12-3 数据库表清单

表类	表名	说明(表名称：说明)
用户与权限	app_user	用户表
	roles	角色表
	role_user	用户角色对应表
	menu	按钮表
	role_menu	角色按钮对应表
基础台账数据表	ctrl_area	单位表
	power_line	线路表
	v_level	电压等级表
	tower_mole_type	杆塔模型模板表
	tower_models	杆塔模型表
	tower	杆塔表
	tower_usage	杆塔用途表
	tower_material	杆塔材料表
	tower_type	杆塔型式表
	substation	变电站表
	powerstation	电厂表
	areas	区域表
数据挖掘相关表	tower_landform	杆塔地形表
雷电统计	ti_wire_thunder	落雷记录表
	line_gound_flash_density	线路地闪密度图
	area_gound_flash_density	区域地闪密度图

续表

表类	表名	说明(表名称：说明)
防雷计算相关表	ligtning_protection_calc_task	防雷计算任务表
	ligtning_protection_calc_res	防雷计算结果
	gcm_calc_param	GCM 计算条件表
	egm_calc_param	Egm 计算条件表
	lpm_calc_param	lpm 计算条件表
	atp_calc_param	Atp 计算条件表
风险评估相关表	risk_estimate_task	风险评估任务表
	grade_evaluation	等级评定条件
	risk_estimate_line_res	线路风险评估结果
	risk_estimate_tower_res	杆塔风险评估结果
雷击故障管理	ligtning_fault_manage	雷击故障管理表
日志表	login_log	登录日志
	operate_log	操作日志

12.5.3　数据库表详细设计

12.5.3.1　用户角色相关表

1. 用户表

表 12-4　app_user

Name	Data Type	Null Option	Comment	Is PK	Remark
id	usigned int	Not null	yes	Pk	系统自增长
username	Varchar(50)		用户名		
password	Varchar(50)		密码		
nickname	Varchar(50)		昵称		
headimgurl	Varchar(255)		头像地址		
phone	Varchar(20)		手机号		
sex	Int2		性别		
type	Varchar		用户类型		
enabled	Int2		是否启用		
unitid	Int4		单位 id		
createtime	timestamp				
updatetime	timestamp				

2. 角色表

表 12-5 roles

Name	Data Type	Null Option	Comment	Is PK	Remark
id	usigned int	Not null	yes	pk	系统自增长
code	Varchar(50)		编码		
name	Varchar(50)		角色名称		
createtime	timestamp				
updatetime	timestamp				

3. 用户角色对应表

表 12-6 role_user

Name	Data Type	Null Option	Comment	Is PK	Remark
userid	Int4	Not null	用户 id	pk	
roleid	Int4	Not null	角色 id	pk	

4. 菜单表

表 12-7 menu

Name	Data Type	Null Option	Comment	Is PK	Remark
id	Int4	Not null		pk	
parentid	Int4		父级 id		
name	Varchar(60)		菜单名称		
url	Varchar(200)		菜单地址		
css	Varchar(30)		样式		
sort	Int4		菜单排序		
createtime	timestamp				
updatetime	timestamp				

5. 角色菜单对应表

表 12-8 role_menu

Name	Data Type	Null Option	Comment	Is PK	Remark
roleid	Int4	Not null		pk	
menuid	Int4			pk	

12.5.3.2　基础台账数据表

1. 单位信息表

表 12-9　ctrl_area

Name	Data Type	Null Option	Comment	Is PK	Remark
id	usigned int	Not null	yes		系统自增长
name	Character varying	Not null	管辖单位名称		
geom	geometry		管辖单位所在位置		
szcs	Character（50）		所属城市		
flag	integer				默认值为 1
orderby	integer				
stype	integer		是否为顶级单位：0 代表是，1 代表否		

2. 输电线路表

表 12-10　power_line

Name	Data Type	Null Option	Comment	Is PK	Remark
id	usigned int	Not null		yes	自动增长 id
unit_id	integer	Not null	管辖单位 id		
name	character (50)	Not null	线路名称		
code	character (20)		线路编号		
volt_lvl	integer	Not null	电压等级		
twr_beg	integer		起始杆塔		
twr_end	integer		终止杆塔		
length	real		线路长度		
use_at	date		投运日期		
memo	character (300)		备注		
jypz	character (300)		绝缘子配置		
crp_dist	character (100)		统一爬电比距		
line_type	character (50)		导线型号		
line_dtype	character (50)		地线型号		
unit_design	character (50)		设计单位		
unit_work	character (50)		施工单位		

3. 电压等级

表 12-11　v_level

Name	Data Type	Null Option	Comment	Is PK	Remark
id	usigned int	Not null		yes	自动增长 id
v_type	character (1)	Not null	电压类型		
c_type	character (1)		电流类型		
level	Int4	Not null	等级单位：kV		

4. 杆塔模型模板表

表 12-12　tower_mole_type

Name	Data Type	Null Option	Comment	Is PK	Remark
id	usigned int	Not null		yes	自动增长 id
model_type_name	Varchar(80)		杆塔模板类型名称		

5. 杆塔模型

表 12-13　tower_models

Name	Data Type	Null Option	Comment	Is PK	Remark
id	usigned int	Not null		yes	自动增长 id
model_type_id	Int4		杆塔模型模板 id		
model_name	Varchar(40)		模型名称		
params	Json		详细参数 json 集合		

6. 杆塔信息

表 12-14　tower

Name	Data Type	Null Option	Comment	Is PK	Remark
id	usigned int	Not null		yes	自动增长 id
line_id	usigned int	Not null			线路 id
code	character (20)	Not null	杆塔编号		
usage	integer		用途		
material	usigned int		材料		
type	usigned int		型式		
distance	decimal		档距		

续表

Name	Data Type	Null Option	Comment	Is PK	Remark
distance_d	decimal		大号侧档距		
distance_s	decimal		小号侧档距		
high	decimal		高度		
span	decimal		跨越		
memo	character (300)		备注		
use_at	date		投运时间		
seahigh	character (30)		海拔高度		
tower_model_id	Int4		杆塔模型 id		
hg	decimal		呼高		
gk	decimal		根开		

7. 杆塔用途

表 12-15 tower_usage

Name	Data Type	Null Option	Comment	Is PK	Remark
id	usigned int	Not null		yes	自动增长 id
name	character (30)	yes	名称		

8. 杆塔材料

表 12-16 tower_material

Name	Data Type	Null Option	Comment	Is PK	Remark
id	usigned int	Not null		yes	自动增长 id
name	character (30)	yes	名称		

9. 杆塔型式

表 12-17 tower_type

Name	Data Type	Null Option	Comment	Is PK	Remark
id	usigned int	Not null		yes	自动增长 id
name	character (30)	yes	名称		

10. 变电站

表 12-18　substation

Name	Data Type	Null Option	Comment	Is PK	Remark
id	serial	Not	自动增长 id	yes	
unit_id	integer	Not	管辖单位 ID		
name	Character（50）	not	变电站名称		
code	Character（20）		变电站代码		
volt_lvl	integer	not	电压等级		
geom	geometry	not	GPS 坐标		
use_at	date		投产日期		
memo	Character（500）		备注		
equipment	Character（100）		变压器设备		
seahigh	Character（30）		海拔		
bdz_rl	Character（100）		变电站容量		(台数×兆安)
bdz_rl_real	real		变电站容量*实际		具体数字，以便于统计
pol_level	Character（50）		污秽等级		
crp_dist	Character（100）		统一爬电比距		
jypz	Character（100）		绝缘配置合格否		

11. 电厂

表 12-19　powerstation

Name	Data Type	Null Option	Comment	Is PK	Remark
id	serial	Not	自动增长 id	yes	
unit_id	integer	Not	管辖单位 ID		
name	Character（50）		发电厂名称		
code	Character（20）		发电厂编号		
ptype	Character（20）		发电厂类型		
volt_lvl	integer		电压等级		
content	Character（100）		装机容量		
geom	geometry		位置坐标		
use_at	date		投运时间		
memo	Character（300）		备注		
pol_level	Character（10）		污区等级		

12. 区域表

表 12-20 areas

Name	Data Type	Null Option	Comment	Is PK	Remark
id	usigned int	Not null		yes	自动增长 id
areaname	character (40)	yes	区域名称		
area_geom	Geometry		区域坐标		
createtime	timestamp				
updatetime	timestamp				

12.5.3.3 数据挖掘

地形数据表如表 12-21 所示。

表 12-21 tower_landform

Name	Data Type	Null Option	Comment	Is PK	Remark
id	serial	Not	自动增长 id	yes	
lineid	Int4		线路 id		
towerid	Int4		杆塔 id		
left_angle	Decimal		左倾角		
right_angle	Decimal		右倾角		
memo	Varchar(200)		备注		
createtime	timestamp				
updatetime	timestamp				

12.5.3.4 雷电统计

1. 落雷记录表

表 12-22 ti_wire_thunder

Name	Data Type	Null Option	Comment	Is PK	Remark
id	serial	Not	自动增长 id	yes	
rdtime	teimstamp		时间		
weimiao	Varchar(10)		微秒		
leidl	numeric(8, 2)		雷电流		
huiji	Varchar(10)		回击		

续表

Name	Data Type	Null Option	Comment	Is PK	Remark
zhanshu	Int2		站数		
geom	geometry		坐标		
flag	Int2		标志		
memo	Varchar(200)		备注		
goodtime	Int2		时间符合数		
dwz	varchar		定位站		
hostid	Int2		主机 ID		
accordance	Int2		综合符合度		
createtime	timestamp				
updatetime	Timestamp				

2. 线路地闪密度图

表 12-23　line_gound_flash_density

Name	Data Type	IS Null	Comment	Is PK	Remark
ID	integer	Not NULL	序号		自动增加
tabname	Character varying(50)		图形名称		
lineid	Int4		线路 id		
begindate	timestamp		数据开始日期		
enddate	timestamp		数据终止日期		
radius	Decimal(8, 2)		缓冲区半径		
step	Decimal(8, 2)		步长		
tolerance	Decimal(8, 2)		容差		
levelname	Varchar2(50)		等级名称		
level	Integer		等级		
geom	Geometry		坐标(区域)		
status	integer		状态		
unit_id	Int4		创建人单位		
creater	Int4		创建人 id		
createtime	timestamp				

3. 区域地闪密度图

表 12-24　area_gound_flash_density

Name	Data Type	IS Null	Comment	Is PK	Remark
ID	integer	Not NULL	序号		自动增加
area_name	Varchar(20)		区域名称		
area_id	Int4		区域 id		管理单位表主键
tabname	Varchar(50)		图形名称		
begindate	timestamp		数据开始日期		
enddate	timestamp		数据终止日期		
gridsize	Int		网格大小		
levelname	Varchar2(50)		等级名称		
level	Integer		等级		
geom	Geometry		坐标(区域)		
status	integer		状态		
unit_id	Int4		创建人单位		
creater	Varchar(50)		创建人		
createtime	timestamp				

12.5.3.5　防雷计算

1. 防雷计算任务表

表 12-25　ligtning_protection_calc_task

Name	Data Type	IS Null	Comment	Is PK	Remark
ID	integer	Not NULL	序号		自动增加
taskname	Varchar(80)		任务名称		
lineid	Int4		线路 id		
towers	text		杆塔列表		
calcway	Varchar(40)		计算方法 (GCM/EGM/LPM/ATP)		
calctype	int		（1：绕击；2：反击）		
paramtype	Int		雷电参数类型 （1：地闪密度；雷电日）		

续表

Name	Data Type	IS Null	Comment	Is PK	Remark
thunder_days	int		雷电参数-雷电日		
param_a	Decimal(8.3)		雷电参数-参数 a		
param_b	Decimal(8.3)		雷电参数-参数 b		
amplitude_formula	Varchar(40)		雷电参数-幅值公式		
status	integer		状态（0：未开始，1：正在执行，2：执行完毕		
unit_id	Int4		创建人单位		
creater	Int4		创建人 id		
createtime	timestamp				
updatetime	timestamp				

2. 防雷计算结果

表 12-26 ligtning_protection_calc_res

Name	Data Type	IS Null	Comment	Is PK	Remark
ID	integer	Not NULL	序号		自动增加
taskid	Int4		任务 id		
lineid	Int4		线路 id		
towerid	Int4		杆塔 id		
tower_shielding_rate	Decimal(8, 4)		杆塔绕击率		
tower_shielding_tripout_rate	Decimal(8, 4)		杆塔绕击跳闸率		
groud_flash_density	Decimal(8, 2)		地闪密度		
grounding_resistanc	Decimal(8, 2)		接地电阻		
phase	Varchar(10)		相别		
pos_x	Decimal(8, 2)		挂点位置 x		
pos_y	Decimal(8, 2)		挂点位置 y		
anti_shielding_capability	Decimal(8, 2)		绕击耐雷水平		
max_shielding_electricity	Decimal(8, 2)		最大绕击电流		
shielding_rate	Decimal(8, 4)		绕击率		
shielding_tripout_rate	Decimal(8, 4)		绕击跳闸率		

续表

Name	Data Type	IS Null	Comment	Is PK	Remark
protect_horn	Decimal(8, 4)		保护角		
anti_back_capability	Decimal(8, 2)		反击耐雷水平		
back_tripout_rate	Decimal(8, 4)		反击跳闸率		
createtime	timestamp				
updatetime	timestamp				

3. GCM 计算条件表

表 12-27　gcm_calc_param

Name	Data Type	IS Null	Comment	Is PK	Remark
ID	integer	Not NULL	序号		自动增加
air_gap_flash	Int2		是否考虑空气间隙闪络（1，0）		
param_k	Decimal(8.3)		参数 k		
param_p	Decimal(8.3)		参数 p		
createtime	timestamp				
updatetime	timestamp				

4. EGM 计算条件表

表 12-28　egm_calc_param

Name	Data Type	IS Null	Comment	Is PK	Remark
ID	integer	Not NULL	序号		自动增加
use_situation	Int2		使用场合 1：防雷计算；2：风险评估；3：雷击故障分析		
sys_work_vlevel	Int2		是否系统工作电压(1，0)		
air_gap_flash	Int2		是否考虑空气间隙闪络（1，0）		
thunder_angle	Int2		是否考虑雷电摄入角（1，0）		

续表

Name	Data Type	IS Null	Comment	Is PK	Remark
param_k	Decimal(8.3)		参数 k		
param_p	Decimal(8.3)		参数 p		
strike_distance_formula	Varchar(60)		击距公式(Japan 推荐/IEEE—1993 推荐/IEEE—1997 推荐/Whithead 推荐/Eriksson 推荐/自定义)		
strike_distance_a	Decimal(8.3)		击距公式参数 a		
strike_distance_b	Decimal(8.3)		击距公式参数 b		
strike_distance_c	Decimal(8.3)		击距公式参数 c		
strike_distance_coefficient	Varchar(60)		击距系数(Japan 推荐/IEEE 推荐/自定义)		
strike_distance_k1	Decimal(8.3)		击距系数 k1		
strike_distance_k2	Decimal(8.3)		击距系数 k2		
thunder_angle_formula	Varchar(60)		入射角概率密度函数（whithead 推荐/japan 推荐）		
createtime	timestamp				
updatetime	timestamp				

5. LPM 计算条件表

表 12-29　lpm_calc_param

Name	Data Type	IS Null	Comment	Is PK	Remark
ID	integer	Not NULL	序号		自动增加
air_gap_flash	Int2		是否考虑空气间隙闪络（1，0）		
begin_electric_current	Decimal(8, 3)		起始电流		
end_electric_current	Decimal(8, 3)		终止电流		
electric_current_step	Decimal(8, 3)		电流步长		
param_k	Decimal(8, 3)		参数 k		

续表

Name	Data Type	IS Null	Comment	Is PK	Remark
param_p	Decimal(8, 3)		参数 p		
cloud_height	Decimal(8, 3)		雷云高度		
simulate_charge_num	int		模拟电荷根数		
simulate_charge_cofficent	Decimal(8, 3)		模拟电荷系数		
forerunner_data_criterion	Varchar(60)		先导起始数据判据类型(Rizk 迎面先导起始判据/临界电晕半径法/SULPM 迎面先导起始判据)		
forerunner_model	Varchar(60)		迎面先导模型（Rizk 迎面先导通道模型/Cooray 迎面先导通道模型）		
createtime	timestamp				
updatetime	timestamp				

6. ATP 计算条件表

表 12-30　atp_calc_param

Name	Data Type	IS Null	Comment	Is PK	Remark
ID	integer	Not NULL	序号		自动增加
use_situation	Int2		使用场合(1:防雷计算;2：风险评估；3：雷击故障分析）		
sys_work_vlevel	Int2		是否系统工作电压（1，0）		
air_gap_flash	Int2		是否考虑空气间隙闪络（1，0）		
begin_electric_current	Decimal(8, 3)		电流起始值		
end_electric_current	Decimal(8, 3)		电流终止值		
electric_current_threshold	Decimal(8, 3)		电流阈值		
simulate_calc_time	Int4		仿真计算时间（秒)		

续表

Name	Data Type	IS Null	Comment	Is PK	Remark
simulate_calc_step	Int4		仿真步长		
span_num	Int2		档距数		
flashover_condition	Varchar(40)		闪络条件（单回/双回）		
lightning_strike_groudwire_pos	Varcahr(40)		雷击地线位置（左地线/右地线/塔顶）		
electric_current_type	Varchar(40)		电流源类型（斜三角波/双指数波/Heidler）		
wave_head_time	Int4		波头时间		
wave_tail_time	Int4		波尾时间		
passage_impedance	Decimal(8.3)		雷电通道波阻抗		
line_model	Varchar(60)		线路模型（JMarti 频率相关/Semlyen 频率相关/Bergeron		
tower_model	Varchar(60)		杆塔模型（固定波阻抗/多波阻抗/分段波阻抗）		
cross_arm_impedance	Decimal(8, 3)		横担波阻抗		
tower_body_impedance	Decimal(8, 3)		塔身波阻抗		
flashover_criterion	Varchar(40)		闪络判据（先导法/相交法/定义法）		
param_k	Decimal(8, 3)		参数 k		
param_e0	Decimal(8, 3)		参数 E0		
volt_second_characteristic	Varchar(60)		伏秒特性（IEC 伏秒曲线/武汉高压研究院推荐伏秒曲线/中国电科院推荐伏秒曲线/自定义伏秒曲线）		
param_l	Decimal(8, 3)		伏秒特性参数 L		
param_a	Decimal(8, 3)		伏秒特性参数 A		
param_b	Decimal(8, 3)		伏秒特性参数 B		
param_c	Decimal(8, 3)		伏秒特性参数 C		
param_d	Decimal(8, 3)		伏秒特性参数 D		
param_e	Decimal(8, 3)		伏秒特性参数 E		

续表

Name	Data Type	IS Null	Comment	Is PK	Remark
induced_voltage _model	Varchar(60)		感应电压模型(中国电科院推荐公式/实验数据拟合公式)		
grounding_resistanc_model	Varchar(60)		接地电阻模型(集中接地电阻/非线性冲击电阻)		
createtime	timestamp				
updatetime	timestamp				

12.5.3.6　风险评估

1. 风险评估任务表

表 12-31　risk_estimate_task

Name	Data Type	IS Null	Comment	Is PK	Remark
ID	integer	Not NULL	序号		自动增加
taskname	Varchar(80)		任务名称		
lineid	Int4		线路 id		
status	integer		状态(0：未开始，1：正在执行，2：执行完毕		
unit_id	Int4		创建人单位		
creater	Varchar(50)		创建人		
createtime	timestamp				
updatetime	timestamp				

2. 等级评定条件

表 12-32　grade_evaluation

Name	Data Type	IS Null	Comment	Is PK	Remark
ID	integer	Not NULL	序号		自动增加
levelcode	Varchar(20)		等级编码		
levelname	Varchar(20)		等级名称		
colorvalue	Varchar(10)		对应颜色值		
upper_limit	Decimal(8, 3)		上限值		
lower_limit	Decimal(8, 3)		下限值		
createtime	timestamp				
updatetime	timestamp				

3. 线路风险评估结果

表 12-33　risk_estimate_line_res

Name	Data Type	IS Null	Comment	Is PK	Remark
ID	integer	Not NULL	序号		自动增加
taskid	Int4		任务 id		
lineid	Int4		线路 id		
line_shielding_tripout_rate	Decimal(8, 4)		线路绕击跳闸率		
line_back_tripout_rate	Decimal(8, 4)		线路反击跳闸率		
line_tripout_rate	Decimal(8, 4)		线路总跳闸率		
line_shielding_risklevel	Varchar(10)		线路绕击风险等级编码		
line_back_risklevel	Varchar(10)		线路反击风险等级编码		
line_risklevel	Varchar(10)		线路风险等级编码		
createtime	timestamp				
updatetime	timestamp				

4. 杆塔风险评估结果

表 12-34　risk_estimate_tower_res

Name	Data Type	IS Null	Comment	Is PK	Remark
ID	integer	Not NULL	序号		自动增加
taskid	Int4		任务 id		
lineid	Int4		线路 id		
tower_shielding_tripout_rate	Decimal(8, 4)		杆塔绕击跳闸率		
tower_back_tripout_rate	Decimal(8, 4)		杆塔反击跳闸率		
tower_tripout_rate	Decimal(8, 4)		杆塔总跳闸率		
tower_shielding_risklevel	Varchar(10)		杆塔绕击风险等级编码		
tower_back_risklevel	Varchar(10)		杆塔反击风险等级编码		
tower_risklevel	Varchar(10)		杆塔风险等级编码		
createtime	timestamp				
updatetime	timestamp				

12.5.3.7 雷击故障管理

表 12-35 ligtning_fault_manage

Name	Data Type	IS Null	Comment	Is PK	Remark
ID	integer	Not NULL	序号		自动增加
lineid	Int4		线路 id		
towerid	Int4		杆塔 id		
faulttime	Timestamp		雷击时间		
geom	geometry		落雷坐标点		
ligtning_current	Decimal(8, 4)		雷电流		
flashover_type	Varchar(40)		闪络类型		
flashover_phase	Varchar(10)		闪络相		
min_anti_shielding	Decimal(8, 4)		绕击耐雷水平最小值		
max_anti_shielding	Decimal(8, 4)		绕击耐雷水平最大值		
avg_anti_shielding	Decimal(8, 4)		绕击耐雷水平平均值		
min_shielding_current	Decimal(8, 4)		绕击电流最小值		
max_shielding_current	Decimal(8, 4)		绕击电流最大值		
avg_shielding_current	Decimal(8, 4)		绕击电流平均值		
min_anti_back	Decimal(8, 4)		反击耐雷水平最小值		
max_anti_back	Decimal(8, 4)		反击耐雷水平最大值		
avg_anti_back	Decimal(8, 4)		反击耐雷水平平均值		
fault_type	Varchar(10)		故障类型		
fault_desc	Varchar(200)		故障描述		
fault_pics	Varchar(2000)		故障现场照片		
createtime	timestamp				
updatetime	timestamp				

12.5.3.8 日志管理

1. 登录日志

表 12-36 login_log

Name	Data Type	IS Null	Comment	Is PK	Remark
ID	integer	Not NULL	序号		自动增加
login_user_id	Int4		登录用户 id		
login_name	Varchar(40)		登录账户名		
logintime	timestamp		登录时间		
login_res	Int		登录结果（1：成功，0：失败）		
login_type	Int		登录平台（1：web，2：cs 端）		
createtime	timestamp				
updatetime	timestamp				

2. 操作日志

表 12-37 operate_log

Name	Data Type	IS Null	Comment	Is PK	Remark
ID	integer	Not NULL	序号		自动增加
operate_user_id	Int4		操作用户 id		
operate_name	Varchar(40)		操作账户名		
operate_time	Timestampe		操作时间		
operate_res	Int2		操作结果（1：成功，0：失败）		
opereate_type	Int2		操作类型（1：新增，2：删除，3：修改，4：查看）		
createtime	timestamp				
updatetime	timestamp				

12.6　软件系统开发项目成果

（1）实现了大数据管理功能，主要对现有雷电活动数据、线路绝缘配置数据、线路微地形微地貌等大批量数据进行管理和统计等，如图 12-4~12-7 所示。

图 12-4　线路杆塔台账管理

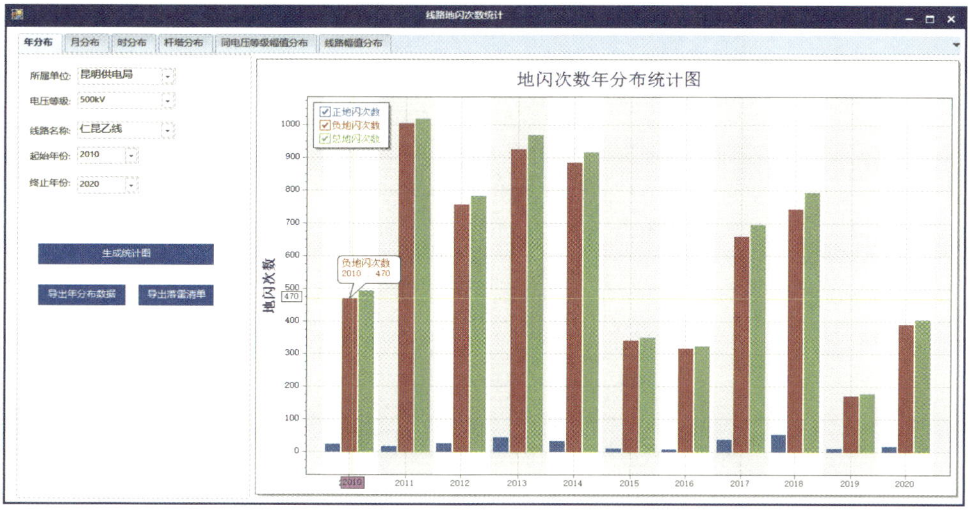

图 12-5　线路地闪次数统计

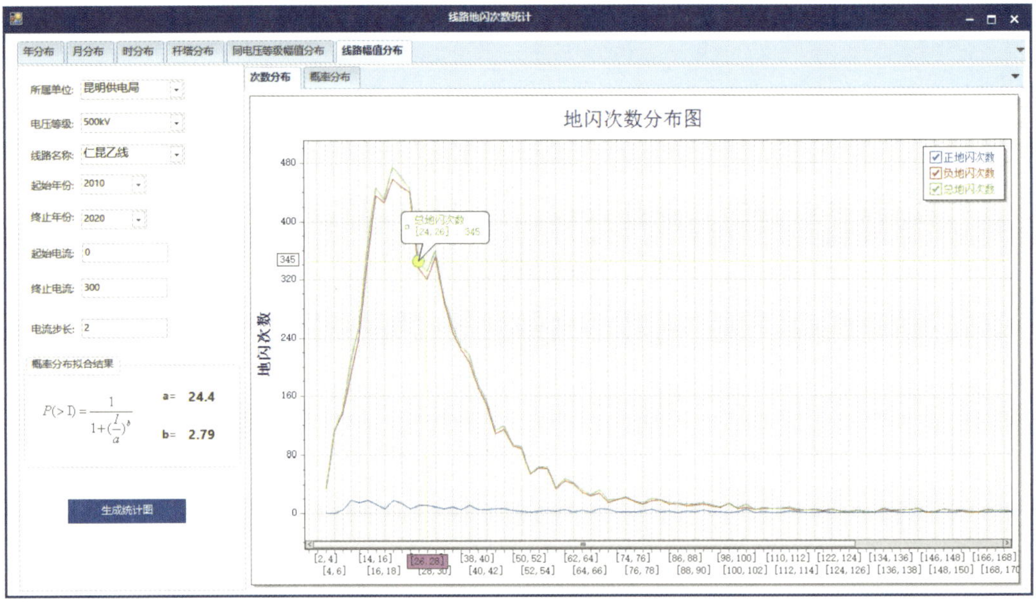

图 12-6　线路地闪幅值分布统计

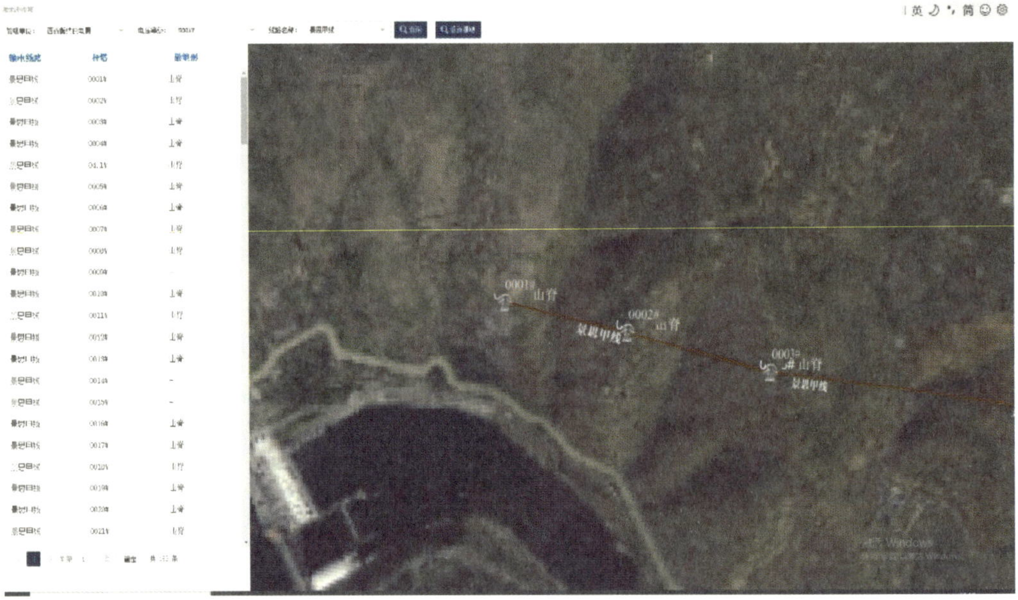

图 12-7　线路微地形提取

（2）实现大数据挖掘功能，对杆塔周边的微地形与雷击故障信息和杆塔的台账等信息进行挖掘和对比分析，得出隐藏的对应关系，并将分析的结果固化成算法，使用这个算法对杆塔的跳闸率进行进一步的计算修正，如图 12-8~12-11 所示。

单位	电压等级	线路名称	杆塔编号	左倾角	右倾角	备注
昆明供电局	35kV	杨白线	1	0.089	1.179	
昆明供电局	35kV	杨白线	2	-0.975	1.543	
昆明供电局	35kV	杨白线	3	2.809	-1.508	
昆明供电局	35kV	杨白线	4	-0.857	-0.190	
昆明供电局	35kV	杨白线	5	-0.592	0.506	
昆明供电局	35kV	杨白线	6	-0.027	-0.045	
昆明供电局	35kV	杨白线	7	0.377	0.608	
昆明供电局	35kV	杨白线	8	-1.005	2.067	
昆明供电局	35kV	杨白线	9	-0.461	1.657	
昆明供电局	35kV	杨白线	10	-0.681	-1.425	
昆明供电局	35kV	杨白线	11	1.714	0.297	
昆明供电局	35kV	杨白线	12	0.509	0.745	
昆明供电局	35kV	杨白线	13	-1.491	-0.375	
昆明供电局	35kV	杨白线	14	-0.730	1.733	

图 12-8　杆塔地面倾角计算

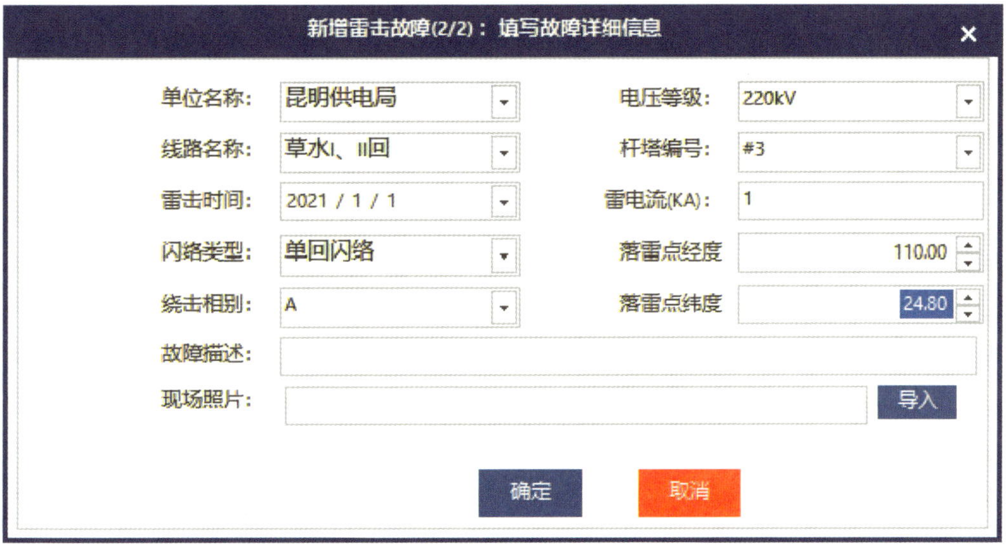

图 12-9　雷击故障分析

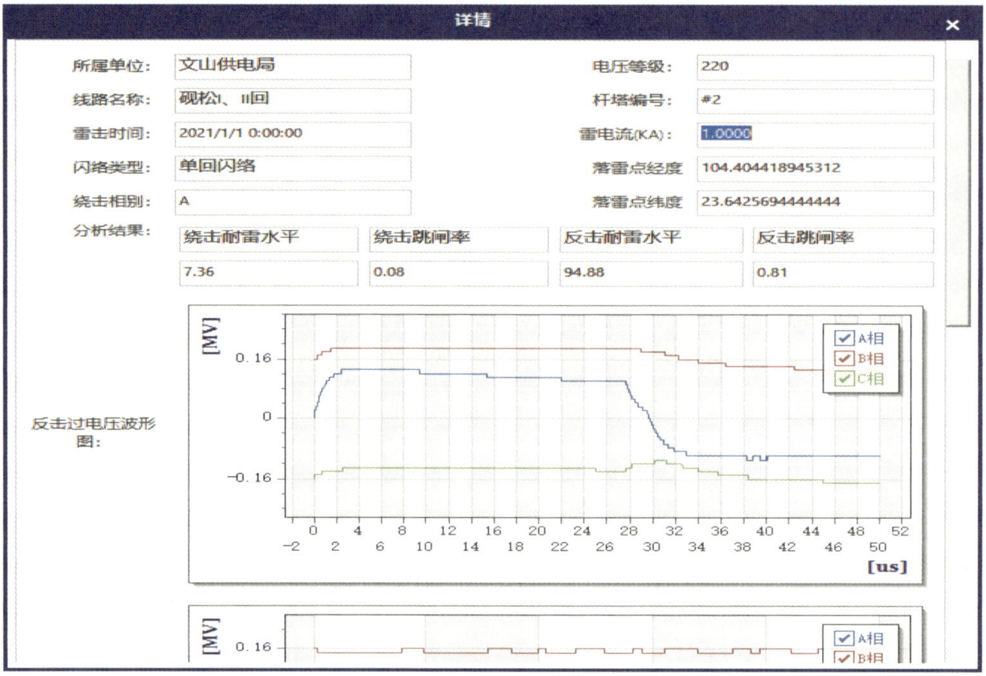

图 12-10　雷击故障分析结果

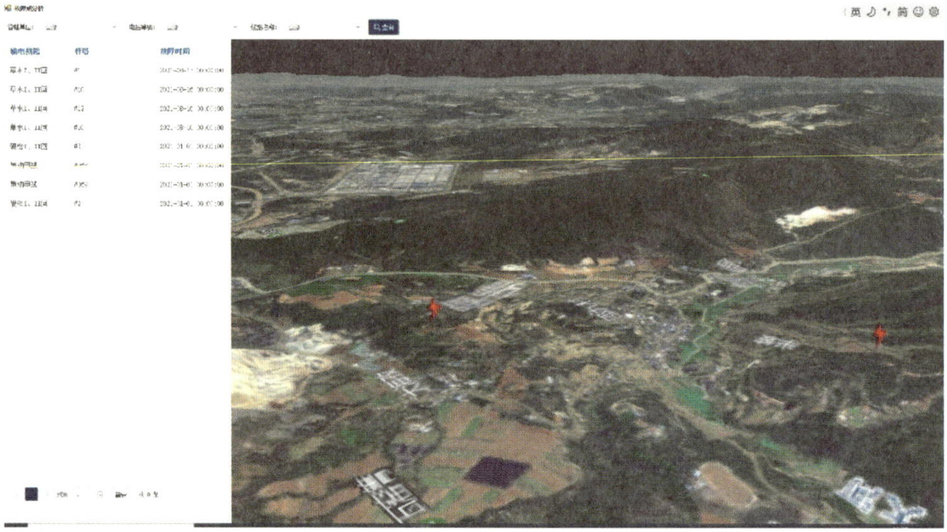

图 12-11　雷击故障点三维分析

（3）实现对雷电活动的绘制功能，可以根据现有的雷电数据，选择需要绘制的线路或者区域，输入绘制参数，就可以自动绘制雷电活动图，如图 12-12~12-15 所示。

图 12-12　生成线路地闪密度图

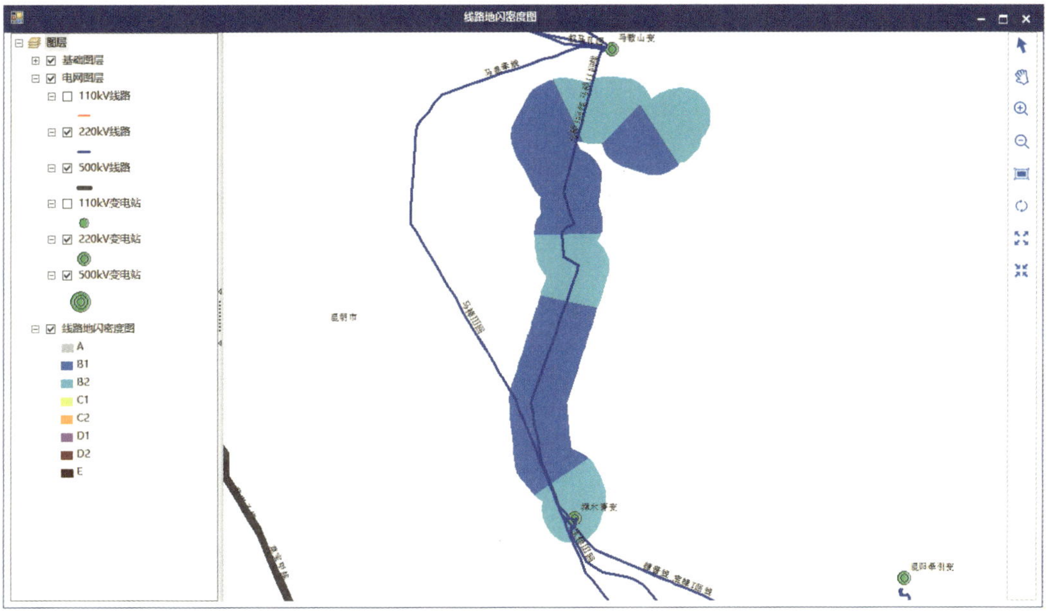

图 12-13　展示线路地闪密度图

图 12-14　生成区域地闪密度图

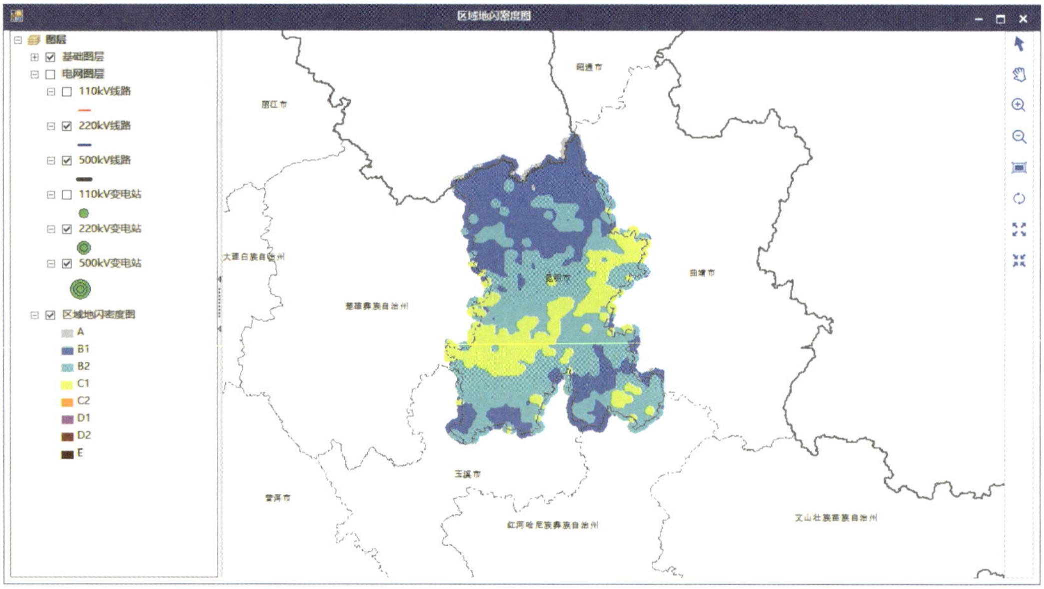

图 12-15　展示区域地闪密度图

（4）实现雷击跳闸率计算功能，根据杆塔和地形的特征参数计算杆塔的耐雷水平和跳闸率，如图 12-16~12-19 所示。

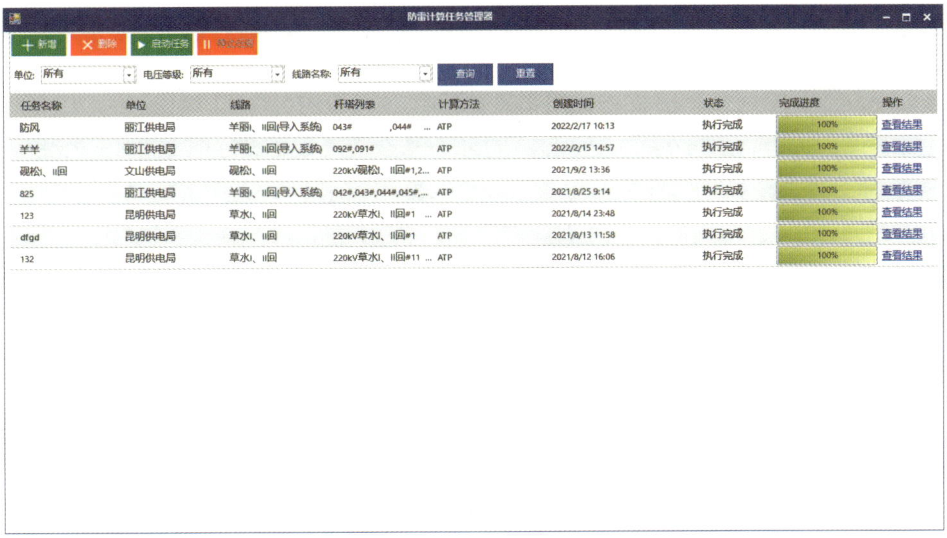

图 12-16 防雷计算任务管理

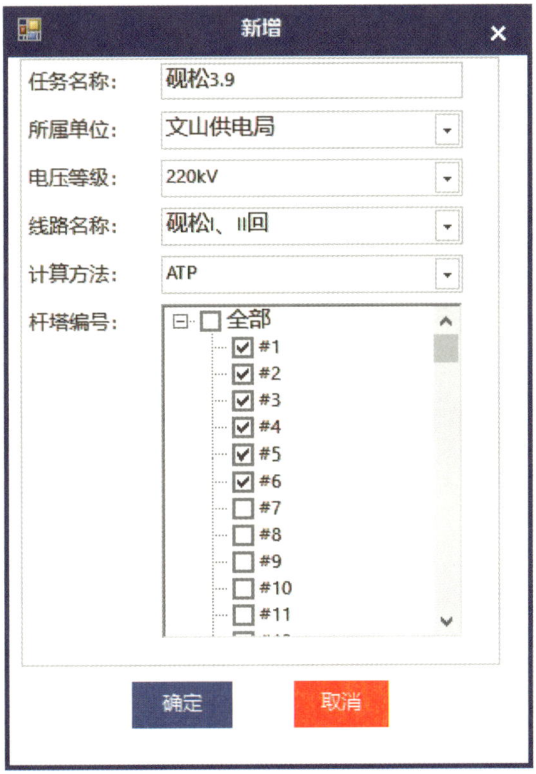

图 12-17 新增防雷计算任务

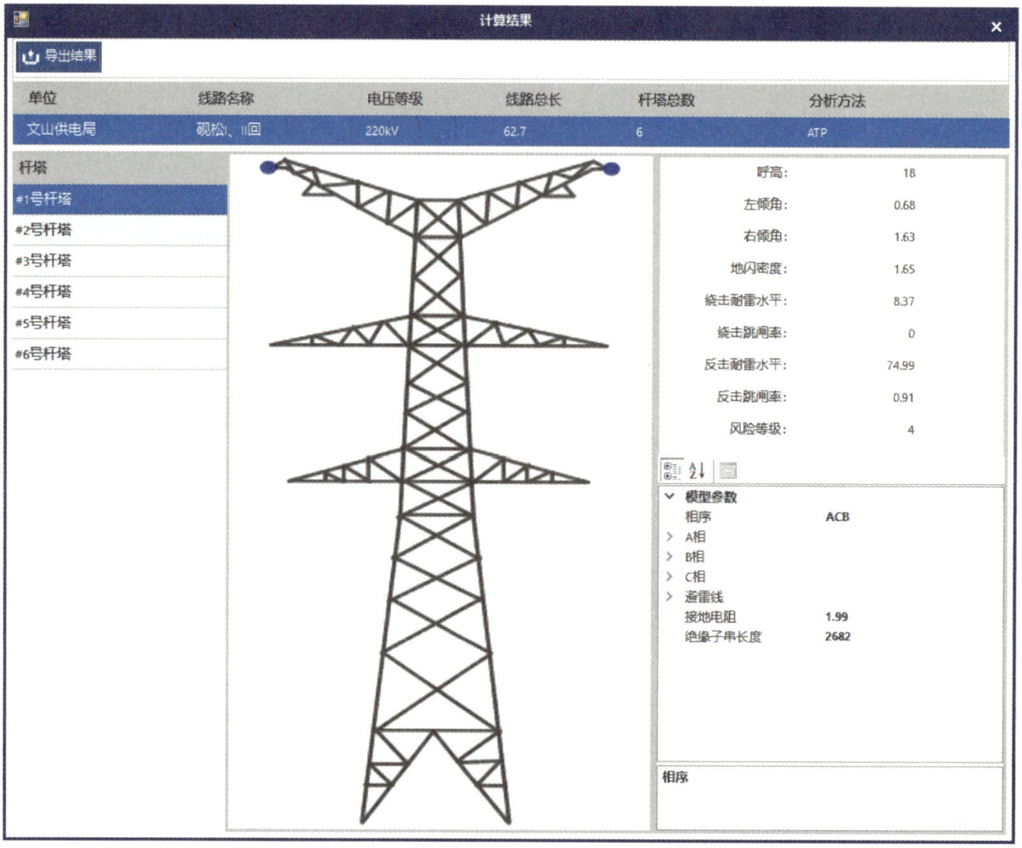

图 12-18　防雷计算结果展示

所属单位	文山供电局				
电压等级	220kV				
线路名称	砚松Ⅰ、Ⅱ回				
线路总长	62.7km				
杆塔总数	6				
分析方法	ATP				
杆塔编号	绕击耐雷水平	绕击跳闸率	反击耐雷水平	反击跳闸率	风险等级
#1	8.37	0	74.99	0.91	4
#2	7.36	0.08	94.88	0.81	4
#3	6.96	0	93.85	0.54	3
#4	6.69	0.04	82.92	0.79	4
#5	7.36	0	95.62	0.53	3
#6	7.36	0.14	95.13	0.8	4

图 12-19　防雷计算结果导出到 excel

（5）实现雷害风险评估功能，根据系统大数据模块收集数据分析雷害风险，如图 12-20~12-24 所示。

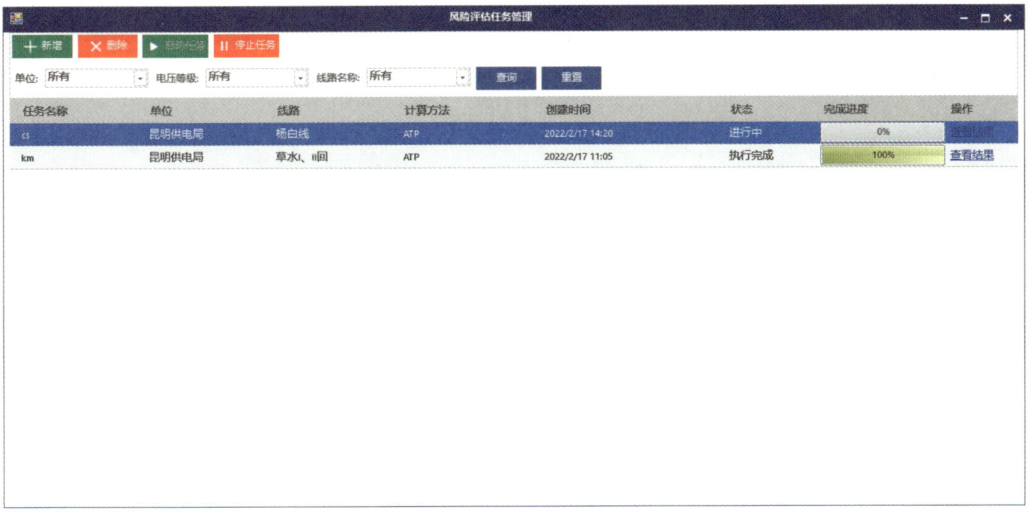

图 12-20　风险评估任务管理

图 12-21　新增风险评估任务

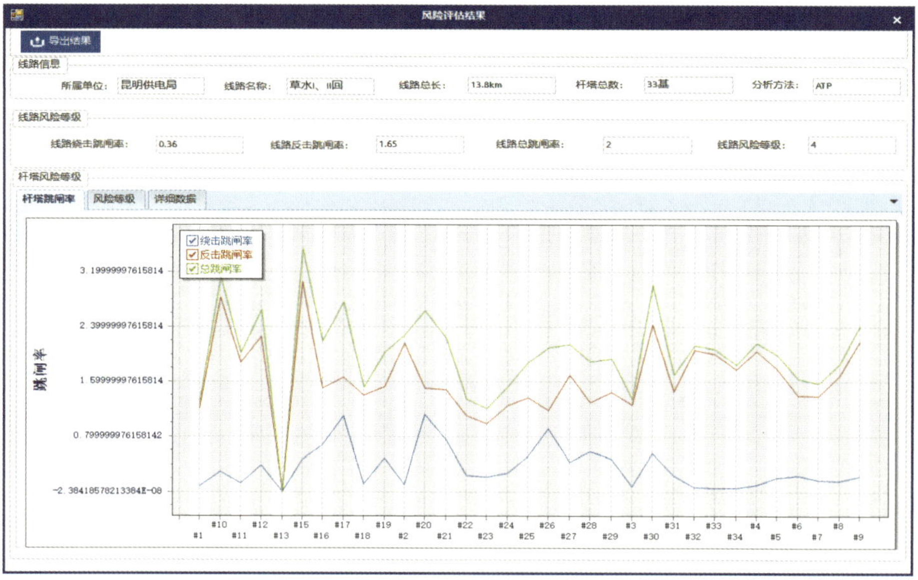

图 12-22　风险评估结果展示

A	B	C	D	E
所属单位	昆明供电局			
线路名称	草水I、II回			
线路总长	13.8km			
杆塔总数	33基			
分析方法	ATP			
线路绕击跳闸率	0.36			
线路反击跳闸率	1.65			
线路跳闸率	2			
线路风险等级	4			
杆塔编号	绕击跳闸率	反击跳闸率	雷击跳闸率	雷击风险等级
#1	0.0905	1.2101	1.3006	4
#2	0.1100	2.1668	2.2768	4
#3	0.0878	1.2592	1.3470	4
#4	0.1139	2.0521	2.1660	4
#5	0.2089	1.7868	1.9957	4
#6	0.2471	1.3950	1.6421	4
#7	0.1801	1.3906	1.5707	4
#8	0.1686	1.6870	1.8556	4
#9	0.2384	2.1840	2.4224	4
#10	0.3051	2.8249	3.1300	4
#11	0.1362	1.8802	2.0164	4
#12	0.3906	2.2528	2.6434	4
#13	0.0000	0.0000	0.0000	1
#15	0.4798	3.0597	3.5395	4
#16	0.6825	1.5061	2.1886	4
#17	1.0990	1.6620	2.7610	4
#18	0.1210	1.3977	1.5187	4
#19	0.4996	1.5260	2.0256	4
#20	1.1310	1.5019	2.6329	4
#21	0.7598	1.4757	2.2355	4
#22	0.2488	1.0979	1.3467	4
#23	0.2195	0.9870	1.2065	4
#24	0.2765	1.2545	1.5310	4
#25	0.5218	1.3610	1.8828	4
#26	0.9159	1.1825	2.0984	4
#27	0.4382	1.7025	2.1407	4
#28	0.5901	1.2994	1.8895	4
#29	0.4862	1.4461	1.9323	4
#30	0.5700	2.4449	3.0149	4
#31	0.2424	1.4582	1.7006	4
#32	0.0712	2.0623	2.1335	4

图 12-23　风险评估结果导出到 excel

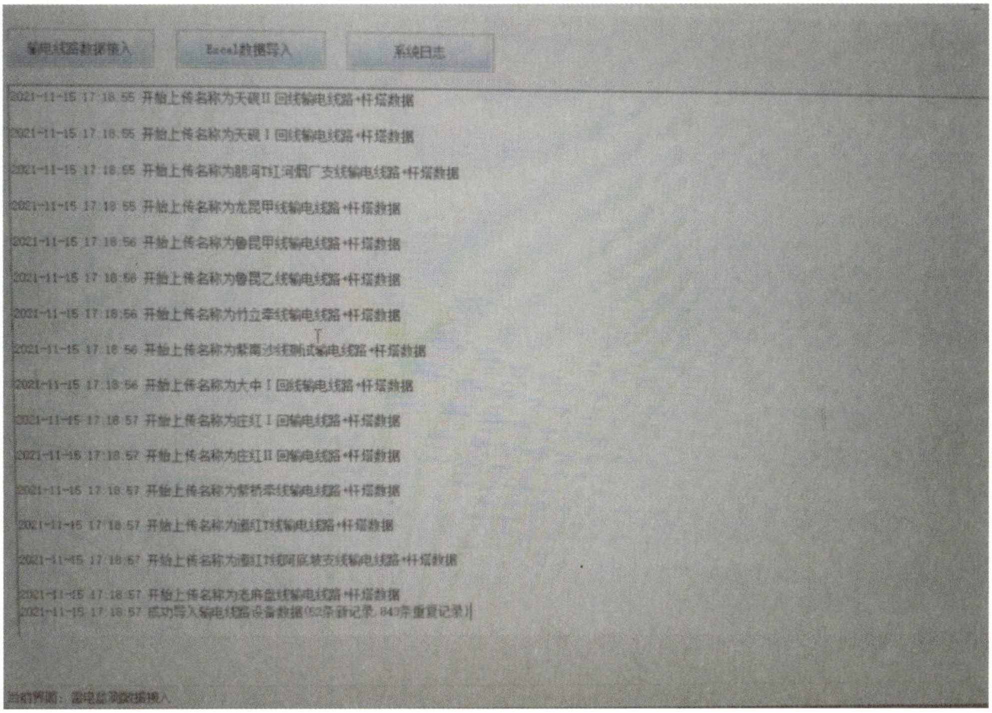

图 12-24　雷电定位系统数据同步页面

第 13 章　输电线路雷害评估

未来发展方向

输电线路的雷电防护发展过程大体可以分为以下几个时期：

第一阶段，19 世纪 30 年代之前是以防止感应雷为主的阶段。这个时期输电线路电压等级较低，雷害事故的主要原因为感应雷。这一阶段的研究方法较局限，还未展开大量的测量工作。

第二阶段，19 世纪 30 年代至 50 年代是以防止直击雷为主的阶段。研究人员相继得出防止直击雷的计算方法，明确了反击原理，并用行波理论来实现绝缘子串过电压的计算，同时，雷电参数的系归纳统计也开始进行。研究方法方面除了观测雷电流并进行理论分析，美国研究人员开始使用计算机进行模拟试验，在此基础上 IEEE 颁布了 220 kV 及其以下电压等级的输电线路的标准防雷计算方法。这些理论研究成果使防雷保护设计有了长足的发展。

第三阶段，19 世纪 50 年代至 60 年代是对之前的防雷计算方法和雷电数据进行重新审视的时期。对原来研究成果的重新评估来源于美国 345 kV 电压等级输电线路以 IEEE 标准方法计算得到的理论跳闸率与实际跳闸率相差太过悬殊，因此引发了聚焦于雷击跳闸主要是由绕击还是反击造成的争论，此次世界范围内的争议，极大地促进了输电线路防雷研究工作的发展。

第四阶段，19 世纪 60 年代至今是理论分析、模拟验证、现场观测和计算机等多种手段综合运用的阶段。这时期除了研究方法的多元综合化，还将其他领域的研究方法引入防雷计算中，如美国的 J·G·Anderson 利用蒙特卡洛技术引入防雷计算。随着输电线路电压等级的升高，高杆塔，大跨距的出现，给防雷计算提出了新难题，同时当代测试技术和计算技术的发展也为防雷研究提供了有力支持，使其进入了一个新的发展阶段。

本书在第四阶段的基础上进行改进，采用了多种研究方法，如基于密度的 DBSCAN 和 OPTICS 聚类算法，改进的 BP 神经网络算法等，对地闪活动与微地形的关系进行了深入探讨，对深入了解不同地形地貌特征对雷电地闪活动的影响以及输电线路建设、杆塔选址等工作具有一定的指导意义。

参考文献

[1] 余海军，陈水明，朱建军，岑杰军. 雷电定位系统监测雷电日与人工记录雷电日的比较[J]. 高电压技术, 2012, 38(10): 2742-2748.

[2] KRIDER E P, NOGGLE R C, UMAN M A. A gated, wideband magnetic direction finder for lightning return strokes[J]. Applied meteorology, 1976, 15(3): 301-306.

[3] HERRMAN, B D, UMAN, et al. Test of the principle of operation of a wide band magnetic direction finder for lightning return strokes[J]. Applied meteorology, 1976, 15(3): 301-306.

[4] ORVILLE R E, SILVER A C. Lightning ground flash density in the contiguous united states: 1992-1995[J]. Monthly weather review, 1997, 119(2): 573-577.

[5] 国网武汉高压研究院. 国网雷电监测网络方案及相关技术研究[R]. 武汉：国网武汉高压研究院, 2007.

[6] 陈维江，陈家宏，谷山强，等. 中国电网雷电监测与防护亟待研究的关键技术[J]. 高电压技术, 2008, 34(10): 2009-2015.

[7] 陈家宏，张勤，冯万兴，方玉河. 中国电网雷电定位系统与雷电监测网[J]. 高电压技术, 2008(03): 425-431.

[8] 林之光. 中国气候[J]. 气象, 2019(4): 592-592.

[9] RAKOV V A, BORGHETTI A, BOUQUEGNEAU C, et al. Lightning parameters for engineering applications[C]// 2013 International symposium on lightning protection (XII SIPDA). IEEE, 2013.

[10] ERIKSSON J A. An improved electrogeometric model for transmission line shielding analysis[J]. Power delivery IEEE transactions on, 1987, 2(3): 871-886.

[11] GOLOE R H. 雷电. 上卷[M]. 北京：中国电力出版社, 1982.

[12] WHITEHEAD J T, CHISHOLM W A, ANDERSON J G, et al. Working group on estimating the lightning performance of transmission lines. Estimating lightning performance of transmission lines. II. Updates to analytical models[J]. IEEE transactions on power delivery, 1993, 8(3): 1254-1267.

[13] ORVILLE R E, HUFFINES G R. Cloud-to-Ground lightning in the United States: NLDN Results in the First decade, 1989–1998[J]. Monthly weather review, 2001, 129(5): 1179.

[14] Gerhard Diendorfer. Some comments on the achievable accuracy of local ground flash density values[C]. 29th International conference on lightning protection, Uppsala, Sweden, 2008, 2(8): 1-6.

[15] 王海涛，童杭伟，冯万兴，童雪芳，彭庆华. 浙江省地闪密度图的绘制方法及其有

效性验证[J]. 高电压技术, 2008(11): 2488-2491.

[16] 童雪芳, 王海涛, 陈家宏, 谷山强. 雷电定位系统地闪密度分布图与雷击故障相关性分析[J]. 高电压技术, 2009, 35(12): 2924-2929.

[17] 刘刚, 唐军, 张鸣, 孔华东, 高云鹏, 许志荣. 输电线路雷击跳闸风险分布图绘制方法及其有效性验证[J]. 高电压技术, 2012, 38(11): 2934-2941.

[18] BOURSCHEIDT V, JUNIOR O P, NACCARATO K P, et al. The influence of topography on the cloud-to-ground lightning density in South Brazil[J]. Atmospheric research, 2009, 91(2-4): 508-513.

[19] 康鹏, 何金良, 曾嵘, 张富州, 杜宝生. 青藏线格拉段和同纬度平原雷电活动规律比较[J]. 高电压技术, 2005(12): 58-59+68.

[20] 周远翔, 鲁斌, 燕福龙, 等. 山区复杂地形输电线路绕击跳闸率的研究[J]. 高电压技术, 2007, 33(6): 45-49.

[21] 童杭伟, 范国武, 王海涛. 浙江省雷电活动的特点及其与地形和气候的关系[J]. 电网技术, 2008(11): 99-100.

[22] 赵伟, 童杭伟, 张俊, 等. 浙江省雷电时空分布特征及影响因素分析[J]. 电网技术, 2013(05): 1425-1431.

[23] TAKEO WAKAI, TSUTOMU SAKAI, NAOKI ITAMMOTO, et al. A topographical factor analysis of lightning strokes to transmission lines and estimation of lightning strokes frequency to transmission lines[J]. Jounal of electrostatics, 2004: 211-222.

[24] 俞立婷, 何俊佳, 陈家宏. 输电线路雷电活动时空分布特征的数据挖掘[J]. 高电压技术, 2008(02): 314-318.

[25] 林峰, 林韩, 廖福旺, 等. 统计分析输电线路雷害与微地形关系的新方法[J]. 高电压技术, 2009(06): 131-138.

[26] 赵生昊, 覃彬全, 刘青松. 重庆市地形对雷电灾害主要致灾因子影响分析[J]. 气象科技, 2020, 48(01): 127-131.

[27] FAYYAD U M, PIATETSKY-SHAPIRO G, SMYTH P. The KDD process for extracting useful knowledge from volumes of data[J]. Communications of the ACM, 1996, 39(11): 27-34.

[28] 欧阳为民, 蔡庆生. 在数据库中发现具有时态约束的关联规则[J]. 软件学报, 1999(05): 3-5.

[29] 毛国君. 数据挖掘技术与关联规则挖掘算法研究[D]. 北京: 北京工业大学, 2003.

[30] KACHANOVSKAYA L I, FEL'DMAN M L, MISHCHENKO V V. Estimation of the technical condition of overhead transmission lines after 30 years of operation[J]. Power technology and engineering, 2004, 38(1): 114-118.

[31] 史尤昭. 数据挖掘技术研究与应用[J]. 软件, 2015, 36(11): 38-42.

[32] 王达明. 基于云计算与医疗大数据的 Apriori 算法的优化研究[D]. 北京: 北京邮电大学, 2015.

[33] YOUMIN, TANG, HSIEH, et al. Coupling neural networks to incomplete dynamical systems via variational data assimilation. [J]. Monthly weather review, 2001, 1(4): 17-20.

[34] ODOM M D, SHARDA R. A neural network model for bankruptcy prediction[C]// Neural networks, 1990.

[35] 万祥, 胡念苏, 韩鹏飞, 张海石, 黎师祺. 大数据挖掘技术应用于汽轮机组运行性能优化的研究[J]. 中国电机工程学报, 2016, 36(02): 459-467.

[36] HE JUNJIA, WANG ZIJIAN, YIN XIAOGEN. Fault model construction based on gas chromatography of insulation oil by data mining technique[C]. 2004 In ternational conference on power system technology. Singapore, 2004: 47-51.

[37] 杨宜东, 孙志挥. 基于时间序列的电力系统故障诊断规则挖掘[J]. 计算机工程与应用, 2003(17): 223-224+232.

[38] 杨超, 张霖. 数据挖掘技术在电力设备故障诊断中的应用[J]. 电气开关, 2016, 54(02): 83-86.

[39] 葛宏伟, 杨镜非. 决策树在短期电力负荷预测中的应用[J]. 华中电力. 2009, 22: 15-18.

[40] 何俊佳, 朱文俊, 狄美华. 数据挖掘技术在油中气体分析和故障诊断中的应用研究[J]. 高压电器, 2003(03): 39-41.

[41] PITT B D, KITSCHEN D S. Application of data mining techniques to load profiling, power industry computer applications[C]. PI-CA' 1999: Proceedings of the 21st 1999 IEEE International Conference. Santa Clara, USA, 1999: 131-136.

[42] 丁黎. 基于分类知识挖掘的雷电活动与地形关联性研究[D]. 武汉: 华中科技大学, 2011.

[43] 李如虎. 用电气几何模型分析 500 kV 输电线路杆型的绕击性及其建议[J]. 高电压技术, 1986(04): 59-61.

[44] 王晓彤, 施围, 刘文泉. 改进电气几何模型计算输电线路绕击率[J]. 高电压技术, 1998(01): 85-87.

[45] 郭建平. 输电线路击杆率的电气几何模型研究[J]. 高电压技术, 1993(04): 88-93.

[46] 秦海波, 李琳, 赵志斌. 输电线路绕击跳闸率的改进电气几何模型[J]. 电力科学与工程, 2009, 25(05): 16-19.

[47] 梁振, 曾玲丽, 戴何笠, 等. 基于改进电气几何模型的某 500 kV 山区输电线路差异

化防雷改造[J]. 电瓷避雷器, 2019(01): 145-151+156.
[48] 王韬, 赵乐冰, 吴敏, 等. 500 kV 交流输电通道邻近线路雷电屏蔽特性仿真计算[J]. 电瓷避雷器, 2020(05): 7-14.
[49] 余军, 蓝磊, 孙泽中, 等. 考虑地面倾角下±110 kV 重要输电通道内邻近线路间雷电屏蔽效应仿真计算[J]. 电网技术, 2018, 42(02): 366-373.
[50] 杨杰, 吕晓燕, 赵波. 复杂地形线路绕击跳闸率计算及防雷治理[J]. 电瓷避雷器, 2018(06): 74-80.
[51] YOUNG F S, CLAYTON J M, HILEMAN A R. Shielding of transmission lines[J]. IEEE Transactions on power apparatus and Systems, 1963, 82(4): 132-154.
[52] ARMSTRONG H R, WHITEHEAD E R. Field and analytical studies of transmission line shielding[J]. IEEE trans on power apparatus and system, 1968, 87(1): 270-281.
[53] 交流电气装置的过电压保护和绝缘配合设计规范（附条文说明）: GB/T 50064—2014[S]. 2014.
[54] 李景丽, 郭丽莹. 输电线路绕击耐雷性能计算方法综述[J]. 电瓷避雷器, 2016(06): 61-67.
[55] 唐波, 刘子怡, 彭友仙, 等. 考虑多参数影响的输电线路绕击跳闸率求解算法[J]. 电瓷避雷器, 2020(06): 151-158.
[56] 李瑞芳, 吴广宁, 曹晓斌, 等. 考虑雷电入射角后电气几何模型的改进[J]. 电瓷避雷器, 2009, (4): 23-26.
[57] 王鹏宇, 元乙贺, 李博, 王日辉. 计及雷电入射角输电线路绕击跳闸率的计算[J]. 电瓷避雷器, 2020(03): 92-97.
[58] SHIM E B, WOO J W, HAN S O, et al. Lightning characteristics in Korea and lightning Performance of power systems[C]. Proceedings of the IEEE/PES, 2002, 1(3): 534-539.
[59] JAMES T W, WILLIAM A C. Estimating lightning performance of transmission lines II-updates to analytical models[J]. IEEE Transactions on Power Delivery, 1993, 8(3): 1254-1267.
[60] 中华人民共和国电力工业部. 交流电气装置的过电压保护和绝缘配合: DL/T 620—1997[S]. 1997.
[61] 刘超智, 周明华, 周皓. 雷电绕击率计算的改进[A]. 江西省电机工程学会. 2019 年江西省电机工程学会年会论文集[C]. 江西省电机工程学会: 江西省电机工程学会, 2019: 4.
[62] 陈鹏辉, 周羽生, 葛天科, 熊强, 袁肖雷, 张彦涛. 基于 ATP-EMTP 的交直流同塔多回输电线路耐雷性能分析[J]. 电瓷避雷器, 2019(03): 111-117.